C#函数式编程

(第 2 版)

[美] 恩里科·博南诺(Enrico Buonanno) 著

张骏温 译

清華大學出版社

北 京

北京市版权局著作权合同登记号 图字：01-2022-6201

Enrico Buonanno
Functional Programming in C#，Second Edition
EISBN: 978-161729-982-7

图书在版编目(CIP)数据

C#函数式编程：第 2 版 / (美) 恩里科·博南诺(Enrico Buonanno) 著；张骏温译. —北京：清华大学出版社，2023.5

书名原文：Functional Programming in C#，Second Edition

ISBN 978-7-302-63334-1

Ⅰ. ①C… Ⅱ. ①恩… ②张… Ⅲ. ①C 语言－程序设计 Ⅳ. ①TP312.8

中国国家版本馆 CIP 数据核字(2023)第 062213 号

责任编辑：王 军
封面设计：孔祥峰
版式设计：思创景点
责任校对：成凤进
责任印制：曹婉颖

出版发行：清华大学出版社
网 址：http://www.tup.com.cn，http://www.wqbook.com
地 址：北京清华大学学研大厦 A 座 邮 编：100084
社 总 机：010-83470000 邮 购：010-62786544
投稿与读者服务：010-62776969，c-service@tup.tsinghua.edu.cn
质 量 反 馈：010-62772015，zhiliang@tup.tsinghua.edu.cn
印 装 者：三河市天利华印刷装订有限公司
经 销：全国新华书店
开 本：170mm×240mm 印 张：25.5 字 数：632 千字
版 次：2023 年 6 月第 1 版 印 次：2023 年 6 月第 1 次印刷
定 价：128.00 元

产品编号：097311-01

对第1版的赞誉

“为进入函数式编程世界的C#开发人员提供高级而深入的信息。”

——Wayne Mather，Diverse Systems Consulting 公司的所有者和全栈开发人员

“以清晰、简洁的方式组织内容，还添加了一些幽默。我非常喜欢学习函数式编程的概念以及在 C#中应用它们的方式。书中的很多想法都可以应用于大数据，甚至像 Java 这样的面向对象语言。我强烈推荐给任何对函数式编程感兴趣的读者！”

——Bloomberg 高级工程师，Alex Basile

“这是我见过的关于 C#函数式编程内容最全面的书。强烈推荐给所有同学。”

——Pauli Sutelainen，芬兰阿卡达应用科学大学，大数据分析专业的学生

“如果你是一名经验丰富的 C#开发人员，对良好的代码实践和通用架构有很多疑问，本书将把你带到另一个层次。”

——Aurélien Gounot，产品经理，SNCF

“函数式编程可能会令人头痛不已，本书则是一剂缓解这种疼痛的良药。”

——Daniel Marbach，软件工程师，Particular Software 公司

“了解 Haskell 和函数式编程范式的必要指南。”

——Sergio Martínez，Java 开发人员，Bitso

“使用 C#开始学习函数式编程的最佳方式。”

——Gonzalo Barba López，MoneyMate 高级开发人员

译 者 序

函数式编程(简称 FP)不仅指 Haskell 和 Scala 之类的语言，还表示一种编程思维。它是一种软件编程思考方式，也称为面向函数式编程。什么是函数式编程？这并没有唯一的定义，它只是广泛聚合了一些编程风格的特性。我们可以将它与面向对象编程(简称 OOP)进行对比，两者的区别在于，OOP 的最大优势是多态性和封装性，而 FP 的优势是不变性及其声明性风格，两者其实是十字正交，可互补，可在同一程序中共存。

如果说 OOP 让很多开发人员受静态数据思路的影响，那么 FP 带来的完全是动态事件，FP 让开发人员直接用动词思考，用函数解决问题。很多人将 FP 归结于数学思维，实际上这仅看到了其表面，没有看到数学语言背后的形式逻辑。编程语言作为和数学同等形式的语言，其核心基础都是分析哲学的形式逻辑。过去的面向对象的设计原则很多也源于形式逻辑。对于有关面向对象和面向函数的争论，实际上，纯粹的 OOP 和纯粹的 FP 都是极端的。对于 OOP 来讲，存在的并不一定都是对象，函数就不是对象(没有纯粹的对象)；对于 FP 来讲，存在的并不总是纯粹的，副作用总是真实存在(没有纯粹的函数)。总之，面向对象侧重于分解，函数式编程侧重于组合，两者配合使用才能发挥各自优势。

如果你正在尝试或计划学习一门函数式语言，那么本书将非常有价值，因为本书能教会你使用熟悉的语言进行函数式思考。全书内容共有 19 章，分为 4 部分: 第 I 部分介绍函数式编程的基本原理；第 II 部分展示函数技术的一些实际应用；第III部分介绍函数式设计，主要涉及函数的错误处理、模块化和组合应用程序、理解状态和表示变化的函数式方法等内容；第IV部分讨论更高级的主题，包括惰性计算、有状态计算、异步、数据流和并发。

本书是针对.NET 6 和 C# 10 更新的函数式编程，适用于 C#中级程序员。你需要了解.NET 和 C#或者类似的语言，如 Java、Swift 或 Kotlin；需要具有开发实际应用程序的经验；需要熟悉 OOP 概念、模式和最佳实践；并且希望通过学习函数技术来扩展知识库，以最大限度地将 C#作为一种多范例语言。

在此要感谢清华大学出版社的编辑，他们为本书的翻译投入了巨大的热情并付出了很多心血。没有他们的帮助和鼓励，本书不可能顺利付梓。

对于这本经典之作，译者“诚惶诚恐”，在翻译过程中虽力求“信、达、雅”，但是鉴于水平有限，失误在所难免，若有任何意见和建议，请不吝指正。

译者

作者简介

Enrico Buonanno 于 2001 年获得哥伦比亚大学计算机科学硕士学位，此后一直从事软件开发和架构师工作。他曾在金融科技(包括国际清算银行、巴克莱银行和瑞银集团)和其他技术驱动型业务的著名公司从事关键项目的开发。

致　谢

我要感谢 Paul Louth，他不仅通过自己的语言库给了我灵感(我借鉴了很多好点子)，还在不同的阶段亲自审阅了本书。

Manning 出版社详尽的编辑过程确保了本书的质量更上一层楼。为此，我要感谢本书的合作团队，包括 Mike Stephens、策划编辑 Marina Michaels、技术编辑 René van den Berg、项目经理 Deirdre Hiam 和校对 Melody Dolab。

特别感谢 Daniel Marbach 和 Tamir Dresher 提出了技术见解，以及所有参与同行评审的人，包括 David Paccoud、Foster Haines、George Onofrei、Goetz Heller、Oliver Forral、Jeremy Caney、Kent Spillner、Matt Van Winkle、Jedidja Bourgeois、Mark Elston、Najeeb Arif、Oliver Korten 和 Robert Wilk。

感谢 Scott Wlaschin 分享了他的文章，也感谢 FP 社区的许多其他成员通过文章、博客和开源分享他们的知识和热情。

序　言

函数式编程(Functional Programming，FP)已成为主流编程中一个重要且令人兴奋的组成部分。在 2010 年代创建的大多数新语言和框架都是函数式的，这导致一些人预测编程的未来是函数式的。与此同时，流行的面向对象(Object-Oriented，OO)语言，如 C#和 Java，在每个新版本中都引入了更多的函数式特性，支持多范式编程风格。然而，C#社区的采用速度很慢。为什么会这样呢？我认为，其中一个原因是缺乏优秀的文献：

- 大多数 FP 文献都是用函数式语言编写的，特别是 Haskell。对于具有 OOP 背景的开发人员来说，这对学习 FP 概念造成了编程语言上的障碍。尽管许多概念适用于像 C#这样的多范式语言，但同时学习一门新的范式和一门新的语言是一项艰巨的任务。
- 更重要的是，文献中的大多数书籍倾向于用数学或计算机科学领域的例子来说明函数式技术和概念。对于大多数终日从事业务(Line of Business，LOB)应用程序开发的程序员来说，这造成了一个领域空白，并使得他们难以知悉这些技术与实际应用程序间的相关性。

这些缺陷成为我学习 FP 道路上的主要绊脚石。许多书试图解释什么是“柯里化”，通过用数字 3 创建一个可以将 3 加到任何数字上的函数，以展示 add 函数是如何被柯里化的(在你能想到的所有应用中，它有一点实际用处吗？)。抛弃这些书后，我决定开辟自己的研究路径。这需要学习 6 种函数式语言，并通过实验找出其中哪些 FP 概念可以有效地应用于 C#中，并应用于大多数开发人员有偿编写的应用程序中。我的研究成果最终通过本书得以展现。

本书不仅展示如何在 C#语言中利用函数式技术，为 C#开发人员弥合语言鸿沟，还展示如何将函数式技术应用于典型的业务场景来弥合领域差距。我采用了一种实用的方法，并在一定程度上涵盖了函数式技术，使它们在典型的 LOB 应用程序场景中有用，并省去了 FP 背后的大部分理论。毕竟，我们关注 FP，是因为它具有以下优点:

- 强大——这意味着可以用更少的代码完成更多的工作。FP 提高了抽象级别，允许编写高级代码，同时将程序员从增加复杂性但没有价值的低级技术问题中解放出来。
- 安全——FP 反对状态突变。这意味着用函数式风格编写的程序不太可能进入无效状态。此外，在处理并发性时，状态变化的保守方法是非常有益的。用命令式风格编写的程序在单线程实现中可能工作得很好，但当出现并发性时，就会导致各种各样的缺陷(bug)。函数式代码在并发场景中提供了更好的保证，所以在多核处理器时代，对 FP 的兴趣激增是很自然的。
- 清晰——相对于编写新代码，我们会花费更多的时间来维护和使用现有的代码，所以代码清晰且意义明确是很重要的。当你学会函数式思维时，就能够轻松编写这种清晰的代码。

如果你已经用 OO 风格编程一段时间了，那么在本书中的概念实现之前，可能需要一点努力和意愿来进行实验。为了确保学习 FP 是一个愉快和有益的过程，这里有两个建议：

- 保持耐心。有些部分可能要多次阅读。也可能把这本书放下几个星期后，当你再次拿起它时，一些看似模糊的东西突然开始变得明朗起来。
- 实验代码。实践出真知。本书提供了许多示例和练习，许多代码片段可以在 REPL 中进行测试。

你的同事可能没有你那么热衷于探索。由于预料到他们可能抗议你采用这种新的编码风格，并困惑地看着代码，说："为什么不只是做 x 呢?" (其中 x 是枯燥的、过时的，而且通常是有害的)。此时，请不要过多地和他们讨论。只需要坐下来等待，等他们碰壁而归时，用你的技巧解决他们屡次遇到的问题。

关于本书

本书旨在展示如何利用 C#中的函数技术来编写简洁、优雅、健壮和可维护的代码。

本书读者对象

本书是为雄心勃勃的开发人员编写的。你需要知道.NET 和 C#或者类似的语言，如 Java、Swift 或 Kotlin；需要具有开发实际应用程序的经验；需要熟悉 OOP 概念、模式和最佳实践；并且希望通过学习函数技术来扩展知识库，以最大限度地将 C#用作一种多范式语言。

如果你正在尝试或计划学习一门函数式语言，那么本书将非常有价值，因为本书将教会你用熟悉的语言进行函数式思考。改变思维方式是很难的，而一旦做到这一点，学习任何一种特定语言的语法都会相对容易。

本书结构：路线图

全书内容共有 19 章，分为以下 4 部分：

- 第 I 部分介绍了函数式编程的基本原理。首先讲解什么是函数式编程，以及 C#如何支持函数式编程。然后讨论高阶函数的幂和纯函数的重要性。读完第 I 部分后，你将获得有用的概念性和实用性工具以学习更具体的函数式技术。
- 第 II 部分展示了函数技术的一些实际应用：如何设计类型和函数签名，以及如何将简单的函数组合到复杂的程序中。读完第 II 部分后，你会明白用函数式风格编写的程序是什么样的，以及这种风格所带来的好处。
- 有了这些基本概念，第III部分将加快讲解速度，并继续关注更广泛的问题，如函数的错误处理，模块化和组合应用程序，以及理解状态和表示变化的函数式方法。读完第III部分后，你将获得一系列工具，以使用函数式方法有效地处理许多编程任务。
- 第Ⅳ部分讨论了更高级的主题，包括惰性计算、有状态计算、异步、数据流和并发。第Ⅳ部分的每一章均介绍了一些重要的技术，这些技术有可能完全改变你编写和思考软件的方式。

你会在每一章中找到更详细的主题分类，并在阅读任何特定章节之前，都能从本书的封二了解到需要预先阅读哪些章节。

为实际应用程序编写代码

本书的目标是保持真实的现实场景。为此，许多示例都涉及实际任务，如读取配置、连接到数据库、验证 HTTP 请求等。你可能已经知道如何完成这些任务，但本书将带你从函数式思维的新角度处理这些任务。

本书使用了一个长时间运行的示例来说明 FP 如何在编写 LOB 应用程序时提供帮助。为此，我为虚构的 Bank of Codeland (BOC)选择了一个在线银行应用程序，我知道这很无聊，但至少它有了必需的三个字母的缩写。因为大多数人都可以使用在线银行工具，所以很容易想象其所需的功能，并明白所讨论的问题与现实应用程序的相关性。

本书使用其他几个场景演示如何以函数式风格解决典型的编程问题。在实际例子和 FP 概念之间来回转换是为了弥合理论和实践之间的差距，而这是现有其他文献所缺乏的。

利用函数库

像 C#这样的语言可能包含一些函数特性，但是为了充分利用这些特性，通常会使用一些库来促进常见任务的完成。这些库包括：

- System.Linq——这是一个函数库。我假设你是熟悉它的，因为它是.NET 的一个重要组成部分。
- System.Collections.Immutable——这是一个不可变集合库，第 11 章将开始使用它。
- System.Interactive 和 System.Reactive——这些库(它们是.NET 的交互扩展和响应式扩展)允许处理数据流，详见第 16 章和第 18 章。

还有很多组成 FP 的其他重要类型和函数。因此，一些独立的开发人员编写了一些库来填补这些空白。到目前为止，其中最完整的是 language-ext，这是由 Paul Louth 编写的库，用于改善 C#开发人员的函数式编程体验。[1]

本书没有直接使用 language-ext，而是向你展示我开发函数实用程序库(名为 LaYumba.Functional)的实际过程，尽管它在很大程度上与 language-ext 重叠。这在教学上更有用，原因如下：

- 在本书出版后，代码将保持稳定。
- 你可以透过现象看本质，看到功能强大的函数结构其实很容易定义。
- 可以专注于基本要素。我以最纯粹的形式展示这些结构，这样你就不会被完整的库所解决的细节和边缘情况分散注意力。

1 language-ext 是开源的，可以在 GitHub 和 NuGet(通过链接[1]访问)上获得。

关于代码

这是《C#函数式编程》的第 2 版，使用了 C# 10 和.NET 6[1]。许多(如果不是全部)技术可以应用于该语言的以前版本，但这样做通常需要一些额外的输入。附录中专门说明了如何使用不可变数据和模式匹配(如果使用的是早期版本的 C#)，而这些语言特性不包括在本书中。

可扫描本书封底的二维码，下载本书的源代码及相关资源。要说明的是，读者在阅读本书时会看到一些有关链接的编号。形式是数字编码加方括号，例如[1]表示读者可扫描封底二维码下载 Links 文件，并找到对应章节中[1]所指向的链接。

本书中的代码清单重点关注的是正在讨论的主题，因此可能会省略 using 语句、名称空间声明、简单的构造函数，或先前代码清单中出现并保持不变的代码段。如果你想查看代码清单的完整编译版本，可以在代码存储库中找到它。

1 在撰写本书时 C# 10 和.NET 6 仍处于预览阶段，因此可能存在一些差异。书中相关位置会明确指出这一点。

目　录

第I部分　入门

第Ⅰ部分　入门

在本部分，我们将介绍函数式编程的基本技术和原理。

第 1 章介绍函数式编程是什么，以及 C#如何支持函数式风格编程。

第 2 章首先展示函数是如何用 C#表示的，然后深入研究 FP 的基本技术——高阶函数。

第 3 章解释纯函数是什么，为什么纯洁性对函数的可测试性有重要影响，以及为什么纯函数适用于并行化和其他优化。

这些介绍性的章节试图利用你可能拥有的现有知识(特别是关于 LINQ 和单元测试的知识)来说明 FP 原则的实际应用。

第Ⅰ部分结束时，你会对用函数式风格编写的程序拥有良好的感觉，并会理解这种风格所带来的好处。

第 1 章 介绍函数式编程

本章主要内容：

- 函数式编程的优点和原理
- C#语言的函数式特性
- 对类型驱动的程序使用记录和模式匹配

函数式编程(Functional Programming，FP)是一种编程范式，是指对程序的一种不同的思维方式，而不是你可能习惯的主流命令式范式。出于这个原因，函数式思维的学习是具有挑战性的，但也是丰富多彩的。我的愿望是，在阅读本书后，你永远不会再用以前的老视角来看待代码！

学习本书可能要经历一番曲折。你可能会因某些概念而感到挫败，这些概念似乎晦涩或无用；你也可能茅塞顿开时又不亦乐乎，并且你能够用几行优雅的函数式代码代替命令式代码。本章先介绍你开始时可能遇到的一些问题：函数式编程究竟是什么？我为什么要在乎它？我能在 C#中进行函数式编码吗？这值得努力吗？

1.1 什么是函数式编程

函数式编程究竟是什么？从高层面上看，这是一种强调函数的同时避免状态突变的编程风格。这个定义是双重的，因为其包含两个基本概念：

- 函数作为第一类值
- 避免状态突变

下面介绍这些概念的含义。

在 REPL 中运行代码片段

当浏览本章和书中的代码片段时，不妨在 REPL 中输入它们。REPL (Read-Eval-Print-Loop)是一个命令行界面，允许通过输入语句来试验该语言并获得即时反馈。可以练习本书展示的示例或尝试一些变化。用真正的代码来试验，学语言会非常快。

如果你使用的是 Visual Studio，可以通过点击 View | Other Windows | C# Interactive 来启动 REPL。或者，也可以使用 LINQPad。遗憾的是，在编写本书时，这些选项仅在 Windows 上可用。在其他操作系统上，可以使用 csi 命令，尽管它的功能不那么丰富。

1.1.1　函数作为第一类值

在函数是第一类值的语言中，可将函数用作其他函数的输入或输出，可将函数赋值给变量，也可将函数存储在集合中。换句话说，可使用函数完成你可对任何其他类型的值执行的所有操作。

例如，在 REPL 中输入代码清单 1.1 所示的内容。

代码清单 1.1　将函数用作第一类值的一个简单示例

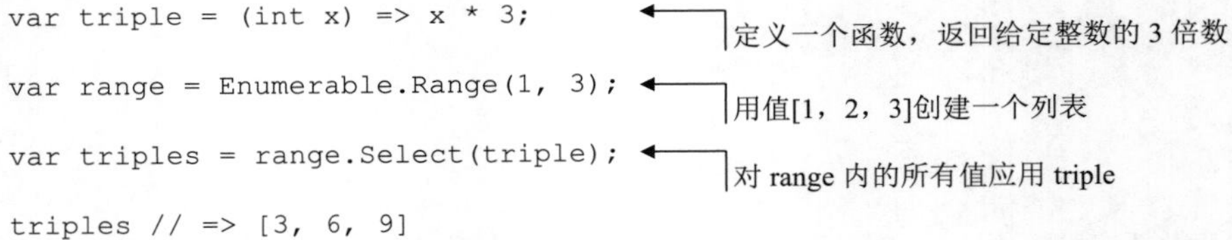

```
var triple = (int x) => x * 3;

var range = Enumerable.Range(1, 3);

var triples = range.Select(triple);

triples // => [3, 6, 9]
```

定义一个函数，返回给定整数的 3 倍数
用值[1，2，3]创建一个列表
对 range 内的所有值应用 triple

在这个例子中，首先调用 Select 方法(IEnumerable 上的一个扩展方法)，将 range 和 triple 函数作为其参数。这将创建一个新的 IEnumerable，它包含通过将 triple 函数应用于输入的 range 中的每个元素而获得的元素。

注意，在 C# 10 之前，需要显式地声明 triple 委托类型:

```
[source,csharp]

Func<int, int> triple = x => x * 3;
```

这个简短的代码片段演示了 C#中的函数确实是第一类值，因为可将乘以 3 的函数赋给变量 triple，并将其作为参数提供给 Select 方法。在整本书中，将函数当作值处理可编写一些非常强大和简洁的代码。

1.1.2　避免状态突变

如果我们要遵循函数式范式，就应该完全避免状态突变：一旦创建了对象，变量便永远不会改变，且永远不会被重新赋值。术语“突变”(mutation)表示某个值就地更改——更新存储器中某处存储的值。例如，下面的代码创建并填充一个数组，然后更新了数组中的一个值：

```
int[] nums = { 1, 2, 3 };
```

```
nums[0] = 7;

nums // => [7, 2, 3]
```

这种更新也称为破坏性更新，因为更新前所存储的值遭到破坏。在函数式编码时应始终避免这种情况(纯粹的函数式语言根本不允许就地更新)。

遵循这一原则，对列表进行排序或过滤时不应该修改列表，而应该新建一个列表，在不影响原列表的情况下适宜地过滤或排序列表。在 REPL 中输入代码清单 1.2 所示的内容，查看使用 LINQ 的 Where 和 OrderBy 函数对列表进行排序或过滤时会发生什么。

代码清单 1.2　函数式方法：用 Where 和 OrderBy 创建新列表

```
var isOdd = (int x) => x % 2 == 1;
int[] original = { 7, 6, 1 };

var sorted = original.OrderBy(x => x);
var filtered = original.Where(isOdd);

original // => [7, 6, 1]    ← 原始列表没有受到影响
sorted   // => [1, 6, 7]
filtered // => [7, 1]       ← 排序和过滤产生了新的列表
```

如上所示，原始列表不受排序或过滤操作的影响，而会产生新的 IEnumerable。下面分析一个反例，如代码清单 1.3 所示。有一个数组，可通过调用其 Sort 方法对其进行就地排序。

代码清单 1.3　非函数式方法：用 List<T>.Sort 对列表进行就地排序

```
int[] original = { 5, 7, 1 };
Array.Sort(original);

original // => [1, 5, 7]
```

在本示例中，排序后，原始排序遭到破坏。你马上会明白其原因。

注意　在.NET 库中能同时看到函数式和非函数式方法是有历史原因的：Array.Sort 在日期上早于 LINQ(而这正是转向函数式方向的决定性标志)。

1.1.3　编写具有强力保证的程序

在刚才讨论的两个概念中，作为第一类值的函数最初显得更令人兴奋，第 2 章将集中讨论它。但在继续之前，简要说明为什么避免状态突变也是非常有益的，因为它消除了由可变状态引起的许多复杂性。

下面来看一个例子(后面将更详细地介绍这些主题，所以即使你目前尚不清楚所有事项，也不要担心)。将代码清单 1.4 中所示的代码输入 REPL 中。

代码清单 1.4 来自并发进程的状态突变会产生不可预知的结果

```
using static System.Linq.Enumerable;
using static System.Console;

var nums = Range(-10000, 20001).Reverse().ToList();
// => [10000, 9999, ... , -9999, -10000]

Action task1 = () => WriteLine(nums.Sum());
Action task2 = () => { nums.Sort(); WriteLine(nums.Sum()); };

Parallel.Invoke(task1, task2);
// prints: 92332970
//         0
```

允许在没有完全限定的情况下调用 Range 和 WriteLine

并行执行这两项任务

这里将 nums 定义为 10 000 到-10 000 之间的所有整数的列表。它们的总和显然应该为 0。然后创建两个任务：

- task1 计算并打印出总和。
- task2 首先对列表进行排序，然后计算并打印总和。

如果独立运行，每项任务都将正确计算总和。然而，当同时运行两个任务时，task1 会产生一个不正确且不可预知的结果。很容易看出原因：当 task1 读取列表中的数字以计算总和时，task2 将重新排序该列表。这有点像在其他人翻页的同时试图阅读同一本书：你会阅读一些残缺不全的句子！图 1.1 描述了这种情形。

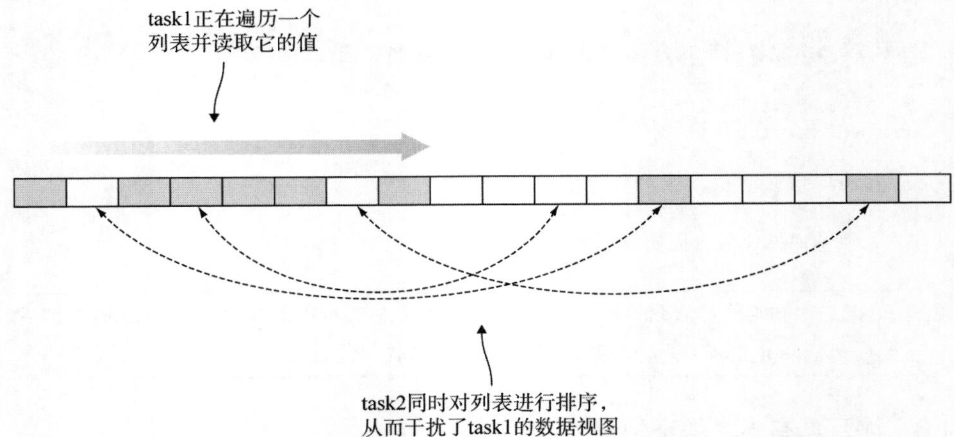

图 1.1 就地修改数据会带给并发线程一个不正确的数据视图

如果是使用 LINQ 的 OrderBy 方法，而不是就地排序列表呢？下面看一个例子。

```
var task3 = () => WriteLine(nums.OrderBy(x => x).Sum());
Parallel.Invoke(task1, task3);

// prints: 0
//         0
```

如你所见，即使并行执行任务，使用 LINQ 的函数式实现依然能提供可预测的结果。这是因为 task3 没有修改原始列表，而是创建了一个已排序的全新数据视图—— task1 和 task3 同时从原始列表中读取数据，但并发读取不会导致任何不一致，如图 1.2 所示。

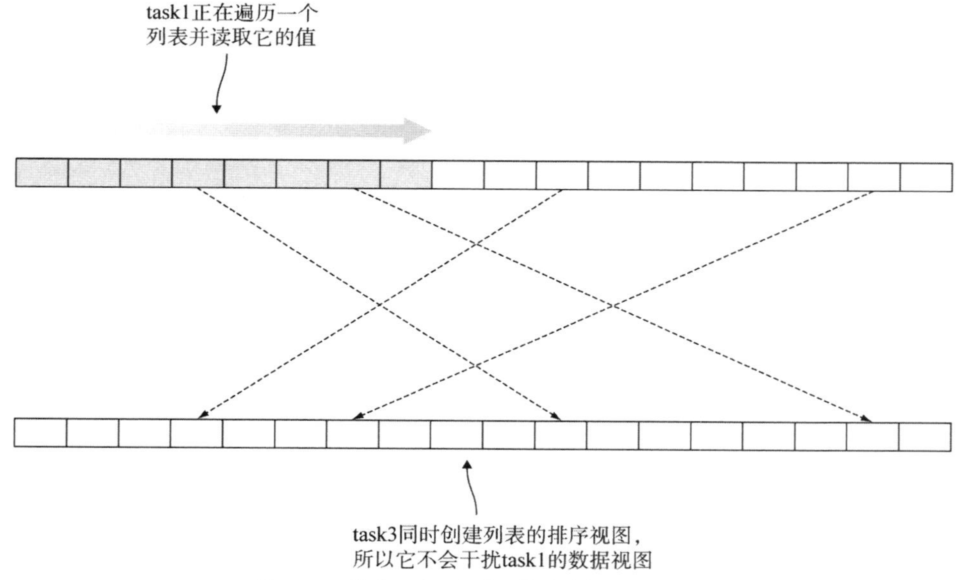

图 1.2　函数式方法：创建原始结构的新修改版本

这个简单示例说明了一个更广泛的事实：当开发人员用命令式风格编写应用程序(显式地使程序状态突变)并在后来引入并发(由于新的需求或需要提高性能)时，不可避免地会面临大量的工作和一些潜在的棘手缺陷。从一开始就以函数式风格编写程序，通常可自由添加并发机制，或减少工作量。第 3 章和第 11 章将更详细地讨论状态突变和并发性。现在，让我们回到对 FP 的概述。

虽然大多数人会认同将函数视为第一类值并避免状态突变是 FP 的基本原则，但它们的应用催生了一系列实践和技术，所以对于本书来说哪些技术有必要介绍和收录是值得商榷的。对这个问题可采取务实的态度，不妨将 FP 理解为一组工具，能用它来解决编程任务即可。在学习这些技术的过程中，你将开始从不同的视角去看待问题，即开启函数式思维。

现在我们已经有了 FP 的工作定义，下面分析 C#语言本身，以及它对 FP 技术的支持。

“函数式”与“面向对象”

我经常被要求将 FP 与面向对象编程(OOP)进行比较。这并不简单，主要是因为对于 OOP 应该是什么样的，有许多不正确的臆测。

从理论上讲，OOP(封装、数据抽象等)的基本原理与 FP 的原理是正交的，所以没理由将这两种范式组合在一起。

然而，在实践中，大多数面向对象(OO)开发人员在其方法实现中严重依赖命令式风格，他们使状态就地突变并使用显式的控制流，他们在大型项目中使用 OO 设计，在小型项目中使用命令式编程。所以真正的问题是要对比命令式编程和函数式编程。

另一个有趣的问题是，FP 如何在构建一个大型、复杂的应用程序方面与 OOP 有所不同。构建一个复杂应用程序的难点在于需要遵循以下几个原则：

- 模块化(将软件划分为可复用组件)
- 关注分离(每个组件只应做一件事)
- 分层(高层组件可依赖于低层组件，但反之则不然)
- 松耦合(组件不应该知道它所依赖的组件的内部细节。因此，对组件的更改不应影响依赖它的组件)。

这些原则并非特定于 OOP，因此可用来构造那些以函数式风格编写的应用程序——不同之处在于组件是什么，以及其所暴露的 API 是什么。

在实践中，函数式所强调的纯函数(将在第 3 章中讨论)和可组合性(将在第 7 章中讨论)使得实现某些设计目标更加容易。[a]

---

a 关于为什么命令式风格的 OOP 使程序更复杂的详细讨论，请参阅由 Ben Moseley 和 Peter Marks 撰写的 *Out of the Tar Pit*，2006.11，详见链接[1]。

1.2 C#语言中的函数式编程

在前面的代码清单中，函数确实是 C#中的第一类值。实际上，从语言的最早版本到 Delegate 类型，C#都支持函数作为第一类值，随后的 lambda 表达式的引入使语法支持变得更好——第 2 章将回顾这些语言特性。

虽然 C#在类型推断方面有一些怪癖和限制(将在第 10 章讨论)，但总的来说，它对函数作为第一类值的支持是相当不错的。

至于支持避免就地更新的编程模型，这方面的基本要求是语言具有垃圾回收功能。由于创建了修改的版本，而不是就地更新现有值，因此就要对旧版本进行垃圾回收。同样，C#满足这个要求。

理想情况下，该语言还应阻止就地更新。很长一段时间以来，这都是 C#的最大缺点：默认情况下一切都是可变的，程序员必须投入大量精力才能实现不可变。而 C# 9 引入的记录则完全改变了这种情况。如 1.2.3 节所述，记录允许自定义不可变类型，而不需要任何样板。事实上，定义记录比定义“普通”类更容易。

随着时间的推移，C# 9 为许多函数式技术提供了良好的语言支持。本书将教会你扬长避短，更好地利用这些特性。接下来将回顾与 FP 相关的一些 C#语言特性。

1.2.1 LINQ 的函数式性质

当 C# 3 与.NET Framework 3.5 版本一起发布时，包含许多受函数式语言所启发的特性，包括 LINQ 库(System.Linq)和一些新的语言特性(这些特性使你能增强用 LINQ 所做的事情)，如扩展方法、lambda 表达式和表达式树。

LINQ 确实是一个函数式库——我之前曾使用 LINQ 来说明 FP 的两个原则——随着你进一步阅读本书，LINQ 的函数式性质将变得更明显。

LINQ 为列表上的许多常见操作提供了实现(或更笼统地讲，在“序列”中，作为 IEnumerable 的实例)，其中最常见的操作是映射、排序和过滤(详见下面“对于序列的常见操作”中的说明)。以下是一个结合所有三种操作的示例：

```
Enumerable.Range(1, 100).
   Where(i => i % 20 == 0).
   OrderBy(i => -i).
   Select(i => $"{i}%")
// => ["100%", "80%", "60%", "40%", "20%"]
```

注意 Where、OrderBy 和 Select 都接受函数作为参数，并且不会使给定的 IEnumerable 突变，而是返回一个新的 IEnumerable。这体现了前面介绍的两个 FP 原则。

LINQ 不仅可查询内存中的对象(LINQ 到 Objects)，还可查询其他各种数据源，如 SQL 表和 XML 数据。C#程序员已将 LINQ 作为处理列表和关系数据的标准工具集(与此相关的典型代码库数量众多)。这也意味着你已对函数式库的 API 有了基本印象。

另一方面，当使用其他类型时，C#程序员通常坚持使用流控制语句的命令式风格来表达程序的预期行为。因此，我见过的大多数 C#代码库都是函数式风格(使用 IEnumerables 和 IQueryables 时)和命令式风格(其他所有内容)的拼合物。

这意味着虽然 C#程序员已经意识到使用诸如 LINQ 之类的函数式库有很多好处，但还不能完全揭示 LINQ 背后的设计原则，以便在设计中利用这些技术。这正是本书要解决的问题。

对于序列的常见操作

LINQ 库包含许多对序列执行常见操作的方法，如下所示：

- **映射**——给定一个序列和一个函数，映射生成一个新序列，其元素是通过将给定函数应用于给定序列中的每个元素(在 LINQ 中，这通过 Where 方法完成)而获得的。

  ```
  Enumerable.Range(1, 3). Where (i => i * 3) // => [3, 6, 9]
  ```

- **过滤**——给定一个序列和一个谓词，过滤生成一个新序列，它由给定序列中传递谓词(在 LINQ 中为 Where)的元素组成。

  ```
  Enumerable.Range(1, 10).Where(i => i % 3 == 0)  // => [3, 6, 9]
  ```

- **排序**——给定一个序列和一个键选择器函数，排序生成一个按键(LINQ 中为 OrderBy 和 OrderByDescending)排序的新序列。

  ```
  Enumerable.Range(1, 5).OrderBy(i => -i)  // => [5, 4, 3, 2, 1]
  ```

1.2.2 函数式编码的简短语法

C# 6 和 C# 7 没有 C# 10 那么具有革命性，但它们包含许多更小的语言特性，这些特性共同提供了更好的编程体验和更符合函数式编码习惯的语法。

代码清单 1.5 中列出了这些特性。

代码清单 1.5 与 FP 相关的 C#特性

```
using static System.Math;

public record Circle(double Radius)
{
   public double Circumference
      => PI * 2 * Radius;

   public double Area
   {
      get
      {
         double Square(double d) => Pow(d, 2);
         return PI * Square(Radius);
      }
   }
}
```

using static 可对 System.Math 的静态成员(如 PI 和 Pow)进行非限定访问

一个具有表达式体的属性

局部函数是在另一个方法中声明的方法

1. 使用 using static 导入静态成员

C# 6 中的 using static 语句允许导入类的静态成员(在本例中为 System.Math 类)。因此，在本例中，可调用 Math 的 PI 和 Pow 成员，而不需要进一步限定条件：

```
using static System.Math;

public double Circumference
   => PI * 2 * Radius;
```

为什么这很重要？在 FP 中，我们更喜欢行为仅依赖于输入参数的函数，因为可独立推理和测试这些函数(与实例方法相比，其实现通常会与实例变量进行交互)。这些函数在 C#中用静态方法实现，因此 C#中的函数式库主要是由静态方法组成。

using static 语句能让你更轻松地使用这些库，甚至在 C# 10 中，global using static 语句将允许你在整个项目中使用函数。尽管过度使用这些语句可能导致名称空间污染，但合理使用会产生干净可读的代码。

2. 具有表达式体成员的更简洁函数

Circumference 属性是用带有 => 的表达式体所声明的，而不是使用{}的寻常语句体：

```
public double Circumference
   => PI * 2 * Radius;
```

注意，与 Area 属性相比，这更简洁明了！

在 FP 中，我们倾向于编写大量简单的函数，其中许多是单行的，然后将它们组合成更复杂的工作流程。表达式体方法允许用最小的语法噪音做到这一点。当想要编写返回一个函数的函数(本书中大量出现)时，这一点尤其明显。

表达式体语法是在 C# 6 中为方法和属性引入的，在 C# 7 中被广泛应用于构造函数、析构函数、getter 和 setter 中。

3. 用函数声明函数

编写大量简单函数意味着许多函数只能从一个位置被调用。在 C#中，通过在方法作用域内声明方法可明确这一点，实际上这有两种方式，一种是使用委托：

```
[source,csharp]

get
{
    var square = (double d) => Pow(d, 2);
    return PI * square(Radius);
}
```

此代码使用 lambda 表达式表示函数，将其赋值给 square 变量(在 C# 10 中，编译器推断 square 的类型为 Func<double，double>，因此你可以使用 var 关键字声明它)。第 2 章将更深入讲解 lambda 表达式和委托。

另一种方式是使用局部函数，即在方法中声明的有效方法——C# 7 引入的特性。

```
get
{
    double Square(double d) => Pow(d, 2);
    return PI * Square(Radius);
}
```

由于这个原因，lambda 表达式和局部函数都可以引用封闭作用域中的变量，编译器实际上为每个局部函数生成一个类。为了减少潜在的性能影响，如果局部函数不需要访问封闭作用域中的变量，就像本例中的情况，C# 8 允许声明局部函数为 static:

```
static double Square(double d) => Pow(d, 2);
```

如果从标记为静态的局部函数中引用封闭作用域中的变量，将会得到编译器错误。

1.2.3　元组的语言支持

类似于许多其他语言中的语法，C# 7 引入了新的轻量级语法来创建和使用元组。这是 C# 7 引入的最重要的特性。[1]

1　C# 7 元组取代了其笨拙的 C# 4 前辈，后者性能欠佳，语法不美观，它们的元素通过 Item1、Item2 等属性访问。除了新的语法，元组的底层实现也发生了变化。旧的元组由 System.Tuple 类支持，它们是不可变的引用类型。新的元组由 System.ValueTuple 结构支持。作为结构体，它们在函数之间传递时会被复制，但它们是可变的，所以可以在方法内更新它们的成员，这是元组预期的不可变性和性能考量之间的折中。

元组在实践中如何应用？为什么它们与 FP 相关？在 FP 中，我们倾向于将任务分解成小函数。最终可能会得到这样一种数据类型，其唯一目的是捕获一个函数返回的信息，并期望它作为另一个函数的输入。为此结构定义专用类型是不切实际的，它并非一个有意义的领域抽象。这时就要使用元组了。

下面来看一个例子。假设有一个“货币对”标识符，如 EURUSD，它标识欧元/美元的汇率，把它分成两部分：

- 基础货币(欧元)
- 报价货币(美元)

为此，可以定义一个通用函数，在给定索引处分割字符串。操作示例如下：

```
public static (string, string)       ← 声明一个元组作为方法的返回类型
    SplitAt(this string s, int at)
    => (s.Substring(0, at), s.Substring(at));   ← 构造元组

var (baseCcy, quoteCcy) = "EURUSD".SplitAt(3);   ← 解构元组
baseCcy  // => "EUR"
quoteCcy // => "USD"
```

此外，可以为元组的元素指定有意义的名称。这允许像查询属性一样查询它们:

```
public static (string Base, string Quote)   ← 将名称赋给所返回元组的元素
    AsPair(this string ccyPair)
    => ccyPair.SplitAt(3);

var pair = "EURUSD".AsPair();
pair.Base  // => "EUR"     | 通过名称访问元素
pair.Quote // => "USD"
```

下面来看另一个例子。可以使用 Where 和一个谓词来过滤列表中的值:

```
var nums = Enumerable.Range(0, 10);

var even = nums.Where(i => i % 2 == 0);
even // => [0, 2, 4, 6, 8]
```

如果想了解满足谓词的元素和不满足谓词的元素，以便分别处理它们，该怎么办？为此，定义一个名为 Partition 的方法，它返回一个包含两个列表的元组:

```
var (even, odd) = nums.Partition(i => i % 2 == 0);

even // => [0, 2, 4, 6, 8]
odd  // => [1, 3, 5, 7, 9]
```

正如这些示例所示，元组语法允许优雅地编写和使用需要返回多个值的方法。因为没理由去定义一个专门的类型来保存这些值。

1.2.4　模式匹配和记录类型

在本书第 1 版出版之后，C# 8 和 C# 9 带来了两个重要的特性，它们直接受到了函数式语言的启发：

- 模式匹配——允许使用 switch 关键字，不仅匹配特定的值，还匹配数据的形状，最重要的是数据的类型。
- 记录——无样板的不可变类型，内置对创建修改版本的支持。

提示　如果使用的是遗留代码，并且是较老版本的 C#，附录展示了如何使用模式匹配和不可变类型。

本书将通过一个实际的示例说明如何使用它们。如果曾经在电子商务领域工作过，就可能会遇到评估客户购买商品时支付增值税(VAT)的需要。[1]

假设任务是编写一个函数，该函数用于估计客户需要为订单支付多少增值税。增值税的逻辑和金额取决于商品实际运往的国家，当然，也取决于购买金额。因此，我们希望实现一个名为 Vat 的函数，给定订单和买方地址，该函数将计算一个十进制数(税额)。假设需求如下:

- 对于运往意大利和日本的货物，增值税将分别按 22%和 8%的固定税率收取。
- 德国对食品收取 8%，对所有其他产品收取 20%。
- 美国对所有产品收取固定税率，但税率因州而异。

在继续阅读之前，思考如何处理这个任务。

代码清单 1.6 显示了如何使用记录类型来建模一个 Order。为了简单起见，假设一个 Order 不能包含不同类型的 Product。

代码清单 1.6　位置记录

```
record Product(string Name, decimal Price, bool IsFood);   ← 没有主体的记录以分号结束

record Order(Product Product, int Quantity)   ← 记录可以包含一个有附加成员的主体
{
   public decimal NetPrice => Product.Price * Quantity;
}
```

请注意，如何用一行代码定义 Product 类型。编译器生成一个构造函数、属性 getter 和几个方便的方法，如 Equals、GetHashCode 和 ToString。

注意　C# 9 中的记录是引用类型，但是 C# 10 允许通过 record struct(而不是 record)语句使用记录语法来定义值类型。令人惊讶的是，记录结构是可变的，如果想要它是不可变的，就必须声明结构为 readonly record struct。

1　增值税也被称为销售税或消费税，这取决于你所在的国家。

代码清单 1.7 展示了如何实现第一条业务规则，它适用于增值税为固定税率的国家，如意大利和日本。

代码清单 1.7 一个值的模式匹配

```
static decimal Vat(Address address, Order order)
   => Vat(RateByCountry(address.Country), order);

static decimal RateByCountry(string country)
   => country switch
   {
      "it" => 0.22m,
      "jp" => 0.08m,
      _ => throw new ArgumentException($"Missing rate for {country}")
   };

static decimal Vat(decimal rate, Order order)
   => order.NetPrice * rate;
```

这里定义了 RateByCountry 以映射国家代码到相应的增值税税率。注意，与使用 case、break 和 return 的传统 switch 语句相比，switch 表达式的语法更简洁。这里只是根据国家的值来匹配。

还要注意，代码清单 1.7 中的代码假定存在一个 Address 类型和 Country 属性，其定义如下：

```
record Address(string Country);
```

至于构成地址的其他字段，如街道、邮政编码等，这里省略它们并不是为了简单起见，而是本例只需要依据国家来进行计算，所以使用 Address 类型只封装此上下文中需要的信息是合理的。可以为不同的组件定义不同的、更丰富的 Address 类型，并在需要时定义两者之间的转换。

下面添加运往德国的货物的代码实现。注意，德国对食品收取 8%，其他所有产品收取 20%。代码清单 1.8 中的代码展示了如何添加该规则。

代码清单 1.8 用模式匹配表达式来解析记录

```
static decimal Vat(Address address, Order order)
   => address switch
   {
      Address("de") => DeVat(order),
      Address(var country) => Vat(RateByCountry(country), order),
   };

static decimal DeVat(Order order)
   => order.NetPrice * (order.Product.IsFood ? 0.08m : 0.2m);
```

现在，在 Vat 函数中添加了一个 switch 表达式。在每一种情况下，给定的 Address 都被解构，以根据其 Country 的值进行匹配。在第一种情况下，将它与文字值“de”匹配。如果符合，就调用德国的增值税实现函数 DeVat。在第二种情况下，将值赋给 country 变量，并像前面那样按国家检索汇率。注意，可以像下面这样简化 switch 表达式的子句：

```
static decimal Vat(Address address, Order order)
    => address switch
    {
        ("de") _ => DeVat(order),
        (var country) _ => Vat(RateByCountry(country), order),
    };
```

因为 address 的类型已知为 Address，所以可以省略该类型。在这个例子中，必须为匹配的表达式包含一个变量名。这里使用了一个废弃的下画线字符。如果被解析的对象至少有两个字段，则不需要这样做。[1]

属性模式

前面的代码清单展示了如何通过解析 Address 来匹配字段的值，这称为位置模式。现在，假设 Address 类型更复杂，包括 6 个左右的字段。在这种情况下，位置模式会很麻烦，因为需要为每个字段包含一个变量名。

这就是属性模式的用武之地。下面的代码展示了如何匹配属性的值:

```
static decimal Vat(Address address, Order order)
    => address switch
    {
        { Country: "de" } => DeVat(order),
        { Country: var c } => Vat(RateByCountry(c), order),
};
```

这种语法的优点是，如果以后向 Address 添加额外的字段，则不需要更改任何内容。一般来说，属性模式最适合典型的 OO 实体，而位置模式最适合定义不太可能改变的非常简单的对象(如 2D 点)，或者为特定模式匹配场景建模的对象，比如当前示例中的简化 Address 类型。

在美国，还需要知道订单要发往的州，因为不同的州有不同的增值税。可以这样建模:

```
record Address(string Country);
record UsAddress(string State) : Address("us");
```

也就是说，要创建一个专用类型来表示美国地址。这扩展了 Address，因为它有额外的数据(在我看来，这比在 Address 中添加一个 State 属性，而大多数国家的这个属性为 null 要好)。我们现在可以完成需求，如代码清单 1.9 所示。

代码清单 1.9　按类型匹配模式

```
static decimal Vat(Address address, Order order)
    => address switch
    {
        UsAddress(var state) => Vat(RateByState(state), order),
```

1　问题是在 C#中，(“de”)与“de”是相同的，所以编译器会认为匹配的是一个字符串，而不是只有一个字符串字段的对象。

```
        ("de") _ => DeVat(order),
        (var country) _ => Vat(RateByCountry(country), order),
    };

static decimal RateByState(string state)
    => state switch
    {
        "ca" => 0.1m,
        "ma" => 0.0625m,
        "ny" => 0.085m,
        _ => throw new ArgumentException($"Missing rate for {state}")
    };
```

RateByState 的实现与 RateByCountry 相同。其中，比较有意思的是 Vat 中的模式匹配。该代码现在可以匹配 UsAddress 类型，提取州，找到适用于该州的增值税。

提示 本节演示了 C#支持的最常见(也最有用)的模式。此外，可以使用关系模式(如所有大于 100 的值)，或者逻辑模式来组合其他几个模式。要获取完整的规范，请访问链接[2]。

完成了!整个代码只有 40 多行，大多数函数都是一行代码，需求中的三种情况在相应的顶级 switch 表达式中得到了清晰的表达。因此，不需要疯狂地使用函数，不需要像面向对象编程人员那样创建具有多个实现的接口(可将此问题视为策略模式的完美候选)，而是使用一种类型驱动的方法，该方法示范了如何在静态类型的函数语言中使用记录和模式匹配。

所生成的代码不仅简洁，而且具有可读性和可扩展性。任何程序员都可以很容易接受并为其他国家添加新规则，或者在需要时修改现有规则。

1.3 将在本书中学到什么

本章介绍了 FP 的一些基本思想，以及支持函数式风格编程的 C#特性。本书不要求任何函数式编程的背景，但需要读者了解.NET 和 C#(或类似的语言，如 Java、Swift 及 Kotlin)。本书是关于函数式编程的，不是 C#教程。读完本书，就能

- 使用高阶函数，以更少的代码实现更多的功能，减少重复。
- 使用纯函数来编写易于测试和优化的代码。
- 编写易用的 API，并准确描述程序的行为。
- 使用专用类型以优雅且可预测的方式处理可空性、系统错误和验证规则。
- 编写可测试的、模块化的代码，这些代码可以在没有 IoC 容器开销的情况下进行组合。
- 用函数式风格编写 Web API。
- 用简单的声明性代码编写复杂的程序，使用高级函数处理序列或值流中的元素。
- 阅读并理解有关函数式语言的文献。

1.4 本章小结

- FP 是一种强大的范式，它有助于使代码更简洁、可维护、表达性强、健壮、可测试和并发友好。
- FP 与 OOP 的不同之处在于，它关注函数而不是对象，它关注数据转换而不是状态变化。
- FP 可以被视为基于以下两个基本原则的技术集合：
  - 函数是第一类值
  - 应避免就地更新
- C#是一种多范式的语言，它稳定地融入了函数式的特性，使用户能够从函数式的编程风格中获益。

第 2 章

函数思维

本章主要内容：

- 数学和编程中的函数
- 在 C#中表示函数
- 利用高阶函数

第 1 章介绍了 FP 的原则之一：如何将函数作为第一类值来处理。这允许程序员进一步编写由其他函数参数化的函数或创建其他函数的函数。这些函数被称为高阶函数(Higher-Order Function，HOF)，它们确实提高了程序的抽象级别，允许用更少的代码做更多的事。

但是在深入研究 HOF 之前，首先看看函数是什么，它们在数学和编程术语中是什么含义。然后，研究 C#提供的各种表示函数的结构。

2.1 什么是函数

本节将阐明函数是什么。我们从这个词的数学用法开始，逐渐讨论 C#所提供的用于表示函数的各种语言结构。从而让你了解一些基本的概念性和实用性工具，以开始按功能编写代码。

2.1.1 映射函数

在数学中，函数是两个集合之间的映射，分别称为定义域和值域，即给定一个来自其定义域的元素，函数从其值域产生一个元素。仅此而已，无论映射是基于某个公式还是完全任意的都无关紧要。

从这个意义上来说，函数是一个完全抽象的数学对象，函数产生的值完全取决于输入。但编程中的函数并不总是这样。

例如，想象一个将小写字母映射到对应的大写字母的函数，如图 2.1 所示。在本示例中，定义域是集合{a, b, c, ...}，值域是集合{A, B, C, ...}。当然，有一些函数的定义域和值域是相同的集合，你能想到一个例子吗？

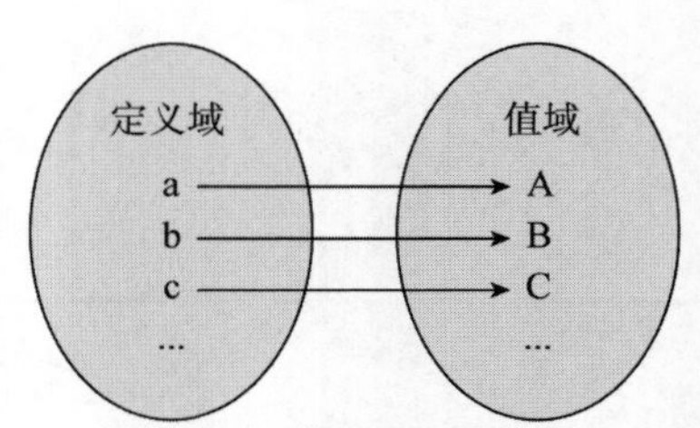

图 2.1 数学函数只是一个映射，它将一个集合(定义域)中的元素映射到另一个集合(值域)中的元素

这与编程的函数有什么关系呢？在 C#这样的静态类型语言中，集合(定义域和值域)是用类型表示的。例如，如果你对图 2.1 所示的函数进行编码，可使用 char 来表示定义域和值域。函数类型可写成：

```
char → char
```

也就是说，该函数将 char 映射到 char，或等价于给出一个 char，其会生成一个 char。

定义域和值域的类型构成一个函数的接口，也称为类型或签名。可将此看成一个合约：一个函数签名声明“给定一个来自定义域的元素，将从值域生成一个元素”。[1]这已经说得很明白了，但如第 4 章所述，在现实中，违反签名合约的情况比比皆是。

接下来，分析 C#语言中能够用于表示函数的特性。这里不只是指数学函数，而是指日常编程中涉及的函数。

2.1.2 在 C#中表示函数

在 C#中有几种可用于表示函数的语言结构：

- 方法(method)，包括局部函数
- 委托(delegate)
- lambda 表达式
- 字典(dictionary)

下面简单复习一下这些结构。如果你精通这些内容，请直接跳至 2.2 节。

方法

方法是 C#中最常见和惯用的函数表示。例如，System.Math 类包含表示许多常用数学函数的方法。在进行函数式编程时，我们倾向于大量使用只依赖于其输入参数的静态方法——它们不引用封闭静态类中的任何字段或属性，因此，可以将它们单独考虑，就像处理数学函数一样。

第 1.2.2 节讨论了局部函数。它们实际上是在方法中声明的方法。如果有一个执行特定任务的函数，并且只需要在一个地方调用它，那么可以选择使用局部函数。真正能够以函数式风格编程的构造是委托和 lambda 表达式，所以下面讨论它们。

委托

委托是类型安全的函数指针。这里的类型安全意味着委托是强类型：函数的输入和输出值

1 OO 意义上的接口是该想法的扩展：一组带有各自输入和输出类型的函数，或更确切地说，将 this(当前实例)作为隐式参数的方法(本质上是函数)。

的类型在编译时是已知的，统一由编译器强制执行。

创建委托是一个两步过程：首先声明委托类型，然后提供一个实现(这类似于编写接口，然后实例化实现该接口的类)。

第一步通过使用 delegate 关键字并为委托提供签名来完成。例如，.NET 基类库包含代码清单 2.1 所示的 Comparison<T>委托的定义。

代码清单 2.1　声明一个委托

```
namespace System
{
   public delegate int Comparison<in T>(T x, T y);
}
```

如你所见，一个 Comparison<T>委托可被赋予两个 T 类型的值，并会生成一个指示哪一个更大的 int 值。

一旦有了委托类型，就可提供一个实现来实例化它，如代码清单 2.2 所示。

代码清单 2.2　实例化和使用委托

```
var list = Enumerable.Range(1, 10).Select(i => i * 3).ToList();
list // => [3, 6, 9, 12, 15, 18, 21, 24, 27, 30]

Comparison<int> alphabetically = (l, r)
   => l.ToString().CompareTo(r.ToString());     // 提供 Comparison 的实现

list.Sort(alphabetically);     // 将 Comparison 委托用作 Sort 的参数
list // => [12, 15, 18, 21, 24, 27, 3, 30, 6, 9]
```

如上所述，在技术层面上，委托只是一个表示操作的对象，在本示例中，是一个比较操作。就像任何其他对象一样，可将委托用作另一个方法的参数，如代码清单 2.2 所示，因此委托是使 C#中的函数具有第一类值的语言特性。

Func 和 Action 委托

.NET 框架包含几个可表示几乎任何函数类型的委托“家族”：

- Func<R> 表示一个不接受参数并返回一个 R 类型结果的函数。
- Func<T1,R> 表示一个接受一个 T1 类型的参数并返回一个 R 类型结果的函数。
- Func<T1,T2,R>表示一个接受一个 T1 类型的参数和一个 T2 类型的参数并返回一个 R 类型结果的函数。

委托可表示各种“元数”(arity)的函数(请参阅后面的补充说明“函数元数”)。

自引入 Func 以来，就很少使用自定义委托。例如，不应按如下方式声明自定义委托：

```
delegate Greeting Greeter(Person p);
```

而可以使用类型：

```
Func<Person, Greeting>
```

上例中的 Greeter 类型与 Func<Person,Greeting>等效或“兼容”。这两种情况下，它都是一个接受 Person 并返回 Greeting 的函数。在实践中，这意味着可以定义一个 Greeter，并将其传递给一个需要 Func<Person, Greeting>的方法，反之亦然，而不会引起编译器错误。

有一个类似的委托家族可表示动作(action)——没有返回值的函数，如 void 方法：

- Action 表示一个没有输入参数的动作。
- Action<T1>表示一个输入参数类型为 T1 的动作。
- Action<T1,T2>等表示一个具有多个输入参数的动作。

.NET 的发展已经远离了自定义委托，支持更通用的 Func 和 Action 委托。例如，对于谓词[1]的表示：

- .NET 2 中引入一个 Predicate<T>委托，例如，在 FindAll 方法中用于过滤 List<T>。
- 在.NET 3 中，Where 方法也用于过滤，但在更通用的 IEnumerable<T>中定义，不接受 Predicate<T>，只接受 Func<T,bool>。

两种函数是等效的。建议使用 Func 来避免表示相同函数签名的委托类型激增，但自定义委托的可表达性更好：Predicate<T>比 Func< T,bool>能更清楚地传达意图，并更接近口语。

函数元数

元数(arity)是一个有趣的词语，指的是函数所接受的参数数量。例如：

- 零元函数不接受任何参数。
- 一元函数接受一个参数。
- 二元函数接受两个参数。
- 三元函数接受三个参数。

其他函数以此类推。实际上，可将所有函数都看成一元的，因为传递 n 个参数相当于传递一个 n 元组作为唯一参数。例如，加法(就像其他任何二元算术运算一样)是一个函数，其定义域是所有数字对的集合。

lambda 表达式

lambda 表达式简称为 lambda，用于声明函数内联(function inline)。如代码清单 2.3 所示，按照字母顺序排列数字列表，可使用 lambda 来完成。

代码清单 2.3 用 lambda 声明函数内联

```
var list = Enumerable.Range(1, 10).Select(i => i * 3).ToList();
list // => [3, 6, 9, 12, 15, 18, 21, 24, 27, 30]

list.Sort((l, r) => l.ToString().CompareTo(r.ToString()));
list // => [12, 15, 18, 21, 24, 27, 3, 30, 6, 9]
```

1 谓词是一个函数：给定一个值(如一个整数)，它表明是否满足某种条件(比如，是否为偶数)。

如果函数很简短，且不需要在其他地方重复使用，那么 lambda 提供了最优雅的表示法。另外注意到代码清单 2.3 中，编译器不仅会推断出 l 和 r 的类型为 int，还会将 lambda 转换为 Sort 方法所期望的委托类型 Comparison<int>，前提是所提供的 lambda 与该类型兼容。

就像方法一样，委托和 lambda 可以访问其作用域内声明的变量。这在利用 lambda 表达式中的闭包[3]时特别有用。代码清单 2.4 是一个例子。

代码清单 2.4　lambda 可访问封闭作用域内的变量

```
var days = Enum.GetValues(typeof(DayOfWeek)).Cast<DayOfWeek>();
// => [Sunday, Monday, Tuesday, Wednesday, Thursday, Friday, Saturday]

IEnumerable<DayOfWeek> daysStartingWith(string s)
   => days.Where(d => d.ToString().StartsWith(s));

daysStartingWith("S") // => [Sunday, Saturday]
```

s 变量在 lambda 内被引用，因此在闭包中被捕获

在这个例子中，Where 期望一个接受 DayOfWeek 并返回 bool 值的函数。实际上，由 lambda 表达式所表达的函数也使用在闭包中被捕获的 s 值来计算结果。

这很有趣。如果用更数学化的眼光来看待由 lambda 表达式所表达的函数，可能会认为它实际上是一个二元函数，它接受一个 DayOfWeek 和一个 string(即 pattern)作为输入，并生成一个 bool。但作为程序员，通常主要关注函数签名，因此更可能将其视为一个从 DayOfWeek 到 bool 的一元函数。这两种观点都是有根据的：函数必须符合其一元签名，但它依赖于两个值来完成工作。

匿名方法

为完整起见，在此应该提到 C# 2 中引入的一个被称为匿名方法的特性。该特性允许像下面这样创建委托：

```
Comparison<int> alphabetically = delegate (int l, int r)
{
   return l.ToString().CompareTo(r.ToString());
};
```

在 C# 3 中，lambda 表达式提供了更简洁的语法来做相同的事，匿名方法已被取代，如代码清单 2.2 所示。匿名方法作为语言的残留特征而存在，但不鼓励使用。在 C#特性的上下文中，术语匿名函数指的是匿名方法和 lambda 表达式。

字典

字典也被称为映射(map)或哈希表(hashtable)；它们是数据结构，提供了一个非常直接的函

3　闭包是 lambda 表达式本身与声明 lambda 的上下文(即 lambda 所处的作用域中所有可用的变量)的组合。

数表示。它们实际上包含键(定义域中的元素)与值(来自值域的相应元素)的关联。

通常会将字典视为数据，因此，在某一时刻改变观点并将其视为函数是可行的。字典适用于表示完全任意的函数，其中映射无法计算，但必须详尽存储。例如，将 Boolean 的值映射到其法语名称的，代码如代码清单 2.5 所示。

代码清单 2.5 一个可用字典来详尽表示的函数

```
var frenchFor = new Dictionary<bool, string>
{
   [true] = "Vrai",
    [false] = "Faux",
};

frenchFor[true]      ← 通过查找执行函数应用程序
// => "Vrai"
```

函数可用字典表示的事实，也使得通过将计算结果存储在字典中而不是每次重新计算它们来优化计算昂贵的函数成为可能。这种技术称为备忘(memoization)。

为方便起见，本书其余部分将使用术语 function 来表示函数的 C#表示法。请记住，这不完全符合函数的数学定义。第 3 章将介绍数学函数和编程函数之间的更多差异。

2.2 高阶函数

现在理解了 FP 是什么，回顾了该语言的函数式特性，是时候开始探索一些实际的函数式技术了。首先，来看函数作为第一类值的最重要优点：它能定义高阶函数(higher-order function，HOF)。

HOF 是接受其他函数作为输入或返回一个函数作为输出的函数，或两者兼而有之。本书假设你已经在某种程度上用过 HOF，如 LINQ。本书将大量使用 HOF，所以本节应作为复习，介绍一些你可能不太熟悉的 HOF 用例。

HOF 很有趣，本节中的大多数示例都可在 REPL 中运行，不妨边实践边尝试一些变化。

2.2.1 依赖其他函数的函数

有些 HOF 接受其他函数作为参数并调用它们以完成工作，有点像公司将其工作分包给另一家公司。本章前面已经介绍了一些这样的 HOF 例子：Sort(List 上的实例方法)和 Where (IEnumerable 上的扩展方法)。

当用一个 Comparison 委托来调用 List.Sort 时，List.Sort 便是一个方法，表示："好吧，我会对自己排序，只要告诉我该如何比较所包含的任意两个元素。" Sort 的工作就是排序，但调用者可决定使用什么样的逻辑进行比较。

同样，Where 的工作是过滤，调用者可决定以什么样的逻辑来确定是否应该包括一个元素。

可以图形化方式表示 Where 的类型，如图 2.2 所示。

图 2.2　Where 接受一个谓词函数作为输入，它使用谓词来决定在返回的列表中包含哪些元素

下面看看 Where 的理想化实现。[1]

代码清单 2.6　Where：一个迭代应用给定谓词的 HOF

```
public static IEnumerable<T> Where<T>
   (this IEnumerable<T> ts, Func<T, bool> predicate)
{
   foreach (T t in ts)          // 迭代列表的任务是 Where 的一个实现细节
      if (predicate(t))         // 确定包含哪些项的准则由调用者决定
         yield return t;
}
```

Where 方法负责排序逻辑，调用者提供谓词，这是基于该条件过滤 IEnumerable 的准则。

如上所述，HOF 有助于在不能轻易分开逻辑的情况下关注分离。Where 和 Sort 是迭代应用程序的示例——HOF 会为集合中的每个元素应用给定的函数。

一个非常粗略的观察方法是，传递一个函数作为参数，其代码最终将在 HOF 的循环体内执行——仅通过静态数据无法做到这一点，总体方案如图 2.3 所示。

可选执行是 HOF 的另一个很棒的选择。如果只想在特定条件下调用给定函数，这将很有用，如图 2.4 所示。

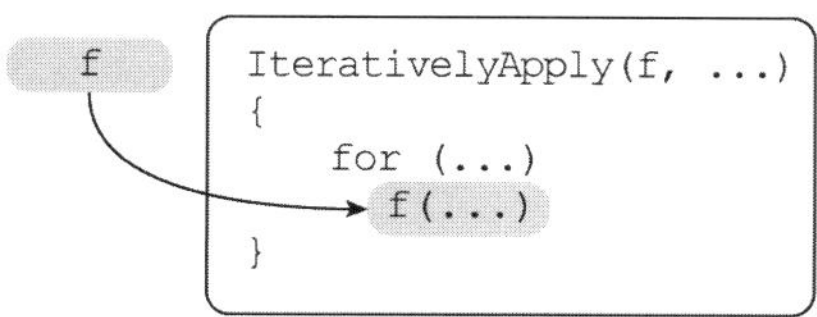

图 2.3　HOF 迭代地应用给定函数作为参数

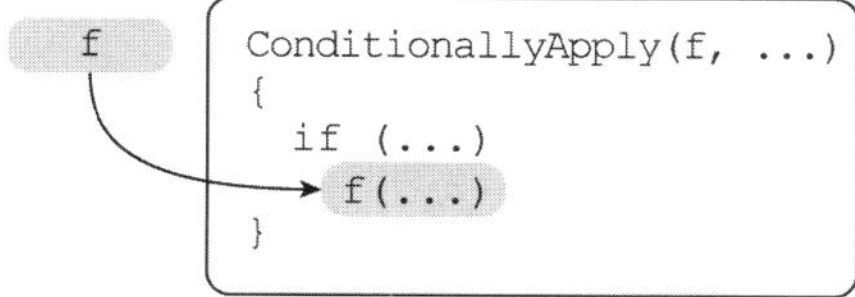

图 2.4　HOF 有条件地应用给定函数作为参数

例如一个从缓存中查找元素的方法。为该方法提供一个委托，以在缓存未命中时调用委托。

代码清单 2.7　HOF 可选地调用给定函数

```
class Cache<T> where T : class
{
   public T Get(Guid id) => //...
```

1　这个实现在功能上是正确的，但它缺少 LINQ 实现中的错误检查和优化。

```
    public T Get(Guid id, Func<T> onMiss)
        => Get(id) ?? onMiss();
}
```

onMiss 中的逻辑可能涉及昂贵的操作，如数据库调用，所以不希望不必要地执行此操作。

前面的例子阐明了 HOF，HOF 接受一个函数作为输入，并用它来执行任务或计算值。这或许是 HOF 最常见的模式，有时被称为控制的倒转：HOF 的调用者通过提供一个函数来决定做什么，被调用者通过调用给定的函数来决定何时执行该操作。下面分析 HOF 能派上用场的其他场景。

2.2.2 适配器函数

有些 HOF 根本不应用所给定的函数，而是返回一个新函数，以某种方式与给定的作为参数的函数相关。例如，假设有一个执行整数除法的函数：

```
var divide = (int x, int y) => x / y;
divide(10, 2) // => 5
```

下面要更改参数的顺序，以便除数首先出现。这可以看成一个更普遍问题的特例：改变参数的顺序。可编写一个泛化的 HOF，通过交换任何要修改的二元函数的参数顺序对该二元函数进行修改：

```
static Func<T2, T1, R> SwapArgs<T1, T2, R>(this Func<T1, T2, R> f)
    => (t2, t1) => f(t1, t2);
```

从技术层面讲，更准确的说法是 SwapArgs 返回一个新函数，该函数以相反的参数顺序调用给定函数。但从直观层面上讲，更像是得到原始函数的一个修改版本。可通过应用 SwapArgs 来修改原始的除法函数：

```
var divideBy = divide.SwapArgs();
divideBy(2, 10) // => 5
```

使用这种类型的 HOF 会导致一个有趣的想法，即函数不是一成不变的：如果不喜欢函数的接口，可通过另一个函数来调用它，以提供更符合自己需要的接口。这就是将其称为适配器函数的原因。[1]

2.2.3 创建其他函数的函数

有时会编写主要用于创建其他函数的函数。这些函数可被视为函数工厂。下例使用 lambda 来过滤数字序列，只保留可被 2 整除的数字：

```
var range = Enumerable.Range(1, 20);
```

1 OOP 中众所周知的适配器模式可被看成将适配器函数的思想应用到对象的接口上。

```
range.Where(i => i % 2 == 0)
// => [2, 4, 6, 8, 10, 12, 14, 16, 18, 20]
```

如果想要更通用的，比如能够过滤可被任何数字整除的数字 n，该怎么办呢？可以定义一个函数，它接受 n 并生成一个合适的谓词，该谓词将计算任何给定的数是否可被 n 整除：

```
Func<int, bool> isMod(int n) => i => i % n == 0;
```

之前还没有研究过这样的 HOF：它接受一些静态数据并返回一个函数。下面分析如何使用它：

```
using static System.Linq.Enumerable;

Range(1, 20).Where(isMod(2)) // => [2, 4, 6, 8, 10, 12, 14, 16, 18, 20]
Range(1, 20).Where(isMod(3)) // => [3, 6, 9, 12, 15, 18]
```

请注意这不仅获得了通用性，还获得了可读性！在这个例子中，使用名为 isMod 的 HOF 生成一个函数，然后被作为输入提供给另一个 HOF：Where，如图 2.5 所示。

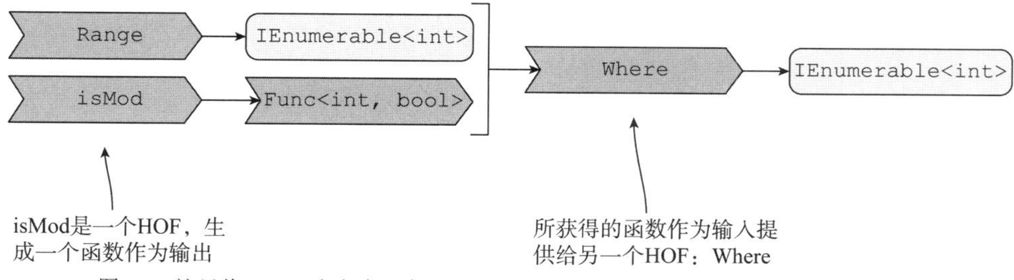

图 2.5　这里将 IsMod 定义为一个 HOF，它返回一个函数，说明一个数是否能被某个给定值整除。然后，将得到的谓词用作 Where 的输入

本书将介绍 HOF 的更多使用情形。最终，你会将它们视为常规函数，而忘记它们是高阶函数。现在分析如何在日常开发中使用它们。

2.3　使用 HOF 避免重复

HOF 的另一个常见用例是封装一些安装和拆卸操作(setup and teardown operation)。例如，与数据库进行交互需要一些安装操作来获取和打开连接，并在交互后进行一些清理以关闭连接并将其返回给底层连接池，如代码清单 2.8 所示。

代码清单 2.8　连接到数据库需要进行一些安装和拆卸操作

```
string connString = "myDatabase";

var conn = new SqlConnection(connString));     // 安装操作：获取并打开一个连接
conn.Open();
```

```
// interact with the database...

conn.Close();        拆卸操作：关闭
conn.Dispose();      并释放连接
```

无论是正在读取数据库、写入数据库还是执行一个或多个动作，安装和拆卸操作都是一致的。前面的代码通常用下面这样的 using 块编写：

```
using (var conn = new SqlConnection(connString))
{
   conn.Open();
   // interact with the database...
}
```

这更简短、更好[1]，但本质上并无区别。例如下面这个简单的 DbLogger 类的例子，该类具有两个与数据库交互的方法：Log 插入给定的日志消息，GetLogs 从给定的日期开始检索所有日志。

代码清单 2.9 安装/拆卸操作逻辑的重复

```
using Dapper;   ← 将 Execute 和 Query 公开为连接上的扩展方法

public class DbLogger
{
   string connString;   ← 假设这是在构造函数中安装的

   public void Log(LogMessage msg)
   {
      using (var conn = new SqlConnection(connString))   ← 安装操作
      {
         conn.Execute("sp_create_log", msg
            , commandType: CommandType.StoredProcedure);   将 LogMessage 存入数据库
      }   ← 拆卸操作作为 Dispose 的一部分执行
   }

   public IEnumerable<LogMessage> GetLogs(DateTime since)
   {
      var sql = "SELECT * FROM [Logs] WHERE [Timestamp] > @since";
      using (var conn = new SqlConnection(connString))   ← 安装操作
      {
         return conn.Query<LogMessage>(sql
            , new {since = since});   查询数据库并对结果进行反序列化
      }   ← 拆卸操作
   }
}
```

不需要详细理解代码。该代码使用 Dapper 库(详见链接[1])，它是 ADO.NET 顶层的一个薄

1 它更简短，是因为将在退出 using 块时调用 Dispose，并依次调用 Close。它更好，是因为交互将被封装在 try/finally 中，所以即使在 using 块的主体中抛出异常，也会丢弃连接。

层，允许通过一个非常简单的 API 与数据库进行交互：

- Query——查询数据库并返回反序列化的 LogMessage。
- Execute——运行存储过程并返回受影响的行数，我们将忽略这些行。

需要注意的重要一点是，这两个方法有一些重复；也就是安装和拆卸操作的逻辑有些重复。能把重复的逻辑去掉吗？

注意　在现实世界中，建议总是异步执行 I/O 操作。在这个例子中，GetLogs 应该真的调用 QueryAsync 并返回一个 Task<IEnumerable<LogMessage>>。但是，异步增加了一些复杂性，这对你学习已具有挑战性的 FP 来说没有帮助。出于教学目的，第 16 章将进一步讨论异步。

如上所述，Dapper 公开了一个舒适的 API，并且如有必要，它甚至会打开连接。但你仍需要创建连接，并且一旦完成，应该尽快处理它。因此，数据库调用的结果最终被夹在执行安装和拆卸操作的相同代码段之间。下面分析如何通过将安装和拆卸逻辑提取到 HOF 中来避免这种重复。

如果你希望编写一个函数来执行安装和拆卸，并将其间的操作参数化。那么对于 HOF 来说，这是一个完美的场景，因为可以用一个函数来表示它们之间的逻辑关系[1]，如图 2.6 所示。

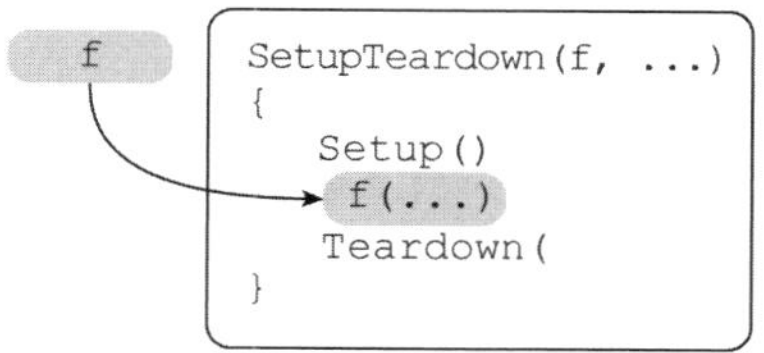

图 2.6　一个在安装和拆卸操作的逻辑之间包装给定函数的 HOF

因为连接的安装和拆卸操作比 DbLogger 更普遍，所以可将它们提取到一个新的 ConnectionHelper 类中，如代码清单 2.10 所示。

代码清单 2.10　将数据库连接的安装和拆卸操作封装到 HOF 中

```
using System.Data;
using System.Data.SqlClient;

public static class ConnectionHelper
{
   public static R Connect<R>
      (string connString, Func<IDbConnection, R> f)
   {
      using (var conn = new SqlConnection(connString))   // 安装操作
      {
         conn.Open();
         return f(conn);   // ← 其间的操作现已被参数化
      }   // ← 拆卸操作
   }
}
```

1　出于这个原因，你可能会听到这种模式被称为“中间洞”。

Connect 函数执行了安装和拆卸操作，并根据期间应发生的操作对其进行参数化。主体的签名很有趣，它接受一个 IDbConnection(通过它与数据库交互)，并返回一个泛型对象 R。在我们见过的用例中，R 在查询的情况下是 IEnumerable<LogMessage>，在插入的情况下是 int。

现在可使用 DbLogger 中的 Connect 函数，如下所示：

```
using Dapper;
using static ConnectionHelper;

public class DbLogger
{
   string connString;

   public void Log(LogMessage message)
      => Connect(connString, c => c.Execute("sp_create_log"
         , message, commandType: CommandType.StoredProcedure));

   string sql = @"SELECT * FROM [Logs] WHERE [Timestamp] > @since";

   public IEnumerable<LogMessage> GetLogs(DateTime since)
      => Connect(connString
         , c => c.Query<LogMessage>(sql, new {since = since}));
}
```

因为摆脱了 DbLogger 中的重复逻辑，所以 DbLogger 不再需要知道有关创建、打开或处理连接的详细信息。至此，相信你也认为 HOF 是一个非常强大的工具，尽管过度使用可能会使得代码难以理解。可在适当的时候使用 HOF，但要注意可读性：使用简短的 lambda 表达式、清晰的命名以及有意义的缩进。

2.4 练习

建议你花点时间完成这些练习，并在练习中提出自己的一些想法。GitHub(详见链接[2])上的代码示例存储库包含了占位符，因此仅需要极少的安装工作即可编写、编译和运行代码。其中还包括可以检查结果的解决方案：

1. 浏览 System.Linq.Enumerable(详见链接[3])的方法。哪些是 HOF？你认为哪一个隐藏着给定函数的迭代应用程序？

2. 编写一个可否定所给定谓词的函数：只要给定谓词的计算结果为 true，则结果函数的计算结果为 false，反之亦然。

3. 编写一个使用快速排序对 List<int>进行排序的方法(返回一个新列表，而不是就地排序)。

4. 泛化前面的实现以接受一个 List<T>和一个 Comparison<T>委托。

2.5 本章小结

- 数学函数简单地定义了两个集合之间的映射。
- 可使用方法、委托、lambda 和字典来表示 C#中的函数。
- FP 利用了高阶函数(接受其他函数作为输入或输出的函数)，因此该语言必须具有作为第一类值的函数。

第 3 章

函数纯洁性很重要

本章主要内容：

- 使函数纯洁或不纯洁的原因
- 为什么纯洁性在并发场景下很重要
- 纯洁性与可测试性的关系
- 减少不纯洁代码的占用空间

本章最初的名称是“纯洁的不可抗拒的吸引力”。但如果它真是如此不可抗拒的话，我们理应拥有更多的函数式程序员，对吧？你知道，函数式程序员往往对纯函数(没有副作用的函数)非常着迷。在本章中，你将了解这意味着什么以及为什么纯函数具有一些非常理想的属性。

遗憾的是，这种对纯函数的着迷是 FP 作为一门学科与行业脱节的部分原因。如你所料，大多数现实世界中的应用程序中已几乎没有纯洁性。然而，如本章所述，纯洁性在现实世界中仍然是举足轻重的。

本章首先介绍是什么使函数纯洁(或不纯洁)，然后讨论纯洁性如何影响程序的可测试性，甚至是正确性，尤其是在并发场景中。阅读本章后，我希望你明白纯洁性即使不是“不可抗拒”，也至少是“值得铭记于心”的。

3.1 什么是函数的纯洁性

第 2 章介绍了数学函数是完全抽象的实体。尽管一些编程函数是数学函数的近似表示，但情况往往并非如此。你经常需要使用函数向屏幕写入内容、处理文件或与其他系统进行交互。简而言之，经常需要使用函数去做一些事情。数学函数不会做任何事，它们只返回一个值。

还有一个重要的区别：数学函数的执行不受其他因素的影响，所以它们的结果严格地由其参数决定。另一方面，用来表示函数的编程结构都可访问“上下文”：实例方法可访问实例字段，lambda 可访问闭包中的变量，并且许多函数所访问的内容完全超出了程序的作用域，如系统时钟、数据库或远程服务。

要知道，上下文总是存在的，其界限也并非总是明确界定的，而且可能在程序的作用域外由可变的事物组成，这意味着程序中的函数比数学中的函数在行为的分析上明显更复杂。这也是纯洁函数和不纯洁函数的一个区别。

3.1.1 纯洁性和副作用

纯函数与数学函数非常相似：除了根据输入值计算输出值，它们什么也不做。表 3.1 对比了纯函数和不纯函数。

表 3.1 纯函数的要求

纯函数	不纯函数
输出完全取决于输入参数	输入参数以外的因素可能影响输出
没有副作用	可能导致副作用

为阐明该定义，必须确切地定义副作用是什么。如果函数执行下列任意操作，则表示其具有副作用。

- **使全局状态突变**——这里的“全局”指在函数作用域之外可见的任何状态。例如，私有实例字段被认为是全局的，因为它在类的所有方法中可见。
- **改变其输入参数**——调用者传递的参数实际上是函数与其调用者共享的一种状态。如果函数改变了它的一个参数，这是一个对调用者可见的副作用。
- **抛出异常**——你可以孤立地推理纯函数。但如果函数抛出异常，那么调用它的结果取决于上下文。也就是说，它会根据函数是否在 try-catch 中被调用而有所不同。
- **执行任何 I/O 操作**——这包括程序和外部之间的任何交互，包括读取或写入控制台、文件系统或数据库，以及与应用程序边界之外的任何进程交互。

总之，纯函数没有副作用，其输出完全由输入决定。要注意以下两点。

- 没有副作用的函数仍然可能是不纯的。也就是说，一个从全局可变状态读取数据的函数，其输出很可能依赖于输入之外的其他因素。
- 一个输出完全依赖于输入的函数也可能是不纯的。它仍然可能有副作用，比如更新全局可变状态。

纯函数的确定性本质(它们总是为相同的输入返回相同的输出)具有一些有趣的结果。纯函数易于测试和推理。[1]

---

1 一些学者说明了如何以代数方式推理纯函数来证明程序的正确性。例如，参见由 Graham Hutton 撰写的 *Programming in Haskell* 的第 2 版(剑桥大学出版社，2016)。

此外，输出仅依赖于输入的事实意味着求值顺序并不重要。无论你是在现在还是在以后计算函数的结果，该结果都不会改变。这意味着程序中完全由纯函数所组成的部分可通过多种方式进行优化：

- **并行化**——不同的线程并行执行任务。
- **惰性求值**——仅根据需要来计算值。
- **记忆化**——缓存函数的结果，以便其只计算一次。

另一方面，使用这些具有不纯函数的技术会导致可怕的 bug。由于这些原因，FP 提倡只要有可能就优先考虑使用纯函数。

3.1.2　管理副作用的策略

现在，我们的目标是尽可能使用纯函数。但这总能做到吗？有可能吗？如果仔细看一下那些被认为是副作用的事物清单，会发现那简直是一个大杂烩，所以管理副作用的策略取决于有问题的副作用类型。

改变输入参数是最简单的方法。这种副作用总是可以避免的，下面将演示这一点。也可以始终避免抛出异常。第 8 章和第 14 章将讨论不抛出异常的错误处理。

其实编写没有状态突变的程序(甚至有状态的程序)也是可能的。可以编写任何程序而无须改变状态[1]。对于面向对象编程人员来说，这可能是一个令人惊讶的现实，需要真正转变思维。3.2 节会展示一个简单的示例，说明如何通过避免状态突变来轻松实现函数并行化。后面的章节将学习如何使用不同的技术来处理更复杂的任务，而不依赖于状态变化。

最后，3.3 节会讨论如何管理 I/O。通过学习这些技术，能够隔离或避免副作用，从而利用纯函数的优势。

避免使参数突变

可以将函数签名视为一个契约：函数接收一些输入并返回一些输出。当函数改变它的参数时，麻烦就来了，因为调用者依赖于这种副作用的发生，即使这没有在函数签名中声明。出于这个原因，在任何编程范式中，使函数参数突变都是一个坏主意，但我仍无意中发现了很多执行以下操作的实现：

```
decimal RecomputeTotal(Order order, List<OrderLine> linesToDelete)
{

   var result = 0m;
   foreach (var line in order.OrderLines)
      if (line.Quantity == 0) linesToDelete.Add(line);
      else result += line.Product.Price * line.Quantity;
   return result;
}
```

---

1 应该指出，完全避免状态突变并不容易，也不实际。但大多数时候避免状态突变是正确的，是应该的。

当订单中的物品数量被修改时，将调用 RecomputeTotal 函数重新计算订单的总值，并且作为副作用，会将数量已改为零的订单行添加到 linesToDelete 列表中，如图 3.1 所示。

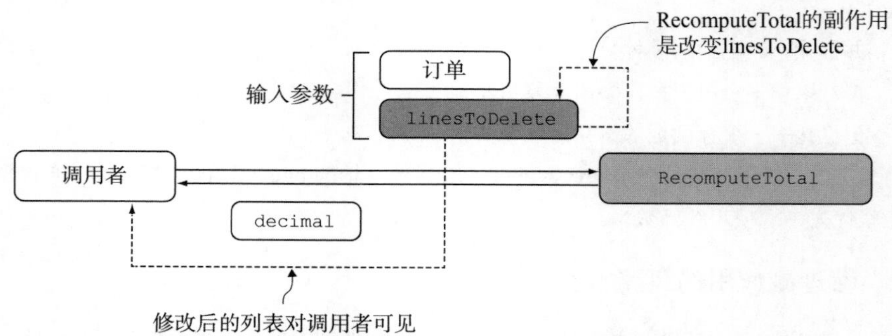

图 3.1 RecomputeTotal 改变了它的输入，调用者依赖于这个副作用

这很糟糕，原因是该方法的行为现在与调用者的行为紧密耦合：调用者依赖该方法来执行其副作用，被调用者依赖调用者来初始化列表。因此，每种方法都必须知道另一种方法的实现细节，而无法孤立地推理出这些方法。

警告 *改变参数的方法存在的另一个问题是，如果将参数的类型从 class 改为 struct，会得到一个完全不同的行为，因为结构在函数之间传递时会被复制。*

通过将所有计算得到的信息返回给调用者，可以很容易地避免这种副作用。重要的是要认识到该方法有效地计算了两部分数据：订单的新总和以及可以删除的行列表。可以通过返回一个元组来显式地实现此功能。重构后的代码如下：

```
(decimal NewTotal, IEnumerable<OrderLine> LinesToDelete)
   RecomputeTotal(Order order)
   => (order.OrderLines.Sum(l => l.Product.Price * l.Quantity)
      , order.OrderLines.Where(l => l.Quantity == 0));
```

这个重构后的版本看起来很简单，如图 3.2 所示。毕竟，现在它只是一个接受一些输入并返回输出的普通函数。

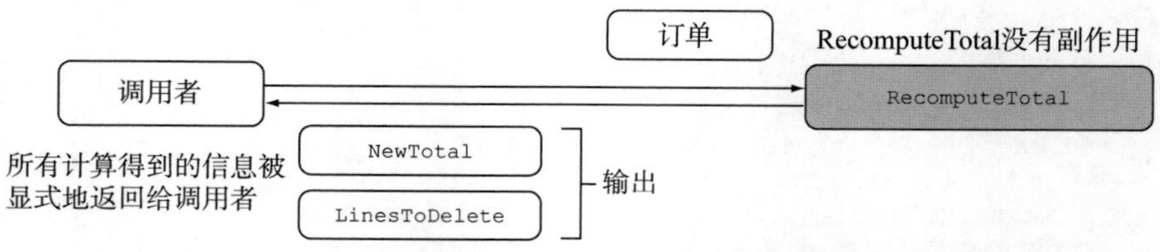

图 3.2 RecomputeTotal 被重构为显式地返回它计算得到的所有信息

遵循这个原则，便可始终采用这种方式构建代码，即以一种函数从不改变其输入参数的方式。实际上，通过始终使用不可变对象(一旦创建后便不能更改的对象)来强制执行此操作是理

想的。第 11 章将详细讨论这一点。

3.2 通过避免状态突变实现并行化

本节展示一个简单的场景，说明为什么纯函数总是可以并行化，而不纯函数却不能。假设想将字符串列表格式化为编号列表：

- 应该对外观进行标准化。
- 在每个项目之前加一个计数器。

为此，创建一个可按如下方式使用的 ListFormatter 类：

```
var shoppingList = new List<string>
{
    "coffee beans",
    "BANANAS",
    "Dates"
};

new ListFormatter()
    .Format(shoppingList)
    .ForEach(WriteLine);

// prints: 1. Coffee beans
//         2. Bananas
//         3. Dates
```

代码清单 3.1 展示了 ListFormatter 的一个可能实现。

代码清单 3.1　一个列表格式化程序，它结合了纯函数和不纯函数

```
static class StringExt
{
    public static string ToSentenceCase(this string s)    ← 一个纯函数
        => s == string.Empty
            ? string.Empty
            : char.ToUpperInvariant(s[0]) + s.ToLower()[1..];
}

class ListFormatter
{
    int counter;

    string PrependCounter(string s) => $"{++counter}. {s}";    ← 一个不纯函数(使得全局状态突变)

    public List<string> Format(List<string> list)
        => list
            .Select(StringExt.ToSentenceCase)    可采用类似方式应用
            .Select(PrependCounter)              纯函数和不纯函数
            .ToList();
}
```

关于纯洁性有几点需要指出：

- ToSentenceCase 是纯洁的(其输出严格由输入确定)。因为其计算只取决于输入参数，所以它可以是静态的且不会有任何问题。[1]
- PrependCounter 递增了计数器，因此是不纯洁的。由于它取决于一个实例成员，即计数器(counter)，所以不能使其成为静态函数。
- 在 Format 方法中，可以用 Select 将这两个函数应用于列表中的条目，而不必考虑纯洁性。这不太理想，稍后将解释原因。事实上，理想情况下有一条规则，即 Select 应该仅用于纯函数。

如果正在格式化的列表足够大，那么并行执行字符串操作是否合理？运行时可决定将其作为一个优化吗？接下来将解决这些问题。

3.2.1 纯函数可良好地并行化

如果有足够多的数据要处理，那么并行处理通常是最佳选择的。尤其当处理过程是 CPU 密集型并且数据段是可独立处理时更是如此。纯函数能很好地并行化，而且通常不会产生并发性难题(关于并发性的回顾，请参阅补充说明“并发的含义和类型”)。

下面通过尝试将列表格式函数(使用 ListFormatter)并行化来说明这一点。比较以下两个表达式：

```
list.Select(ToSentenceCase).ToList()
list.AsParallel().Select(ToSentenceCase).ToList()
```

第一个表达式使用在 Enumerable 上定义的 Select 方法，将纯函数 ToSentenceCase 应用于列表中的每个元素。第二个表达式与其类似，但使用了并行 LINQ(Parallel LINQ，PLINQ) [2]所提供的方法。AsParallel 将列表转换为 ParallelQuery。因此，Select 解析为在 ParallelEnumerable 中定义的实现，该实现将 ToSentenceCase 应用于列表中的每个条目，但现在是并行的。

该列表将被拆分成块，并且多个线程将被触发以处理每个块。这两种情况下，ToList 都将结果收集到列表中。图 3.3 显示了这个过程。

如你所料，这两个表达式生成的结果相同，但一个是顺序的，另一个是并行的。这很好，只需要调用一次 AsParallel，几乎就可以免费获得并行化。

为什么“几乎”是免费？为什么必须显式地指示程序执行并行化操作？为什么运行时不能像知道何时运行垃圾回收器一样，知道何时是并行化操作的最佳时机？

答案是，运行时对于该函数的了解还不够多，无法对并行化是否会改变程序流程做出明智的判断。由于纯函数属性的原因，它们总是可以并行应用，但运行时并不知道所应用的函数是否是纯函数。

---

1 在许多语言中，可将这样的函数作为独立函数，但 C#中的方法需要放在类中，而静态函数的放置位置与个人偏好相关。

2 PLINQ 是一个并行工作的 LINQ 实现。

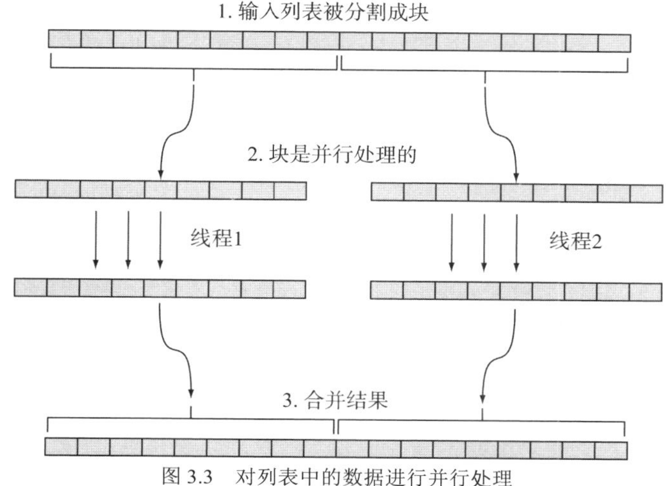

图 3.3　对列表中的数据进行并行处理

并发的含义和类型

并发通常是指同时发生几件事。更正式地说，并发是指程序在一个任务完成之前启动另一个任务，以便在重叠的时间窗口中执行不同的任务。在以下几种场景下可发生并发：

- **异步**——这意味着程序执行了非阻塞操作。例如，它可通过 HTTP 发起对远程资源的请求，然后继续执行其他任务，同时等待接收响应。这有点像你发送了一封电子邮件，然后继续生活而不必专门等待回复。
- **并行**——这意味着程序利用多核机器的硬件来同时执行多个任务，这些任务将工作分解，每个任务都在单独的核心上执行。这有点像在洗澡时唱歌：实际上是在同一时间做两件事。
- **多线程**——这是一个允许不同线程同时执行的软件实现。即使在单核机器上运行，多线程程序似乎也在同时执行多项操作。这有点像通过不同的 IM 窗口与不同的人聊天。虽然你实际上是来回切换，但最终结果是你同时进行了多个对话。

在同一时间做多件事情可真正提高性能。这也意味着其执行顺序不能得到保证，所以并发是产生难题的根源，最显著的情形是当多个任务同时尝试更新某个共享的可变状态时(后续章节将介绍 FP 如何通过完全避免共享的可变状态来解决这个问题)。

3.2.2　并行化不纯函数

你已经可以成功地并行应用纯函数 ToSentenceCase。下面讲解如果天真地将不纯的 PrependCounter 函数应用于并行计算会发生什么：

```
list.AsParallel().Select(PrependCounter).ToList()
```

如果现在创建一个包含一百万个条目的列表，并使用简单的并行格式化程序对其进行格式化，那么列表中的最后一个条目的前面将不是 1 000 000，而是一个更小的数字。如果已经下载了代码示例，就可以试着运行如下代码：

```
cd Examples
dotnet build
dotnet run NaivePar
```

输出如下：

```
932335. Item999998
932336. Item999999
932337. Item1000000
```

由于 PrependCounter 递增了 counter 变量，并行版本将有多个线程读取和更新计数器。众所周知，++不是原子操作，且因为没有合适的锁机制，所以会丢失一些更新并最终导致错误的结果。

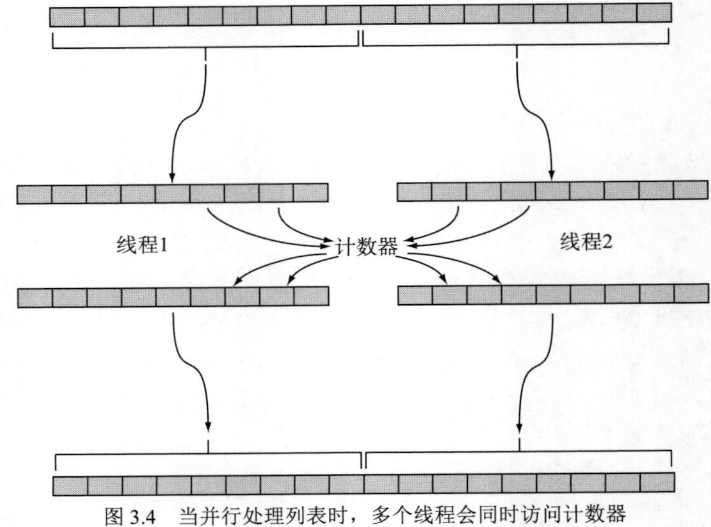

图 3.4 当并行处理列表时，多个线程会同时访问计数器

如果你有一些多线程的经验，应该对这些内容很熟悉。由于多个进程正在同时读写计数器，因此有些更新会丢失。当然，在递增计数器时，可通过使用锁或 Interlocked 类来解决这个问题。但这将导致性能下降，而抵消通过并行计算获得的一些好处。总之，锁是一种命令式构造，在进行函数式编码时应尽量避免。

下面总结一下。纯函数默认情况下可被并行化，而不纯函数不能很好地被并行化。而且由于并行化执行具有不确定性，可能一些情况下结果是正确的，而另一些情况则不正确(这不是我喜欢的 bug)。

意识到函数是否是纯函数可帮助理解这些问题。如果在开发时能考虑到纯洁性，那么具体操作时会更容易实现并行化执行。

3.2.3 避免状态突变

避免并发更新缺陷的一种可能方法是从源代码中排除问题：从不使用共享的状态开始。如何做到这一点因场景而异，但这里会展示当前场景的解决方案，以便并行地格式化列表。

下面回到绘图板，并看看是否有一个不涉及突变的解决方案的顺序版本。如果不更新运行时计数器，而是生成所需的所有计数器值的列表，然后将给定列表中的条目与计数器列表中的条目配对，情况会如何？对于整数列表，可以使用 Range，这是 Enumerable 上的一个便捷方法，如代码清单 3.2 所示。

代码清单 3.2　生成一个整数范围

```
Enumerable.Range(1, 3)
// => [1, 2, 3]
```

配对两个并行列表的操作是 FP 中的常见操作，被称为 Zip。Zip 使用两个列表进行配对，并使用一个函数对每个列表进行配对。这里举一个例子，如代码清单 3.3 所示。

代码清单 3.3　将并行列表中的元素与 Zip 结合起来

```
Enumerable.Zip(
   new[] {1, 2, 3},
   new[] {"ichi", "ni", "san"},
    (number, name) => $"In Japanese, {number} is: {name}")
// => ["In Japanese, 1 is: ichi",
//     "In Japanese, 2 is: ni",
//     "In Japanese, 3 is: san"]
```

可使用 Range 和 Zip 重写列表格式化程序，如代码清单 3.4 所示。

代码清单 3.4　列表格式化程序被重构为仅使用纯函数

```
using static System.Linq.Enumerable;

static class ListFormatter
{
   public static List<string> Format(List<string> list)
   {
      var left = list.Select(StringExt.ToSentenceCase);
      var right = Range(1, list.Count);
      var zipped = Zip(left, right, (s, i) => $"{i}. {s}");
      return zipped.ToList();
   }
}
```

这里使用了列表，并将 ToSentenceCase 应用于该列表，作为 Zip 的左侧。Zip 的右侧是用 Range 构造的。Zip 的第三个参数是配对函数：用于处理每对条目。可将 Zip 用作一个扩展方法，因此可使用更流畅的语法来编写 Format 方法：

```
public static List<string> Format(List<string> list)
   => list
      .Select(StringExt.ToSentenceCase)
```

```
        .Zip(Range(1, list.Count), (s, i) => $"{i}. {s}")
        .ToList();
```

重构后，Format 是纯洁的，并可安全地变为静态的。但是如何使其并行化呢？这很简单，因为 PLINQ 提供了一个可与并行查询协同工作的 Zip 实现。列表格式化程序的并行化实现如代码清单 3.5 所示。

代码清单 3.5　一个并行化执行的纯洁实现

```
using static System.Linq.ParallelEnumerable;      ← 使用由 Parallel Enumerable
                                                     公开的 Range
static class ListFormatter
{
   public static List<string> Format(List<string> list)
      => list.AsParallel()      ← 将原始数据源转换为一个并行查询
         .Select(StringExt.ToSentenceCase)
         .Zip(Range(1, list.Count), (s, i) => $"{i}. {s}")
         .ToList();
}
```

与顺序版本相比，这个版本只有两点不同。首先，使用 AsParallel 将给定的列表转换为 ParallelQuery，以便之后的所有内容都并行完成。其次，using static 的变化导致 Range 现在会引用在 ParallelEnumerable 上定义的实现(这会返回一个 ParallelQuery，这是 Zip 的并行版本所期望的)。其余部分与顺序版本相同，Format 的并行版本仍然是纯函数。

在这个场景中，可通过完全移除状态更新来启用并行执行，但情况并非总是如此，也不总是这么简单。但到目前为止，所见到的做法在解决与并行性或并发性有关的问题时已较为完美了。

静态方法的情况

当方法中需要的所有变量都作为输入来提供(或者静态可用)时，该方法可以是静态的。本章包含几个将实例方法重构为静态方法的例子。

你可能会对此感到不安，原因是过度使用静态类会导致程序变得难以测试和维护。如果执行以下任一操作，静态方法会导致问题：

- **用于可变静态字段**——这些都是最有效的全局变量，它们可以从任何具有静态类可见性的代码中更新，从而导致耦合和不可预测的行为。
- **执行 I/O**——这种情况下，可测试性会受到危害。如果方法 A 依赖于静态方法 B 的 I/O 行为，那么不可能对 A 进行单元测试。

请注意，这两种情况都意味着不纯的函数。另一方面，当一个函数是纯函数时，将其变为静态的是不会有负面影响的。下面列出一般指导原则：

- 使纯函数成为静态函数。
- 避免可变静态字段。
- 避免直接调用执行 I/O 的静态方法。

随着代码更趋函数化，更多函数将变为纯函数，这意味着更多的代码将处于静态类中，而不会导致任何与滥用静态类有关的问题。

3.3　纯洁性和可测性

前一节介绍了并发场景中纯函数的属性。由于副作用与状态突变有关，因此可移除突变，并行运行所生成的纯函数，而不会出现问题。

现在来看看执行 I/O 的函数，以及纯函数与单元测试的关系。单元测试必须是可重复的(如果一个测试通过了，那么它应该与何时运行、在什么机器上运行，以及是否有连接等无关)。这与要求纯函数具有确定性密切相关。

下面用你已掌握的关于单元测试的知识来帮助你理解纯洁性与测试的紧密联系，消除“纯洁性仅具有理论意义”的观念——经理可能不在乎你是否编写了纯函数，但他可能热衷于良好的测试覆盖率。

3.3.1　隔离 I/O 影响

与突变不同，你无法避免与 I/O 相关的副作用。虽然突变是实现细节，但 I/O 通常是一种需求。下面的几个例子有助于阐明为什么执行 I/O 的函数永远不能是纯函数：

- 接受一个 URL 并返回该 URL 的资源的函数，在远程资源更改时产生不同的结果，或者如果连接不可用，它可能会抛出一个错误。
- 接受文件路径和要写入文件的内容的函数，可能会在目录不存在或托管该程序的进程不具备写入权限时抛出错误。
- 从系统时钟返回当前时间的函数在任何时刻都会返回不同的结果。

如上所述，对外部世界的任何依赖都会妨碍函数的纯洁性，因为外部世界的状态会影响函数的返回值。另一方面，如果程序要执行任何有用的操作，则不可避免地需要一些 I/O。即使是只执行计算的纯数学程序，也必须执行一些 I/O 来传达其结果。某些代码必须是不纯的。

如何在满足 I/O 执行要求的同时获得纯函数的好处？答案是将程序的纯计算部分与 I/O 隔离开来。通过这种方式，可以最大限度地减少 I/O 占用，并收获纯函数(程序的纯函数部分)的好处。例如下面的代码：

```
using static System.Console;

WriteLine("Enter your name:");
var name = ReadLine();
WriteLine($"Hello {name}");
```

这个简单的程序将 I/O 和可以在纯函数中捕获的逻辑混合在一起，如下所示：

```
static string GreetingFor(string name) => $"Hello {name}";
```

在一些实际的程序中，将逻辑从 I/O 中分离出来是相对简单的。以 Pandoc 这样的文档格式转换器为例，它可以将文件从 Markdown 转换为 PDF。当执行 Pandoc 时，它将执行图 3.5 所示的步骤。

图 3.5 一个可以轻松隔离 I/O 的程序。执行格式转换的核心逻辑可以保持纯洁

程序中执行格式转换的计算部分可以完全由纯函数组成。执行 I/O 的不纯函数可以调用执行转换的纯函数，但执行转换的函数不能调用任何执行 I/O 的函数，否则它们也会变成不纯函数。

就 I/O 而言，大多数 LOB 应用程序都有更复杂的结构，因此将程序的纯计算部分与 I/O 隔离开来是一个相当大的挑战。接下来介绍将在整本书中使用的一个业务场景，以及如何测试一些执行 I/O 的验证。

3.3.2 实践：一个业务验证场景

假定你的客户是 Codeland 银行(Bank of Codeland，BOC)，你正在为在线银行应用程序编写一些代码。与大多数网上银行一样，BOC 的用户可使用 Web 或移动客户端来进行转账，如图 3.6 所示。但在发出转账请求之前，服务器必须验证此请求。

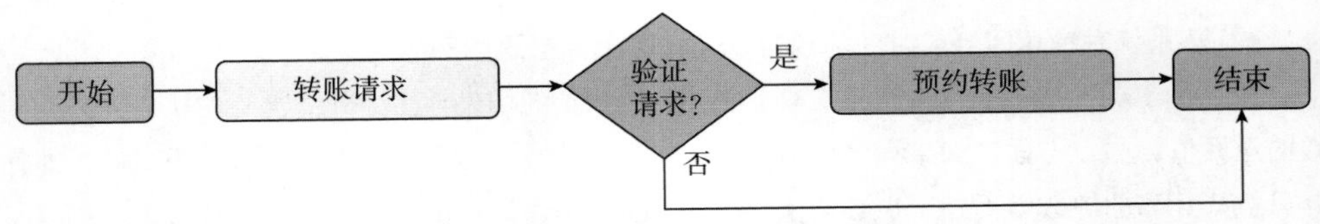

图 3.6 业务场景：验证一个转账请求

假定用户进行转账的请求是由 MakeTransfer 命令表示的。命令是客户机发送给服务器的一个简单的数据传输对象(DTO)，它封装了希望执行的操作的详细信息。代码清单 3.6 显示了对 MakeTransfer 的调用。

代码清单 3.6 一个表示货币转账请求的 DTO

```
public abstract record Command(DateTime Timestamp);

public record MakeTransfer
(
   Guid DebitedAccountId,      ← 标识发件人的账户

   string Beneficiary,       | 
   string Iban,              | 受益人账户的详细信息
   string Bic,               |
```

```
    DateTime Date,
    decimal Amount,        有关转账的详细信息
    string Reference,
    DateTime Timestamp = default
)
    : Command(Timestamp)
{
    internal static MakeTransfer Dummy  ← 当不需要填充所有属性时，将使用它进行测试
       => new(default, default, default
          , default, default, default, default);
}
```

MakeTransfer 的属性是通过反序列化客户的请求来填充的，但 Timestamp 除外(它由服务器设置)。因此声明了一个初始默认值。当进行单元测试时，必须手动填充对象，因此 Dummy 实例允许你仅填充与测试相关的属性，稍后介绍。

在该场景下，验证可能相当复杂，因此为方便演示，这里仅关注以下验证内容：

- **Date 字段**，表示应该执行转账的日期，不应该是过去的日期。
- **BIC 代码**，受益人的银行的标准识别码，应该是有效的。

我们将首先介绍 OO 设计(第 9 章将为这个场景展示一种更彻底的功能性方法)。我们将遵循单一责任原则，为每个特定的验证编写一个类。下面为所有这些验证器类草拟一个简单接口：

```
public interface IValidator<T>
{
   bool IsValid(T t);
}
```

现在有了特定于领域的抽象，下面介绍如何实现验证规则，如代码清单 3.7 所示。

代码清单 3.7　实现验证规则

```
using System.Text.RegularExpressions;

public class BicFormatValidator : IValidator<MakeTransfer>
{
   static readonly Regex regex = new Regex("^[A-Z]{6}[A-Z1-9]{5}$");

   public bool IsValid(MakeTransfer transfer)
      => regex.IsMatch(transfer.Bic);
}

public class DateNotPastValidator : IValidator<MakeTransfer>
{
   public bool IsValid(MakeTransfer transfer)
      => (DateTime.UtcNow.Date <= transfer.Date.Date);
}
```

这相当容易。BicFormatValidator 中的逻辑纯洁吗？纯洁，因为没有副作用，且 IsValid 的结果是确定的。那么 DateNotPastValidator 呢？在本示例中，IsValid 的结果将取决于当前日期，因此，答案显然是否定的！我们所面对的是什么副作用呢？是 I/O：DateTime.UtcNow 查询的

系统时钟不在程序的上下文中。

执行 I/O 的函数是很难测试的。例如以下测试：

```
[Test]
public void WhenTransferDateIsFuture_ThenValidationPasses()
{
   var sut = new DateNotPastValidator();        ← sut 代表“正在测试的结构”
   var transfer = MakeTransfer.Dummy with
   {
      Date = new DateTime(2021, 3, 12)         ← 该日期是未来的某个日子
   };

   var actual = sut.IsValid(transfer);
   Assert.AreEqual(true, actual);
}
```

这个测试创建了一个 MakeTransfer 命令，以在 2021-03-12 进行转账(如果不熟悉示例中使用的 with 表达式语法，参见 11.3 节)。然后它断言该命令应该通过“日期未过期”验证。

在我写本文时该测试通过了，但此时它将失败，除非运行该测试的机器的时钟设置为 2021-03-12 之前的日期。因为实现依赖于系统时钟，所以测试是不可重复的。

为什么测试纯函数要比测试不纯函数简单得多？3.4 节将回到这个例子，介绍如何在测试中引入 DateNotPastValidator。

3.3.3 为什么很难测试不纯函数

当你编写单元测试时，你在测试什么？当然是单元，但究竟什么是单元？无论测试什么，单元都会是一个函数或可被视为一个函数。

单元测试需要满足隔离(无 I/O)和可重复(给定相同的输入，总是得到相同的结果)条件。当使用的是纯函数时，这些属性可得到保证。而且当测试纯函数时，测试很容易：只需要给它一个输入，并验证输出是否符合预期(如图 3.7 所示)。

如果在单元测试中使用标准的 Arrange Act Assert(AAA，安排、行为和断言)模式[1]，并且正在测试的单元是纯函数，那么 Arrange 步骤包括定义输入值，Act 步骤是函数调用，Assert 步骤包括检查输出是否符合预期。如果是对一组有代表性的输入值执行此操作，则可以确信该函数可按预期工作。

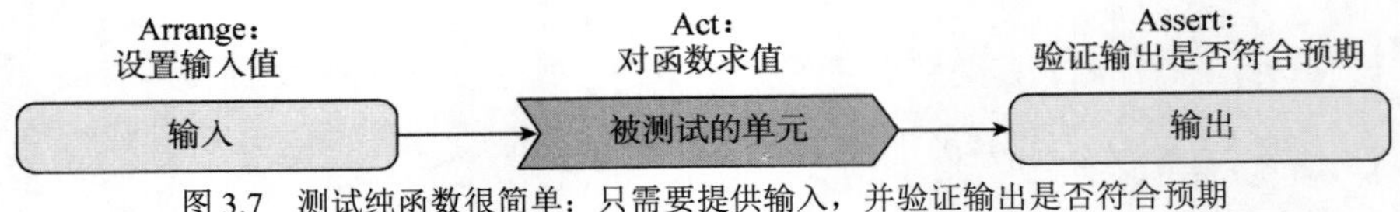

图 3.7　测试纯函数很简单：只需要提供输入，并验证输出是否符合预期

1　AAA 是一个普遍存在的模式，用于在单元测试中构造代码。按照此模式，一个测试包括三个步骤：Arrange(安排)准备任何先决条件，Act(行为)完成测试的操作，以及 Assert(断言)对所获得的结果运行断言。

另一方面，如果正在测试的单元是一个不纯的函数，则它的行为将不仅取决于其输入，还可能取决于程序的状态(即任何可变的、非被测函数的局部状态)以及外界(任何超出程序上下文的情况)的状态。此外，函数的副作用可能导致程序和外界的新状态，如下所述。

- 日期验证器取决于外界的状态，特别是当前时间。
- 发送电子邮件的 void 返回方法没有明确的输出来断言，但它会导致外界的一个新状态。
- 设置非局部变量的方法会导致程序的一个新状态。

因此，可将一个不纯函数看成一个纯函数，该函数将接受输入以及程序和外界的当前状态作为参数，并返回输出以及程序和外界的新状态，如图 3.8 所示。

图 3.8　测试一个不纯的函数。需要设置和断言的对象不仅仅是函数的输入和输出

另一种看待该问题的方式是，一个不纯函数具有除参数以外的隐式输入，或除返回值以外的隐式输出，或两者都有。

这将如何影响测试呢？在一个不纯函数的情况下，安排阶段不仅必须为被测函数提供显式输入，还必须另外设置程序和外界的状态的表示。同样，断言阶段不仅必须检查结果，还必须检查程序和外界的状态是否发生预期的变化。表 3.2 总结了这一点。

表 3.2　从函数式角度进行单元测试

AAA 模式	函数式角度
Arrange	设置(显式和隐式)输入到被测函数
Act	对被测函数求值
Assert	验证(显式和隐式)输出的正确性

应该再次区分有关测试的不同副作用：

- 设置程序的状态，并检查它是否已更新，这会导致脆弱的测试并破坏封装。
- 外界的状态通过使用 stub(存根)来表示，存根会创建用于运行测试的模拟外界的环境。这是一项艰苦的工作，但所涉及的技术很容易理解。下面会继续讨论。

3.4　执行 I/O 的测试代码

本节将介绍如何在测试中引入依赖于 I/O 操作的代码。展示依赖注入的不同方法，并将主流 OO 方法与功能更强的方法进行对比。

为了演示这一点，回到 DateNotPastValidator 中的不纯验证，看看如何重构代码以使其可测试。下面是代码提示：

```
public class DateNotPastValidator : IValidator<MakeTransfer>
{
   public bool IsValid(MakeTransfer transfer)
      => (DateTime.UtcNow.Date <= transfer.Date.Date);
}
```

问题在于 DateTime.UtcNow 要访问系统时钟，所以不可能编写保证行为一致的测试。[1]下面看看如何解决这个问题。

3.4.1 面向对象的依赖注入

测试依赖于 I/O 操作的代码的主流技术是在接口中抽象这些操作，并在测试中使用确定的实现。如果已经熟悉这种方法，可跳过 3.4.2 节。

这种基于接口的依赖注入方法被认为是一种最佳实践，但它是一种反模式。这是因为它需要大量的样板。它包含以下步骤，下面将更详细地介绍：

(1) 定义一个接口，抽象要测试的代码所执行的 I/O 操作，并将不纯的实现放在实现该接口的类中。

(2) 在被测类中，将构造函数中需要的接口存储在一个字段中，并根据需要使用它。

(3) 创建并注入一个存根实现，用于单元测试。

(4) 引入一些引导逻辑，以便在实例化被测类时在运行时提供不纯的实现。

用接口抽象 I/O

与其直接调用 DateTime.UtcNow，不如抽象对系统时钟的访问。也就是说，定义一个接口和一个实现来执行所需的 I/O，如下：

```
public interface IDateTimeService
{
   DateTime UtcNow { get; }      ← 将不纯行为封装在接口中
}

public class DefaultDateTimeService : IDateTimeService
{
   public DateTime UtcNow => DateTime.UtcNow;      ← 提供默认实现
}
```

使用接口

然后，重构日期验证器以使用该接口，而不是直接访问系统时钟。验证器的行为现在取决于被注入实例的接口(通常是在构造函数中)。代码清单 3.8 显示了如何做到这一点。

---

1 可以尝试编写一个测试，在输入 makeftransfer 时从系统时钟读取数据。这可能在大多数情况下都有效，但是在午夜前后有一个小窗口，在此期间，在安排测试的输入时，日期与调用 IsValid 的日期不同。事实上，终究不能保证始终如一。此外，需要一种能够处理任何 I/O 操作的方法，而不仅仅是访问时钟。

代码清单 3.8　重构类以使用接口

```
public class DateNotPastValidator : IValidator<MakeTransfer>
{
   private readonly IDateTimeService dateService;

   public DateNotPastValidator
      (IDateTimeService dateService)
   {
      this.dateService = dateService;
   }

   public bool IsValid(MakeTransfer transfer)
      => dateService.UtcNow.Date <= transfer.Date.Date;
}
```

在构造函数中注入接口

现在验证取决于接口

下面看看重构后的 IsValid 方法，它是一个纯函数吗？答案是不一定。当然，这取决于注入的 IDateTimeService 的实现：

- 当正常运行时，你将组合你的对象，以得到检查系统时钟的不纯的实现。
- 当运行单元测试时，注入一个假的纯函数实现，它会做一些可预测的事情，例如，总是返回相同的 DateTime，以编写可重复的测试。

测试时注入存根

代码清单 3.9 展示了如何使用这种方法编写测试。

代码清单 3.9　通过注入可预测的实现进行测试

```
public class DateNotPastValidatorTest
{
   static DateTime presentDate = new DateTime(2021, 3, 12);

   private class FakeDateTimeService : IDateTimeService
   {
      public DateTime UtcNow => presentDate;
   }

   [Test]
   public void WhenTransferDateIsPast_ThenValidationFails()
   {
      var svc = new FakeDateTimeService();
      var sut = new DateNotPastValidator(svc);
      var transfer = MakeTransfer.Dummy with
      {
         Date = presentDate.AddDays(-1)
      };
      Assert.AreEqual(false, sut.IsValid(transfer));
   }
}
```

提供一个假的纯函数实现

注入假的函数实现

也就是说，我们创建了一个存根，这是一个与真实实现不同的假实现，它有一个确定的结果。

设置依赖项

我们需要为 DateNotPastValidator 提供运行时所依赖的 IDateTimeService。这可以通过多种方式完成，包括手动完成和借助框架完成，具体取决于程序的复杂性和所选择的技术[1]。在 ASP.NET 应用程序中，实现代码可能如下所示：

```
public void ConfigureServices(IServiceCollection services)
{
    services.AddTransient<IDateTimeService, DefaultDateTimeService>();
    services.AddTransient<DateNotPastValidator>();
}
```

这段代码提供了一个真实的、不纯的 DefaultDateTimeService 实现，并将其与 IDateTimeService 接口关联起来。因此，当需要 DateNotPastValidator 时，ASP.NET 发现它在构造函数中需要一个 IDateTimeService，并为它提供了一个 DefaultDateTimeService 的实例。

基于接口的方法的缺陷

单元测试如此有价值，所以开发人员乐于接受所有这些工作(即使是像 DateTime.UtcNow 这样简单的事)。系统地使用基于接口的方法最不理想的缺陷之一是接口数量的激增，因为必须为每个具有 I/O 元素的组件定义一个接口。

大多数应用程序都为每项服务开发一个接口(即使只设想了一种具体实现)。这些接口被称为“标头接口”——它们不是最初所设计的接口(多个不同实现的通用合约)，但它们被广泛使用。最终的结果是你会得到更多文件、更多间接寻址、更多程序集以及难以导航的代码。

避免琐碎的构造函数

重构类以使用接口(如代码清单 3.8 所示)的问题之一是需要定义一个简单的构造函数。这个构造函数所做的就是将它的输入参数存储在类字段中。在足够复杂的应用程序中，这会创建许多样板文件。

许多语言通过使用主构造函数省去了这种繁文缛节。这个特性不可用于类，但是从 C# 9 开始，可以使用记录来代替。可以对代码清单 3.8 中的代码进行如下重构：

```
public record DateNotPastValidator(IDateTimeService DateService)
    : IValidator<MakeTransfer>
{
    private IDateTimeService DateService { get; } = DateService;

    public bool IsValid(MakeTransfer request)
        => DateService.UtcNow.Date <= request.Date.Date;
}
```

位置记录语法自动生成一个构造函数，可以在其中注入所需的 IDateTimeService 和一个名

---

1 在复杂的应用程序中，手动组合所有类可能会相当麻烦。为了缓解这种情况，一些框架允许你声明任何所需接口的实现。这些称为 IoC 容器，其中 IoC 表示控制反转。

为 DateService 的公有属性。如果你觉得生成的属性污染了类的公有 API，那么可以显式地指定该属性是私有的。前面的代码展示了如何做到这一点。

3.4.2　可测试性没有那么多样板

前面讨论了基于接口的依赖注入方法存在的缺陷。本小节将展示一些更简单的替代方案。也就是说，被测代码可以使用函数，有时甚至是一个值，而不是使用接口。

推向纯洁的边界之外

可摆脱整个问题，让一切变得纯洁吗？不可以，因为需要检查当前日期。这是一个结果不确定的操作。但有时可将纯洁的代码推到其边界之外。例如，如果重写了如下的日期验证器，会发生什么情况呢？

代码清单 3.10　注入一个特定值(而不是一个接口)，使 IsValid 是纯洁的

```
public record DateNotPastValidator(DateTime Today)
   : IValidator<MakeTransfer>
{
   public bool IsValid(MakeTransfer transfer)
      => Today <= transfer.Date.Date;
}
```

我们通过注入一个值，而不是注入一个接口，暴露了一些你可以调用的方法。现在，IsValid 的实现是纯洁的。前面有效地将读取当前日期的副作用推到了实例化验证器的代码中。要创建这个验证器，可使用如下代码：

```
public void ConfigureServices(IServiceCollection services)
{
   services.AddTransient<DateNotPastValidator>
      (_ => new DateNotPastValidator(DateTime.UtcNow.Date));
}
```

这段代码定义了一个函数，该函数在需要 DateNotPastValidator 时被调用，在该函数中，当前日期创建新实例。注意，这需要 DateNotPastValidator 是暂时的。当需要验证传入的请求时，将创建一个新实例。在这种情况下，这是合理的行为。

使用一个值而不是一个执行 I/O 的方法，是一件轻而易举的事，这使代码更纯洁并因此易于测试。当逻辑依赖于存储在文件中的配置或特定于环境的设置时，这种方法是可行的。但事情往往有些复杂，所以下面列举一个更接近典型场景的例子。

注入函数作为依赖项

想象一下，当收到 MakeTransfer 请求时，将创建一个包含多个验证器的列表，每个验证器执行不同的规则。如果一个验证失败，请求就会失败，后续的验证器将不会被调用。

此外，假设查询系统时钟是昂贵的(虽然事实并非如此，但大多数 I/O 操作是昂贵的)。你不希望每次创建验证器时都这么做，而只在实际使用时才这么做。可以通过注入一个函数，而不是一个值来实现，验证器会根据需要调用它：

```
public record DateNotPastValidator(Func<DateTime> Clock)
   : IValidator<MakeTransfer>
{
   public bool IsValid(MakeTransfer transfer)
      => Clock().Date <= transfer.Date.Date;
}
```

注入的函数之所以称作 Clock，是因为如果不是用来获取当前时间的函数，还叫什么时钟呢？IsValid 的实现现在除了 Clock 执行的那些副作用之外没任何副作用，所以可通过注入一个“坏掉的时钟”来轻松测试它：

```
readonly DateTime today = new(2021, 3, 12);

[Test]
public void WhenTransferDateIsToday_ThenValidatorPasses()
{
   var sut = new DateNotPastValidator(() => today);
   var transfer = MakeTransfer.Dummy with { Date = today };

   Assert.AreEqual(true, sut.IsValid(transfer));
}
```

另一方面，当创建验证器时，传递一个实际查询系统时钟的函数，如下所示：

```
public void ConfigureServices(IServiceCollection services)
{
   services.AddSingleton<DateNotPastValidator>
      (_ => new DateNotPastValidator(() => DateTime.UtcNow.Date));
}
```

注意，由于返回当前日期的函数现在由验证器调用，因此不再需要验证器是短期的。如前面的代码片段所示，可以将它作为一个单例使用。

这个解决方案满足了所有的条件：现在可以测试验证器，除非需要，否则不会执行 I/O，而且不需要定义任何不必要的接口或琐碎的类。第 9 章中将深入讨论此方法。

为更清晰起见，注入委托

如果采用注入函数的方法，可以考虑多走一步。可以定义一个委托，而不是简单地使用 Func：

```
public delegate DateTime Clock();

public record DateNotPastValidator(Clock Clock)
   : IValidator<MakeTransfer>
{
   public bool IsValid(MakeTransfer transfer)
      => Clock().Date <= transfer.Date.Date;
}
```

测试代码保持不变。在设置中，可以通过注册一个 Clock 来获得潜在的清晰性。一旦完成，框架就知道在创建需要 Clock 的验证器时使用它：

```
public void ConfigureServices(IServiceCollection services)
{
   services.AddTransient<Clock>(_ => () => DateTime.UtcNow);
   services.AddTransient<DateNotPastValidator>();
}
```

参数化单元测试

无论使用什么方法来测试 DateNotPastValidator，都可以使用参数化单元测试。参数化测试允许使用各种输入值测试代码。这种测试方法往往更实用，因为能让你从输入和输出的角度来思考问题。例如，下面展示了如何在各种情况下测试 date-not-past 验证是否有效:

```
[TestCase(+1, ExpectedResult = true)]
[TestCase( 0, ExpectedResult = true)]
[TestCase(-1, ExpectedResult = false)]
public bool WhenTransferDateIsPast_ThenValidatorFails(int offset)
{
   var sut = new DateNotPastValidator(() => presentDate);
   var transfer = MakeTransfer.Dummy with
   {
      Date = presentDate.AddDays(offset)
   };
   return sut.IsValid(transfer);
}
```

这段代码使用 NUnit 的 TestCase 属性来有效地运行三个测试：发生于今天(相对于硬编码的日期)、昨天和明天的转账请求。XUnit 测试框架具有用来执行相同操作的 Theory 和 InlineData 属性，而在 MSTest 中，它被称为 DataRow。

参数化测试的好处是只需要调整参数值即可测试各种场景。那么客户端是否可在距今两年后的某个日期请求转账呢？如果是这样，可以添加一个单行测试：

```
[TestCase(+366, ExpectedResult = false)]
```

注意，测试方法现在本身就是一个函数：将给定的参数值映射到一个 NUnit 可检查的输出上。事实上，它是一个纯函数，假定断言(抛出异常)已被推出测试方法，并由测试框架执行。

参数化测试本质上只是被测函数的一个适配器。在这个例子中，测试通过硬编码当前的数据来创建一个人为的外界状态，它将测试的输入参数(当前日期和所请求的转账日期之间的偏移量)映射到一个适当填充的 MakeTransfer 对象，该对象作为被测函数的输入。

3.5　纯洁性和计算的发展

我希望通过本章的学习使函数纯洁性的概念不再那么神秘，并且你已理解为什么更多地使用纯洁代码是一个有价值的目标。因为这样做可提高代码的可维护性、性能和可测试性。

软件和硬件的发展对我们如何考虑纯洁性也有重要意义。系统越来越分布化，所以程序的 I/O 部分变得越来越重要。随着微服务架构成为主流，程序不再需要进行计算，而将更多的计算委托给其他服务，这些服务通过 I/O 进行通信。

I/O 需求的增加意味着纯洁性更难实现，但也意味着对异步 I/O 的需求增加。如前所述，纯洁性有助于处理并发场景，其中包括处理异步消息。

硬件的发展也很重要：CPU 主频的增速不如以往快了，所以硬件制造商正在朝着多处理器结合的方向转移。并行化正在成为提高计算速度的主要途径，因此需要编写可被良好并行化的程序。事实上，转向多核机器是我们目前对 FP 重新产生兴趣的主要原因之一。

3.6 练习

编写一个计算用户体质指数(Body Mass Index，BMI)的控制台应用程序：

① 以米为单位提示用户身高，以千克为单位提示用户体重。

② 计算 BMI，计算方式为：体重/身高 ^{2}。

③ 输出一条信息：体重不足(BMI<18.5)、超重(BMI≥25)或健康。

④ 构建代码，以分离纯洁和不纯洁的部分。

⑤ 对纯洁的部分进行单元测试。

⑥ 使用基于函数的方法对整个工作流进行单元测试，以对控制台的读取和写入进行抽象。

由于本章大部分内容都是为了让你在实践中了解纯洁性的概念，因此鼓励你将所讨论的技术应用于当前正在处理的某些代码，可在工作的同时学习新知识！

① 根据代码清单找到一段正在执行某个有意义操作的代码(搜索 foreach)。看看该操作可否被并行化；如果不可以，看看可否提取操作的一个纯洁部分，然后并行化该部分。

② 在代码库中搜索 DateTime.Now 或 DateTime.UtcNow 的用法。如果某区域未经测试，请使用本章介绍的基于接口的方法和基于函数的方法对其进行测试。

③ 查找代码中其他依赖不纯依赖项(没有可传递的依赖项)的地方。很明显，框架中的不纯静态类，如跨越应用程序边界的 ConfigurationManager 或 Environment 类可作为候选。可尝试应用基于函数的测试模式。

3.7 本章小结

- 与数学函数相比，编程函数更难推理，因为它们的输出可能取决于输入参数以外的变量。
- 副作用包括状态突变、抛出异常和 I/O。
- 无副作用的函数被称为纯函数。这些函数除了返回一个单独依赖于输入参数的值，什么也不做。
- 纯函数比不纯函数更容易进行优化和测试，可在并发场景中安全使用，所以应该尽量使用纯函数。
- 与其他副作用不同，I/O 无法避免，但你仍可隔离执行 I/O 的应用程序部分，以减少不纯代码的占用空间。

第Ⅱ部分　核心技术

本部分介绍 FP 中一些最常用的技术。你将看到简单的结构和技术如何使你能够用简洁、优雅和可读的代码解决问题。

第 4 章讨论了设计类型和函数签名的原则——从函数的角度论述它们。

第 5 章展示 Option 类型的原因和实现，这是 FP 的主要内容，不仅本身很有用，而且将指导你理解本书中许多后续的概念。

第 6 章介绍了 FP 的一些核心函数:Map、Bind、ForEach 和 Where。这些函数提供了与 FP 中最常见的数据结构交互的基本工具。

第 7 章展示了如何将函数链接到捕获程序工作流的管道中。然后，进一步以函数式风格开发整个用例。

阅读完第Ⅱ部分，你将对函数式风格编写的程序有很好的认识。还可以在自己的代码中小规模地应用 FP 思想和结构——在 OO 代码的海洋中创建函数式代码孤岛。

第4章 设计函数签名和类型

本章主要内容：

- 精心设计的函数签名
- 对函数的输入进行细化控制
- 使用 Unit 作为 void 的更灵活替代

无论是使用 C#这样的静态类型语言还是使用 JavaScript 之类的动态类型语言编程，到目前为止，我们所介绍的原理在总体上已经定义了函数式编程。在本章中，你将学习一些特定于静态类型语言的函数式技术：因为函数及其参数都是类型化的，这引出了一系列有趣的可考虑因素。

函数是函数式程序的基石，因此获取函数签名是非常重要的。而且，由于函数签名是根据其输入和输出的类型定义的，因此正确地获取这些类型同样重要。类型设计和函数签名设计实际上是同一枚硬币的两面。

你可能多年来定义过许多类和接口，因此自认为已经知道如何设计自己的类型和函数。但事实证明，FP 给我们带来了一些有趣的概念，这些概念可帮助增强程序的健壮性和 API 的可用性。

4.1 设计函数签名

函数的签名指示了函数的输入和输出类型。如果函数被命名，那么签名还包含函数名称。随着你编写更多的函数式代码，你会更频繁地查看函数签名。定义函数签名是程序开发过程中的一个重要步骤，通常是解决问题时要做的第一件事。

下面首先介绍 FP 社区中的标准函数签名表示法。整本书都将使用它。

4.1.1 使用箭头符号编写签名

在 FP 中，函数签名通常用箭头符号表示。学习箭头符号有很大的好处，因为在有关 FP 的书籍、文章和博客中经常见到它：它是来自不同语言的函数式程序员使用的通用语言。

假设有一个从 int 到 string 的函数 f；也就是说，它需要一个 int 作为输入并生成一个字符串作为输出。我们将这样编写签名：

```
f : int → string
```

在自然语言中，你会读作“f 具有从 int 到 string 的类型”或“f 接受 int 并生成 string”。在 C#中，具有该签名的函数等同于 Func<int, string>。

由于箭头符号比 C#类型更具可读性，我们在讨论签名时会经常使用它。当没有输入或没有输出(void 或 Unit)时，我们将使用()表示。

下面举一些例子。表 4.1 显示了用箭头符号表示的函数类型与相应的 C#委托类型，以及在 lambda 表示法中具有给定签名函数的实现示例。

表 4.1 用箭头符号表示函数签名

函数签名	C#类型	示例
`int → string`	`Func<int, string>`	`(int i) => i.ToString()`
`() → string`	`Func<string>`	`() => "hello"`
`int → ()`	`Action<int>`	`(int i) => WriteLine($"gimme {i}")`
`() → ()`	`Action`	`() => WriteLine("Hello World!")`
`(int, int) → int`	`Func<int, int, int >`	`(int a, int b) => a + b`

表 4.1 中的最后一个示例显示了多个输入参数：用括号将它们括起来(圆括号用于表示元组，也就是说，我们用符号将二元函数表示为输入参数是一个二元元组的一元函数)。

现在继续讨论更复杂的签名，即 HOF。从下面的方法开始(来自代码清单 2.10)，该方法接受一个字符串和一个从 IDbConnection 到 R 的函数，然后返回 R：

```
static R Connect<R>(string connStr, Func<IDbConnection, R> func)
    => // ...
```

如何用符号表示这个签名？第二个参数本身就是一个函数，所以可用符号表示为 IDbConnection → R。HOF 的签名将用如下符号表示。

```
(string, (IDbConnection → R)) → R
```

而以下是相应的 C#类型的表示：

```
Func<string, Func<IDbConnection, R>, R>
```

箭头语法的量级稍轻一些，更易读。随着签名复杂程度的增加，这表现得更明显。

4.1.2 签名的信息量有多大

有些函数签名比其他函数签名更具代表性，可使我们了解更多信息，如函数的功能。允许的输入以及可能的输出。例如，签名()→()未提供任何信息：它可能会打印一些文本，增加一个计数器，启动一个太空船……谁也不清楚！但下面这个签名：

```
(IEnumerable<T>, (T → bool)) → IEnumerable<T>
```

花一点时间，看你能否猜出这个签名的函数是做什么的。当然，在没有看到真实实现的情况下，你确实无法确定，但你可做一个有根据的猜测。该函数返回一个 T 作为输入的列表；函数也接受一个 T 的列表，第二个参数是一个从 T 到 bool 的函数：T 上的一个谓词。

不难推测该函数将使用 T 上的谓词来过滤列表中的元素。简言之，这是一个过滤函数。的确，这正是 Enumerable.Where 的签名。再来看另一个例子：

```
(IEnumerable<A>, IEnumerable<B>, ((A, B) → C)) → IEnumerable<C>
```

你能猜到这个函数是做什么的吗？它返回一个 C 的序列，并接受一个 A 的序列、一个 B 的序列和一个由 A 和 B 计算出 C 的函数。如此看来，这个函数将对两个输入序列中的元素应用计算，并返回一个由计算结果组成的新序列，那么这个函数可以是 Enumerable.Zip 函数。该函数在 3.2.3 节中讨论过。

最后两个签名如此具有表现力，以至于可对其实现做一个很好的推测，这当然是理想的签名。编写 API 时也是如此，如果签名能与表达函数意图的良好命名相结合，则 API 会更清晰明确。

当然，函数签名可表达多少信息是有限的。例如，Enumerable.TakeWhile 是一个遍历给定序列的函数，只要给定谓词的计算结果为真，就生成所有元素，它与 Enumerable.Where 具有相同的签名。这是合理的，因为 TakeWhile 也可被看成一个过滤函数，但其工作方式与 Where 不同。

总之，一些签名比其他签名更具表现力。在开发 API 时，应尽量使你的签名清晰易懂——这将有助于 API 的使用，并增强程序的可靠性。

4.2　使用数据对象捕获数据

函数和数据就像一枚硬币的两面：函数消耗和产生数据。一个好的 API 需要函数具有清晰的签名和设计良好的数据类型，以表示这些函数的输入和输出。与 OOP 不同，在 FP 中对逻辑和数据进行划分是很自然的：

- 逻辑是在函数中被编码的。
- 数据是用数据对象捕获的，用于函数的输入和输出。

本节将介绍设计数据对象的一些基本思想。然后，我们将继续讨论表示数据缺失(第 4.3 节)或可能的数据缺失(第 5 章)的更抽象的概念。

例如，需要为人寿健康保险应用程序编写一个函数，以根据年龄对客户进行风险预测。通过一个 enum 来捕获风险预测：

```
enum Risk { Low, Medium, High }
```

你正在与一个使用动态类型语言的同事 David 结对编程，他尝试着实现这个函数。他在 REPL 中用一些输入来运行它，看它是否按预期工作：

```
Risk CalculateRiskProfile(dynamic age)
   => (age < 60) ? Risk.Low : Risk.Medium;

CalculateRiskProfile(30) // => Low
CalculateRiskProfile(70) // => Medium
```

虽然合理的输入会让该实现正常工作，但你对 David 选择 dynamic 作为参数类型感到惊讶，所以向他展示他的实现将允许客户端代码使用字符串来调用函数，从而导致运行时错误：

```
CalculateRiskProfile("Hello")
// => runtime error: Operator '<' cannot be applied to operands ➥
 of type 'string' and 'int'
```

你向 David 解释说："你可以告诉编译器函数需要什么类型的输入，这样便可排除无效输入"，于是你重写了函数，将 int 作为输入参数的类型：

```
Risk CalculateRiskProfile(int age)
   => (age < 60) ? Risk.Low : Risk.Medium;

CalculateRiskProfile("Hello")
// => compiler error: cannot convert from 'string' to 'int'
```

是否还有改进余地呢？

4.2.1 原始类型通常不够具体

随着不断测试自己的函数，你发现该实现仍然允许无效的输入：

```
CalculateRiskProfile(-1000) // => Low
CalculateRiskProfile(10000) // => Medium
```

显然，这些值对于一个客户的年龄来说是无效的。那么到底哪些才是有效年龄呢？你和业务方进行了沟通并说明了这一点，于是他们指出，年龄的合理值必须是正值且小于 120。你的第一反应是为函数添加一些验证——如果给定的年龄超出有效范围，则抛出异常：

```
Risk CalculateRiskProfile(int age)
{
   if (age < 0 || 120 <= age)
      throw new ArgumentException($"{age} is not a valid age");

   return (age < 60) ? Risk.Low : Risk.Medium;
}

CalculateRiskProfile(10000)
// => runtime error: 10000 is not a valid age
```

输入这些代码后，你发觉这种做法并不恰当：

- 必须为验证失败的情况编写额外的单元测试。
- 在该应用的其他一些地方也需要一个预期年龄，所以可能需要在这些地方执行相同的验证。这会造成一些重复代码。

重复的代码通常表示关注分离已经被打破：CalculateRiskProfile 函数本应只关注计算，现在也关注验证。有没有更好的办法？

4.2.2　使用自定义类型约束输入

与此同时，另一位使用静态类型函数式语言的同事 Frida 加入了你们的会话。她一直盯着你的代码，直到发现问题在于你使用了 int 来表示年龄。她评论说："你可以告诉编译器你的函数需要什么类型的输入，这样可排除无效输入。"

David 听后很惊讶，不知道她说的到底是什么意思。所以，Frida 开始实现一个 Age 作为自定义类型，它只代表年龄的一个有效值，如代码清单 4.1 所示。

代码清单 4.1　只能用有效值实例化的自定义类型

```
public struct Age
{
    public int Value { get; }

    public Age(int value)
    {
        if (!IsValid(value))
            throw new ArgumentException($"{value} is not a valid age");
        Value = value;
    }

    private static bool IsValid(int age)
        => 0 <= age && age < 120;
}
```

在该实现中，Age 在其底层表示中仍然使用 int，但是构造函数确保 Age 只能用有效值实例化。

这实际上是函数式思维，因为 Age 类型正在被精确地创建以表示 CalculateRiskProfile 函数的域，现在可将其重写为：

```
Risk CalculateRiskProfile(Age age)
    => (age.Value < 60) ? Risk.Low : Risk.Medium;
```

这个新实现具有以下几个优点：

- 保证了只给出有效值；
- CalculateRiskProfile 不再发生运行时错误；
- Age 类型的构造函数会捕获验证年龄值的相关任务，不需要在任何处理年龄的地方进行重复验证。

但 Age 构造函数中仍会抛出一个异常，5.4.3 节会解决这个问题，并且仍有改进的空间。

在前面的实现中，是通过 Value 来提取年龄的基础值，所以仍在比较两个整数。这样会有几个问题：

- 读取 Value 属性不仅会产生一些噪音，而且意味着依赖 Age 的内部表示，因为可能在将来会更改这个表示。

- 因为正在执行整数比较，所以如果有人不小心将阈值 60 改为 600(这是有效的 int，不是有效的 Age)，那么也不会受到保护。

可通过修改 Age 的定义来解决这些问题，如代码清单 4.2 所示。

代码清单 4.2 封装 Age 的内部表示

```
public class Age
{
    private int Value { get; }  // 内部表示保持为私有

    public static bool operator <(Age l, Age r)  // 比较两个 Age 的逻辑
        => l.Value < r.Value;
    public static bool operator >(Age l, Age r)
        => l.Value > r.Value;

    public static bool operator <(Age l, int r)  // 为提高可读性，可将 Age 与 int 进行比较；int 将首先被转换成 Age
        => l < new Age(r);
    public static bool operator >(Age l, int r)
        => l > new Age(r);
}
```

现在，一个年龄的内部表现形式被封装起来，比较逻辑也在 Age 类之内。现在可重写函数，如下所示：

```
Risk CalculateRiskProfile(Age age)
    => (age < 60) ? Risk.Low : Risk.Medium;
```

现在，要通过值 60 来构建一个新的 Age，所以正常的验证逻辑将被调用(如果抛出了运行时错误，没关系，因为这表明是一个开发错误；详见第 8 章)。然后在比较输入的年龄时，将在 Age 类中使用你定义的比较运算符。总之，代码的可读性与以前一样，但更强大。

总之，原始类型常被过于宽泛地使用(即所谓的原始类型偏执)。如果需要限制函数的输入，通常最好定义一个自定义类型。这遵循“使无效状态不可表示”的想法——在上例中，无法表示有效范围之外的年龄。

除了输入类型(现在是 Age)，CalculateRiskProfile 的新实现与原始实现完全相同，这确保了数据的有效性，并使函数签名更明确。对此，函数式编程者可能会说，现在这个函数是“诚实的”，这是什么意思呢？

4.2.3 编写“诚实的”函数

你可能听到过函数式编程者谈论“诚实”或“不诚实”的函数。一个诚实的函数是言出必行的，始终履行自己的签名。例如，可思考 4.2.2 节得到的函数：

```
Risk CalculateRiskProfile(Age age)
    => (age < 60) => Risk.Low : Risk.Medium;
```

它的签名是 Age→Risk，声明“给我一个 Age，还你一个 Risk”。的确，没有其他可能的结果[1]。这个函数表现为一个数学函数，域中的每个元素所映射的值域如图 4.1 所示。

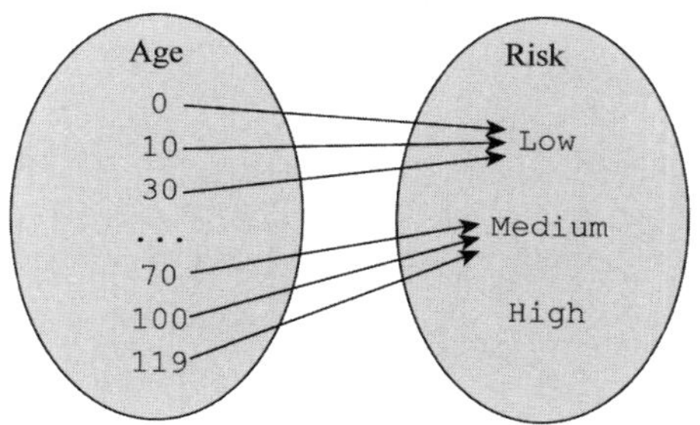

图 4.1　一个诚实的函数的行为正如签名所表示的那样：它将所有可能的输入类型值映射到输出类型的一个有效值。这使得函数的行为可预测，并且使程序更加健壮

将其与之前的实现进行比较，之前的实现是这样的：

```
Risk CalculateRiskProfile(int age)
{
   if (age < 0 || 120 <= age)
      throw new ArgumentException($"{age} is not a valid age");

   return (age < 60) ? Risk.Low : Risk.Medium;
}
```

记住，一个签名便是一份合约。签名 int→Risk 表示“给我一个 int(int 的 2^{32} 个可能值中的任何一个)，我将返回一个 Risk”。但具体实现并不遵守签名，它会为无效输入抛出一个 ArgumentException(见图 4.2)。

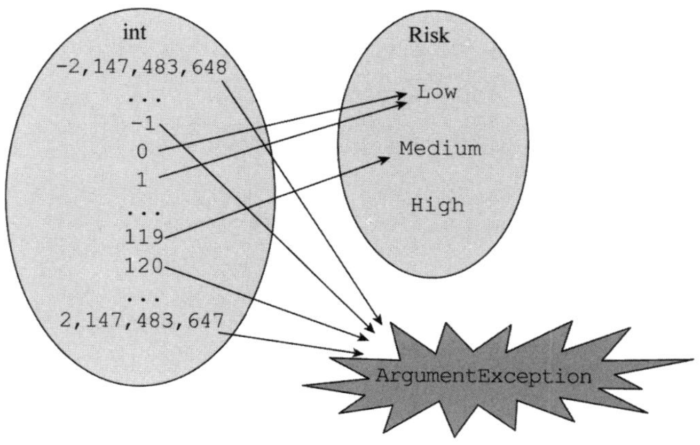

图 4.2　一个不诚实的函数会生成签名中未解释的结果

这意味着该函数是“不诚实的”——它真正应该说的是“给我一个 int，我可能返回一个

1　当然，也存在硬件故障、程序内存不足等可能，但这些并不是函数实现的内在因素。

Risk，也可能抛出异常。”有时，计算失败也有合理的原因，但在这个例子中，约束函数的输入以使函数始终返回一个有效值，是一个更干净的解决方案。

总之，如果一个函数的行为可通过签名进行预测，那么它便是诚实的：

- 返回一个声明类型的值。
- 没有抛出异常。
- 也没有返回空值。

可以看出，这些需求没有纯函数那么严格和正式。值得注意的是，执行 I/O 的函数仍然可以是诚实的。在这种情况下，它的返回类型通常应该表明该函数可能会失败或花费很长时间(例如，通过返回包装在 Exceptional 或一个 Task 中的结果，详见第 8 章或第 16 章)。

4.2.4 把值组合到复杂的数据对象中

随着数据的增多，可能要对健康风险计算的实现做一些微调。例如，女性寿命统计比男性长，所以可能要考虑到这一点：

```
enum Gender { Female, Male }

Risk CalculateRiskProfile(Age age, Gender gender)
{
   var threshold = (gender == Gender.Female) ? 62 : 60;
   return (age < threshold) ?Risk.Low : Risk.Medium;
}
```

如此定义的函数的签名如下：

```
(Age, Gender) → Risk
```

有多少可能的输入值呢？显然，Gender 有两个可能的值，Age 有 120 个可能的值，所以共有 2×120 = 240 个可能的输入。注意，如果定义一个 Age 和 Gender 的元组，那么可能有 240 个元组。如果定义一个类型来保存相同的数据，也是如此：

```
readonly record struct HealthData
{
   Age Age;
   Gender Gender;
};
```

无论调用接受 Age 和 Gender 的二元函数，还是调用接受 HealthData 的一元函数，都可能有 240 个不同的输入。它们只是包装方式不同而已。

之前说过类型代表集合，所以 Age 类型代表一个拥有 120 个元素的集合，Gender 则拥有两个元素。那么对于更复杂的类型，比如基于前两个类型所定义的 HealthData，情况又如何呢？

从本质上讲，创建一个 HealthData 实例相当于将两个集合 Age 和 Gender(笛卡尔积)的所有可能组合在一起，并选择其中一个元素。简单来说，就是每次向对象(或元组)添加一个字段时，都会创建一个笛卡尔积，并在该对象的可能值的空间中添加一个维度，如图 4.3 所示。

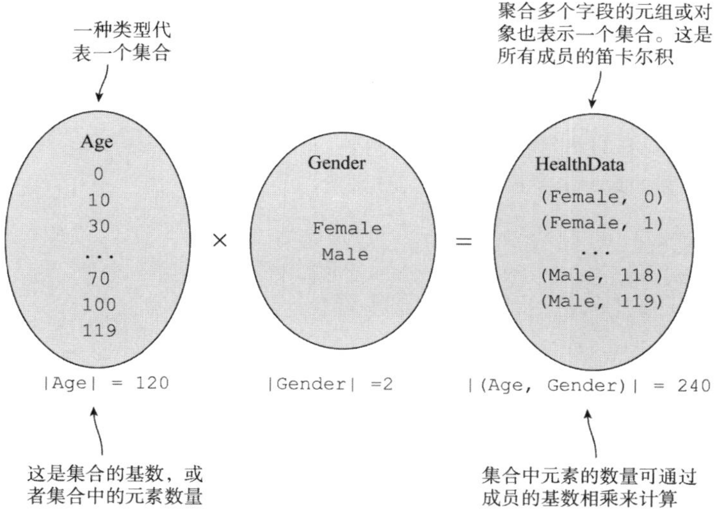

图 4.3　作为笛卡尔积的对象或元组

因此，在类型理论中，通过聚合其他类型(无论是在元组、记录、结构还是类中)定义的类型称为积类型(product type)。相比之下，有和类型(sum type)。例如，如果类型 *A* 和 *B* 是 *C* 的两个具体实现，那么

$$|C| = |A| + |B|$$

可能的 C 的数量是所有可能的 A 和所有可能的 B 的总和(和类型也称为联合类型、差别联合类型以及其他名称)。

这就结束了对数据对象设计的简要介绍。重点是应该以某种方式将对象建模，以很好地控制函数需要处理的输入范围。计算可能的实例数量可带来清晰性。一旦掌握了这些简单值，即可方便地将它们聚合成更复杂的数据对象。现在继续讨论最简单的类型：空元组或 Unit。

4.3　使用 Unit 为数据缺失建模

我们已经讨论了如何表示数据。那么当没有数据时该怎样表示呢？许多被调用的函数因数据缺失的副作用而返回 void。但 void 并不能很好地与很多函数式技术相结合，所以本节将介绍 Unit：一种可用来表示没有数据的类型，不存在 void 问题。

4.3.1　为什么 void 不理想

首先来说明为什么 void 不够理想。第 2.1.2 节介绍了通用的 Func 和 Action 委托系列。但是，既然它们如此通用，为什么需要两个呢？为什么不能只用 Func<Void>来表示一个什么都不返回的函数，就像使用 Func<string>来表示返回 string 的函数一样？问题在于，虽然框架用

System.Void 类型和 void 关键字来表示“无返回值”，但 void 接受了编译器的特殊处理，因此不能作为返回类型使用(事实上，根本不能在 C#代码中使用)。

为什么这会成为实践中的问题?假设需要了解某些操作需要多长时间，为此需要编写一个 HOF，以启动秒表，运行给定的函数，停止秒表，最后打印一些诊断信息。这是第 2.3 节中阐述的安装/拆卸场景的典型示例。以下是实现代码：

```
public static class Instrumentation
{
    public static T Time<T>(string op, Func<T> f)
    {
        var sw = new Stopwatch();
        sw.Start();

        T t = f();

        sw.Stop();
        Console.WriteLine($"{op} took {sw.ElapsedMilliseconds}ms");
        return t;
    }
}
```

如果想读取一个文件的内容并记录操作时间，可像下面这样使用该函数：

```
var contents = Instrumentation.Time("reading from file.txt"
    , () => File.ReadAllText("file.txt"));
```

很自然想用一个返回 void 的函数来使用它。例如，可能想要计算写入一个文件的操作所用的时间，所以想这样写：

```
Instrumentation.Time("writing to file.txt"
    , () => File.AppendAllText("file.txt", "New content", Encoding.UTF8));
```

但问题是 AppendAllText 返回 void，所以不能表示成一个 Func。为使上面的代码工作，需要重载 Instrumentation.Time 以接受 Action，如下所示：

```
public static void Time(string op, Action act)
{
    var sw = new Stopwatch();
    sw.Start();

    act();

    sw.Stop();

    Console.WriteLine($"{op} took {sw.ElapsedMilliseconds}ms");
}
```

这很糟糕!仅因为 Func 和 Action 委托之间的不兼容，就必须重复整个实现(Task 和 Task<T>之间的异步操作领域存在同样的二分法)。怎样才能避免这种情况？

4.3.2 弥合 Action 和 Func 之间的差异

如果打算使用函数式编程，那么为“无返回值”提供一个不同的表示方式是很有用的。我们将使用一个特殊值：空元组(也称为 Unit)，而非使用 void 这个特殊的语言结构。空元组没有成员，所以它只有一个可能的值；因为它不包含任何信息，所以等同于无值。

在 System 名称空间中可使用空元组；虽然它被称为 ValueTuple，但遵循 FP 的约定，称之为 Unit(如此命名是因为只有一个值存在于此类型中)[1]：

```
using Unit = System.ValueTuple;
```

从技术上讲，void 和 Unit 是不同的。

- void 是一个表示空集合的类型。因此，不可能创建它的实例。
- Unit 表示一个单一值的集合。因此，Unit 的任何实例都等同于其他任何实例，因此不携带任何信息。

如果有一个 HOF 需要传入一个 Func，但你想传入一个 Action，该怎么做呢？第 2 章中介绍了可编写“适配器”函数来修改现有函数，以满足这种需求。这种情况下，需要一种能轻松地将 Action 转换为 Func<Unit>的方法。代码清单 4.3 提供了 ToFunc 函数的定义，它就是这样做的。它包含在我的函数库 LaYumba.Functional 中。我开发它来支持本书的教学。

代码清单 4.3　将 Action 转换为 Func<Unit>

```
using Unit = System.ValueTuple;          // 为空元组取别名 Unit

namespace LaYumba.Functional;            // 这个文件作用域的名称空间包括以下所有代码
public static class ActionExt
{
    public static Func<Unit> ToFunc      // 适配器函数将 Action 转换为返回 Unit 的 Func
        (this Action action)
        => () => { action(); return default; };

    public static Func<T, Unit> ToFunc<T>
        (this Action<T> action)
        => (t) => { action(t); return default; };

    // more overloads for Action's with more arguments...
}
```

当用一个给定的 Action 调用 ToFunc 时，会得到一个 Func<Unit>：调用这个函数时，将运行 Action 并返回 Unit。

> **提示**　这个代码清单包括一个文件作用域的名称空间，这是 C# 10 中引入的减少缩进的特性。所声明的名称空间会应用于文件的内容。

1　近来，各个函数式库都倾向于将自己的 Unit 类型定义为没有成员的结构体。但明显的缺点是，这些自定义的实现互不兼容，所以我会要求库的开发人员采用无值的 ValueTuple 作为 Unit 的标准表示。

使用此方式，可用一个方法来扩展 Instrumentation 类，该方法接受一个 Action，并将其转换成 Func<Unit>，然后调用可与任何 Func<T>一起工作的现有重载。代码清单 4.4 展示了这种方法。

代码清单 4.4 HOF，它接受一个 Func 或一个 Action，且无重复代码

```
using LaYumba.Functional;
using Unit = System.ValueTuple;

public static class Instrumentation
{

   public static void Time(string op, Action act)
      => Time<Unit>(op, act.ToFunc());
   public static T Time<T>(string op, Func<T> f)
      => // same as before...
}
```

包含接受一个 Action 的重载

将 Action 转换为 Func<Unit>，并将其传递给接受 Func<T>的重载

如上所述，这允许在 Time 的实现上避免重复任何逻辑。但仍然必须公开重载来接受 Action。鉴于语言的限制，这是处理 Action 和 Func 的最佳折中方案。

虽然仅凭单个示例你可能没有充分体会到 Unit，但本书会介绍更多需要使用 Unit 和 ToFunc 来利用函数式技术的示例。综上所述：

- 使用 void 表示数据缺失，这意味着函数只是被调用，并没有返回任何信息。
- 需要在 Func 和 Action 上处理一致性时，则改用 Unit，这是更灵活的表示方式。

注意 C# 7 引入了元组表示法，允许用(1, "hello")来表示二进制元组，所以从逻辑上讲，能够用(1)来表示一元元组，用()来表示空元组。遗憾的是，由于括号在 C#语法中的工作方式，这是不可能的：只有包含两个或多个元素的元组才能使用括号编写。因此，应在 C#代码中使用 Unit，在使用箭头符号时使用()。例如，将 Func<int, Unit>标记为 int→()。

4.4 本章小结

- 使函数签名应尽可能具体。这将使它们更易用，更不易出错。
- 尽量使函数诚实。一个诚实的函数总是按照签名所示的去做：给定预期类型的输入，就会产生预期类型的输出——没有 Exception，没有 null。
- 要使用自定义类型而不是专门的验证代码来约束函数的输入值。
- 当需要更灵活地表示不返回数据的函数时，可以使用 Unit 替代 void。

第5章 为数据可能缺失建模

本章主要内容：

- 使用 Option 表示可能缺失数据
- 理解为什么 null 是一个糟糕的想法
- 是否应该使用 C# 8 的可空引用类型

第 4 章介绍了这样一种思想：类型应该精确地表示它们封装的数据，以便编写富有表现力的函数签名。一个特别棘手的问题是无法表示可能不可用的数据。例如，当在一个网站上注册时，通常必须提供电子邮件地址，但其他细节，如年龄和性别是可选的(可能不可用)。如果数据可用，网站所有者会希望进一步处理和分析这些数据。

你可能会想："我们不是可以使用 null 吗?" 5.5 节将讨论 null，但在本章的前半部分，可以假定 null 不存在，必须想出一种方法来表示可能的数据缺失。

在进行函数式编码时，永远不要使用 null。相反，FP 使用 Option 类型表示可选。Option 为数据可能缺失提供了一种更加健壮和富有表现力的表示方式。如果以前从未听说过 Option，最好先不要下定论，因为你可能不清楚 Option 的附加价值，接下来的几章会在实际使用它时让你明白这一点。

5.1 每天都在使用糟糕的 API

表示数据可能缺失的问题在框架库中并没有得到很好处理。假设你去参加工作面试，看到以下测验题。

问题：以下程序会打印什么？

```
using System;
using System.Collections.Generic;
using System.Collections.Specialized;
using static System.Console;

class IndexerIdiosyncracy
{
    public static void Main()
    {
        try
        {
            var empty = new NameValueCollection();
            var green = empty["green"];                    ❶
            WriteLine("green!");

            var alsoEmpty = new Dictionary<string, string>();
            var blue = alsoEmpty["blue"];                  ❷
            WriteLine("blue!");
        }
        catch (Exception ex)
        {
            WriteLine(ex.GetType().Name);
        }
    }
}
```

请花点时间阅读该代码。注意 NameValueCollection 只是一个从 string 到 string 的映射[1]。然后，写下你认为该程序会打印的内容。你愿用多少钱来打赌你所写下的答案是正确的呢？或许和我一样，你认为一个程序员真正应关心不该是这些烦人的细节。本节的其余部分将帮你弄明白为什么问题在于 API 本身。

该代码使用索引器从两个空集合中检索条目，所以这两个操作都将失败。当然，索引器只是普通函数，[]只是语法糖。因此两个索引器都是 string→string 类型的函数，且都是不诚实的。为什么说它们不诚实？

如果某个键不存在，NameValueCollection 索引器❶会返回 null。对于 null 是否实际上是一个 string 仍有一些争议，但我倾向于“不是”[2]。当给索引器提供一个完全有效的 string 类型的输入时，它会返回无用的 null 值——而这不符合签名要求。

Dictionary 索引器❷会抛出一个 KeyNotFoundException 异常，虽然该函数表面上是“给我一个 string，还你一个 string”，而实际上它应该自称“给我一个 string，我可能还你一个 string，也可能抛出一个异常”。

雪上加霜的是，两个索引器都不诚实，都具有不一致的方式。知道这一点，便很容易明白该程序会打印以下内容：

---

1 在.NET 的早期，NameValueCollection 使用得相当频繁，因为它通常使用 ConfigurationManager.AppSettings 从.config 文件中获取配置设置。这已被更新的配置提供程序所取代，所以可能不会经常遇到 NameValueCollection，即使它仍是.NET 的一部分。

2 实际上，语言规范本身就是这样描述的：如果将 null 赋给一个变量，如 string s = null;，那么 s is string 的值为 false。

```
green!
KeyNotFoundException
```

也就是说，.NET 中两个不同的关联集合公开的接口不一致。谁会想到这点？而且唯一可以发现该问题的方式就是查看文档(令人厌烦)或者偶遇 bug(更糟)。下面介绍用于表示数据可能缺失的函数式方法。

5.2 Option 类型的介绍

Option 本质上是一个容器，包装了一个值…或无值。它就像一个包含了某样东西的盒子或者可以为空。Option 的符号定义如下：

```
Option<T> = None | Some(T)
```

下面介绍其含义。T 是一个类型参数(内部值的类型)——所以 Option<int>可能包含一个 int，也可能不包含。符号|表示或，所以该定义表示 Option<T>可以是两者之一：

- None——表示没有值的特殊值。如果 Option 没有内部值，我们就说“Option 是 None”。
- Some(T)——一个包装 T 类型值的容器。如果 Option 有一个内部值，我们就说“Option 是 Some”。

值得一提的是，在 Option<t>中，我使用尖括号表示 T 是一个类型参数。在 Some(T)中，我使用圆括号表示 Some 是一个接受 T 并返回 Option<T>的函数，包装给定的值。

在集合方面，Option<T>是集合 Some(T)与单例集合 None 的并集(见图 5.1)。Option 是 sum 类型的一个很好的例子，参见 4.2.4 节。

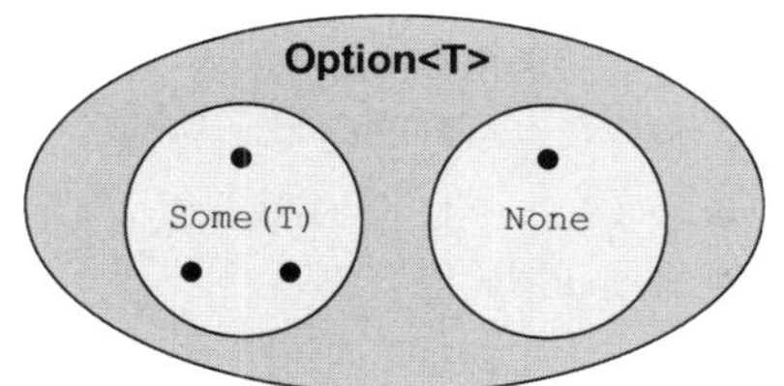

图 5.1　Option<T>是集合 Some<T>和单例集合 None 的并集

如果 bool 有两个可能的值，那么 Some<bool>也有两个可能的值，但 Option<bool>有三个可能的值，因为它还包括 None。类似地，Option<dayofweek>有 8 个可能的值，以此类推。

下一节将介绍如何实现 Option，但首先分析它的基本用法，以便熟悉 API。建议在 REPL 中执行这些步骤，但你需要进行一些设置，如下面的补充说明“在 REPL 中使用 LaYumba.Functional 库”所示。

在 REPL 中使用 LaYumba.Functional 库

我开发了自己的函数库 LaYumba.Functional，以支持本书中许多技巧的教学。在 REPL 中使用 LaYumba.Functional 库中的结构很有帮助。这需要你在 REPL 中导入它：

(1) 从链接[1]下载并编译代码示例。

(2) 在 REPL 中引用 LaYumba.Functional 库。其工作方式取决于你的设置。在我的系统上(使用 Visual Studio 中的 C# Interactive 窗口，并打开代码示例解决方案)，可通过输入以下命令来完成：

```
#r "functional-csharp-code-2\LaYumba.Functional\bin\Debug\net6.0\
➥ LaYumba.Functional.dll"
```

(3) 将以下导入语句输入 REPL 中：

```
using LaYumba.Functional;
using static LaYumba.Functional.F;
```

一旦完成设置，便可创建一些 Option：

```
Option<string> _ = None;              ← 创建一个 None 状态的 Option
Option<string> john = Some("John");   ← 创建一个 Some 状态的 Option
```

如此简单！既然已经知道如何创建 Option，那么如何与它们进行交互呢？基本上，可使用 Match 来执行模式匹配。简言之，它允许根据 Option 是 None 还是 Some 来运行不同代码。

例如，如果有一个可选的姓名，则可编写一个函数返回该姓名的问候语，或者，如果没有姓名，则返回通用消息。在 REPL 中输入以下内容：

```
string Greet(Option<string> greetee)
    => greetee.Match(
        None: () => "Sorry, who?",              ← 如果 greetee 是 None，Match 将用这个函数求值
        Some: (name) => $"Hello, {name}");      ← 如果 greetee 是 Some，Match 将用这个函数求值，并传递 greetee 的内部值

Greet(Some("John")) // => "Hello, John"

Greet(None) // => "Sorry, who?"
```

如你所见，Match 有两个函数：第一个表示在 None 情况下做什么，第二个表示在 Some 情况下做什么。在 Some 情况下，函数将被赋予 Option 的内部值(在本示例中，为字符串 John，即创建 Option 时给定的值)。

在之前对 Match 的调用中，使用命名参数 None:和 Some:是为了使代码更加清晰。其实它们是可以省略的：

```
string greet(Option<string> greetee)
    => greetee.Match
     (
        () => "Sorry, who?",
        (name) => $"Hello, {name}"
    );
```

一般会省略它们，因为第一个 lambda 中的空括号()已经暗示了一个空容器(即一个 None 状态的 Option)，而包含 name 参数的括号暗示了一个含值的容器(在 Some 情况下，括号是可选的，就像任何一元 lambda 一样，但这里保留它们是为了方便对比)。

如果你现在有点混乱，也不必担心，随着我们的逐步讲解，一切都会变得明朗起来。现在，请牢记以下几点：

- 使用 Some(value)将值包装成一个 Option。
- 使用 None 创建一个空的 Option。
- 使用 Match，根据 Option 的状态运行某些代码。

现在，可将 None 作为 null 的替代，并将 Match 看成对 null-check 的替代。后面的章节将讨论为什么使用 Option 比 null 更合适，以及为什么最终不需要经常使用 Match。

5.3 实现 Option

如果只是想稍微了解 Option，那么可以跳过这一节。要知道，了解足够的知识以便能使用 Option 很重要。但如果你想了解幕后情况，本节将展示在 LaYumba.Functional 中实现 Option 所用的技术，同时展示了消除 C#类型系统一些限制的可能方法。在后续操作中有可能将此代码键入空项目中。

5.3.1 Option 的理想实现

在许多类型化的函数式语言中，可用下面一行代码来定义 Option：

```
type Option t = None | Some t
```

C#中最接近的等价代码如下:

```
interface Option<T> { }
record None : Option<T>;
record Some<T>(T Value) : Option<T>;
```

也就是将 Option<t>定义为标记接口，然后为 None 和 Some<T>提供最小的实现，表示它们每个都是有效的 Option<T>。Some<T>包含一个 T，而 None 不包含任何内容。

这里遇到了一个问题：因为 None 实际上不包含 T，所以 None 是一个有效的 Option<T>，不管 T 最终解析为什么类型。遗憾的是，C#编译器不允许这样做，因此为了使代码能够编译，还需要为 None 提供一个泛型参数。

```
record None<T> : Option<T>;
```

现在有了一个基本的、可工作的实现。

5.3.2 使用 Option

接下来，编写通过模式匹配使用 Option 的代码。理想情况下，代码如下：

```
string Greet(Option<string> greetee)
    => greetee switch
    {
        None => "Sorry, who?",
        Some(name) => $"Hello, {name}"
    };
```

遗憾的是，这段代码无法编译。如果要满足 C#中模式匹配的语法，就需要重写代码，如下：

```
string Greet(Option<string> greetee)
    => greetee switch
    {
        None<string> => "Sorry, who?",
        Some<string>(var name) => $"Hello, {name}"
    };
```

这段代码肯定不算优雅(想象一下用一个很长的类型名取代 string)，但至少它可以编译。它会生成一个编译器警告“the switch expression does not handle all possible values of its input type”。这是因为，理论上，可能存在 Option<string>的其他实现，而示例中的 switch 表达式不满足这一点。遗憾的是，无法告诉 C#，除了 Some 和 None，我们永远不想要任何其他 Option 实现。

可以通过定义自己的适配器函数 Match 来解决这两个问题，Match 包括一个丢弃模式。该模式允许执行详尽的模式匹配，并提供了一个易用的接口：

```
static R Match<T, R>(this Option<T> opt, Func<R> None, Func<T, R> Some)
    => opt switch
    {
        None<T> => None(),
        Some<T>(var t) => Some(t),
        _ => throw new ArgumentException("Option must be None or Some")
    };
```

然后可以使用 Option，如下所示：

```
string Greet(Option<string> greetee)
    => greetee.Match
    (
        None: () => "Sorry, who?",
        Some: (name) => $"Hello, {name}"
    );
```

现在有了一种优雅、简洁的方式来使用 Option(注意，还需要一个 Match 的重载，它需要执行两个操作，允许根据 Option 的状态执行一些操作。这可以通过 4.3.2 节中描述的方法轻松完成)。

5.3.3 创建 None

下面继续创建 Option。为了显式创建 None，用于测试 Greet 与 None 能否正常工作，必须编写如下代码：

```
var greeting = Greet(new None<string>());
```

这样处理非常不好，因为必须指定字符串参数。在调用方法时，我们更希望用类型推断来解析泛型参数。理想情况下，需要的是一个可以转换为 None<T>的值，而不管 T 的类型是什么。

虽然不能用继承来实现这一点，但可用类型转换。为此，需要定义专用的非泛型类型 NoneType：

```
struct NoneType {}
```

接下来，将 Option<T>改为包含从 NoneType 到 None<T>的隐式转换：

```
abstract record Option<T>
{
   public static implicit operator Option<T>(NoneType _)
      => new None<T>();
}
```

这段代码有效地告诉运行时，在需要 Option<T>的地方可使用 NoneType 的实例，并指示运行时将 NoneType 转换为 None<T>。最后，加入了一个名为 None 的方便字段，用于存储 NoneType：

```
public static readonly NoneType None = default;
```

现在简单地输入 None 即可创建 None<T>。

```
Greet(None) // => "Sorry, who?"
```

这就更好了！注意，这里假定 None 字段是在范围内，这可以通过 using static 实现。

在前面的代码片段中，None 返回一个 NoneType。看到 Greet 期待一个 Option<string>，运行时会调用在 Option<T>中定义的隐式转换(它产生一个 None< string >)。当所有这些都完成后，就可以忘记 NoneType 的存在，因为代码知道 None 会为预期的 T 返回 None<T>。

5.3.4　创建 Some

现在创建 Some。首先，因为 Some 表示值的存在，所以不应该将 null 封装到 Some 中。为此，要显式地定义构造函数，而不是依赖于编译器为记录生成的自动方法：

```
record Some<T> : Option<T>
{
   private T Value { get; }

   public Some(T value)
      => Value = value ?? throw new ArgumentNullException();

   public void Deconstruct(out T value)
      => value = Value;
}
```

这里还将 Option 的内部值设置为私有，以便只有在模式匹配中解构 Option 时才能访问它。然后，可以定义一个方便的函数 Some，将给定的值封装到 Some 中：

```
public static Option<T> Some<T>(T t) => new Some<T>(t);
```

有了这些，就可以创建 Some：

```
Greet(Some("John")) // => "Hello, John"
```

现在有了漂亮、干净的语法来创建 None 和 Some。为了更进一步，还将定义一个从 T 到

Option<t>的隐式转换：

```
abstract record Option<T>
{
   public static implicit operator Option<T>(T value)
      => value is null ? new None<T>() : new Some<T>(value);
}
```

这意味着 T 可用于期望 Option<T>的地方，并将被自动包装到 Some<T>中——除非它是 null，在这种情况下它将是 None<T>。这个代码片段避免了显式调用 Some：

```
Greet(None)    // => "Sorry, who?"
Greet("John") // => "Hello, John"
```

它还允许将返回 null 的函数简单地转换为返回 Option 的函数：

```
var empty = new NameValueCollection();
Option<string> green = empty["green"];

green // => None
```

5.3.5 优化 Option 实现

在 LaYumba.Functional 函数库中，出于很多原因我选择使用一种稍显不同的方法，Option 定义如代码清单 5.1 所示。

代码清单 5.1 为 C#优化的 Option 实现

```
public struct Option<T>
{
   readonly T? value;        ← Some 封装的值
   readonly bool isSome;     ← 指示 Option 是“Some”还是“None”

   internal Option(T value)  ← 构造一个“Some”状态的 Option
   {

      this.value = value ?? throw new ArgumentNullException();
      this.isSome = true;
   }

   public static implicit operator Option<T>(NoneType _)
      => default;            ← 构造一个“None”状态的 Option

   public static implicit operator Option<T>(T value)
      => value is null ? None : Some(value);

   public R Match<R>(Func<R> None, Func<T, R> Some)
      => isSome ? Some(value!) : None();
}
```

一旦创建了 Option，与之交互的唯一方法就是使用 Match

这个实现没有使用不同的类型，而是使用 state(即 isSome 标志)来指示 Option 是 Some 还是

None。它提供了创建一个 Some 状态的 Option 的单一构造函数。这是因为已经将 Option 定义为一个结构，而结构有一个隐式的无参数构造函数，该构造函数将所有字段初始化为它们的默认值。在这种情况下，isSome 标志被初始化为 false，表示 Option 为 None。这个实现有以下几个优点：

- 性能更好，因为结构是在堆栈上分配的。
- 作为结构体，Option 不能为 null。
- Option 的默认值为 None(有记录时为 null)。

其他内容(NoneType、隐式转换和 Match 接口)与前面讨论的相同。最后，在 F 类中定义了 Some 函数和 None 值，以轻松地创建 Option:

```
namespace LaYumba.Functional;

public static partial class F
{
   public static Option<T> Some<T>(T value) => new Option<T>(value);
   public static NoneType None => default;
}
```

现在了解了问题的所有部分，再看一下前面展示的示例。

```
using LaYumba.Functional;
using static LaYumba.Functional.F;

string Greet(Option<string> greetee)
   => greetee.Match
    (
      None: () => "Sorry, who?",
      Some: (name) => $"Hello, {name}"
   );

Greet(Some("John")) // => "Hello, John"

Greet(None) // => "Sorry, who?"
```

如前所见，在 C#中有不同的实现 Option 的方法。此处选择这个特殊的实现，是因为它允许从客户端代码的角度使用最干净的 API。但 Option 是一个概念，不是一个特定的实现，所以如果在另一个库或教程中看到不同的实现，不要惊慌，[1]它仍然具有 Option 的定义特性：

- None 表示没有值
- 函数 Some 封装一个值，表示值的存在
- 一种执行代码的方法，取决于值是否存在(在我们的例子中是 Match)

Option 也称为 Maybe

不同的函数式框架使用不同的术语来表达相似的概念。Option 的一个常见同义词是 Maybe，其中的 Some 和 None 状态分别被称为 Just 和 Nothing。

1　例如，流行的 mocking 框架 NSubstitute 就包含了 Option 的实现。

遗憾的是，这种命名的现象在 FP 中非常常见，这对学习过程没有帮助。本书将尝试为每种模式或技术提供最常见的同义词，然后坚持使用一个名称。从现在开始，我会坚持使用 Option。如果遇到 Maybe(例如，在 JavaScript 或 Haskell 库中)，只要知道这是同一概念。

现在介绍可以使用 Option 的一些实际场景。

5.4 Option 作为偏函数的自然结果类型

前面讨论了函数如何将元素从一个集合映射到另一个集合，以及类型如何描述这些集合。全函数和偏函数之间存在重要区别：

- 全函数是为域中的每个元素定义的映射。
- 偏函数是为域中的一些(但不是全部)元素定义的映射。

偏函数是不确定的，因为当给定一个输入而无法计算出结果时，函数对于应该做什么是不清楚的。Option 类型为这种情况的建模提供了一个完美的解决方案：如果函数是为给定的输入而定义的，则返回一个封装了结果的 Some；否则，返回 None。下面分析一些可使用这种方法的常见用例。

5.4.1 解析字符串

设想一个用于解析整数(整数以字符串表示)的函数。可将其建模为一个 string→ int 类型的函数。这显然是一个偏函数，因为并非所有字符串都是整数的有效表示。实际上，有非常多的字符串不能映射到 int。

可通过使解析器函数返回一个 Option<int>，使用 Option 来提供更安全的解析表示。如果给定的 string 不能被解析，返回的将是 None，如图 5.2 所示。

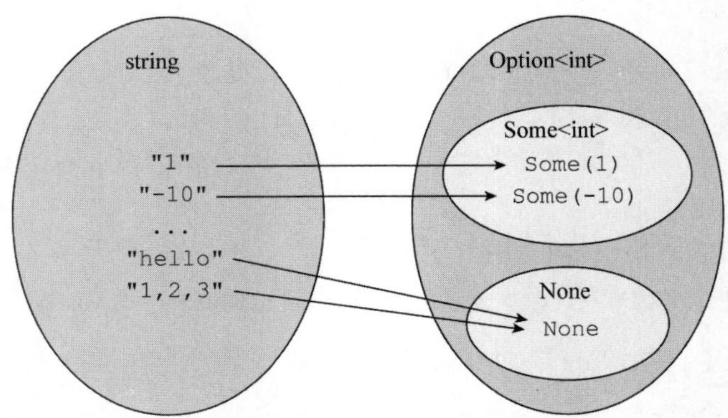

图 5.2 使用 Option 表示解析是一个偏函数。对于提供整数有效表示的输入字符串，解析函数将解析后的 int 封装到 Some 中；否则，返回 None

具有签名 string→int 的解析器函数是偏函数，因为如果提供的 string 不能转换为 int，从签名是看不出会发生什么情况的。另一方面，具有签名 string→Option<int>的解析器函数是全函数，因为对于任何给定的字符串，它都将返回有效的 Option<int>。以下是一个使用框架方法来完成繁重工作的实现，它提供了一个基于 Option 的 API：

```
public static class Int
{
   public static Option<int> Parse(string s)
      => int.TryParse(s, out int result)
         ? Some(result) : None;
}
```

本节中的辅助函数来自 LaYumba.Functional，所以可在 REPL 中试用它们：

```
Int.Parse("10")      // => Some(10)
Int.Parse("hello")   // => None
```

可以定义很多类似的方法，将字符串解析为其他常用的类型，如双精度和日期，或者更概括地讲，将数据从一种形式转换为另一种受限制的形式。

5.4.2 在集合中查找数据

5.1 节展示了一些集合公开的一个 API，它在表示数据缺失方面既不诚实又不一致，其主要内容如下：

```
new NameValueCollection()["green"]
// => null

new Dictionary<string, string>()["blue"]
// => runtime error: KeyNotFoundException
```

该 API 存在以下根本问题。关联集合将键映射到值，因此可将其看成 TKey→TValue 类型的函数。但不能保证集合中包含每个可能的 TKey 类型的键所对应的值，因此查找值总是一个偏函数。

为取值建模的一种更好、更明确的方式是返回一个 Option。可编写一些提供基于 Option 的 API 的适配器函数，这些返回 Option 类型的函数通常被命名为 Lookup：

```
Lookup : (NameValueCollection, string) → Option<string>
```

Lookup 接受一个 NameValueCollection 和一个 string(键)。如果该键存在，则返回带有值的 Some，否则返回 None。代码清单 5.2 是实现代码。

代码清单 5.2　将一个返回 null 的函数更改为返回一个 Option

```
public static Option<string> Lookup
   (this NameValueCollection collection, string key)
   => collection[key];
```

如此而已！表达式 collection[key]是 string 类型，而声明的返回值是 Option<string>，所以 string 值将被隐式转换为一个 Option<string>，null 被替换为 None。仅以最小的代价，我们已将基于 null 的 API 转换为基于 Option 的 API。

这是 Lookup 的重载，它接受一个 IDictionary，但签名是相似的：

```
Lookup : (IDictionary<K, T>, K) → Option<T>
```

可将 Lookup 函数实现为：

```
public static Option<T> Lookup<K, T>(this IDictionary<K, T> dict, K key)
   => dict.TryGetValue(key, out T value) ? Some(value) : None;
```

我们现在有了一个诚实、清晰且一致的 API，可以用它来查询这两个集合。

```
new NameValueCollection().Lookup("green")
// => None

new Dictionary<string, string>().Lookup("blue")
// => None
```

即使你请求的键不在集合中，也不会再抛出 KeyNotFoundException 或 NullReferenceException 异常。查询其他数据结构时可使用相同的方法。

5.4.3 智能构造函数模式

4.2.2 节定义了 Age 类型，这是一种比 int 类型更严格的类型，因为并非所有的 int 值都代表一个有效的年龄。可再次使用 Option 对其进行建模，如图 5.3 所示。

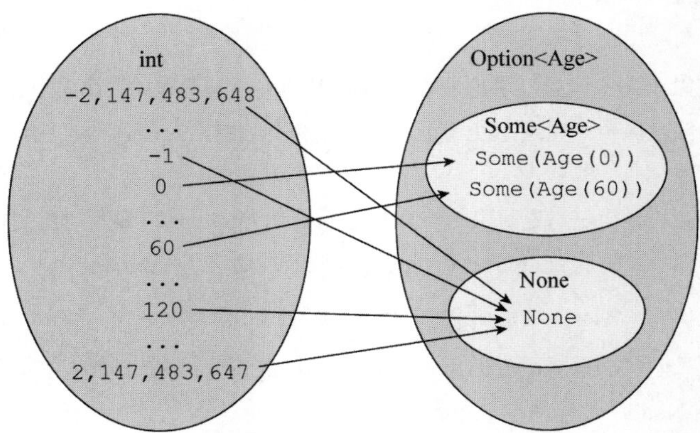

图 5.3 从 int 到 Age 的转换也可用 Option 来建模

如果需要用 int 类型来创建 Age，而不是调用构造函数(如果无法创建有效实例，则必须抛出异常)，那么可定义一个返回 Some 或 None 的函数来表明成功创建了一个 Age。这被称为智能构造函数(smart constructor)：从某种意义上来说它是“智能的”，因为它知道一些规则，可防止构造无效对象。代码清单 5.3 演示了这个方法。

代码清单 5.3　为 Age 实现一个智能构造函数

```
public struct Age
{
   private int Value { get; }

   public static Option<Age> Create(int age)      ← 一个返回 Option 的智能构造函数
      => IsValid(age) ? Some(new Age(age)) : None;

   private Age(int value)      ← 构造函数可被标记为 private
      => Value = value;

   private static bool IsValid(int age)
      => 0 <= age && age < 120;
}
```

如果现在需要通过一个 int 获得一个 Age，只会得到一个 Option<Age>，而这会强迫你去考虑失败的情况。

5.5　处理 null

本章的开头假设 C#中没有 null，必须想出一种表示可选值的方法。真正的函数式语言没有空值也不必使用 Option 类型为可选值建模。然而，一些最流行的编程语言，包括 C#，不仅允许使用 null，而且将其用作所有引用类型的默认值。本节展示为什么这是一个问题，以及如何解决它。

5.5.1　为什么 null 是一个糟糕的想法

下面看看为什么 null 会导致这么多问题。

1. 草率的数据建模

4.2.4 节提到过元组(Age, Gender)有(120 × 2) = 240 个可能的值。如果将这两个值存储在结构中，情况也是如此。现在，如果定义一个类或记录来保存这些值：

```
record HealthData(Age age, Gender Gender);
```

实际上有 241 种可能的值，因为引用类型可以是空的。如果将 Age 重构为一个类，现在就有了 121 个可能的 Age 值和 243 个可能的 HealthData 值。null 不仅会污染数据的数学表示，还必须编写代码来处理所有这些可能的值。

2. 模糊的函数签名

你可能听说过 NullReferenceException 是最常见的 bug 来源。但为什么这种现象如此普遍？我认为，答案在于模糊的函数签名：

- 因为引用类型默认为空，程序可能会遇到 null(编程错误的结果)，其中所需的值根本没有初始化。
- 其他时候，null 被认为是合法的值。例如，NameValueCollection 的作者认为可以通过返回 null 来表示键不存在。

因为无法确定一个空值是故意声明的还是编程错误导致的(至少在 C# 8 的可空引用类型之前不行，详见 5.5.3 节)，所以对如何处理空值，我们常产生这样的疑问：应该允许 mull 值吗？应该抛出 ArgumentNullException 吗？应该让 NullReferenceException 冒泡吗？本质上，每个接受或返回引用类型的函数都是不明确的，因为不清楚 null 值是合法的输入还是输出。

3. 防范 NULL-CHECKING

合法 null 和无意 null 之间的不明确不仅会导致 bug。它还有另一个影响，可能更具破坏性：它导致防御性编程。为了防止潜伏的 NullReferenceException，开发人员在代码中到处使用 null 检查和针对 null 参数的断言。虽然有使用这些断言的情况(参见 5.5.4 节)，但如果在整个代码库中使用，它们会产生很多噪音。

5.5.2　使用 Option 替代 null 来获得健壮性

解决这些问题的主要方法是永远不要使用 null 作为合法值，而应使用 Option 表示可选值。这样，任何 null 的出现都是编程错误的结果(这意味着永远不需要检查是否为空；只要让 NullReferenceException 冒泡即可)。下面看一个例子。

假设网站上有一个表单，允许人们订阅新闻简报。订阅者输入姓名和电子邮件，即可创建一个 Subscriber 实例，该实例被持久保存到数据库中。Subscriber 的定义如下：

```
public record Subscriber
(
   string Name,
   string Email
);
```

当发送新闻简报时，会向订阅者发出一条自定义的问候语，这条问候语将成为新闻简报主体的前缀：

```
public string GreetingFor(Subscriber subscriber)
   => $"Dear {subscriber.Name.ToUpper()},";
```

这一切都工作正常。Name 不能为 null，因为它是注册表单中的必填字段，并且在数据库中不可为空。

几个月后，新订阅者的注册率下降了，所以企业决定降低准入门槛，不再要求新的订阅者输入姓名了。那么需要将姓名字段从表单中删除，并相应地修改数据库。

这应该被认为是一个突破性的改变，因为不可能再对数据做出相同的假设了。然而，代码会像往常一样编译，直至 GreetingFor 收到没有 Name 的 Subscriber 时抛出异常。

此时，负责“使数据库中的名称成为可选字段”的人，可能与维护“发送新闻简报”代码的人不在同一小组中。该代码可能位于不同的存储库中。简而言之，查找 Name 的所有用法可能并非那么简单。相反，最好现在就显式指出 Name 是可选的。Subscriber 类应该改为：

```
public record Subscriber
(
    Option<string> Name,    ← Name 现在被显式地标记为可选
    string Email
);
```

这不仅清楚地表明了 Name 值可能不可用的事实，也导致了 GreetingFor 不可编译。所以必须修改 GreetingFor 和任何其他正在访问 Name 属性的代码，以考虑值不存在的可能性。例如，可像下面这样修改它：

```
public string GreetingFor(Subscriber subscriber)
    => subscriber.Name.Match
    (
        () => "Dear Subscriber,",
        (name) => $"Dear {name.ToUpper()},"

    );
```

通过使用 Option，会迫使 API 的使用者处理没有数据可用的情况。这对客户端代码提出了更高要求，也有效消除了发生 NullReferenceException 的可能性。

将 string 改为 Option<string>是一种突破性的改变：通过这种方式，就可以用运行时错误来替换编译时错误，使编译的应用程序更健壮。

5.5.3　不可空的引用类型

拥有可空类型是语言设计中的一个缺陷，这一点已被广泛接受。C#的许多版本都引入了处理 null 的新语法，也间接证实了这一点，这逐渐使 C#语言变得更复杂，但并未从根本上解决问题。

在 C# 8 中，尝试解决这个问题的最激进方法是引入了一个称为可空引用类型(nullable reference type，NRT)的特性。这个名字看起来有些奇怪，因为在 C#中引用类型总是可空的。关键是该特性允许将类型标记为可空，并且编译器会跟踪访问这些类型的实例。例如，NRT 允许编写如下代码：

```
#nullable enable              ← 在下面的代码中启用 NRT 特性

public record Subscriber
(
                              一个可空字段
    string? Name,   ←
    string Email    ← 一个非可空字段
);
```

这允许在声明中明确哪些值可空。因此，如果解引用 Name 而没有 null 检查，就会得到一个编译器警告，说明 Name 可能是空的：

```
#nullable enable

public string GreetingFor(Subscriber subscriber)
```

```
    => $"Dear {subscriber.Name.ToUpper()},";

// => CS8602 Dereference of a possibly null reference
```

从表面上看，该特性取代了 Option，在一定程度上确实如此。然而，深入研究时，就会发现一些问题：

- 需要通过在项目文件中添加 Nullable 元素来显式地选择该特性(或者在文件中添加#nullable 指令，如上所示)。
- 即使在项目级别选择了 NRT，仍可通过#nullable disable 指令在文件中覆盖它。这意味着不能孤立地推断代码：现在需要在不同的地方查看字符串是否为可空。
- 只有当可空值声明和解引用值的代码都位于启用了 NRT 特性的上下文中时，才会出现编译器警告，这再次导致很难单独对代码进行推理。
- 除非将警告视为错误，否则代码仍会在更改后编译，如将 string 更改为 string?，因此，这不是一个突破性的更改，在有大量警告的代码库中会被忽略。
- 编译器不能始终跟踪你在此过程中所做的 null 检查，例如：

```
public string GreetingFor(Subscriber subscriber)
   => IsValid(subscriber)
      ? $"Dear {subscriber.Name.ToUpper()},"
      : "Dear Subscriber";
```

检查 subscriber.Name 不是 null

仍然警告你可能正在解除对 null 的引用

即使 IsValid 检查 Name 不为空，也会导致编译器警告。为了解决这个问题，必须学习一组模糊的属性，以防止编译器对这些假阳性[1]发出警告。

- 没有被标记为可空的字段仍然可以是 null(例如，当反序列化一个对象时)：

```
#nullable enable

var json = @"{""Name"":""Enrico"", ""Email"":null}";
var subscriber = JsonSerializer.Deserialize<Subscriber>(json);

if (subscriber is not null)
   WriteLine(subscriber.Email.ToLower());
// => throws NullReferenceException
```

- 当值类型和引用类型一致时，该特性不允许以可选的方式来处理。尽管 int?和 string?的语法相似，但它们完全不同：int?是 Nullable<int>的简写，所以具有一个封装 int 的结构，有点类似于 Option。但 string?是一个注释，告诉编译器该值可以为空。

注意，当使用 Option 类型时，这些限制都不适用。总的来说，尽管 NRT 的开发一开始让人兴奋，但结果不尽如人意。语言团队似乎为这个特性制定了一个大胆的计划，但后来弱化了这个计划，仅限于让用户不用花太多力气就可以将现有的代码库移植到 C# 8 上。

如果你所在的团队支持 NRT 并选择随时随处使用它，或者在几年的时间内都一直使用

---

1 详细信息请参见链接[2]。

NRT，那么 NRT 肯定会为项目增值。但在撰写本文时，如果你正在从事各种项目并使用各种各样的库，而且并非所有的库都使用 NRT，那么 NRT 不会带来真正的好处。

5.5.4　防止 NullReferenceException

考虑到前面讨论的所有内容，防止 null 值造成破坏的最健壮的方法如下。首先，

- 如果使用的是 C# 8，就启用 NRT。这有助于确保始终初始化所需的值。更重要的是，它将意图传达给同样启用了 NRT 的代码的消费者。
- 对于可选值，使用 Option<T>而不是 T？。

这意味着，在代码的边界内，没有任何值是空的。不应该进行 null 检查，也不应该抛出任何 ArgumentNullException。

其次，确定代码的边界。这包括

- 公共方法(由打算在项目间发布或共享的库公开)。
- Web API。
- 监听来自消息代理或持久化队列的消息。

在这些边界中，防止空值渗入

- 对于所需值
  - 抛出 ArgumentNullException 异常。
  - 返回一个状态码为 400 (Bad Request)的响应。
  - 拒绝消息。
- 对于可选值，将 null 值转换为 Option
  - 在 C#中，这可以通过隐式转换轻松完成。
  - 如果边界涉及反序列化数据(以另一种格式发送)，可以将转换逻辑添加到格式化器。

最后，在使用.NET 或第三方库时，还需要防止 null 渗入。在代码清单 5.2 中，定义了 NameValueCollection 上返回 option 的 Lookup 方法。

将 JSON null 转换为 C# Option

为了方便，我的 LaYumba.Functional 函数库包括一个与.NET 的 System.Text.Json 一起工作的格式化器，并演示了 JSON 对象中的 null 如何被转换成 C# Option。下面是一个使用它的例子：

```
using System.Text.Json;
using LaYumba.Functional.Serialization.Json;

record Person
(
   string FirstName,
   Option<string> MiddleName,
   string LastName
);
```

```
JsonSerializerOptions ops = new()
{
   Converters = { new OptionConverter() }
};

var json = @"{""FirstName"":""Virginia"",
   ""MiddleName"":null, ""LastName"":""Woolf""}";
var deserialized = JsonSerializer.Deserialize<Person>(json, ops);

deserialized.MiddleName // => None

json = @"{""FirstName"":""Edgar"",
   ""MiddleName"":""Allan"", ""LastName"":""Poe""}";
deserialized = JsonSerializer.Deserialize<Person>(json, ops);

deserialized.MiddleName // => Some("Allan")
```

总之，当表示可选值时，Option 应该是你的默认选择。在你的数据对象中会用它来为“属性可能没有设置”的事实建模，在函数中会使用它来表明可能不会返回一个合适的值。除了能减少 NullReferenceException，这还将丰富模型，并使代码更加自文档化。在函数签名中使用 Option 能有效地实现第 4 章关于“设计诚实且符合调用者期望的函数签名”的总体建议。

接下来的章节会讨论如何有效地使用 Option。虽然 Match 是与 Option 交互的基本方式，但下一章将开始构建一个丰富的高级 API。Option 将是你的朋友，你不仅可在程序中使用它，而且可将它作为一种简单的结构，通过它理解许多 FP 概念。

5.6 练习

1. 请编写一个通用的 Parse 函数，它接受一个字符串并将其解析为一个 enum。该函数应该适用于如下情况：

```
Enum.Parse<DayOfWeek>("Friday")  // => Some(DayOfWeek.Friday)

Enum.Parse<DayOfWeek>("Freeday") // => None
```

2. 请编写一个接受 IEnumerable 和谓词的 Lookup 函数，并返回 IEnumerable 中与谓词匹配的第一个元素，如果找不到匹配的元素，则返回 None。并用箭头符号写出其签名：

```
bool isOdd(int i) => i % 2 == 1;

new List<int>().Lookup(isOdd)       // => None
new List<int> { 1 }.Lookup(isOdd)   // => Some(1)
```

3. 请编写一个封装了底层字符串的 Email 类型，并强制字符串采用有效格式。要确保包含以下内容：

- 一个智能构造函数

- 到字符串的隐式转换，以便它可以很容易地与典型的 API 一起使用，从而发送电子邮件

4. 查看在 System.LINQ.Enumerable[1]中的 IEnumerable 上所定义的扩展方法，哪一个方法可能不返回任何内容，或抛出某种未发现的异常，因而是返回 Option<T>的最佳选择？

5.7 本章小结

- 使用 Option 类型表示可能缺少值。Option 可以处于以下两种状态之一：
  - None，表示缺少值。
  - Some，封装非 null 值的简单容器。
- 要根据 Option 的状态有条件地执行代码，在 None 和 Some 情况下对你要评估的函数使用 Match。
- 当函数不能保证所有可能的输入都能有效输出时，应使用 Option 作为返回值，包括：
  - 在集合中查找值。
  - 创建需要验证的对象(智能构造函数)。
- 标识代码的边界，防止任何 null 值渗入：
  - 强制执行所需的值。
  - 将可选值转换为 Option。

1 请参阅 Microsoft 文档中的枚举方法，详见链接[3]。

第6章

函数式编程中的模式

本章主要内容：

- 核心函数：Return、Map、Bind、Where 和 ForEach
- 介绍函子和单子
- 在不同的抽象级别上编码

模式是一种可用于解决各种问题的解决方案。本章中讨论的模式是简单的函数：在按功能编码时无处不在的函数，它们可以被视为 FP 的核心函数。

你可能熟悉其中的一些函数，如 Where 和 Select(相当于 Map)，并在 IEnumerable 中使用过它们。同样的操作可以应用于其他结构，从而建立一种模式。本章用 Option 来说明这一点，其他结构将在接下来的章节中介绍。

像往常一样，建议在 REPL 中输入代码试试，看看如何使用这些核心函数(需要导入 LaYumba.Functional 函数库，如第 5 章中的补充说明“在 REPL 中使用 LaYumba.Functional 函数库”所示)。

6.1 将函数应用于结构的内部值

第一个核心函数是 Map。它接受一个结构和一个函数，并将该函数应用于结构的内部值[1]。下面从熟悉的示例开始介绍，其中讨论的结构是 IEnumerable。

6.1.1 将函数映射到序列上

IEnumerable 的 Map 的实现如代码清单 6.1 所示。

1 内部值(inner value)也称为绑定值(bound value)。

代码清单 6.1 Map 为 IEnumerable 中的每个元素应用一个函数

```
public static IEnumerable<R> Map<T, R>
    (this IEnumerable<T> ts, Func<T, R> f)
{
    foreach (var t in ts)
        yield return f(t);
}
```

Map 通过对源列表中的每个元素应用函数 T→R，将 T 的列表映射到 R 的列表。注意，由于使用了 yield return 语句，因此在这个实现中，结果被包装成一个 IEnumerable。

注意 在 FP 中，以下使用变量名称的情况是很正常的：如 t 代表类型 T 的值、ts 代表 T 的集合、f(g、h 等)代表函数。在对更具体的场景编码时，可使用更具描述性的名称，但当函数与 Map 一样通用且你对值 t 或函数 f 真的一无所知时，变量往往需要更通用的名称。

图形化的 Map 如图 6.1 所示。

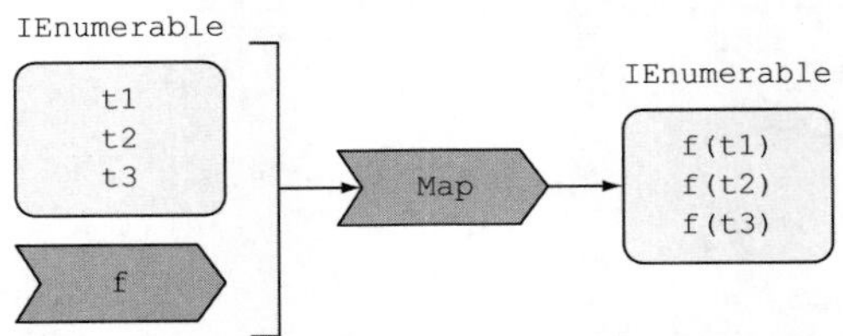

图 6.1 通过 IEnumerable 映射函数。此操作将生成一个列表，其中包含将给定函数应用于源列表中的每个项的结果

下面来看一个简单用法：

```
using static System.Linq.Enumerable;
using LaYumba.Functional;

var triple = (int x) => x * 3;

Range(1, 3).Map(triple)
// => [3, 6, 9]
```

这正是调用 LINQ 的 Select 方法得到的行为。的确，可用 Select 来定义 Map：

```
public static IEnumerable<R> Map<T, R>
    (this IEnumerable<T> ts, Func<T, R> f)
    => ts.Select(f);
```

这可能更有效率，因为 LINQ 的 Select 实现针对 IEnumerable 的某些实现进行了优化。关键是我将使用名称 Map 而不是 Select，因为 Map 是 FP 中的标准术语，但 Map 和 Select 是同义词。

6.1.2 将函数映射到 Option

下面分析如何为一个不同的结构定义 Map，该结构是 Option。就像将函数映射到列表从而抽象出列表的结构或实现方式、它包含多少项以及函数如何应用于每个元素一样，对于 Option，我们希望将函数应用于其内部值，而不需要知道 Option 的状态或实现细节。IEnumerable 的 Map 签名是：

```
(IEnumerable<T>, (T → R)) → IEnumerable<R>
```

要获得包含 Option 的 Map 签名，下面按照这个模式，仅简单地用 Option 来替换 IEnumerable：

```
(Option<T>, (T → R)) → Option<R>
```

该签名表示为 Map 提供了

- 一个可能包含 T 的 Option。
- 从 T 到 R 的函数。

该函数必须返回一个可能包含 R 的 Option。你能想到如何实现吗？

- 如果给定 Option 是 None，则没有可用的 T，无法计算 R，只能返回 None。
- 另一方面，如果 Option 是 Some，那么它的内部值就是 T，所以将给定的函数应用于它，以得到一个 R，然后将其包装在 Some 中。

因此，下面定义 Map，如代码清单 6.2 所示。图 6.2 也展示了这一点。

代码清单 6.2　包含 Option 的 Map 定义

```
public static Option<R> Map<T, R>
(
   this Option<T> optT,
   Func<T, R> f
)
=> optT.Match
(
     () => None,
     (t) => Some(f(t))
);
```

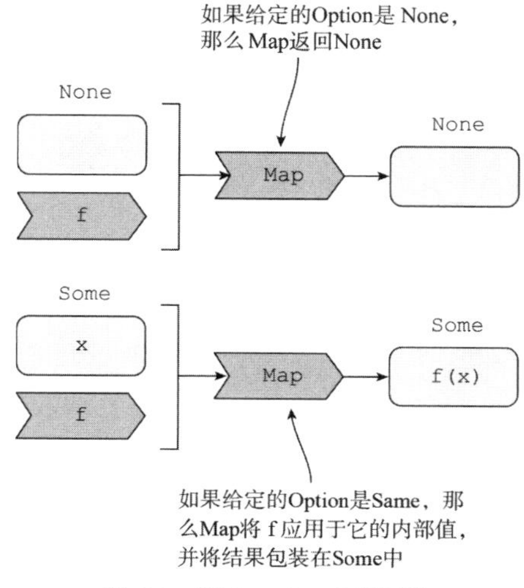

图 6.2　通过 Option 映射函数

直观地说，将 Option 看成一种特殊列表将有助于理解，它可以为空(None)，也可以只包含一个值(Some)。从这个角度看，就很清楚 Option、IEnumerable 的 Map 的实现是一致的：给定的函数被应用于结构的所有内部值。下面来看一个简单例子：

```
var greet = (string name) => $"hello, {name}";

Option<string> empty   = None;
Option<string> optJohn = Some("John");

empty.Map(greet);   // => None
optJohn.Map(greet); // => Some("hello, John")
```

这里有一个现实的比喻：一个可爱大婶的专长是制作苹果馅饼(见图 6.3)。但她讨厌购物，尽管如此，她还是喜欢烘焙馅饼(单一责任原则)。

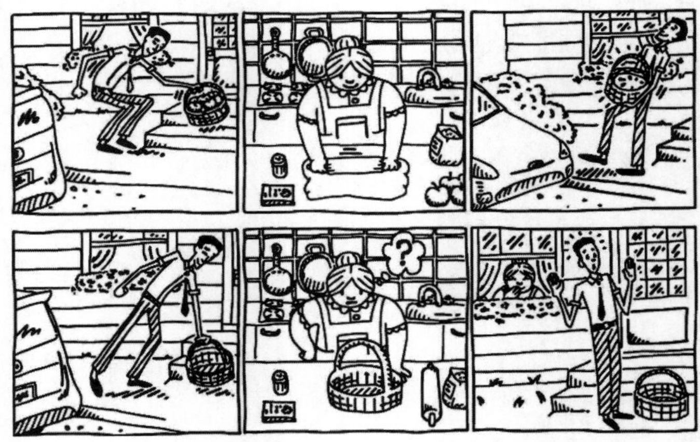

图 6.3 大婶会制作馅饼，但前提是篮子里有苹果

在上班途中，你常在她家门外放一篮苹果，到晚上你会发现一篮新鲜的馅饼！大婶也很有幽默感，所以如果要小聪明，在她的门旁留下一个空篮子，最终得到的也只是一个空篮子。

在这个比喻中，篮子代表 Option。苹果是输入的 Option 的内部值，大婶的烹饪技巧是适用于该内部值的函数。Map 是为苹果拆箱的过程，交由大婶来处理，并重新包装烘焙好的馅饼，下面是代码：

```
record Apples();
record ApplePie(Apples Apples);

var makePie = (Apples apples) => new ApplePie(apples);

Option<Apples> full  = Some(new Apples());
Option<Apples> empty = None;

full.Map(makePie)  // => Some(ApplePie)
empty.Map(makePie) // => None
```

6.1.3　Option 是如何提高抽象级别的

一件非常重要的事情是，Option 抽象了“值是否存在”的问题。如果直接将函数应用于某个值，则必须以某种方式确保该值可用。但如果将该函数映射到 Option 上，那么不必在意该值是否存在——Map 是否适用于该函数要视情况而定。

在这一点上你可能还不够清晰，但当继续读完本书时，一切都会变得清晰起来。第 4 章定义了一个基于 Age 计算 Risk 的函数，如下所示：

```
Risk CalculateRiskProfile(Age age)
   => (age < 60) ? Risk.Low : Risk.Medium;
```

现在，假设正在进行一项调查，在调查中，人们自愿提供一些个人信息，从而得到一些统计数据。使用 Subject 类对调查对象进行建模，定义如下：

```
record Subject
(
   Option<Age> Age,
   Option<Gender> Gender,
   // many more fields...
);
```

一些字段(如 Age)被建模为可选，因为调查对象可选择是否公开这些信息。以下是如何计算一个特定 Subject 的 Risk 值的实现：

```
Option<Risk> RiskOf(Subject subject)
   => subject.Age.Map(CalculateRiskProfile);
```

由于 Risk 是基于 subject 的年龄，且年龄是可选的，因此计算的 Risk 也是可选的。不必担心 Age 是否存在，相反，可映射计算风险的函数，并通过返回包装在 Option 中的结果来允许可选性的“传播”。接下来，分析更通用的 Map 模式。

6.1.4　函子

如上所述，Map 是一个遵循精确模式的函数，它将函数应用于结构(如 IEnumerable 或 Option)的内部值。它也可以被定义以用于其他许多结构，如 set、字典、树等。

下面归纳一下该模式。假设 C<T>表示一个通用“容器”，包装了 T 类型的内部值。那么 Map 的签名通常可写成如下形式：

```
Map : (C<T>, (T → R)) → C<R>
```

也就是说，Map 可被定义为一个函数，接受容器 C<T>和(T → R)类型的函数 f，并返回容器 C<R>，其中包装了将 f 应用于 C<T>内部值后返回的结果值。

在 FP 中，定义这种 Map 函数的类型称为函子(functor)[1]。IEnumerable 和 Option 正如你刚

1　遗憾的是，术语函子(functor)的内涵取决于上下文。在数学中，是指正在映射的函数；在编程中，是指可映射函数的容器。

才见到的那样是函子，这在本书中很常见。

出于实用的目的，可以说任何具有 Map 的合理实现都是一个函子。但什么才是合理实现呢？实质上，Map 应将一个函数应用于容器的内部值，同样重要的是，它不应该做任何其他事。也就是说，Map 不应该有副作用。[1]

为什么函子不是接口

如果 Option 和 IEnumerable 都支持 Map 操作，那么为什么不用接口捕获它呢？确实，这样做很好，但遗憾的是，这在 C#中是不可行的。为说明原因，下面尝试定义这样一个接口：

```
interface Functor<F<>, T>
{
   F<R> Map<R>(Func<T, R> f);
}

public struct Option<T> : Functor<Option, T>
{
   public Option<R> Map<R>(Func<T, R> f) => // ...
}
```

代码无法编译：不能将 F< >用作类型变量，因为它和 T 不同，它表示的不是类型，而是一个种类：类型是可用泛型进行参数化的。Map 仅返回一个 Functor 是不够的，还必须返回与当前实例种类相同的函子。

有一些其他语言(包括 Haskell 和 Scala)支持所谓的"高级类型"，因此可用类型类(type class)来表示这些更通用的接口，但在 C#(和 F#)中，必须满足于较低级别的抽象并遵循基于模式的方法。[2]

6.2 使用 ForEach 执行副作用

第 4 章讨论了 Func 和 Action 之间的二分法。我们再次用 Map 来解决这个问题：Map 接受一个 Func，那么如果想要为给定结构中的每个值执行一个 Action，该怎么做？List<T>具有一个 ForEach 方法，它接受一个 Action<T>，以供列表中的每个项目调用：

```
using static System.Console;

new List<int> { 1, 2, 3 }.ForEach(Write);
// prints: 123
```

这实质上就是我们想要的。下面归纳一下，这样便可在任何 IEnumerable 上调用 ForEach：

```
using System.Collections.Immutable;
```

1 这并非官方定义，但相差无几。

2 创造性地使用 C#类型系统，并找到类似于类型类的表示是可能的，但由此产生的代码相当复杂，因此不符合本书的意图。

```
using Unit = System.ValueTuple;

public static IEnumerable<Unit> ForEach<T>
   (this IEnumerable<T> ts, Action<T> action)
   => ts.Map(action.ToFunc()).ToImmutableList();
```

该代码将 Action 改为返回 Unit 的函数，然后依赖于 Map 的实现。这只会创建一个惰性求值的 Unit 序列。而这里实际上想执行副作用，因此调用 ToImmutableList。不出所料的话，该用法如下：

```
Enumerable.Range(1, 5).ForEach(Write);
   // prints: 12345
```

现在看看 Option 的 ForEach 定义。这是根据 Map 所定义的，使用了将 Action 转换为 Func 的 ToFunc 函数：[1]

```
public static Option<Unit> ForEach<T>
   (this Option<T> opt, Action<T> action)
   => Map(opt, action.ToFunc());
```

ForEach 的名称可能有些违反直觉——记住，一个 Option 最多只有一个内部值，所以给定的动作只会被调用一次(如果 Option 是 Some)或永远不会被调用(如果是 None)。以下是使用 ForEach 将 Action 应用于 Option 的示例：

```
var opt = Some("John");

opt.ForEach(name => WriteLine($"Hello {name}"));
// prints: Hello John
```

但如第 3 章所述，应将纯逻辑和副作用分开，将 Map 用于逻辑，将 ForEach 用于副作用，所以最好重写前面的代码，如下所示：

```
opt.Map(name => $"Hello {name}")
   .ForEach(WriteLine);
```

提示　要尽量缩小 ForEach 中 Action 的作用域：将 Map 用于数据转换，ForEach 用于副作用。这遵循了普遍的“尽可能避免副作用”的 FP 思想，否则应将它们隔离开来。

现在花点时间在 REPL 中进行实验，看看 Map 和 ForEach 是否可以与 IEnumerable 和 Option 一起使用。下面是一个例子：

```
using static System.Console;
using String = LaYumba.Functional.String;

Option<string> name = Some("Enrico");
```

1　你可能会自问，为什么不为 Map 添加一个可接受 Action 的重载？问题是，这种情况下调用 Map 而未指定泛型参数时，编译器无法解析正确的重载。这是出于技术性原因：重载解析未考虑输出参数，所以当涉及重载解析时，并不能区分 Func<T,R>和 Action<T>。这种重载的代价是调用 Map 时总是要指定泛型参数，这将导致噪音。总之，最好的解决方案是采用专用的 ForEach 方法。

```
Name
    .Map(String.ToUpper)
    .ForEach(WriteLine);
// prints: ENRICO

IEnumerable<string> names = new[] { "Constance", "Albert" };

names
    .Map(String.ToUpper)
    .ForEach(WriteLine);

// prints: CONSTANCE
//         ALBERT
```

注意无论是使用 Option 还是 IEnumerable，都可以使用相同的模式。这不是很好吗？现在，可将 Option 和 IEnumerable 看成专用容器，并且有一套核心函数，允许与它们进行交互。如果提供了一种新容器，并定义了 Map 或 ForEach，那么你可能会很好地了解它们的功能，因为你熟知该模式。

提示 上面的代码中使用了 LaYumba.Functional.String 类，该类通过静态方法公开了 System.String 的一些常用功能。这允许将 String.ToUpper 作为一个函数来引用，而不需要指定 ToUpper 实例方法所操作的实例，如 s => s.ToUpper()。

总之，ForEach 类似于 Map，但它接受一个 Action 而不是一个函数，所以用来执行副作用。下面继续分析下一个核心函数。

6.3 使用 Bind 链接函数

Bind 是另一个非常重要的函数，类似于 Map，但稍微复杂一些。下面通过一个简单例子来介绍 Bind 的必要性。

假设想编写一个简单程序，以从控制台读取用户的年龄并打印出相关信息。还需要进行错误处理：年龄应该是有效的！

还记得上一章中定义了 Int.Parse，以将字符串解析为 int。还定义了 Age.Create，一个由给定的 int 创建 Age 实例的智能构造函数。这两个函数都返回一个 Option：

```
Int.Parse : string → Option<int>
Age.Create : int → Option<Age>
```

如果将它们用 Map 组合起来，会发生什么？

```
string input = Prompt("Please enter your age:");

Option<int> optI = Int.Parse(input);
Option<Option<Age>> ageOpt = optI.Map(i => Age.Create(i));
```

如你所见，产生了一个问题。最终得到一个嵌套的值：Age 的 Option 的 Option，该如何处理这个问题呢？

6.3.1　将返回 Option 的函数组合起来

这种情况下，使用 Bind 很方便。以下是 Bind 的签名(使用 Option)：

```
Option.Bind : (Option<T>, (T → Option<R>)) → Option<R>
```

也就是说，Bind 接受一个 Option 和一个返回 Option 的函数，并将该函数应用于该 Option 的内部值。代码清单 6.3 所示的是实现代码。

代码清单 6.3　Option 的 Bind 和 Map 的实现

```
public static Option<R> Bind<T, R>
(
   this Option<T> optT,
   Func<T, Option<R>> f        ← Bind 接受一个返回 Option 的函数
)
=> optT.Match
(
   () => None,
   (t) => f(t)
);

public static Option<R> Map<T, R>
(
   this Option<T> optT,
   Func<T, R> f        ← Map 接受一个常规函数
)
=> optT.Match
(
   () => None,
   (t) => Some(f(t))
);
```

上面的代码清单复制了 Map 的定义，以便你看到它们是多么相似。简单来说，None 情况下总是返回 None，因此不会应用给定的函数。Some 情况下确实会应用该函数。与 Map 不同的是，不必将结果包装到一个 Option 中，因为 f 已经返回一个 Option。

现在看一下如何在解析年龄字符串的例子中，让 Bind 工作，如代码清单 6.4 所示。

代码清单 6.4　使用 Bind 组合两个返回 Option 的函数

```
Func<string, Option<Age>> parseAge = s
   => Int.Parse(s).Bind(Age.Create);

parseAge("26");         // => Some(26)
parseAge("notAnAge");   // => None
parseAge("180");        // => None
```

函数 parseAge 使用 Bind 来组合 Int.parse(返回一个 Option<int>)和 Age.Create(返回一个 Option<Age>)。因此，parseAge 组合了“字符串是否表示有效整数”的检查和“整数是否为有效年龄值”的检查。

现在看看一个简单程序的上下文。此程序从控制台读取年龄，并打印出相关信息：

```
WriteLine($"Only {ReadAge()}! That's young!");

static Age ReadAge()
   => ParseAge(Prompt("Please enter your age")).Match
    ( () => ReadAge(), (age) => age );   // 一旦解析年龄失败，则递归地调用自己

static Option<Age> ParseAge(string s)
   => Int.Parse(s).Bind(Age.Create);   // 将“解析一个字符串为 int”和“从 int 创建 Age”组合起来

static string Prompt(string msg)
{
   WriteLine(msg);
   return ReadLine();
}
```

下面是与此程序的示例交互(用户输入用粗体显示)：

```
Please enter your age
> hello
Please enter your age
> 500
Please enter your age
> 45
Only 45! That's young!
```

现在分析 Bind 如何与 IEnumerable 一起工作。

6.3.2 使用 Bind 平铺嵌套列表

前面讨论了如何使用 Bind 来避免嵌套的 Option。而此概念同样适用于列表。但什么是嵌套的列表呢？是指二维列表！这里需要一个将“列表返回”函数应用于列表的函数。不是返回一个二维列表，而应将结果平铺到一维列表中。

Map 会循环遍历给定的 IEnumerable 并将一个函数应用于每个元素。Bind 与其类似，但会有一个嵌套循环，因为应用“绑定”函数也会产生一个 IEnumerable。结果列表将被平铺成一维列表。为便于理解，下面分析代码：

```
public static IEnumerable<R> Bind<T, R>
   (this IEnumerable<T> ts, Func<T, IEnumerable<R>> f)
{
   foreach (T t in ts)
      foreach (R r in f(t))
         yield return r;
}
```

如果你非常熟悉 LINQ，会发现该实现与 SelectMany 基本相同。所以对 IEnumerable 来说，Bind 和 SelectMany 是一样的。同样，本书使用 Bind 这个名称，因为它在 FP 语言中是标准的。

下面通过一个例子进一步介绍它。假设有一个邻居列表，每个邻居都有一个宠物列表。现在你想要一个包含街坊中所有宠物的列表：

```
using Pet = System.String;

record Neighbor(string Name, IEnumerable<Pet> Pets);

var neighbors = new Neighbor[]
{
   new (Name: "John", Pets: new Pet[] {"Fluffy", "Thor"}),
   new (Name: "Tim", Pets: new Pet[] {}),
   new (Name: "Carl", Pets: new Pet[] {"Sybil"}),
};

IEnumerable<IEnumerable<Pet>> nested = neighbors.Map(n => n.Pets);
// => [["Fluffy", "Thor"], [], ["Sybil"]]

IEnumerable<Pet> flat = neighbors.Bind(n => n.Pets);
// => ["Fluffy", "Thor", "Sybil"]
```

通过使用 Map 生成一个嵌套的 Ienumerable，而 Bind 生成一个扁平的 IEnumerable (另外要注意，无论你如何看待前面例子的结果，Bind 也不一定会生成比 Map 更多的条目，而这并非 SelectMany 名称所指)。图 6.4 展示了 IEnumerable 的 Bind 的图形化表示，特别是街坊示例中的类型和数据。

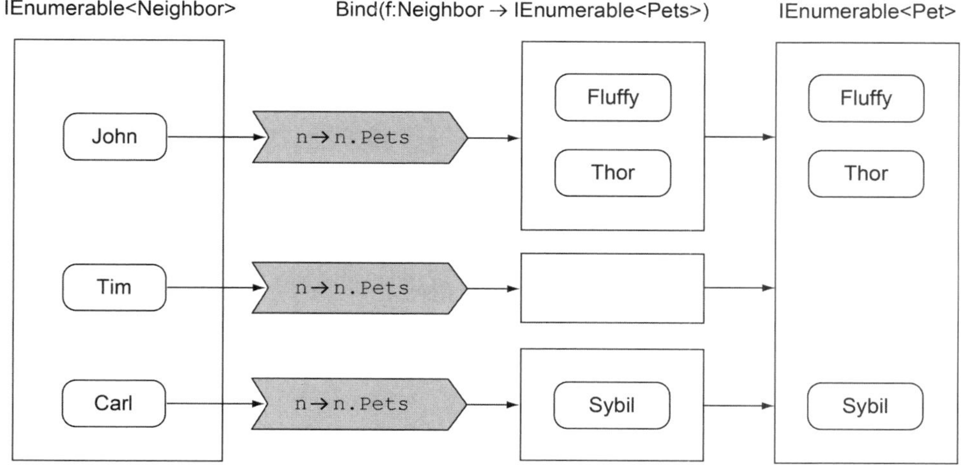

图 6.4　Bind 接受一个源列表和一个函数，该函数返回源列表中每一项的列表。它返回的是平面列表，而 Map 返回的是列表的列表

如上所述，每个函数应用程序都会生成一个 IEnumerable，然后将所有应用程序的结果平铺到单个 IEnumerable 中。

6.3.3 实际上，这被称为单子

现在，归纳一下 Bind 的模式。如果使用 C<T>来表示一些包含 T 类型值的结构，那么 Bind 将接受一个该容器的实例和一个带签名(T→C<R>)的函数并返回一个 C<R>。所以 Bind 的签名总是采用以下形式：

```
Bind : (C<T>, (T → C<R>)) → C<R>
```

可以看到，实际上，函子是定义适当 Map 函数的类型，能够将一个函数应用于函子的内部值。类似地，单子是为 Bind 函数定义的类型，能够有效地结合两个(或更多)返回单子的函数，而不是一个嵌套结构。有时会听到人们谈论"单子绑定"来澄清他们不只是谈论称为 Bind 的函数，但 Bind 函数允许把类型视为一个单子。

6.3.4 Return 函数

除了 Bind 函数，单子还必须具有一个 Return 函数，该函数将一个正常值 T"提升"到一元值 C<T>。有点令人困惑的是，Return 函数通常不叫"Return"，而是根据所讨论的结构命名为不同的名称。对于 Option，对应的函数就是第 5 章中定义的 Some 函数。

那么什么是 IEnumerable 的 Return 函数呢？因为 IEnumerable 有多种实现，所以有很多可能的方法来创建 IEnumerable。在函数库中，我有一个适合 IEnumerable 的 Return 函数，称为 List。为坚持函数式设计原则，List 返回一个不可变的实现：

```
using System.Collections.Immutable;

public static IEnumerable<T> List<T>(params T[] items)
   => items.ToImmutableList();
```

List 函数不仅满足Return函数的要求——允许将一个简单的 T 提升为 IEnumerable<T>。而且由于 params 参数，它还为我们提供了一种用于初始化列表的简单语法：

```
using static F;

var empty = List<string>();            // => []
var single = List("Andrej");           // => ["Andrej"]
var many = List("Karina", "Natasha"); // => ["Karina", "Natasha"]
```

总之，为 M<T>类型的单子所定义的函数如下：

```
Return : T → M<T>
Bind : (M<T>, (T → M<R>)) → M<R>
```

Bind 和 Return 必须遵守某些属性才能将类型视为"合适的"单子，这被称为单子定律(monad law)。为了避免本章理论过多，10.3 节将讨论单子定律。

需要说的是，Return 应该只完成将 T 提升到 M<T>所需的最少的工作量，而不做其他工作。

6.3.5　函子和单子之间的关系

函子是定义 Map 的类型，而单子是定义 Return 和 Bind 的类型。Option 和 IEnumerable 都是函子和单子，因为已经定义了所有这些函数。

所以这个问题自然会出现，每个单子也是一个函子吗？每个函子也是一个单子吗？为回答这些问题，下面再分析核心函数的签名：

```
Map    : (C<T>, (T → R)) → C<R>

Bind   : (C<T>, (T → C<R>)) → C<R>

Return : T → C<T>
```

如果有 Bind 和 Return 的实现，就可通过它们来实现 Map：将函数 T→R 作为 Map 的输入，通过与 Return 组合，可将其转变成一个类型为 T→C<R>的函数，且该函数可作为 Bind 的输入。

为验证这一点，建议在练习中使用 Bind 和 Return 来实现 Map。虽然该实现是正确的，但并不是最理想的，所以通常会为 Map 赋予专门的实现，而不依赖于 Bind。尽管如此，这意味着每个单子也是一个函子。

至于第二个问题，事实证明其答案是否定的：不是每个函子都是单子。Bind 不能用 Map 来定义，因此 Map 的实现不能保证可定义 Bind 函数。例如，有些类型的树支持 Map 而不支持 Bind。但就本书而言，我们讨论的大多数类型都可以定义 Map 和 Bind。

6.4　使用 Where 过滤值

第 2 章介绍了使用 Where 来过滤 IEnumerable 的值的几种用法。事实证明，也可将 Where 定义为 Option。

代码清单 6.5　过滤 Option 的内部值

```
public static Option<T> Where<T>
(

   this Option<T> optT,
   Func<T, bool> pred
)
=> optT.Match
(
    () => None,
    (t) => pred(t) ? optT : None
);
```

给定一个 Option 和一个谓词，如果给定的 Option 以 Some 开头，且其内部值满足谓词，则会得到 Some；否则将得到 None。这再次表明，将 Option 作为最多只包含一个条目的列表是合理的。以下是一个简单用法：

```
bool IsNatural(int i) => i >= 0;
Option<int> ToNatural(string s) => Int.Parse(s).Where(IsNatural);

ToNatural("2")      // => Some(2)
ToNatural("-2")     // => None
ToNatural("hello") // => None
```

这里使用 Int.Parse (在 5.4.1 节中定义)返回一个 Option，以指示字符串是否已正确地解析为 int，然后使用 Where 强制该值为正。

至此，就完成了对核心函数的初步探索。继续阅读本书，你会见识到更多函数，但到目前为止所描述的 4 个函数可以带你走很长的路，正如第 7 章将介绍的那样。

核心函数的多个名称

学习 FP 的障碍之一是相同的构造在不同的语言或库中被赋予不同的名称。核心函数就属于这种情况，所以这里将其收录到表 6.1 中，以便在其他地方遇到这些同义词时，你能知道对应关系。

表 6.1 核心函数的多个名称

LaYumba.Functional	LINQ	常见同义词
Map	Select	fMap, Project, Lift
Bind	SelectMany	FlatMap, Chain, Collect, Then
Where	Where	Filter
ForEach	n/a	Iter
Return	n/a	pare

我在撰写本书和 LaYumba.Functional 库时，为这些函数选择名称是有些随意的。ForEach 和 Where 在.NET 中是很好的名称和标准，但如果将 Select 和 SelectMany 用于 IEnumerable 之外的函子/单子，将会很不恰当，所以我选用标准的 Map 和 Bind，它们在 FP 文献中更简短、更通用。

6.5 使用 Bind 组合 Option 和 IEnumerable

如上所述，可将 Option 看成列表的特殊情况，它可以是空的(None)或只包含一个值(Some)。甚至可通过以下方法将 Option 转换为 IEnumerable，从而在代码中表达这一点：

```
public struct Option<T>
{
   public IEnumerable<T> AsEnumerable()
   {
      if (isSome) yield return value!;
   }
}
```

如果 Option 是 Some，则结果 IEnumerable 将生成一条目；如果是 None，则不会生成任何条目。在函子之间映射的函数(如 AsEnumerable)称为自然转换，在实践中非常有用。

IEnumerable 常用来存储数据和 Option，以便在值不存在时跳过计算，因此它们的意图通常是不同的。不过，某些情况下，将它们组合起来是有用的。有些情况下，可能最终得到一个 IEnumerable<Option<T>>，反之亦然，即得到一个 Option<IEnumerable<T>>，并且要将其平铺到一个 IEnumerable<T>中。

例如，再次分析调查那个例子，其中每个调查对象被建模为一个 Subject，并且因为对象是否透露年龄是可选的，所以 Subject.Age 被建模为 Option<Age>：

```
record Subject(Option<Age> Age);

IEnumerable<Subject> Population => new[]
{
   new Subject(Age.Create(33)),
   new Subject(None),               ← 没有透露年龄的参与者
   new Subject(Age.Create(37)),
};
```

可将对象的详细信息存储在 IEnumerable<Subject>中。现在，假设需要为那些选择透露年龄的对象计算平均年龄。如何解决呢？首先挑选 Age 的所有值：

```
IEnumerable<Option<Age>> optionalAges = Population.Map(p => p.Age);
// => [Some(Age(33)), None, Some(Age(37))]
```

如果用 Map 来挑选调查对象的年龄，则得到一个包含可选类型项的列表。由于可将 Option 看成一个列表，所以可将 optionalAges 看成一个包含列表项的列表。为将这种直觉转化为代码，下面给Bind添加一些重载，将该Option转换为 IEnumerable，这样就可像平铺嵌套的 IEnumerable 那样应用 Bind：

```
public static IEnumerable<R> Bind<T, R>
   (this IEnumerable<T> list, Func<T, Option<R>> func)
   => list.Bind(t => func(t).AsEnumerable());

public static IEnumerable<R> Bind<T, R>
   (this Option<T> opt, Func<T, IEnumerable<R>> func)
   => opt.AsEnumerable().Bind(func);
```

尽管按照 FP 理论，Bind 只能在一种类型的容器上工作，但 Option 总能被“提升”到更通用 IEnumerable 的事实，使得这些重载是有效的，而且在实践中非常有用：

- 第一个重载可用来获得 IEnumerable<T>，Map 会给出 IEnumerable<Option <T>>，如当前的调查实例。
- 第二个重载可用来获得 IEnumerable<T>，而其 Map 会给出 Option <IEnumerable<T>>。

在调查场景中，现在可使用 Bind 过滤掉所有 None，并得到实际给出的所有年龄的列表：

```
var optionalAges = Population.Map(p => p.Age);
// => [Some(Age(33)), None, Some(Age(37))]

var statedAges = Population.Bind(p => p.Age);
// => [Age(33), Age(37)]

var averageAge = statedAges.Map(age => age.Value).Average();
// => 35
```

这允许利用 Bind 的“平铺”特性来过滤掉所有 None 情况。以上输出显示了调用 Map 和 Bind 的结果，以便比较结果。

6.6 在不同抽象级别上编码

抽象(自然语言，而非 OOP)意味着不同具体事物的具体特征被删除，以呈现一个普遍的共同特征：概念。例如，当你说“你会看到一排房子”，或者“让鸭子站成一排”时，“排”的概念就会去除鸭子与房屋的任何不同之处，而只是捕获它们的空间位置。

诸如 IEnumerable 和 Option 的类型在核心上有这样一个概念抽象：它们内部值的所有特征都被抽象出来。这些类型仅捕获“枚举值的能力”，或“可能不存在的值”。大多数通用类型也是如此。下面尝试归纳这一点；这样，从 Option 中学到的知识有助于理解本书后面介绍的(以及其他库中的)其他构造。

6.6.1 常规值与高级值

相对于处理非泛型类型(如 int 或 Employee)，当处理诸如 IEnumerable<int>或 Option<Employee>的类型时，将在更高的抽象级别上编码。下面将所处理的值分为两类：

- 常规值，我们称之为 T。例如，String、int、Neighbor 或 DayOfWeek，都是常规值的例子。
- 高级值，我们称之为 A<T>。例如，Option<int>、IEnumerable<string>、Func<neighbor> 或 Task<bool>，都是高级值的例子。

这里，“高级值”意味着对应的常规类型的抽象[1]。这些抽象便是构造，能更好地处理和表示基础类型上的操作。更严格地说，抽象是一种向基础类型添加“效应(effect)”的方法[2]。下面来看一些例子：

- Option 添加了可选性效应——不是 T，而是 T 的可能性。
- IEnumerable 添加了聚合效应——不是一个或两个 T，而是一个 T 的序列。
- Func 添加了惰性效应——不是 T，而是一个可被求值以获得 T 的计算。
- Task 添加了异步效应——不是 T，而是一个在某时刻会得到 T 的承诺。

从上面的例子可看出，本质上非常不同的事物可被认为是抽象的。因此，试图将概念融入

1 其他作者将高级值视为包装的值、扩充的值等。

2 在此背景下，“效应(effect)”具有完全不同的含义，不应该将其与“副作用(side effect)”混淆。

一个框框毫无意义。而观察这些抽象是如何运作的则更有趣。

回到常规值与高级值，可将这些不同类型的值可视化，如图 6.5 所示。此图显示了一个常规类型的示例，即 int，它具有一些示例值，以及相应的抽象 A<int>，其中 A 可以是任意抽象。箭头接受一个常规值并将其包装于对应的 A 中，代表 Return 函数。

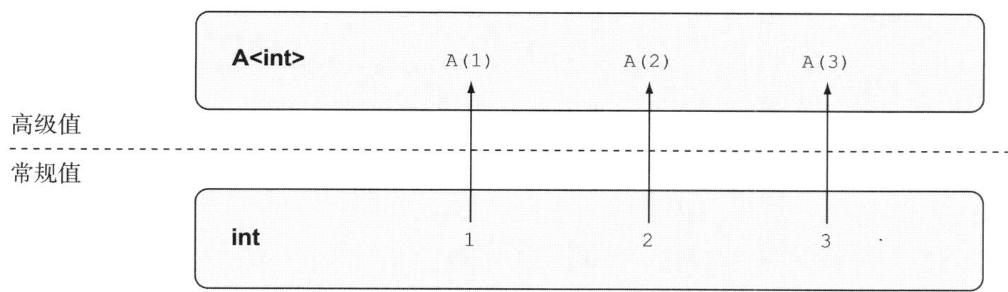

图 6.5　Return 将常规值提升到高级值

6.6.2　跨越抽象级别

有了这种类型的分类，便可对函数进行相应的分类。我们具有保持在同一抽象级别的函数，以及跨越抽象级别的函数，如图 6.6 所示。[1]

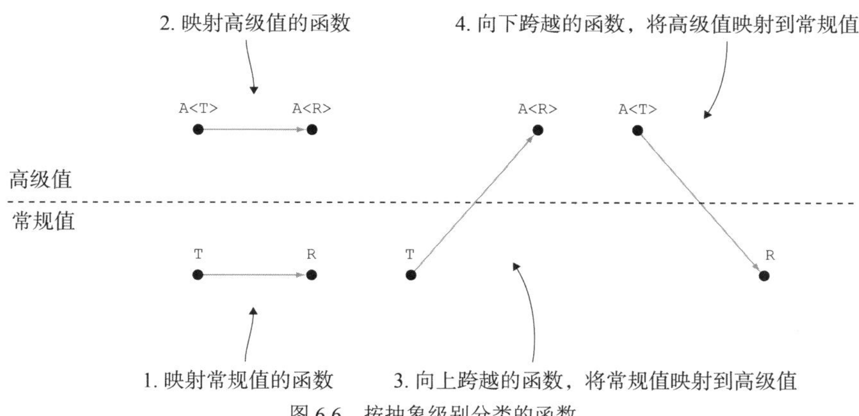

图 6.6　按抽象级别分类的函数

下面分析几个例子。函数(int i)=> i.ToString()具有签名 int→string，所以它将一个常规类型映射到另一个常规类型，显然属于第一类。

一直使用的 Int.Parse 函数的类型是 string→Option<int>，所以它是一个向上跨越的函数，属于第三类。Scott Wlaschin 将其称为跨界(world-crossing)函数，因为它们从正常值 T 的界域跨向了高级值 E<T>的界域。[2]

1　这种分类并不是详尽无遗的，可设想更多类别。在这些类别中，一个函数的应用会跳跃好几个抽象级别，或从一种抽象类型转移到另一种抽象类型。但这些可能是最常遇到的函数类型，因此该分类仍然有用。

2　请参阅 Scott 的文章 *Understanding map and apply*，详见链接[1]。

Return 函数(对于任何抽象 A 都具有类型 T→A<T>)是向上跨越的函数的一个特例，它除了向上跨越什么也不做；这就是为什么将 Return 显示为垂直向上的箭头，将其他任何向上跨越的函数都显示为对角线箭头。

第二类函数仍属于抽象范围。所以，如下函数便是一个明确的匹配：

```
(IEnumerable<int> ints) => ints.OrderBy(i => i)
```

其签名以 A<T>→A<R>的形式表示。但是，也应该在这个类别中包含任何以 A<T>开始(且具有一些额外参数)，但最终以 A<R>结束的函数。也就是说，其应用程序保持抽象的任何函数，其签名将以(A<T>，...)→A<R>的形式出现。这包括我们见过的许多 HOF，如 Map、Bind、Where、OrderBy 等。

最后，向下跨越的函数——从一个高级值开始，最终得到一个常规值——包括 IEnumerable、Average、Sum、IEnumerable 的 Count，以及 Option 的 Match。但注意，给定一个抽象 A，并不总是可以为 Return 定义一个向下的对象。也就是说，通常没有垂直向下的箭头。总是可以将一个 int 提升到 Option<int>，但不能将 Option<int>降低为 int——如果它是 None 怎么办？同样，可以将单个 Employee 包装到 IEnumerable<Employee>中，但没有明显的方法可以将 IEnumerable<Employee>降低为单个 Employee。

6.6.3 重新审视 Map 与 Bind

下面讲述如何使用这种新的分类来更好地理解 Map 和 Bind 之间的区别。Map 接受一个类型为 A<T>的高级值 a 和一个类型为 T→R 的常规函数 f，并返回一个类型为 A<R>的高级值，如图 6.7 所示。

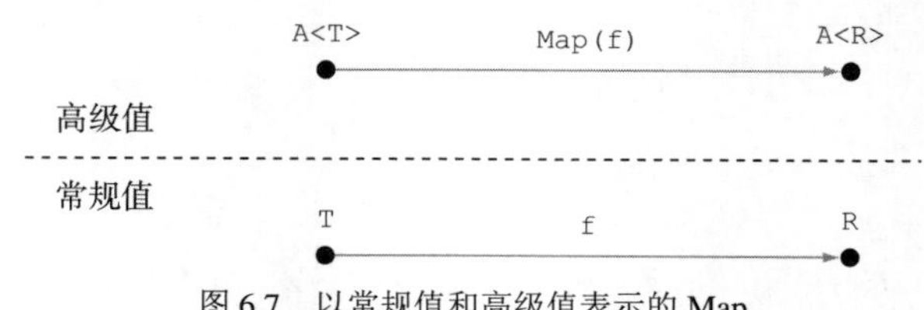

图 6.7 以常规值和高级值表示的 Map

Bind 也接受一个类型为 A<T>的高级值 a，但所接受的函数是一个向上跨越的类型为 T→A<R>的函数 f，并返回一个类型为 A<R>的高级值，如图 6.8 所示。

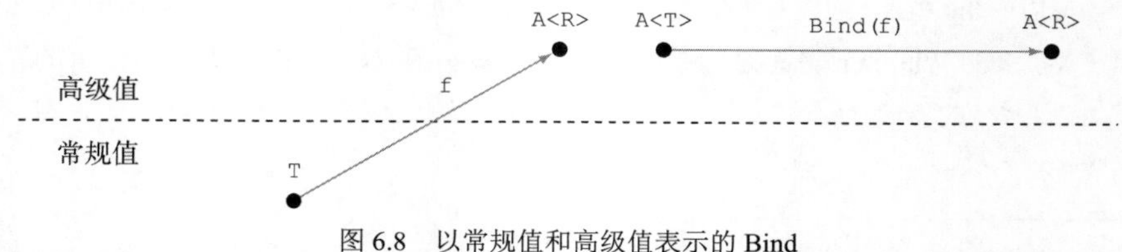

图 6.8 以常规值和高级值表示的 Bind

主要的区别是 Map 采用常规函数，而 Bind 采用向上交叉的函数。如果让 Map 使用一个 T

→A<R>类型的向上跨越的函数作为参数，则最终将生成一个类型为 A<A<R >>的嵌套值。这个结果通常不符合预期，应当改用 Bind。注意，Map 和 Bind 本身都是对提升的值进行操作的函数，因为它们都接受 A<T>并生成 A<R>。

6.6.4 在正确的抽象级别上工作

要知道，具备这种在不同抽象级别上工作的想法是很重要的。如果总是处理常规值，则可能陷入低级别的操作，如循环、空检查等。在如此低的抽象级别上工作会效率低下，且容易出错。在一个抽象级别中工作时，会有一个明确的舒适点，例如下面的代码片段(来自第 1 章)：

```
Enumerable.Range(1, 100).
   Where(i => i % 20 == 0).
   OrderBy(i => -i).
   Select(i => $"{i}%")
// => ["100%", "80%", "60%", "40%", "20%"]
```

一旦使用 Range 从常规值转换为 IEnumerable<int>，所有后续计算都将保持在 IEnumerable 抽象中。也就是说，保持在一个抽象范围内的话，就可以很好地完成几个操作——下一章将对其进行深入研究。

但也不能“过于深入”，如果正在处理的值的形式会是 *A<B<C<D<T>>>>*，每个级别都增加了一个抽象，那么将很难处理深藏的 *T*。参见第 17 章。

本章介绍了一些使用 Option 和 IEnumerable 的核心函数的实现。虽然实现很简单，但提供了一个用于处理 Option 的丰富 API，正如惯于使用 IEnumerable 一样。可为 Option 和 IEnumerable 定义几种常见操作——适用于不同类型结构的模式。通过使用这个 API，可更好地理解 FP 的核心函数，并做好准备处理更复杂的场景。

6.7 练习

1. 为 ISet<T>和 IDictionary<K, T>实现 Map(提示：首先用箭头符号写下其签名)。
2. 用 Bind 和 Return 实现 Option 和 IEnumerable 的 Map。
3. 使用 Bind 和一个返回 Option 类型的 Lookup 函数(如 5.4.2 节中定义的函数)来实现 GetWorkPermit，如下面的代码所示。然后丰富其实现，以便在工作许可证过期时，GetWorkPermit 可返回 None。
4. 使用 Bind 实现 AverageYearsWorkedAtTheCompany，如下所示(只有已离职的员工才应该包括在内)。

```
Option<WorkPermit> GetWorkPermit(Dictionary<string, Employee> employees
   , string employeeId) => // your implementation here...

double AverageYearsWorkedAtTheCompany(List<Employee> employees)
   => // your implementation here...
```

```
public record Employee
(
   string Id,
   Option<WorkPermit> WorkPermit,

   DateTime JoinedOn,
   Option<DateTime> LeftOn
);

public record WorkPermit
(
   string Number,
   DateTime Expiry
);
```

6.8 本章小结

- 可将诸如 Option<T>和 IEnumerable<T>的结构视为容器或抽象，以便更有效地处理 T 类型的基础值。
- 可对常规值(如 T)和高级值(如 Option<T>或 IEnumerable<T>)进行区分。
- FP 的一些核心函数允许使用高级值来有效地工作：
  - Return 是一个函数，它接受一个常规值并将该值提升为一个高级值。
  - Map 将函数应用于结构的内部值，并返回一个包装了结果的新结构。
  - ForEach 是 Map 的一个副作用变体，它接受一个动作，为容器的每个内部值执行该动作。
  - Bind 将一个返回 Option 类型的函数映射到一个 Option，并平铺结果以免产生嵌套的 Option——类似于 IEnumerable 和其他结构。
  - Where 会根据给定的谓词过滤结构的内部值。
- Map 定义的类型称为函子。Return 和 Bind 定义的类型称为单子。

第 7 章

使用函数组合设计程序

本章主要内容：

- 使用函数组合和方法链定义工作流
- 编写可组合性更好的函数
- 使用工作流处理服务器请求的一个端到端示例

函数组合不仅具有强大的表现力，而且友善易用。在某种程度上适用于任何编程风格，尤其在 FP 中被广泛使用。例如，当使用 LINQ 处理列表时，只需要几行代码即可完成很多工作。这是因为 LINQ 是一个函数式 API，设计时就考虑了组合。

本章将介绍函数组合的基本概念和技术，并通过 LINQ 来阐明其用途。还将实现一个端到端的服务器端工作流(workflow)。在这个工作流中，将使用第 6 章介绍的 Option API。该示例将阐明函数式的许多思想及益处。

7.1 函数组合

首先回顾一下函数组合，以及它与方法链的关系。函数组合是任何程序员都知道的内容。这是一个在学校就已学过的数学概念，下面简单地复习一下它的定义。

7.1.1 复习函数组合

给定两个函数 f 和 g，可定义一个函数 h 作为这两个函数的组合，标记如下：

$$h = f \cdot g$$

将 h 应用于值 x 所得到的结果，等同于将 g 应用于值 x 以获得中间结果，然后将 f 应用于该中间结果得到的最终结果。表示如下：

$$h(x) = (f \cdot g)(x) = f(g(x))$$

例如，假设想获得 Manning 出版社的工作人员的电子邮件地址。可用一个函数来标识工作人员，用另一个函数来追加域名：

```
record Person(string FirstName, string LastName);

static string AbbreviateName(Person p)
   => Abbreviate(p.FirstName) + Abbreviate(p.LastName);

static string AppendDomain(string localPart)
   => $"{localPart}@manning.com";

static string Abbreviate(string s)
=> s.Substring(0, Math.Min(2, s.Length)).ToLower();
```

可组合 AbbreviateName 和 AppendDomain 这两个函数以获得一个新函数，这个新函数会生成 Manning 出版社的假想电子邮件，如代码清单 7.1 所示。

代码清单 7.1 将一个函数定义为两个现有函数的组合

```
Func<Person, string> emailFor =
   p => AppendDomain(AbbreviateName(p));   // emailFor 是 AppendDomain 与 AbbreviateName 的组合

var joe = new Person("Joe", "Bloggs");
var email = emailFor(joe);

email // => jobl@manning.com
```

有几件事值得注意。首先，只能组合类型匹配的函数：如果组合($f \cdot g$)，则 g 的输出必须可用作 f 的输入类型。

其次，在函数组合中，函数的出现顺序与执行顺序相反。例如，在 AppendDomain (AbbreviateName(p))中，首先执行最右边的函数，然后执行最左边的函数。当然，这对于可读性来说并不理想，组合多个函数时尤其如此。

与其他语言不同，C#没有任何对于函数组合的特殊语法支持，尽管可定义一个 HOF Compose 来组合两个或更多函数，但这并不会提高可读性。因此在 C#中，通常改用方法链。

7.1.2 方法链

方法链的语法(即使用运算符“.”来链接多个方法的调用)提供了一种在 C#中实现函数组合的更便于阅读的方法。给定一个表达式，可基于该表达式的类型链接到所定义的任何实例方法或扩展方法。例如，上例需要改为：

```
static string AbbreviateName(this Person p)
   => Abbreviate(p.FirstName) + Abbreviate(p.LastName);

static string AppendDomain(this string localPart)
   => $"{localPart}@manning.com";
// 添加 this 关键字，使其成为扩展方法
```

现在可链接这些方法来获取此人的电子邮件。代码清单 7.2 演示了该方法。

代码清单 7.2　使用方法链的语法来组合函数

```
var joe = new Person("Joe", "Bloggs");
var email = joe.AbbreviateName().AppendDomain();

email // => jobl@manning.com
```

注意，现在扩展方法是按执行顺序出现的。这显著提高了可读性，尤其是随着工作流复杂性的增加(更长的方法名称，额外的参数，更多的方法被链接)，方法链成为 C#中实现函数组合的更好方法。

关于扩展方法的一个常见误解

与实例方法一样，可使用操作符调用扩展方法，但语义不同于实例方法。例如，假设定义了一个 Circle 类型，如下所示：

```
record Circle(Point Center, double Radius);
record Point(double X, double Y);
```

如果现在将 Move 和 Scale 方法定义为 Circle 上的实例方法，这意味着 Circle 知道如何移动/缩放自身或负责移动自身。这是一种面向对象看待事物的方式。

但在 FP 中，会把这种逻辑放入与它们所作用的数据相分离的函数中(详见 11.4 节)。例如下面的代码：

```
static class Geometry          ← 一个用于处理圆的函数模块
{
    static Circle Move(this Circle c, double x, double y) => new
    (
        Center: new Point(c.Center.X + x, c.Center.Y + y),   ← 生成一个被移动的圆
        Radius: c.Radius
    );

    static Circle Scale(this Circle c, double factor) => new
    (
        Center: c.Center,
        Radius: c.Radius * factor   ← 生成一个被缩放的圆
    );
}
```

将 Move 和 Scale 定义为扩展方法后，就可以按如下方式调用它们：

```
Circle Modify(this Circle c)
    => c
        .Move(10, 10)
        .Scale(2)
```

这等同于使用扩展方法进行相应的调用，但可读性更强：

```
Circle Modify(this Circle c)
    => Scale(Move(c, 10, 10), 2)
```

精通 OOP 的开发人员倾向于将扩展方法视为实例方法，例如，只是因为 Move 用 this 修饰符标记了给定的圆圈，他们倾向于认为 Move 属于 Circle，或者 Circle 因此知道或负责移动自己。

这是一个应该抛弃的误解。在当前的例子中，应该将 Move 和 Scale 简单地看作是处理给定数据的函数。事实上，使用它们作为扩展方法纯粹是为了可读性。

7.1.3 高级界域中的组合

既然函数组合如此重要，所以也应该适用于高级值的界域中。下面继续讨论当前确定某人电子邮件地址的示例，现在将 Option<Person>作为起始值。假设以下内容：

```
Func<Person, string> emailFor =
    p => AppendDomain(AbbreviateName(p));

var opt = Some(new Person("Joe", "Bloggs"));

var a = opt.Map(emailFor);

var b = opt.Map(AbbreviateName)
           .Map(AppendDomain);

a.Equals(b) // => true
```

emailFor 是 AppendDomain 与 AbbreviateName 的组合

映射组合函数

分步映射 AbbreviateName 和 AppendDomain

也就是说，无论在单独的步骤中映射 AbbreviateName 和 AppendDomain，还是在单个步骤中映射它们的组合 emailFor，结果都不会变，而且你应该能做到安全地对这两者重构。

更通俗地讲，如果 $h = f \cdot g$，那么将 h 映射到一个函子应该等效于将 g 映射到该函子上，然后将 f 映射到结果上。这应该适用于任何函子和函数对——这是一个函子定律，Map 的任何实现都应该遵守它。[1]

如果这听起来很复杂，那可能是因为它描述了一些直觉上总能成立的东西。事实上，违反这条定律并不容易，但可想出一个恶作剧性质的函子，也就是说，使用一个内部计数器来记录应用 Map 的次数(或每次调用 Map 时就改变其状态)，这样，先前的说法便不会成立，因为 b 比 a 的内部计数更大。

简言之，Map 应将一个函数应用于函子的内部值，并且除此之外不做其他任何事，以便函数组合在处理函子时保持正常值。这样做的好处在于，可使用任何编程语言的任何函数式的库，并且使用任何函子都能确保重构(如前面代码片段中在 a 和 b 之间进行更改)是安全的。

1 还有一个更简单的函子定律：如果将同一性函数($x \Rightarrow x$)映射到函子 f 上，结果函子与 f 是一致的。简言之，同一性函数应该适用于函子的高级界域。

7.2 从数据流的角度进行思考

可以用函数组合来编写整个程序。每个函数都以某种方式处理其输入，其输出成为之后的函数的输入。这样做时，便说明你已开始从数据流的角度看待程序了：程序只是一系列函数而已，而数据会流经程序，通过一个函数进入下一个函数。图 7.1 显示了一个线性流——最简单却最有用的一种。

图 7.1　数据流经一系列函数

7.2.1 使用 LINQ 的可组合 API

上例通过将 AbbreviateName 和 AppendDomain 方法变成扩展方法使其可链接。这也是 LINQ 设计中采用的方法，如果查看 System.Linq.Enumerable 类，会发现它包含数十种涉及 IEnumerable 的扩展方法。下面看一个使用 LINQ 来组合函数的例子。

试想一下，假设要在给定人口中找到最富有的那四分之一人口(即目标人口中最富有的 25%)的平均收入。可编写如代码清单 7.3 所示的代码。

代码清单 7.3　通过在 Linq.Enumerable 中链接方法来定义一个查询

```
record Person(decimal Earnings);

static decimal AverageEarningsOfRichestQuartile(List<Person> population)
   => population
      .OrderByDescending(p => p.Earnings)
      .Take(population.Count / 4)
      .Select(p => p.Earnings)
      .Average();
```

使用 LINQ 编写这个查询是多么便捷(相对于用控制流语句来命令式地编写相同的查询)。内部代码会遍历整个列表，而 Take 会通过一个 if 检查来保证生成所需的条目数量，但你并不在乎这些。相反，可采用“扁平的”工作流形式(一个线性的指令序列)来调用函数：

(1) 对人口进行排序(最富有的排在前面)。

(2) 只取前 25%。

(3) 获取每个人的收入。

(4) 计算平均值。

请注意代码与工作流的描述非常相似。下面从数据流的角度来观察：可将 AverageEarningsOfRichestQuartile 函数看成一个非常简单的程序。它的输入是一个 List<Person>，其输出是一个 decimal。

此外，AverageEarningsOfRichestQuartile 实际上是四个函数的组合，所以输入数据通过四个变换步骤“流动”，从而逐步转换为输出值，如图 7.2 所示。

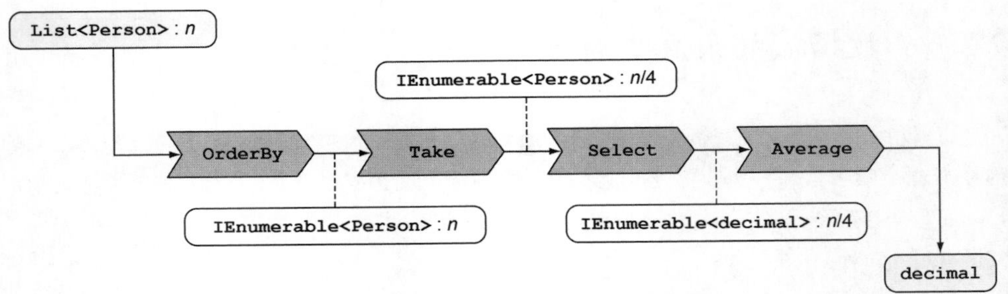

图 7.2 流经 AverageEarningsOfRichestQuartile 函数的数据流

第一个函数 OrderByDescending 保留了数据的类型，并生成按收入排序的人口。第二步也保留了数据类型，但改变了基数：如果输入人口由 *n* 人组成，Take 只生成 *n*/4 人。Select 保留了基数，但将类型改为 decimal 列表，Average 再次将类型改为返回单个 decimal 值。[1]

下面概括一下该数据流的思想，以使它不仅适用于 IEnumerable 的查询，还适用于一般数据。每当程序中发生你感兴趣的事(一个请求、一个鼠标点击，或者程序启动)时，你可将这些事当作输入。这里的输入便是数据，它们会经过一系列转换，流经程序中的一系列函数。

7.2.2 编写可组合性更好的函数

代码清单 7.3 显示了简单的 AverageEarningsOfRichestQuartile 函数，演示了 LINQ 库的设计如何将通用函数组合到特定查询中。有一些特性可以使一些函数比其他函数更具有可组合性：[2]

- **纯洁性**——如果函数具有副作用，那么它的可复用性就会降低。
- **可链性**——一个 this 参数(隐式的实例方法和显式的扩展方法)使其可通过链接进行组合。
- **一般性**——函数越具体，可组合性就越差。
- **保形性**——函数保留了结构的“形状”。所以，如果它接受一个 IEnumerable，也会返回一个 IEnumerable，以此类推。

当然，函数比动作更具有可组合性。因为 Action 没有输出值，所以它只是一个死胡同，只能出现在一个管道的末尾。

注意所使用的 LINQ 函数基于这些标准的得分都是 100%，除了 Average(不具备保形性)。还要注意 Option API 中所定义的核心函数也达到了这些标准。

AverageEarningsOfRichestQuartile 的可组合性如何呢？大约是 40%：它具有纯洁性，有一个输出值，是一个非常具体的函数而非一个扩展方法。下面分析这是如何影响一些客户端代码的，并对这些代码进行测试：

---

1 Average 也会导致整个方法链被求值，因为它是链中唯一的“贪婪”方法。

2 这些是一般性指导原则。那些不具备这些特性的函数也总是能组合，但在实践中，这些特性很好地表明了组合这些函数的便利性和有用性。

```
[TestCase(ExpectedResult = 75000)]
public decimal AverageEarningsOfRichestQuartile()
{
   var population = Range(1, 8)
      .Select(i => new Person(Earnings: i * 10000))
      .ToList();
   return PopulationStatistics
      .AverageEarningsOfRichestQuartile(population);
}
```

测试通过，但代码还表明 AverageEarningsOfRichestQuartile 不具备所组合的 LINQ 方法的特性：它不具有可链性，且如此具体，以至于很难被复用。下面做一些更改。

(1) 将其分解为两个更一般的函数：AverageEarnings(以便查询人口中任何部分的平均收入)和 RichestQuartile(毕竟，最富有的四分之一还有其他许多特性令人感兴趣)。

(2) 使它们成为扩展方法，这样可被链接：

```
static decimal AverageEarnings(this IEnumerable<Person> pop)
   => pop.Average(p => p.Earnings);

static IEnumerable<Person> RichestQuartile(this IEnumerable<Person> pop)
   => pop.OrderByDescending(p => p.Earnings)
      .Take(pop.Count / 4);
```

注意实现该重构是多么容易！这是因为重构了函数的组合性质：新函数只组合了较少的初始构建块(如果用 for 和 if 语句实现相同的逻辑，重构可能就不会那么容易)。现在可重写这个测试，如下所示：

```
[TestCase(ExpectedResult = 75000)]
public decimal AverageEarningsOfRichestQuartile()
   => SamplePopulation
      .RichestQuartile()
      .AverageEarnings();

List<Person> SamplePopulation
   => Range(1, 8)
      .Select(i => new Person(Earnings: i * 10000))
      .ToList();
```

现在可看到该测试的可读性更好。通过重构为更简短的函数和扩展方法的语法，就创建了更具可组合性的函数和更易读的接口。

提示　如果组合了两个纯函数，那么得到的函数也是纯函数，具有第 3 章提及的所有优点。因此，库主要由纯的、可组合的函数(如 LINQ)组成，它们往往强大且易用。

本节介绍了 LINQ 如何提供一组易于组合的函数，这些函数可与 IEnumerable 一起高效地工作。接下来，将介绍使用 Option 时如何使用声明性的、扁平的工作流(workflow)。首先阐明工作流的含义及其重要性。

7.3 工作流编程

工作流是理解和表达应用需求的有效方式。工作流是一个有意义的操作序列，可产生理想的结果。例如，烹饪食谱描述了准备一道菜肴的工作流程。

工作流可通过组合函数来有效地建模。工作流中的每个操作都可由一个函数来执行，这些函数可被组合到执行工作流的函数管道中——如前面的例子所述，数据流要经过一个 LINQ 查询的不同转换。

下面分析一个关于服务器处理命令的更复杂工作流。情景是一个用户请求通过 Codeland 银行(BOC)的网上银行应用进行汇款。我们只关注服务器端，所以当服务器收到一个转账请求时，将启动工作流。我们可以编写以下工作流规范：

(1) 验证转账的请求。

(2) 加载账户。

(3) 如果账户有足够资金，则从账户中扣除金额。

(4) 将更改保留到账户。

(5) 通过 SWIFT 网络对资金进行电汇。[1]

7.3.1 关于验证的一个简单工作流

整个汇款的工作流相当复杂，为便于研究和讨论，将其简化为：

(1) 验证转账的请求。

(2) 预定转账(所有后续步骤)。

也就是说，假设验证后的所有步骤都是实际预定转账的子流程的一部分——当然，只有通过验证后才能触发(见图 7.3)。

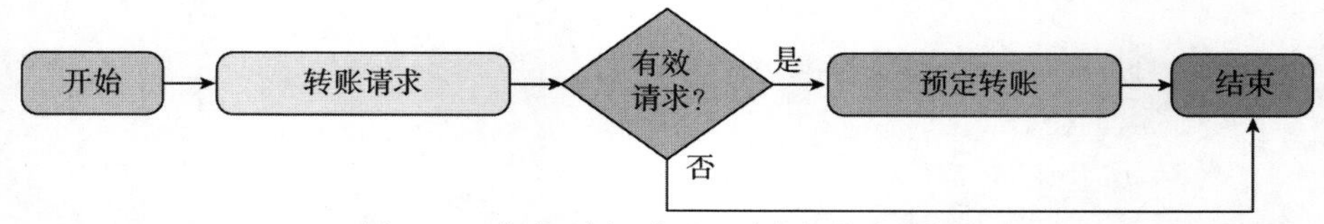

图 7.3 工作流示例：在处理请求之前验证请求

下面尝试实现这个高级别的工作流。假设服务器使用 ASP.NET Core 公开一个 HTTP API，并设置它(以便请求被验证并路由到适当的 MVC 控制器，9.5.3 节将展示在不需要控制器的情况下构建 Web API)，使其成为实现该工作流的切入点：

```
using Microsoft.AspNetCore.Mvc;

public class MakeTransferController : ControllerBase
```

1 SWIFT 是银行之间的网络。对我们而言，它只是我们需要进行通信的第三方应用而已。

```
{
   IValidator<MakeTransfer> validator;

    [HttpPost, Route("api/MakeTransfer")]
   public void MakeTransfer
       ([FromBody] MakeTransfer transfer)
   {
      if (validator.IsValid(transfer))
         Book(transfer);
   }

   void Book(MakeTransfer transfer)
      => // actually book the transfer...
}
```

到达的 POST 请求将被路由到此方法

请求体将被反序列化为一个 MakeTransfer

有关转账请求的详细信息将作为 MakeTransfer 类型被捕获，该类型将在用户的请求体中被发送。将验证委托给“控制器所依赖的”服务，它实现了如下接口：

```
public interface IValidator<T>
{
   bool IsValid(T t);
}
```

现在介绍有趣的部分，即工作流本身：

```
public void MakeTransfer([FromBody] MakeTransfer transfer)
{
   if (validator.IsValid(transfer))
      Book(transfer);
}

void Book(MakeTransfer transfer)
   => // actually book the transfer...
```

这是显式控制流程的命令式方法。我始终非常谨慎地使用 if：一个单独的 if 可能看起来无害，但如果有了一个先例，那么随着需求的增加，数十个嵌套的 if 将随之而来且无法阻止，接下来的复杂性将使应用程序容易出错，难以推理。接下来，分析如何使用函数组合来代替 if 结构。

7.3.2　以数据流的思想进行重构

还记得关于数据流经各个函数的想法吗？下面尝试将转账请求想象成数据流经“验证”流程，并进入到“执行转账”的 Book 方法，如图 7.4 所示。

MakeTransfer → Validate → Book → ()

图 7.4　将验证视为数据流中的一个步骤

但类型方面却存在一些问题：IsValid 返回一个 Boolean，而 Book 需要一个 MakeTransfer 对象，所以这两个函数不可组合，如图 7.5 所示。

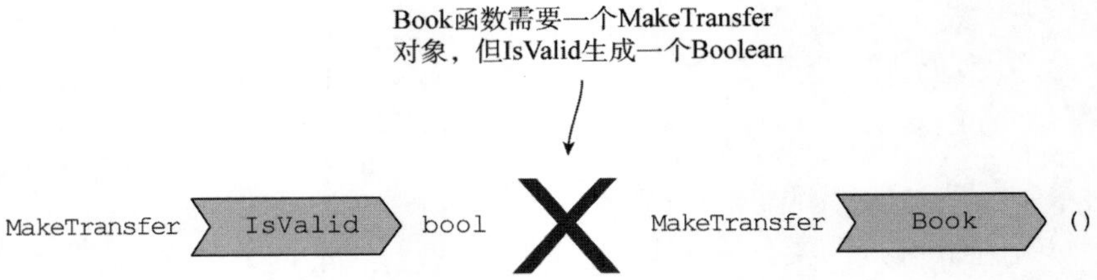

Book函数需要一个MakeTransfer对象，但IsValid生成一个Boolean

MakeTransfer IsValid bool X MakeTransfer Book ()

图 7.5 不匹配的类型阻止了函数组合

此外，需要确保请求数据能流经验证过程，并且只有在通过验证的情况下才能进入 Book。有了 Option，可使用 None 来表示无效的转账请求，使用 Some<MakeTransfer>来表示有效的转账请求。

注意，这样做时，其实扩展了 Option 的含义。Some 不仅表示数据的存在，而且表示有效数据的存在，正如在智能构造函数模式中所做的一样。现在可以重写控制器方法，如代码清单 7.4 所示。

代码清单 7.4 使用 Option 来表示验证成功/失败

```
public void MakeTransfer([FromBody] MakeTransfer transfer)
    => Some(transfer)
        .Where(validator.IsValid)
        .ForEach(Book);

void Book(MakeTransfer transfer)
    => // actually book the transfer...
```

将转账数据提升到 Option 中，并通过 Where 应用谓词 IsValid。如果验证失败，将生成一个 None，这种情况下不会调用 Book。在该例中，高度可组合的函数可将所有东西组合在一起。这种风格可能并不常见，但实际上非常易读："如果有效则继续转账，然后预定。"

7.3.3 组合带来了更大的灵活性

一旦拥有了适当的工作流，就可以轻松地进行更改，例如向工作流添加一个步骤。假设想在验证之前对不规范的请求进行预处理，以免空白和大小写之类的问题导致验证失败。

该怎么做？只需要定义一个执行新步骤的函数，然后将其集成到工作流中，如代码清单 7.5 所示。

代码清单 7.5 给现有的工作流添加一个新步骤

```
public void MakeTransfer([FromBody] MakeTransfer transfer)
    => Some(transfer)
        .Map(Normalize)            // 将一个新步骤插入工作流
        .Where(validator.IsValid)
        .ForEach(Book);

MakeTransfer Normalize(MakeTransfer request) => // ...
```

总之，给定一个业务工作流，应尽量通过组合一组函数来表达它，其中每个函数代表工作流中的一个步骤，而组合本身代表工作流。图 7.6 显示了从工作流中的步骤到管道中的函数的一对一转换。

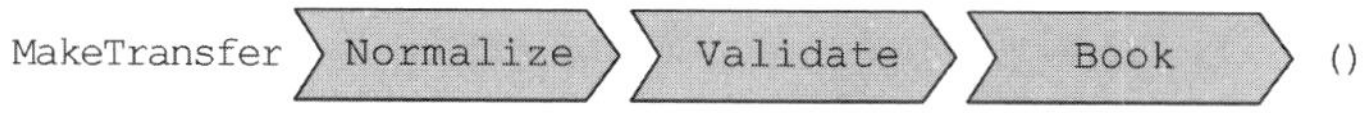

MakeTransfer
Normalize
Validate
Book
()

图 7.6　用函数组合构建线性工作流

准确地说，本示例并不是直接组合这些函数(如你所见，签名不允许这样做)，而将其作为在 Option 上定义的 HOF 参数，如图 7.7 所示。

MakeTransfer
Some
Map
Normalize
Where
IsValid
ForEach
Book
()

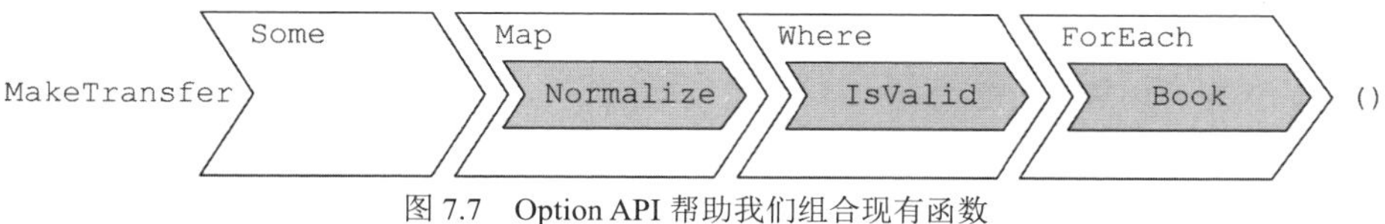

图 7.7　Option API 帮助我们组合现有函数

接下来分析如何实现其余的工作流。

7.4　介绍函数式领域建模

领域建模意味着要创建特定于所讨论业务领域的实体和行为的表示形式。本示例需要创建一个银行账户的表示形式，转账资金将从中扣除。第 11 章将更详细地讨论领域建模，在当前场景中，只需要理解其基本原理。

下面从银行账户的一个简化表示开始，只用它来捕获账户余额。这足以说明 OO(面向对象)和函数式化之间的根本区别。OO 的实现如代码清单 7.6 所示。

代码清单 7.6　在 OOP 中，对象捕获数据和行为

```
public class Account
{
   public decimal Balance { get; private set; }

   public Account(decimal balance) { Balance = balance; }

   public void Debit(decimal amount)
   {
      if (Balance < amount)
         throw new InvalidOperationException("Insufficient funds");

      Balance -= amount;
   }
}
```

在 OOP 中，数据和行为存在于同一个对象中，对象中的方法通常可修改对象的状态。相比之下，在 FP 中，数据是用“哑”数据对象捕获的，而行为在函数中被编码，所以我们将两者分开。使用仅包含状态的 AccountState 对象，以及一个包含与账户交互的函数的静态 Account 类。

更重要的是，前面的 Debit 实现充满副作用：业务验证失败时会出现异常，并且存在状态突变。我们将把 Debit 变成一个纯函数，但不会修改现有实例，而是返回对应于新余额的一个新 AccountState。

如果账户上的资金不足，如何避免借记呢？其实，现在你应该已经学会了这个诀窍！那就是使用 None 表示无效状态，并跳过之后的计算！代码清单 7.7 是与代码清单 7.6 对应的函数式代码。

代码清单 7.7 FP 分离了数据和行为

```
public record AccountState(decimal Balance);     ← 不可变的记录，只包含数据

public static class Account  ← 只包含纯逻辑
{
   public static Option<AccountState> Debit
      (this AccountState current, decimal amount)
      => (current.Balance < amount)
         ? None        ← 这里的 None 表明借记操作失败
         : Some(new AccountState(current.Balance - amount));  ← Some 包装了账户的新状态作为操作的结果
}
```

注意代码清单 7.6 中 Debit 的 OO 实现是不可组合的：它具有副作用并返回 void。代码清单 7.7 中的函数式对应部分则完全不同：它是一个纯函数，并返回一个值，该值可用作链中下一个函数的输入。接下来，将其集成到端到端的工作流中。

7.5 端到端的服务器端工作流

现在有了主要的工作流框架和简单的领域模型，我们准备完成端到端的工作流。但仍需要实现 Book 函数，该函数应执行以下操作：

- 加载账户。
- 如果账户有足够资金，则从账户中扣除相应的金额。
- 将更改保留到账户。
- 通过 SWIFT 网络对资金进行电汇。

下面定义两个捕获 DB(数据库)访问和 SWIFT 访问的服务：

```
public interface IRepository<T>
{
   Option<T> Get(Guid id);
   void Save(Guid id, T t);
}

interface ISwiftService
```

```
{
    void Wire(MakeTransfer transfer, AccountState account);
}
```

仍以 OO 模式使用这些接口，这里暂且保留这种模式(第 9 章将讨论如何“只使用函数”)。注意 IRepository.Get 返回一个 Option，这表明不能保证任何给定的 Guid 都能找到一个条目。代码清单 7.8 是已完全实现的控制器，其中包括到现在仍缺失的 Book 方法。

代码清单 7.8　控制器中端到端工作流的实现

```
public class MakeTransferController : ControllerBase
{
    IValidator<MakeTransfer> validator;
    IRepository<AccountState> accounts;
    ISwiftService swift;

    public void MakeTransfer([FromBody] MakeTransfer transfer)
        => Some(transfer)
            .Map(Normalize)
            .Where(validator.IsValid)
            .ForEach(Book);

    void Book(MakeTransfer transfer)
        => accounts.Get(transfer.DebitedAccountId)
            .Bind(account => account.Debit(transfer.Amount))
            .ForEach(account =>
                {
                    accounts.Save(transfer.DebitedAccountId, account);
                    swift.Wire(transfer, account);
                });
}
```

下面分析新添加的 Book 方法。注意，accounts.Get 返回一个 Option(以应对找不到给定 ID 的账户的情况)，Debit 也返回一个 Option(以应对资金不足的情况)。因此，使用 Bind 来组合这两个操作。最后，使用 ForEach 来执行所需的副作用：将新余额储存至账户，并将资金电汇到 SWIFT。

整个解决方案中存在几个明显的缺点。首先，如果在这个过程中出现了问题，就使用 Option 来停止计算，但并不会向用户反馈具体原因。第 8 章将讨论如何用 Either 和相关的结构来解决这个问题。这可捕获有关错误的详细信息，而无须从根本上改变此处介绍的方法。

另一个问题是，存储账户和电汇资金应以原子方式完成：如果这个过程中途失败，可将资金存入银行，而不必将它们发送到 SWIFT。这个问题的解决方案与基础设施相关，而非特定于 FP[1]。讨论完缺点后，下面再来讨论优点。

1　这个问题在分布式体系结构中很难且相当普遍。如果将账户存储在数据库中，可能试图打开一个 DB(数据库)事务，将该账户保存在事务中，电汇资金，并且只在完成后才提交。如果这个过程在电汇资金后(但在交易前)终止，这仍然会使你不受保护。一个彻底的解决方案是，以原子方式创建单个代表两个操作的“任务”，并且只有在成功执行这两项任务时才执行这两项工作并移除这两个过程。这意味着任何操作都可能多次执行，因此需要对操作进行幂等性规定。关于这些问题和解决方案的参考文献是 *Enterprise Integration Patterns*，作者是 Gregor Hohpe 和 Bobby Woolf (Addison-Wesley, 2004)。

7.5.1 表达式与语句

代码清单 7.8 中的控制器有一点非常突出：没有 if 语句，没有 for 语句……实际上，几乎没有任何语句！

函数式风格和命令式风格之间的一个根本区别是命令式代码依赖于语句，函数式代码依赖于表达式(具体有哪些不同请参阅下面的补充说明“表达式、语句、声明”)。本质上，表达式具有值，而语句则没有。表达式(如函数调用)“可能”有副作用，而语句“只有”副作用，所以它们不可组合。

如果通过组合函数来创建工作流，那么副作用通常出现在工作流的结尾处：一些函数(如 ForEach)没有有用的返回值，所以是管道的尾端。这有助于隔离副作用。

编程时如果不使用语句也许一开始会让人不适应，但如本章和前面章节中的代码所示，这在 C#中完全可行。注意，仅有的两个语句位于最后的 ForEach 中；这很好，因为我们希望有两个副作用。

建议使用表达式来编码。虽然这并不能保证一定是好的设计，但肯定是更好的设计。

表达式、语句、声明

表达式包括任何会生成值的东西，例如：

- **字面值**，如 123 或"something"。
- **变量**，如 x。
- **运算符和运算对象**，如 a || b、b?x:y 或 new object()。

表达式可用于任何需要值的地方，如作为函数调用的参数或作为函数的返回值。

语句是程序的指令，如赋值、条件(if/else)、循环等。

如果调用产生一个值，则该调用被视为表达式，例如"hello". toupper()或 Math.Sqrt (Math.Abs(n) + m)。如果它们没有产生值(即被调用的方法返回 void)，则被视为语句。

声明(类、方法、字段等)通常被认为是语句，但为了便于讨论，最好将它们视为独立的类别。无论你喜欢语句还是表达式，声明都是必要的，所以最好将其排除在“语句与表达式”之外。

7.5.2 声明式与命令式

当我们更喜欢表达式而非语句时，代码会变得更具声明性。它“声明”正在计算什么，而不是命令计算机在计算中执行何种操作。换句话说，它是更高级、更接近人类的交流方式。例如，控制器中的顶层工作流如下所示：

```
=> Some(transfer)
    .Map(Normalize)
    .Where(validator.IsValid)
    .ForEach(Book);
```

如果略过 Map 和 Where 这类词(它们本质上充当操作之间的黏合剂)，那么代码读起来更像是工作流要点的口语化定义。这意味着代码更接近自然语言，更易于理解和维护。表 7.1 比较了命令式和声明式风格。

表 7.1　命令式和声明式的风格比较

命令式	声明式
告诉计算机做什么(如“将此项添加到此列表”)	告诉计算机你想要什么(如“给我所有符合条件的项”)
主要依靠语句	主要依靠表达式
副作用无处不在	副作用通常出现在表达求值的结尾处[1]
语句可很容易地翻译成机器指令	将表达式转换为机器指令的过程中，存在更多间接方法(因此有更大的优化潜力)

另外值得指出的是，由于声明性代码较高级，因此很难查看其实现，并且不经过单元测试也很难知道它是否正常工作。这实际上是一件好事：通过单元测试来证实可信，要比查看代码并觉得代码像在做正确的事(形成了误判)要好得多。

7.5.3　函数式分层

我们看到的实现揭示了用函数组合构建应用程序的自然方式。在任何复杂的应用程序中，我们都倾向于引入某种形式的分层，以区分高层级到低层级组件的层次结构，最高层组件是应用程序(本例中为控制器)的入口点，最低层是退出点(本例中为存储库和 SWIFT 服务)。

遗憾的是，在我所从事的许多项目中，分层更像是一种诅咒而非祝福，因为任何操作都需要遍历几个层。这是因为存在一种层间结构调用的趋势，如图 7.8 所示。

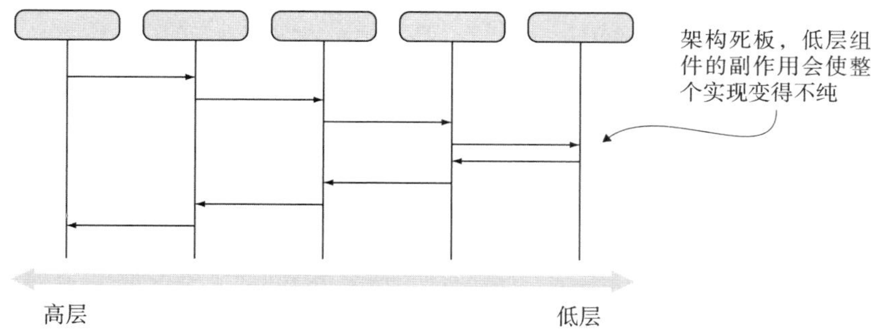
架构死板，低层组件的副作用会使整个实现变得不纯
高层
低层

图 7.8　构建层间交互的一种无用方式

在这种方法中，有一个隐性的假设，即一个分层只能调用紧邻的分层。这会使得架构死板。此外，这意味着整个实现将是不纯的：因为最低层的组件有副作用(它们通常访问数据库或外部的 API)，上面的一切都是不纯的——一个函数调用了一个不纯的函数，其本身也是不纯的。

在本章展示的方法中，层之间的交互看起来更类似图 7.9 所示。

1　这是因为副作用函数通常不会返回可用于进一步求值的有用值。

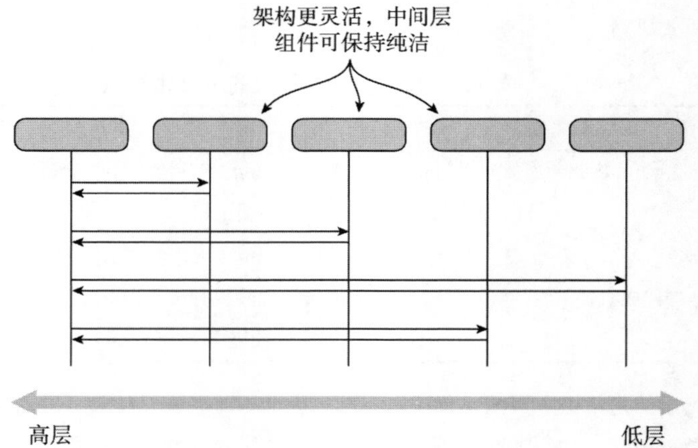

图 7.9 一个高层工作流，由较低层组件公开的函数组成

也就是说，更高层的组件可依赖于任何较低层的组件，反之则不然——这是更灵活且有效的分层方法。在本例中，有一个高层工作流，它由低层组件公开的函数组成。这里有几个好处：

- 可清楚地总览顶层组件中的工作流(但请注意，这并不妨碍在较低层组件中定义子工作流)。
- 中间层组件可以是纯洁的。在本例中，组件之间的交互如图 7.10 所示。

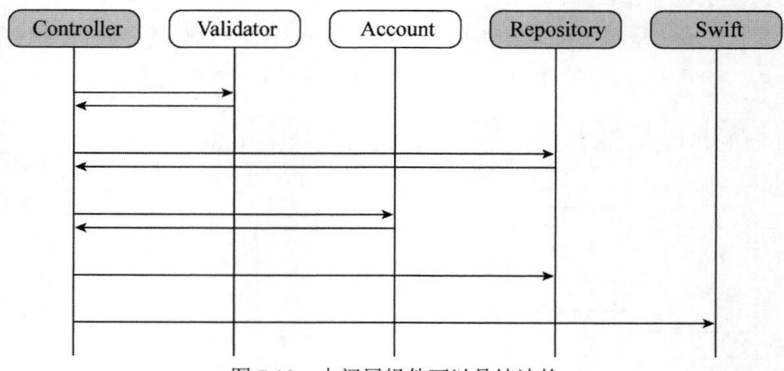

图 7.10 中间层组件可以是纯洁的

正如你看到的，领域表示将由(且仅由)纯函数组成，因为没有与下层的组件交互，只有基于输入的计算。其他功能也是如此，如验证(取决于验证由什么组成)。因此，这种方法可帮助隔离副作用并便于测试。由于领域模型和其他中间层组件都是纯函数，因此可轻松地对它们进行测试而不需要模拟。

7.6 练习

1. 在不查看任何代码或文档的情况下，编写用于实现 AverageEarningsOfRichestQuartile 的函数 OrderBy、Take 和 Average 的类型。

2. 使用 MSDN 文档检查答案，详见链接[1]。Average 有何不同？
3. 实现一个接受两个一元函数的通用 Compose 函数，并返回这两个一元函数的组合。

7.7 本章小结

- 函数组合是指将两个或两个以上的函数组合成一个新函数，它广泛用于 FP 中。
- 在 C#中，扩展方法的语法允许你通过链接方法来使用函数组合。
- 如果函数具有纯洁性、可链性和保形性，那么它们适合被组合。
- 工作流是一系列操作，在程序中通过函数管道来有效地表达：工作流的每个步骤都有一个函数，每个函数的输出都被输入下一个函数中。
- LINQ 库有一组丰富的、易于组合的函数来处理 IEnumerable，你可以使用它来编写自己的 API。
- 与命令式代码不同，函数式代码偏向于使用表达式而非语句。
- 依赖表达式会使代码更具声明性，也因此更具可读性。

第Ⅲ部分　函数式设计

本部分把重点扩大到设计整个应用程序或用函数式方法处理最关注的点。

第 8 章讨论函数式的验证和错误处理。

第 9 章展示如何仅用函数(如偏函数和强大的 Aggregate 函数)对应用程序进行模块化和组合。

第 10 章讨论另一个核心函数 Apply，介绍如何实现 LINQ 查询模式，并比较一些函数式模式，如应用式(applicative，即加强版函子或可适用函子)和单子(monad)。还介绍一种称为基于属性的测试(property-based testing)技术，该技术可验证代码，通过向代码中抛入随机数据来观察某一属性。

第 11 章讨论通过不可变的数据对象来表示状态、标识和变化的函数式方法。第 12 章讨论不可变数据结构。这些原理不仅适用于内存数据，也适用于数据库级别，这将在第 13 章中介绍。

当第Ⅲ部分结束时，你将获得一组工具，使你能使用端到端的函数式方法有效地处理许多编程任务。

第 8 章

函数式错误处理

本章主要内容：

- 用 Either 表示二选一的输出
- 链接操作可能失败
- 区分业务验证和技术错误

错误处理是应用程序的重要组成部分，函数式和命令式编程对错误的处理截然不同：

- 命令式编程使用诸如 throw 和 try/catch 的特殊语句，这会中断正常的程序流程，从而引入副作用，如 3.1.1 节所述。
- 函数式编程则尽量减少副作用，所以通常能避免抛出异常。但如果一个操作可能失败，那么应返回表示成功或失败的输出，以及对应的结果(如果成功)或一些错误数据。换言之，FP 中的错误只是有效载荷(payload)。

基于异常的命令式方法存在很多问题。有人说 throw 和 goto 具有类似的语义，这引出了"为什么命令式程序员放弃了 goto 而不是 throw"的问题[1]。关于何时使用异常以及何时使用其他错误处理技术[2]，也存在很多易混淆之处。我认为函数式方法使得错误处理变得更清晰，本章的示例将证明这一点。

本章将研究如何将这种函数式方法付诸实践，以及如何通过函数签名来明确它是可失败的(通过在有效载荷中使用包含错误信息的类型)。这样，错误就像其他任何值一样，可在调用函数中使用。

1 其实我觉得 throw 比 goto 差太多了。后者至少可跳转到一个明确的位置。而使用 throw，你并不知道接下来会执行什么代码，除非你进入发生 throw 的代码去探索所有可能的路径。

2 这包括返回一个指示错误的特殊值或返回一个表示操作结果的对象，这是我在本章采用的方法。

8.1 表示输出的更安全方式

前几章中，你已了解到 Option 不仅可用来表示没有值，还可用来表示没有有效值。也就是说，可以使用 Some 表示一切正常，使用 None 表示出现了错误。换言之，使用 Option 类型有时可以较圆满地实现函数式错误处理。这里有几个例子：

- **把字符串解析为数字**——可返回 None，以指示给定的字符串不是数字的有效表示。
- **从集合中检索项目**——可返回 None 来指示找不到合适的项。

在这样的场景中，实际上只有一种方法可使函数无法计算出有效结果，那就是用 None 表示。返回 Option<T> (而不仅是 T)的函数在其签名中承认了操作可能失败。对此，除了返回结果 T，还可以使用指示 Option 状态的 isSome 标志作为表示成功或失败的附加有效负载。

如果有多种方式导致操作失败怎么办？例如，如果 BOC 应用程序收到一个复杂的请求，如转账请求，该怎么办？当然，用户不仅需要知道转账是否成功预定，而且在失败的情况下也需要知道失败的原因(可能多种原因)。

这种情况下，Option 的能力太有限，因为它没有传达关于操作失败原因的任何详细信息。因此，需要一种更丰富的方式来表示输出——其中包括有关错误的信息。

8.1.1 使用 Either 捕获错误细节

关于这个问题的一个经典函数式方法是使用 Either 类型，在具有两个可能输出的上下文中，捕获已发生输出的细节。按照约定，分别用 Left 和 Right 来表示这两种可能的输出(如图 8.1 所示)，生成 Either 的操作就好比一条岔路：事情可以这样发展，也可以那样发展。

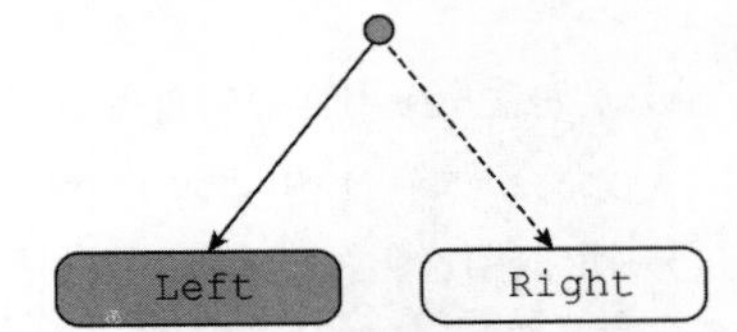

图 8.1 Either 表示两种可能的结果之一。它指示计算可能会导致 Left 或 Right。该图描述了一个使用左分支的示例

虽然 Left 和 Right 本身无好坏之分，但 Either 最常见的用法是表示可能失败的操作的结果，这种情况下，Left 用于表示失败，Right 用于表示成功。所以，请记住这一点：

- Right = “正确的”
- Left = “错误的”

在这种词义中，Either 就像一个已经被填充了一些关于错误数据的 Option。Option 可处于 None 或 Some 状态，而 Either 可处于 Left 或 Right 状态，如表 8.1 所示。

表 8.1 Option 和 Either 都可表示可能的失败

	失败	成功
`Option<T>`	`None`	`Some(T)`
`Either<L,R>`	`Left(L)`	`Right(R)`

如果 Option 可被象征性地定义为：

```
Option<T> = None | Some(T)
```

那么类似地，Either 可定义为：

```
Either<L, R> = Left(L) | Right(R)
```

注意，Either 有两个泛型参数，可以是以下两种状态之一：

- Left(L)包装类型 L 的值，捕获有关错误的详细信息。
- Right(R)包装类型 R 的值，表示一个成功的结果。

下面来看基于 Option 的接口与基于 Either 的接口的不同之处。想象一下，你正在做一些 DIY 手工制品，要去商店买一件所需的工具。如果这个工具已售完，那么基于 Option 的店主只会说：“抱歉，没有”，就是这样。而基于 Either 的店主会提供更多信息，比如“要到下周进货”，或者“该商品已经停产”。你可根据这些信息做进一步的决定。

如果遇上一个骗人的店主，货已卖完，但会卖给你一件类似的商品，而该商品在使用时会爆炸。那么，这就是抛出异常的接口，如图 8.2 所示。

图 8.2　作为客户，你更喜欢哪家商店?

由于 Either 的定义与 Option 的类似，所以可使用相同的技术来实现。在 LaYumba.Functional 库中，有两个泛型类型 Left<L>和 Right<R>，它们包装单个值，都可隐式转换为 Either<L, R>。为方便起见，类型 L 和 R 的值也可隐式转换为 Either<L, R>。

本书配套的代码示例中有完整实现，这里不再介绍，因为与 5.3 节中讨论的有关 Option 的实现相比，没有什么新东西可言。不妨试着在 REPL 中使用 Either。与往常一样，需要事先引用 LaYumba.Functional：

```
#r "functional-csharp-code-2\LaYumba.Functional\bin\Debug\net6.0\
➥ LaYumba.Functional.dll"

using LaYumba.Functional;
using static LaYumba.Functional.F;
```

现在创建一些 Either：

```
Right(12)
// => Right(12)
```

用 Right 状态创建一个 Either

```
Left("oops")
// => Left("oops")
```

用 Left 状态创建一个 Either

很简单吧！可以使用 Right 函数将一个 int 封装为 Right<int>，它可以隐式转换为任意 L 的 Either<L, int>(这与使用 NoneType 在 None 状态下创建 Options 的方式类似)，对于 Left 也是如此。

现在编写一个函数，它使用 Match 根据 Either 的状态来计算不同的值：

```
string Render(Either<string, double> val)
   => val.Match
   (
      Left: l => $"Invalid value: {l}",
      Right: r => $"The result is: {r}"
   );

Render(Right(12d))
// => "The result is: 12"

Render(Left("oops"))
// => "Invalid value: oops"
```

现在知道了如何创建和使用 Either，下面来看一个稍显有趣的示例。设想一个执行简单计算的函数：

$$f(x, y) \rightarrow sqrt(x / y)$$

为正确地执行计算，需要确保 y 是非零的，并且 x/y 的比率是非负的。如果其中一个条件不符合，我们想知道是哪一个。因此，我们假定计算在理想路径下返回一个 double，否则返回一个含有错误信息的 string。这意味着该函数应该返回 Either<string, double>—— 请记住，右边那个是成功类型。具体实现如代码清单 8.1 所示。

代码清单 8.1 使用 Either 捕获错误细节

```
using static System.Math;

Either<string, double> Calc(double x, double y)
{
   if (y == 0) return "y cannot be 0";

   if (x != 0 && Sign(x) != Sign(y))
      return "x / y cannot be negative";

   return Sqrt(x / y);
}
```

Calc 的签名清楚地声明将返回一个包装 string 或 double 的结构，而实际上该实现确实返回一个 string(错误消息)或 double(计算结果)值。在任意一种情况下，返回的值都将被隐式提升到 Either 中。下面在 REPL 中进行测试：

```
Calc(3, 0)    // => Left("y cannot be 0")
Calc(-3, 3)   // => Left("x / y cannot be negative")
Calc(-3, -3) // => Right(1)
```

因为 Either 与 Option 非常相似，所以 Option 的核心函数在 Either 中是否有对应函数呢？下面来看看。

8.1.2 处理 Either 的核心函数

与 Option 一样，可用 Match 来定义 Map、ForEach 和 Bind。因 Left 情况用于表示失败，因此在 Left 情况下跳过计算：

```
public static Either<L, RR> Map<L, R, RR>
(
   this Either<L, R> either,
   Func<R, RR> f
)
=> either.Match<Either<L, RR>>
(
   l => Left(l),
   r => Right(f(r))
);

public static Either<L, Unit> ForEach<L, R>
   (this Either<L, R> either, Action<R> act)
   => Map(either, act.ToFunc());

public static Either<L, RR> Bind<L, R, RR>
(
   this Either<L, R> either,
   Func<R, Either<L, RR>> f
)
=> either.Match
(
   l => Left(l),
   r => f(r)
);
```

在 Left 情况下，跳过计算，值 Left 被传递

这里有几点需要指出。在任何情况下，只有在 Either 是 Right 的情况下，才能应用这个函数。[1] 这意味着如果将 Either 当作一条岔路，那么当走上左边的路径时，就会走向死胡同。

还要注意，当使用 Map 和 Bind 时，R 类型会改变。就像 Option<T>是 T 上的一个函子一样，Either<L, R>是 R 上的一个函子，也就是说可使用 Map 将函数应用到 R。另一方面，类型 L 保持不变。

1　这就是所谓的 Either 的偏移实现。也有 Either 的不偏移实现，但并不用于表示错误/成功的命题，而是两条同样有效的路径。在实践中，偏移的实现被广泛使用。

那么如何处理 Where 呢？记住，如果 Option 的内部值不能满足谓词的话，可用一个谓词来调用 Where 并“过滤”Option 的内部值：

```
Option<int> three = Some(3);

three.Where(i => i % 2 == 0) // => None
three.Where(i => i % 2 != 0) // => Some(3)c
```

对于 Either 则不能这样做：不满足条件时应生成 Left，但由于 Where 接受一个谓词，并且一个谓词只返回一个布尔值，所以如果谓词失败便没有可用的 L 类型值。如果尝试为 Either 实现 Where，便很容易明白这一点：

```
public static Either<L, R> Where<L, R>
(
   this Either<L, R> either,
   Func<R, bool> predicate
)
=> either.Match
(
   l => Left(l),
   r => predicate(r)
      : Right(r)
      ? Left(/* now what? I don't have an L */)
);
```

如上所述，如果 Either 是 Right，而其内部值不能满足谓词，那么应该返回一个 Left。然而并没有可用的 L 类型值来填充 Left。

Where 不如 Map 和 Bind 那样通用：它只能针对存在零值的结构(如 IEnumerable 的空序列，或 Option 的 None)来定义。因为 L 是任意类型，所以 Either<L,R>没有零值。因此只能通过显式创建一个 Left，或者通过一个可能返回合适 L 值的函数调用 Bind，以使 Either 失败。下例将展示一个基于 Option 的实现和一个基于 Either 的实现。

8.1.3 比较 Option 和 Either

假设要为一个招聘流程建模。下面从基于 Option 的实现开始，其中 Some(Candidate)表示目前已通过面试的候选人，而 None 则表示拒绝。代码清单 8.2 展示了具体实现。

代码清单 8.2 为招聘流程建模的一个基于 Option 的实现

```
Func<Candidate, bool> IsEligible;
Func<Candidate, Option<Candidate>> TechTest;
Func<Candidate, Option<Candidate>> Interview;

Option<Candidate> Recruit(Candidate c)
   => Some(c)
      .Where(IsEligible)
      .Bind(TechTest)
      .Bind(Interview);
```

招聘过程首先是进行技术考试，然后是面试。若考试不及格，则不进行面试。但即使在考试前，也会对考生进行资格审查。使用 Option，可将 IsEligible 谓词应用于 Where，这样如果候选人不符合条件，将不会发生后续步骤。

现在，假设 HR 并不满足于仅知道候选人是否通过了，他们也想了解面试失败的具体细节，因为这些信息能使他们改进招聘流程。可重构一个基于 Either 的实现，通过一个 Rejection 对象捕获拒绝的原因，如代码清单 8.3 所示。Right 类型将如之前一样是 Candidate，Left 类型将是 Rejection。

代码清单 8.3　一个等效的基于 Either 的实现

```
Func<Candidate, bool> IsEligible;
Func<Candidate, Either<Rejection, Candidate>> TechTest;
Func<Candidate, Either<Rejection, Candidate>> Interview;

Either<Rejection, Candidate> CheckEligibility(Candidate c)   ← 将谓词转换为返回 Either 的函数
{
   if (IsEligible(c)) return c;
   else return new Rejection("Not eligible");
}

Either<Rejection, Candidate> Recruit(Candidate c)
   => Right(c)
      .Bind(CheckEligibility)   ← 通过 Bind 应用 CheckEligibility
      .Bind(TechTest)
      .Bind(Interview);
```

现在需要在 IsEligible 测试失败时指明具体原因，所以将这个谓词转变为一个返回 Either 的函数 CheckEligibility，当谓词未通过时提供一个合适的 Left 值(Rejection)。现在可使用 Bind 将 CheckEligibility 组合到工作流中。

可以看出基于 Either 的实现更详细，这很合理，因为当选择 Either 时，需要明确失败条件。

8.2　链接操作可能失败

Either 特别适合表示一系列操作，其中任何操作都可能导致偏离理想路径。例如，每隔一段时间，为男友或女友准备最喜欢吃的菜。工作流可能如下所示：

```
 o WakeUpEarly
/ \
L  R ShopForIngredients
  / \
 L  R CookRecipe
   /  \
  L   R EnjoyTogether
```

在这个过程中的每一步，都可能出现一些问题：可能睡过头了，可能醒来后下起大雨，无法

去商店，可能分心烧焦了菜……简而言之，只有当一切顺利时，才能快乐地聚餐，如图 8.3 所示。

图 8.3　只有当一切顺利时，才能快乐地聚餐

使用 Either，可对前面的工作流建模。下面的代码清单 8.4 展示了它的具体实现。

代码清单 8.4　使用 Bind 链接多个返回 Either 的函数

```
Func<Either<Reason, Unit>> WakeUpEarly;
Func<Either<Reason, Ingredients>> ShopForIngredients;
Func<Ingredients, Either<Reason, Food>> CookRecipe;

Action<Food> EnjoyTogether;
Action<Reason> ComplainAbout;
Action OrderPizza;

WakeUpEarly()
    .Bind(_ => ShopForIngredients())
    .Bind(CookRecipe)
    .Match
     (
        Right: dish => EnjoyTogether(dish),
        Left: reason =>
        {
            ComplainAbout(reason);
            OrderPizza();
        }
    );
```

从 Bind 的定义可知，如果状态是 Left，就会传递 Left 的值。在前面的代码清单中，若程序执行到 ComplainAbout(reason)，则说一定是前面的某个步骤失败了：没有起床，没有成功地购物，等等。

前面的树状图是工作流的正确逻辑表示。还有另一种更接近实现细节的表示，如图 8.4 所示。

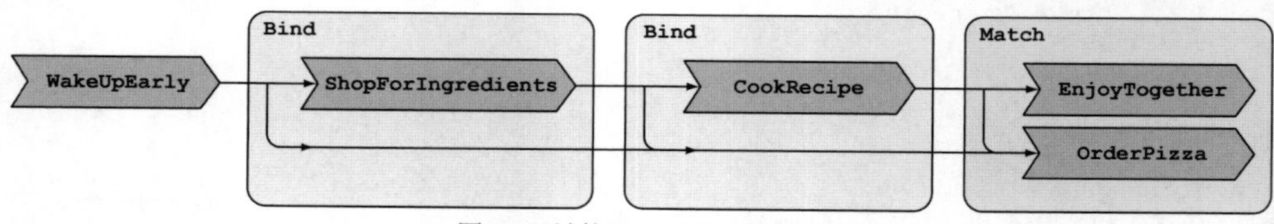

图 8.4　链接返回 Either 的函数

其中，每个函数都返回一个包含两个部分的结构，即 Either，并通过 Bind 与下一个函数链接。F#的传播者 Scott Wraschin 曾将通过链接多个返回 Either 的函数而获得的工作流比作一个双轨系统[1]：

- 从 R1 到 Rn 有一条主轨道(理想路径)。
- 在 Left 一侧有一个平行的辅助轨道。
- 如果在 Right 轨道上，在每个函数应用程序中，要么继续沿着 Right 的轨道前行，要么被转移到 Left 轨道上。
- 一旦在 Left 轨道上，便会一直保持在上面，直至路的尽头。
- Match 是平行轨道发生分支后所在的路的尽头。

虽然“最喜欢的菜”的例子相当简单，但代表了很多编程场景。例如，假设一个无状态的服务器，在收到请求时，必须执行以下步骤：

(1) 验证请求。

(2) 从数据库加载模型。

(3) 更新模型。

(4) 将更新持久化。

这些操作中的任何一个都可能失败，任何步骤的失败都将阻止工作流继续执行，并且响应应包括所请求操作成功或失败的详细信息。接下来将讨论此场景下的 Either 用法。

8.3　验证：Either 的一个完美用例

下面回顾一下请求汇款的场景。但在本示例中，我们将处理一个简化的场景，即客户明确要求在未来的某个日期进行转账。该应用程序应执行以下操作：

(1) 验证请求。

(2) 存储转账的详细信息以备将来执行。

(3) 返回指示成功或任何失败的详细信息。

可以用 Either 来模拟操作可能会失败的事实。如果转账请求被成功存储，那么不需要返回数据给客户端，所以 Right 类型参数将为 Unit。那么 Left 类型应该是什么样呢？

8.3.1　为错误选择合适的表示法

下面看几种可用来捕获有关错误细节的类型。通过 Map 或 Bind 将函数应用于 Either 后，Right 类型发生了变化，而 Left 类型则保持不变。所以一旦为 Left 选择了某个类型，这个类型在整个工作流中将保持不变。

前面的一些例子中使用了string，但它能做的事似乎很有限。可能需要添加更多有关错误的

1　详见 *Railway Oriented Programming* 一文及有关的视频讨论会，可在他的网站(见链接[1])上找到。

结构化细节。使用 Exception 如何？它是一个基类，可以用极丰富的子类型来扩展。但语义不对：Exception 意味着发生了异常，而我们是在为正常业务范围内的错误编码。

如代码清单 8.5 所示，添加了一个非常简单的基类 Error，只公开了一个 Message 属性。可将其子类化为具体错误。

代码清单 8.5 表示失败的基类

```
namespace LaYumba.Functional;

public record Error(string Message);
```

但 Error 的表示形式严格来说是领域的一部分，这是一个十分常见的需求，因此我将该类型添加到了我的函数式库中。建议为每个错误类型创建一个子类。例如，代码清单 8.6 所示的一些错误类型可用来表示一些验证失败的情况。

代码清单 8.6 独特的类型捕获有关特定错误的详细信息

```
namespace Boc.Domain;

public sealed record InvalidBicError()
   : Error("The beneficiary's BIC/SWIFT code is invalid");
public sealed record TransferDateIsPastError()
   : Error("Transfer date cannot be in the past");
```

而且，为方便起见，添加一个静态类 Errors，其中包含用于创建 Error 的特定子类的工厂函数：

```
public static class Errors
{
   public static Error InvalidBic
      => new InvalidBicError();

   public static Error TransferDateIsPast
      => new TransferDateIsPastError();
}
```

这是一个技巧，将帮助我们保持代码的业务决策更清晰，下面会讲到它还提供了良好的文档，Errors 能很方便地让我们浏览为该领域定义的所有特定错误。

8.3.2 定义一个基于 Either 的 API

下面假设转账请求的细节被捕获在一个类型为BookTransfer的数据传输对象(DTO)中(参见代码清单 3.6)：这是从客户端接收到的数据，是工作流的输入数据。也可以确定该工作流成功的情况下应返回一个 Either<Error, Unit>(无数据)，失败时则返回具有详细失败信息的 Error。这意味着需要实现的表示该工作流的主函数具有以下签名：

```
MakeTransfer → Either<Error, Unit>
```

现在准备介绍该实现的框架。

```
public class MakeTransferController : ControllerBase
{
   [HttpPost, Route("transfers/book")]
   public void MakeTransfer([FromBody] MakeTransfer request)
      => Handle(request);

   Either<Error, Unit> Handle(MakeTransfer cmd)
      => Validate(cmd)
         .Bind(Save);   ← 使用 Bind 链接两个可能失败的操作

   Either<Error, MakeTransfer> Validate(MakeTransfer cmd)   ← 使用 Either 以承认验证可能失败
      => // TODO: add validation...

   Either<Error, Unit> Save(MakeTransfer cmd)   ← 使用 Either 以承认持久化请求可能失败
      => // TODO: save the request...
}
```

Handle 方法定义了高级别的工作流：首先验证，然后持久化。Validate 和 Save 都返回一个 Either 以承认操作可能失败。还要注意 Validate 的签名是<Error, MakeTransfer>。也就是说，要用到右侧的 MakeTransfer 指令，以便转账数据可用，并可被输送到 Save。接下来添加一些验证。

8.3.3　添加验证逻辑

首先验证一下有关请求的两个简单条件：

- 转账日期确实是未来的某天
- 提供的 BIC 代码格式正确[1]

3.3.2 节介绍了此验证的逻辑。但那时编写的是一个返回布尔值的函数，以指示 MakeTransfer 是否有效。现在，返回一个 Either 来捕获验证失败的细节。

可让一个函数来执行每个验证。典型方案如下：

```
Regex bicRegex = new Regex("[A-Z]{11}");

Either<Error, MakeTransfer> ValidateBic(MakeTransfer transfer)
   => bicRegex.IsMatch(transfer.Bic)
      ? transfer   ← 使用 Either 以承认持久化请求可能失败
      : Errors.InvalidBic;   ← 成功：原始请求将以 Right 状态被包装一个 Either 中
```

也就是说，每个验证器函数都将一个请求作为输入，并返回经过验证的指令或相应的错误。

每个验证函数都是一个跨界函数(从一个“常规”值 MakeTransfer 到一个“高级”值 Either<Error, MakeTransfer>)，所以可使用 Bind 来组合其中的多个函数，如代码清单 8.7 所示。

1　BIC 码是银行分行的标准识别码，也称为 SWIFT 码。

代码清单 8.7　使用 Bind 链接多个验证函数

```
DateTime now;
Regex bicRegex = new Regex("[A-Z]{11}");

Either<Error, Unit> Handle(MakeTransfer transfer)      将指令提升到 Either 中
    => Right(transfer)
        .Bind(ValidateBic)
        .Bind(ValidateDate)      通过 Bind 应用所有后续可能失败的操作
        .Bind(Save);

Either<Error, MakeTransfer> ValidateBic(MakeTransfer transfer)
    => bicRegex.IsMatch(transfer.Bic)
        ? transfer
        : Errors.InvalidBic;

Either<Error, MakeTransfer> ValidateDate(MakeTransfer transfer)
    => transfer.Date.Date > now.Date
        ? transfer
        : Errors.TransferDateIsPast;

Either<Error, Unit> Save(MakeTransfer cmd) => //...
```

总之，Either 被用来承认一个操作可能失败，Bind 被用来链接多个可能失败的操作。

现在，我们的工作流很好地用 Either 捕获了失败的可能性，那么如何将输出信息提供给发出请求的 HTTP 客户端？接下来就将介绍。

8.4　将输出提供给客户端应用程序

现在你已经看到了很多使用 Option 和 Either 的用例。这两种类型都可表示输出：在 Option 示例中，None 可表示失败；而在 Either 示例中，Left 表示失败。我们已将 Option 和 Either 定义为 C#类型，但本节将介绍如何将它们转换到应用程序外部。

尽管已经为这两种类型定义了 Match，但我们很少使用它，而是依靠 Map、Bind 和 Where 来定义工作流。记住，这里的关键区别在于后者在抽象中起作用(例如，从 Option<T>开始，以 Option<R>结束)。但 Match 允许你“离开抽象”(从 Option<T>开始，以 R 结束)。图 8.5 显示了此过程。

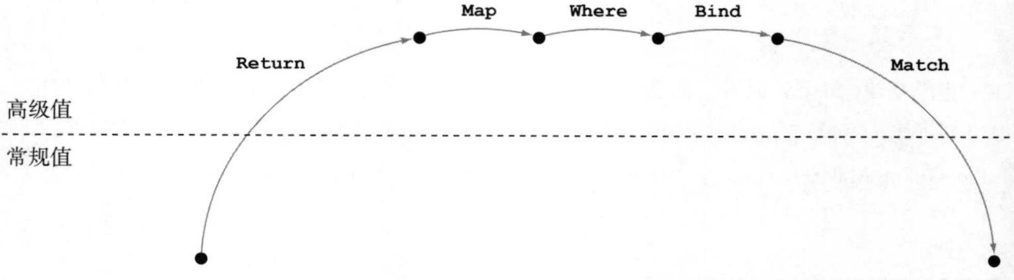

图 8.5　对于 Option 和 Either，Match 用于离开抽象

作为一般性规则，一旦引入诸如 Option 的抽象，最好尽量保持下去。“尽量”是什么意思呢？理想情况下，这意味着当跨越应用程序边界时，将离开抽象。

在包含服务和域逻辑的应用程序内核与包含一组适配器的外层(应用程序通过适配器与外界交互)之间设计应用程序是很好的做法。可以将应用程序视为一个橙子，橙子皮由一层适配器组成，如图 8.6 所示。

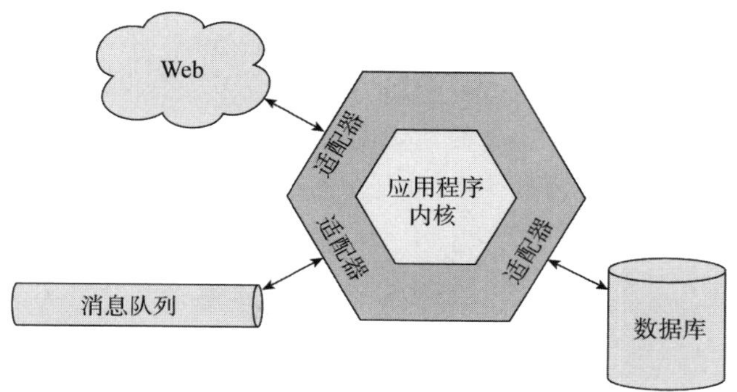

图 8.6　应用程序的外层由适配器组成

诸如 Option 和 Either 的抽象在应用程序内核中很有用，但它们可能无法很好地转换为与之交互的应用程序所期望的约定信息。因此，你需要在外层离开抽象，并将其转换为客户端应用程序所期望的表示形式。

8.4.1　公开一个类似 Option 的接口

假设银行业务情景中有一个 API，给定一个 ticker(股票或其他金融工具的标识符，如 AAPL、GOOG 或 MSFT)，它返回所请求的有关金融工具的详细信息。在应用程序内核中，可以有一个公开该功能的服务：

```
GetDetails : string → Option<InstrumentDetails>
```

由于无法得知给定的字符串 ticker 是否确实标识了一个有效工具，所以使用 Option 建模。接下来看看如何将这些数据向应用程序外部公开。可以为此在 ASP.NET MVC 控制器上创建一个端点。

假如 API 返回一个基于 HTTP 的 JSON(一种未经 Option 处理的格式和协议)，那么控制器就需要充当适配器，将 Option “转换”成协议支持的内容。也就是说，如果给定的 ticker 不存在对应工具，就返回一个带有 404 (Not Found)代码的 HTTP 响应，如代码清单 8.8 所示。

代码清单 8.8　将 None 转换为状态码 404

```
using Microsoft.AspNet.Mvc;

public class InstrumentsController : ControllerBase
{
```

```
    [HttpGet, Route("api/instruments/{ticker}/details")]
    public IActionResult GetInstrumentDetails(string ticker)
        => GetDetails(ticker)
            .Match<IActionResult>
            (
                () => NotFound(),          ← None 被映射到 404
                (result) => Ok(result)     ← Some 被映射到 200
            );

    Option<InstrumentDetails> GetDetails(string ticker) => // ...
}
```

注意，由于继承自 ControllerBase 的 NotFound 和 Ok 会返回 IActionResult 的不同实现，因此必须显式地将 IActionResult 声明为 Match 的类型参数。

无点的风格

其实，前面的 getInstrumentDetails 方法体可以写得更加简洁：

```
=> getInstrumentDetails(ticker)
    .Match<IActionResult>
    (
        None: NotFound,
        Some: Ok
    );
```

还可以进一步简化，即不使用参数名。

这种省略显式参数(在本例中为 result)的风格有时被称为“无点”，因为省略了“数据点”。这起初令人生畏，但一旦习惯后便会觉得这样更干净。

现在你已了解了如何使用基于 Option 的接口建模工作流，并通过 HTTP API 公开它。接下来看一个基于 Either 的接口。

8.4.2 公开一个类似 Either 的接口

就像使用 Option 一样，一旦将值提升到 Either 的高级界域，最好留在该界域直到工作流结束。但做事总要善始善终，所以在某些时候，你需要离开应用程序域，并将 Either 的表示向应用程序外部公开。

下面回到本章中的银行业务情景——即客户请求在将来的某个日期预定转账。我们的服务层返回一个 Either<Error, Unit>，而我们必须转换它，如转换成基于 HTTP 的 JSON。

有一种方法与刚才所述的 Option 类似：可使用 HTTP 状态代码 400 来表示收到了错误请求。具体实现如代码清单 8.9 所示。

代码清单 8.9 将 Left 转换为状态码 400

```
public class MakeTransferController : ControllerBase
{
```

```
    [HttpPost, Route("api/transfers/future")]
    public IActionResult MakeTransfer([FromBody] MakeTransfer transfer)
       => Handle(transfer).Match<IActionResult>
        (
           Left: BadRequest,
           Right: _ => Ok()
       );

    Either<Error, Unit> Handle(MakeTransfer transfer) => // ...
}
```

这是可行的。唯一的缺点是业务验证与 HTTP 错误码的关联约定非常不可靠。有人会认为 400 表示语法上不正确的请求——而不是语义上不正确的请求，就像这里的示例一样。

在并发情况下，在发送时有效的请求可能在服务器接收时不再有效(例如，账户余额可能已经减少)。400 能传达这一点吗？

与其尝试找出哪个 HTTP 状态码最适合特定的错误场景，不如选择另一种方法，即在响应中返回输出的表示形式。接下来探讨该方法。

8.4.3 返回一个 DTO 结果

这种方法涉及始终返回一个成功的状态代码(因为是在低级别上，响应已被正确地接收和处理)，以及在响应主体中返回任意丰富的输出表示。代码清单 8.10 显示了一个简单的数据传输对象(DTO)，表示处理请求的结果，包括 Left 和 Right 组件。

代码清单 8.10　一个表示输出的 DTO，在响应中被序列化

```
public record ResultDto<T>
{
   public bool Succeeded { get; }
   public bool Failed => !Succeeded;

   public T Data { get; }
   public Error Error { get; }

   internal ResultDto(T data) => (Succeeded, Data) = (true, data);
   internal ResultDto(Error error) => Error = error;
}
```

这个 ResultDto 和 Either 非常相似。但与只能通过高阶函数访问内部值的 Either 不同，DTO 将它们公开，以便在客户端进行序列化和访问。然后，可定义一个将 Either 转换为 ResultDto 的实用函数：

```
public static ResultDto<T> ToResult<T>(this Either<Error, T> either)
   => either.Match
    (
       Left: error => new ResultDto<T>(error),
       Right: data => new ResultDto<T>(data)
   );
```

现在可在 API 方法中公开 Result，如代码清单 8.11 所示。

代码清单 8.11　作为成功响应的有效载荷的一部分来返回错误细节

```
public class MakeTransferController : ControllerBase
{
   Func<MakeTransfer, Either<Error, Unit>> makeTransfer;

   [HttpPost, Route("api/transfers/future")]
   public ResultDto<Unit> MakeTransfer([FromBody] MakeTransfer transfer)
      => makeTransfer(transfer).ToResult();
}
```

总之，这种方法意味着更少的代码。更重要的是，这意味着在表示结果时不必局限于 HTTP 协议的特性，而是创建最适合的结构来表示 Left 组件。

最终，两种方法都是可行的，两者都用于第三方 API 中。对于选择哪种方法，与 API 设计有关，而并非与函数式编程有关。关键是，向客户端应用程序公开输出(可在应用程序中使用 Either 对其进行建模)时，通常必须做出一些选择。

由于这是一个常见的需求，前面通过 HTTP API 的例子说明了如何从抽象中“降低”值。如果是公开另一端，概念还是一样的。总之，如果处在橙子的皮层中，使用 Match；如果处在橙子的内核中，则保持适度的抽象。

8.5　Either 的变体

Either 在函数式错误处理方面有很长的路要走。异常会导致程序从堆栈中的任意函数中“跳出”正常的执行流程，并进入异常处理块；而 Either 则与异常相反，将保持正常的程序执行流程，并返回输出的表示。

所以 Either 有很多可取之处。但也存在一些问题：

- Bind 不会更改 Left 类型，那么如何组合返回“具有不同 Left 类型的 Either”的函数呢？
- 始终必须指定使代码过于冗长的两个泛型参数。
- Either、Left 和 Right 名称太过神秘。难道没有对用户更友好的方式吗？

本节将解决这些问题，并介绍如何通过 Either 模式的某些变体来减少这些顾虑。

8.5.1　在不同的错误表示之间进行更改

如上所述，Map 和 Bind 允许更改 R 的类型，但不能更改 L 的类型。虽然保持错误的同质表示是可取的，但未必合适。如果编写一个 L 类型总是 Error 的库，而其他人编写了一个总是 string 的库？该如何集成这两个库呢？

事实证明，可简单地用 Map 的重载来解决，该重载允许将一个函数应用到左边的值以及右边的值。该重载接受一个<L, R>，之后是两个函数：一个类型为(L→LL)，应用于左侧的值(如果存在)，另一个类型为(R→RR)，应用于右侧的值：

```
public static Either<LL, RR> Map<L, LL, R, RR>
(
   this Either<L, R> either,
   Func<L, LL> Left,
   Func<R, RR> Right
)
=> either.Match<Either<LL, RR>>
(
   l => F.Left(Left(l)),
   r => F.Right(Right(r))
);
```

这种 Map 的变体允许任意更改这两种类型，这样可在那些 L 类型不同的函数之间进行互操作。[1]下面是一个例子：

```
Either<string, double> Calc(double x, double y) //...   ← L 是字符串

Either<Error, int> ToIntIfWhole(double d) //...   ← L 是错误

Either<Error, int> Run(double x, double y)
   => Calc(x, y)
      .Map
      (
         Left: msg => Error(msg),   ← 从字符串转换到错误
         Right: d => d
      )
      .Bind(ToIntIfWhole);
```

最好不要这样做，并坚持一致的错误表示，但不同的表示也无妨。

8.5.2 Either 的特定版本

下面分析在 C#中使用 Either 的其他缺点。

首先，有两个泛型参数会给代码添加噪音[2]。例如，假设要捕获多个验证错误，为此，你选择 IEnumerable<Error>作为 Left 类型。最终签名如下所示：

```
public Either<IEnumerable<Error>, Rates> RefreshRates(string id) //...
```

现在只有通读三项(Either、IEnumerable 和 Error)，才能得到最有意义的部分，即期望的返回类型 Rates。与 4.2.3 节中的签名(不提供任何关于失败的原因)相比，我们似乎走向另一个极端。

---

1 因为 FP 中不乏术语，所以采用这种形式定义的函子(如 Map)被称为双函子(bifunctor)，其思想是函子有一个内部值，而双函子有两个(或两个中的一个)内部值。然后，Bifunctors 可以拥有函数 RightMap(与 Map 相同)、LeftMap(将函数映射到左边的值)和 BiMap(与刚才展示的 Map 的重载相同)。。

2 可将此看成 Either 或 C#的类型系统的一个缺点。Either 被成功地用于 ML 语言中，其中类型几乎总是可以被推断出来，所以即使是复杂的泛型类型也不会给代码添加任何噪音。这是一个典型示例，表明虽然 FP 的原则是独立于语言的，但需要根据每种特定语言的优缺点进行调整。

其次，Either、Left 和 Right 名称太抽象了。软件开发很复杂，所以应该选择最直观的名称。

这两个问题都可通过使用 Either 的更具体版本来解决，这些版本有一个固定类型用于表示失败(即单个泛型参数)，并使用对用户更友好的名称。注意，Either 的变体很常见，但不是标准化的。实际中有许多不同的库和教程，而每个库和教程在术语和行为上都有细微差别。

出于这个原因，我认为最好先来全面了解 Either，这方面的文献很全而且较为详尽，能涵盖你可能遇到的任何变体(然后，可选择最适合的表示法，甚至可实现自己的类型来表示输出)。

LaYumba.Functional 包括以下两种表示输出的变体：

- **Validation<T>**——可将其视为特定于 IEnumerable<Error>的 Either：

  ```
  Validation<T> = Invalid(IEnumerable<Error>) | Valid(T)
  ```

  Validation 就像一个 Either，其中失败的情况被固定为 IEnumerable<Error>，使捕获多个验证错误成为可能。

- **Exceptional<T>**——这里，失败被固定为 System.Exception：

  ```
  Exceptional<T> = Exception | Success(T)
  ```

  Exceptional 可用作基于异常的 API 和函数式错误处理之间的桥梁。

表 8.2 展示了这些变体。

表 8.2 Either 的一些特定版本及其状态名称

类型	成功情况	失败情况	失败类型
Either<L, R>	Right	Left	L
Validation<T>	Valid	Invalid	IEnumerable<Error>
Exceptional<T>	Success	Exception	Exception

这些新类型的名称比 Either 更友好，更直观。而且由于 Left 类型是静态的，它不会影响你的方法签名。下面是一个例子。

8.5.3 重构 Validation 和 Exceptional

下面回到用户预约转账的情景。之前，使用 Either 来建模包含验证和持久化的简单工作流——两者都可能失败。现在看看如何使用更具体的 Validation 和 Exceptional 来改变该实现。

一个执行验证的函数自然会生成一个 Validation。在我们的场景中，其类型是：

```
Validate : MakeTransfer → Validation<MakeTransfer>
```

由于 Validation 非常类似于 Either，特别是 Error 类型，所以除了签名上的变化，验证函数的实现与之前基于 Either 的实现相同。示例如下：

```
Date Time now;

Validation<MakeTransfer> ValidateDate(MakeTransfer transfer)
    => transfer.Date.Date > now.Date
```

```
        ? transfer
        : Errors.TransferDateIsPast;
```

在 Validation 的 Valid 状态下包装指令

在 Validation 的 Invalid 状态下包装 Error

与以前的实现一致，将 Valid 定义为一个函数，该函数接受一个 T，并在 Valid 状态下将其提取到 Validation<T>，类似地，它接受一个或多个错误。还定义了隐式转换，因此在前面的示例中，可以忽略对 Valid 和 Invalid 的调用。

基于异常的 API 和函数式错误处理之间的桥接

接下来分析持久化。与验证不同，此处的失败将指示基础架构或配置中的错误，或者另一个技术错误。此类错误是异常的[1]，因此可使用 Exceptional 对其进行建模：

```
Save : MakeTransfer → Exceptional<Unit>
```

Save 的实现如代码清单 8.12 所示。

代码清单 8.12 将基于 Exception 的 API 转换为 Exceptional 值

```
string connString;

Exceptional<Unit> Save(MakeTransfer transfer)
{
   try
   {
      ConnectionHelper.Connect(connString
         , c => c.Execute("INSERT ...", transfer));
   }

   catch (Exception ex) { return ex; }

   return Unit();
}
```

返回类型承认了发生异常的可能性

对引发异常的第三方 API 的调用被包装在一个 try 中

异常将被隐式转换并封装在 Exception 状态下的 Exceptional 中

返回的 Unit 被封装到 Success 状态下的 Exceptional 中

注意，try-catch 的作用域应尽可能小：我们希望捕获一切与数据库连接将导致的异常，立即转换为函数式风格，并将结果封装在 Exceptional 中。如往常一样，隐式转换将创建一个合适且初始化过的 Exceptional。注意该模式让我们从一个第三方异常抛出的 API 转移到一个函数式 API，在该函数式 API 中，错误被当成有效载荷来处理，并且错误的可能性被反映在返回类型中。

失败的验证和技术错误

失败的验证和技术错误应以不同的方式处理。使用 Validation 和 Exceptional 的好处在于它们具有不同的语义内涵：

- Validation 表示存在违规的业务规则。
- Exception 表示意料之外的技术错误。

1 在本情景中，异常不一定意味着“很少发生”。它表示一个技术错误，而不是业务逻辑上的错误。

现在分析如何使用这些不同的表示方式来适当地处理每个案例。仍要结合验证和持久化，这是在 Handle 中完成的：

```
public class MakeTransferController : ControllerBase
{
   Validation<Exceptional<Unit>> Handle(MakeTransfer transfer)
      => Validate(transfer)
         .Map(Save);

   Validation<MakeTransfer> Validate(MakeTransfer transfer)
      => ValidateBic(transfer)
         .Bind(ValidateDate);

   Validation<MakeTransfer> ValidateBic(MakeTransfer transfer) // ...
   Validation<MakeTransfer> ValidateDate(MakeTransfer transfer) // ...

   Exceptional<Unit> Save(MakeTransfer transfer) // ...
}
```

组合验证和持久化

组合各种验证规则的顶级验证函数

因为 Validate 返回 Validation，而 Save 返回 Exceptional，所以不能用 Bind 来组合这些类型。但没关系：可改用Map，并最终返回类型Validation <Exceptional<Unit >>。这是一个嵌套类型，表示正在将验证的效应(也就是说，可能得到验证错误而非所需的返回值)与异常处理的效应结合起来(也就是说，即使验证通过，也可能得到一个异常，而不是返回值)[1]。

因此，通过“叠加”两个一元效应，Handle 承认由于业务以及技术原因，其操作可能失败。图 8.7 说明在这两种情况下，如何通过将它们包含在有效载荷中来表达错误。

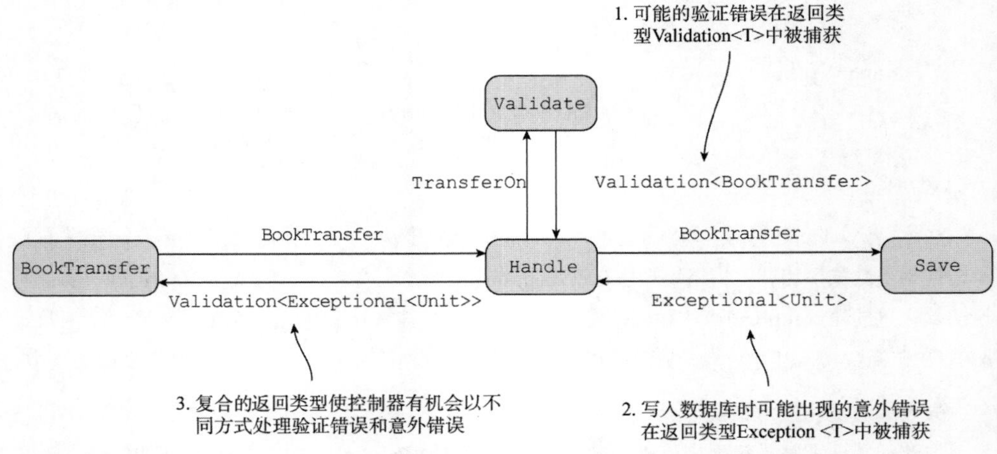

图 8.7 在函数式错误处理中，错误被视为返回的有效负载的一部分

为完成端到端的情景，只需要添加入口点。在这里，控制器从客户端接收 BookTransfer 指令，调用前面定义的 Handle，并将生成的 Validation <Exceptional<Unit >>转换为结果发送回客

1 请记住，这些是“一元效应”，而不是“副作用”，但在 FP 中，将它们简称为“效应”。

户端(见代码清单 8.13)。

代码清单 8.13　验证错误和异常错误的不同处理

```
public class MakeTransferController : ControllerBase
{
  ILogger<MakeTransferController> logger;

  [HttpPost, Route("api/transfers/book")]
  public IActionResult MakeTransfer([FromBody] MakeTransfer transfer)
    => Handle(transfer).Match          ← 拆解 Validation 中的值
    (
       Invalid: BadRequest,            ← 如果验证失败，则发送一个 400
       Valid: result => result.Match   ← 拆解 Exceptional 中的值
       {
          Exception: OnFaulted,        ← 如果持久化失败，则发送一个 500
          Success: _ => Ok()
       )
    );

  IActionResult OnFaulted(Exception ex)
  {

    logger.LogError(ex.Message);
    return StatusCode(500, Errors.UnexpectedError);
  }

  Validation<Exceptional<Unit>> Handle(MakeTransfer transfer) //...
}
```

这里首先使用两个嵌套的Match调用来拆解Validation中的值，然后拆解 Exceptional 中的值：

- 如果验证失败，发送一个 400，其中包含验证错误的全部详细信息，以方便用户处理。
- 如果持久化失败，不想将详细信息发送给用户。可以返回一个更通用的错误类型 500(这也是记录异常的好地方)。

如上所述，涉及的每个函数都有一个明确的返回类型，可让你清楚地区分和自定义与业务规则相关的失败，以及与技术问题相关的失败。

总之，Either 提供了一个明确的函数式方式来处理错误，而不会引入副作用(与抛出/捕获异常不同)。但是，正如相对简单的银行场景所示，使用特定版本的 Either(如 Validation 和 Exceptional)，可带来更具表达性和可读性的实现。

8.5.4　保留异常

本章讨论了函数式的错误处理背后的思想[1]。这与基于异常的方法背道而驰，事实确实如此。

抛出异常会扰乱正常的程序流程，从而引入副作用。实际上，它使代码更难维护和推理：如果函数抛出异常，分析该异常对应用程序的影响的唯一方法是跟踪所有可能通往该函数的代

1　在本书第III部分，将在惰性和异步背景下重新审视错误处理，但本章已经涵盖了基本内容。

码路径，然后查找堆栈中的第一个异常处理程序。在函数式错误处理中，错误只是函数返回类型的一部分，所以仍可独立地推理该函数。

意识到使用异常的不利影响后，Go、Elixir 和 Elm 等几门较新的编程语言都认为错误应该简单地被视为值，所以 throw 和 try-catch 语句的对等语句很少被使用(Elixir)或者完全不被使用(Go、Elm)。C#包含异常这一事实并不意味着需要使用异常来处理错误，而是可在应用程序中使用函数式错误处理机制，并使用适配器函数将所调用的基于异常的 API 的输出转换为类似的 Exceptional，如之前所示。

是否有些情况下异常仍然有用呢？是的，如以下情况：

- **开发错误**——例如，如果尝试从空列表中删除项目，或者将 null 值传递给需要该值的函数，则可使用函数或列表实现来抛出一个异常。这种异常永远不会在调用代码中被捕获和处理。它表示应用程序逻辑出错了。
- **配置错误**——例如，假设应用程序依靠消息总线连接到其他系统，并且除非已连接，否则不能有效地执行任何有用的操作。如果启动时无法连接到总线，那么应导致异常。如果缺少像数据库连接字符串这样的关键配置，同样导致异常。这些异常只能在初始化时被抛出，并且不一定会被捕获(除了可能在最外层的应用程序级处理程序中捕获)，但应致使应用程序崩溃。

8.6 练习

1. 编写一个 ToOption 扩展方法，将 Either 转换成 Option。如果左侧的值存在，则将其抛出。然后编写 ToEither 方法将 Option 转换成 Either，如果 Option 是 None，可调用一个适当参数来获得适当的 Left 值(提示：以箭头符号的形式来编写函数签名)。

2. 执行一个工作流，使用 Bind 来链接其中两个或多个返回 Option 的函数。然后改变第一个函数以返回一个 Either。这应该会导致编译失败。正如在前面的练习中所见，Either 可被转换成 Option，所以为 Bind 编写扩展重载，这样返回 Either 和 Option 的函数可通过 Bind 来链接，并生成 Option。

3. 用以下签名编写一个函数：

```
TryRun : (() → T) → Exceptional<T>
```

在 try-catch 中运行给定的函数，并返回一个适当填充的 Exceptional。

4. 用以下签名编写一个函数：

```
Safely : ((() → R), (Exception → L)) → Either<L, R>
```

在 try-catch 中运行给定的函数，并返回一个适当填充的 Either。

8.7 本章小结

- 可使用 Either 表示一个具有两种不同输出(通常为成功或失败)的操作结果。Either 可以是以下两种状态之一：
  - Left 表示失败并包含失败操作的错误信息。
  - Right 表示成功并包含成功操作的结果。
- 可使用已了解到的与 Option 对应的核心函数与 Either 进行交互：
  - Either 为 Right 状态时，Map 和 Bind 应用映射/绑定函数，否则只传递 Left 值。
  - Match 允许你以不同的方式处理 Right 和 Left 情况。
  - Where 不太实用，如果要根据谓词过滤某些 Right 值，应改用 Bind 进行过滤，同时提供一个函数(该函数在谓词失败时产生合适的 Left 值)
- Either 在使用 Bind 来组合多个验证函数时(或者更通俗地讲，组合多个均可失败的操作时)特别有用。
- 因为 Either 相当抽象，且由于它两个泛型参数的语法开销，所以实际上最好使用特定版本的 Either，如 Validation 和 Exceptional。
- 当使用函子和单子时，最好使用保持抽象的函数，如 Map 和 Bind。应尽量少用(或推迟使用)向下跨越的 Match 函数。

第 9 章

用函数构造应用程序

本章主要内容：

- 偏函数应用和柯里化
- 消除方法类型推断的限制
- 应用程序的模块化及组合
- 将列表压缩为单个值

构建一个复杂且真实的应用程序并非易事。关于该主题有很多完整的书籍，本章并不提供详尽解释。我们将重点介绍可用来模块化和组合完全由函数组成的应用程序的技术，以及如何将结果与平时在 OOP 中完成的结果进行比较。

本章会逐步达到该目的。首先，你需要了解一个经典却相当低层级的函数式技术，称为偏函数应用。该技术使您能够编写高度通用的函数(其行为被参数化)，然后提供参数，从而获取“预制”了所给定参数的更特定函数。

其次，将分析如何在实际中使用偏函数，以便首先指定在启动时可用的配置参数，然后指定运行时参数。最后，将考虑如何进一步采取这种方法，使用偏函数进行依赖注入，以便利用函数组合整个应用程序，而不会损失任何粒度或解耦度(使用对象来组合应用程序则不然)。

9.1 偏函数应用：逐个提供参数

假设你要重新装修自家房子。你的室内设计师 Ada 给她信赖的涂料供应商 Fred 打了个电话，沟通她打算订购的油漆的细节信息，然后让装修师 Bruno 去取所需的油漆。该场景如图 9.1 所示。

图 9.1 Fred 需要几条信息才能提供产品。这个信息可以由 Ada 和 Bruno 在不同时段给出

显然，为了履行订单，商店需要知道顾客想要购买的物品以及数量，在本示例中，信息是在不同的时间点给出的。为什么？因为 Ada 的责任是选择颜色和品牌(她不相信 Bruno 会记住她想要的确切颜色和品牌)。另一方面，Bruno 的任务是测量表面积并计算所需的涂料量，并从供应商那里取货。此时，所有需要的信息都有了，Bruno 可以从供应商那里取油漆了。

上面所描述的是偏函数应用在现实生活中的类比。在编程中，这意味着给出一个函数，并为其输入零碎的参数。就像现实生活中的例子一样，这与关注点分离有关：最好在应用程序生命周期的不同点和不同组件上提供函数所需的各种参数。

下面来看看代码。这里的思想是，有一个函数需要多条信息来完成其工作(类似于涂料供应商 Fred)。例如，代码清单 9.1 中有一个函数 greet，它接受一个通用的问候语和一个人名，并为给定的人名生成个性化的问候语。

代码清单 9.1 映射到一个列表上的二元函数

```
using Name = System.String;
using Greeting = System.String;
using PersonalizedGreeting = System.String;

var greet = (Greeting gr, Name name) => $"{gr}, {name}";

Name[] names = { "Tristan", "Ivan" };

names.Map(n => greet("Hello", n)).ForEach(WriteLine);
// prints: Hello, Tristan
//         Hello, Ivan
```

提示 如果你以前从未用过偏函数，那么将本节的示例输入 REPL 中以体验实际操作的重要性。

代码清单 9.1 顶部的 using 语句允许我们在 string 类型的特定用途上附加一些语义，从而使函数签名更有意义。可额外花费一些精力来定义特定类型(如第 4 章所述)，从而确保一个 PersonalizedGreeting 不会被意外地作为 greet 函数的输入。但对于目前的讨论，我并不太考虑业务规则的执行——只考虑签名是否明确且有意义，因为我们会经常研究签名。greet 的签名如下：

```
(Greeting, Name) → PersonalizedGreeting
```

然后，我们有一个名单列表，并将 greet 映射到列表上，以获得列表中每个人名的问候语。注意，greet 函数总是以"Hello"为第一个参数，而第二个参数随列表中的人名而变化。

这感觉有点奇怪。我们有一个一般的问候语和 n 个不同的名字，我们将一个问候语重复 n 次。不知何故，我们似乎正在重复自己。在 Map 的作用域之外“处理”问候语"Hello"不是更好吗？这表明这样一个事实，将"Hello"用作列表中所有人名的通用问候语是一种更通用的做法，可首先采纳。那么传递给 Map 的函数只需要使用人名。我们如何实现这一目标？

在代码清单 9.1 中，还不能这样做，因为 greet 需要两个参数，而我们使用的是普通的函数应用程序。也就是说，要用它所期望的两个参数来调用 greet(之所以称为“应用程序”，是因为我们将函数 greet 应用到其参数上)。

可通过使用偏函数来解决这个问题。编程思想是允许一些代码来决定通用性问候语，并将其作为 greet 的第一个参数(Ada 决定颜色的方式)。这将生成一个已将"Hello"预制为问候语的新函数。然后，其他一些代码便可以使用人名来调用该函数。

有几种方法可以实现这一点。下面首先介绍如何编写支持偏函数的特定函数，以及如何定义一个通用的 Apply 函数以便为任意给定函数启用偏函数。

9.1.1　手动启用偏函数应用

独立提供参数的一种方法是重写如下函数：

```
var greetWith = (Greeting gr) => (Name name) => $"{gr}, {name}";
```

这个新函数 greetWith 接受单个参数，即通用性问候语，并返回一个类型为 Name→Greeting 的新函数。注意，当该函数使用第一个参数 gr 调用时，该参数将被捕获到一个闭包中，因此一直被“记住”，直到使用第二个参数 name 调用返回的函数。你可以这样使用它：

```
var greetFormally = greetWith("Good evening");
names.Map(greetFormally).ForEach(WriteLine);
// prints: Good evening, Tristan
//         Good evening, Ivan
```

这就实现了在 Map 作用域外处理问候语的目标。注意，greet 和 greetWith 依赖于相同的实现，但它们的签名是不同的。下面比较一下：

```
greet     : (Greeting, Name) → PersonalizedGreeting
greetWith : Greeting → (Name → PersonalizedGreeting)
```

greet 接受两个参数并返回一个值。相反，greetWith 接受一个参数，即 Greeting，并返回一个函数，该函数又接受一个 Name 来返回 personizedgreeting。

事实上，箭头符号是右联合的，箭头右边的所有东西都是组合起来的。因此 greetWith 签名中的括号是多余的，而 greetWith 的类型通常会写成如下形式：

```
greetWith : Greeting → Name → PersonalizedGreeting
```

greetWith 被称为柯里化形式，即所有参数都通过函数调用被逐一提供。

再次说明一下，greet 和 greetWith 依赖于同样的实现。改动之处在于签名不同以及参数被独立提供并在闭包中被捕获。这表明我们能按部就班地实现偏函数，而不必重写函数，接下来分析如何做到这一点。

9.1.2 归纳偏函数应用

还有一种比 greetWith 方法更通用的替代方法，可以定义一个适配器函数，它允许向多参数函数只提供一个参数，从而生成一个等待接收其余参数的函数。在下例中，可看到一个通用 Apply 函数的实现，该函数提供一个给定的值作为二元和三元函数的第一个参数：

```
public static Func<T2, R> Apply<T1, T2, R>
(
   this Func<T1, T2, R> f,   ← 二元函数
   T1 t1   ← 第一个参数的值
)
=> t2 => f(t1, t2);   ← 返回一个一元函数，它接受原始函数的第二个参数
```

Apply 接受一个二元函数，将其部分地应用到给定的参数，并返回接受第二个参数的一元函数。提供的输入参数 t1 被捕获到一个闭包中，生成一个新函数，只要为其提供第二个参数便会调用原函数 f。

可以类似地为包含更多参数的函数定义 Apply。例如，下面是为三元函数定义的 Apply:

```
public static Func<T2, T3, R> Apply<T1, T2, T3, R>
(
   this Func<T1, T2, T3, R> f,
   T1 t1
)
=> (t2, t3) => f(t1, t2, t3);
```

此重载接受一个三元函数和一个用作第一个参数的值。它生成一个二元函数，等待剩下的两个参数。可以为包含更多参数的函数定义类似的重载，并包含在 LaYumba.Functional 中。

请注意表达式体方法和 lambda 符号的良好语法支持为我们定义这种函数转换提供帮助。Apply 的一般定义意味着不需要手动创建像 greetWith 这样的函数，而可以使用 Apply 为原始 greet 函数提供第一个参数：

```
var greetInformally = greet.Apply("Hey");
names.Map(greetInformally).ForEach(WriteLine);
// prints: Hey, Tristan
//         Hey, Ivan
```

无论是使用手动方法还是通用的 Apply 函数，都应该开始看到一个模式：一般从一个通用函数(如 greet)开始，然后使用偏函数来创建该函数的特定版本(如 greetInformally)。现在这是一个可传递的一元函数，使用它的代码甚至不需要知道这个新函数是被部分应用的。图 9.2 以图形方式总结了到目前为止所涵盖的步骤。

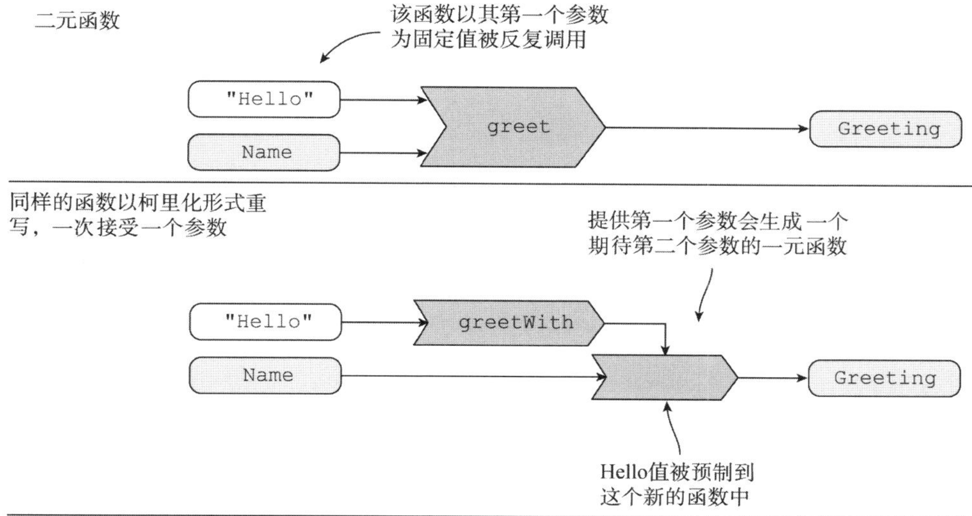

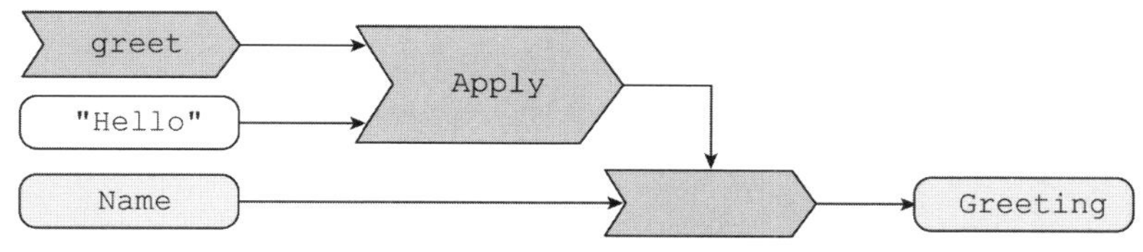

图 9.2　正常函数与偏函数的比较。偏函数允许逐个提供参数，以获得内置这些参数并等待以下参数的函数。可以手动启用偏函数，也可以使用通用函数 Apply 启用偏函数

总之，偏函数应用总是从一般到具体。它允许你定义非常通用的函数，然后通过给它们参数来微调它们的行为。最终，编写这样的通用函数可提高抽象层级，并潜在地提高代码的复用性。

9.1.3　参数的顺序问题

函数 greet 展示了一个良好的参数顺序：越通用的参数越可能在应用程序生命周期的早期被应用，所以应该首先出现，然后才是更具体的参数。好比我们在儿时便学会了说“你好”，但会不断地遇到新朋友并表达问候，直到老去。

这是经验之谈，如果将函数看成一个操作，其参数通常包含以下内容：

- **操作将影响到的对象**　接收时间可能晚一些，应该留在最后。
- **确定函数如何操作的一些选项，或函数执行时所需的依赖项**　这些可能提前就确定了，

应该放在首位。

警告 这种参数顺序有时会与我们使用扩展方法的方式冲突。遗憾的是，只能用 This 修饰符标记方法的第一个参数，尽管它可能不是最通用的参数。在这种情况下，必须做出选择，要看是扩展方法语法还是偏函数更适合预期用途。

当然，确立参数的最佳顺序并非那么容易。另外，即使参数的顺序不符合预期，也可使用偏函数，如稍后所述。

总之，如果有一个多参函数，需要将提供不同参数的职责分离，那么这便是一个应用偏函数的好例子。但是，在更多地实际应用偏函数之前，首先应该解决一个问题，该问题与类型推断有关，接下来我们将展开讨论。

9.2 克服方法解析的怪癖

到目前为止，可自由地使用方法、lambda 和委托来表示函数。然而，对于编译器来说，这些都是不同的东西，而且方法的类型推断并不如想象的那样好。下面先来看看事情顺利时会发生什么，例如使用 Option.Map：

```
Some(9.0).Map(Math.Sqrt) // => 3.0
```

注意，Map 有两个类型参数。如果编译器不能推断它们的类型，上面的代码片段应改为：

```
Some(9.0).Map<double, double>(Math.Sqrt)
```

这里，名称 Math.Sqrt 标识了一个方法，而 Map 需要一个类型为 Func<T，R>的委托。更确切地说，Math.Sqrt 标识了一个“方法组”。由于方法重载，可能会有多个同名的方法。编译器足够聪明，不仅可选择正确的重载(在本示例中只有一个)，还可推断出 Map 的类型实参。

这一切都很好。不必在方法(或者 lambda)和委托之间进行转换，也不需要指定泛型类型，因为这些可从方法签名中推断出来。遗憾的是，对于接受两个或更多参数的方法，所有这些优点都会消失。

下面分析如果试图将 greet 函数重写为一个方法的话会发生什么——这里将其称为 GreeterMethod，如代码清单 9.2 所示。

代码清单 9.2 多参数方法的类型推断失败

```
PersonalizedGreeting GreeterMethod(Greeting gr, Name name)   // 如果将问候函数写成一个方法……
    => $"{gr}, {name}";

Func<Name, PersonalizedGreeting> GreetWith(Greeting greeting)
    => GreeterMethod.Apply(greeting);   // ……那么这个表达式不会被编译
```

这里将问候函数写成了一个方法，现在需要一个 GreetWith 方法将其部分应用于给定的问候。遗憾的是，该代码不能被编译，因为名称 GreeterMethod 标识了一个 MethodGroup，而 Apply 需要一个 Func，编译器不会自动进行推断。

局部函数中的类型推断

C# 7 引入了“局部函数”——在方法的作用域内声明的函数——但它们实际上应该被称为“局部方法”。在内部，它们被实现为方法(尽管这没有任何好处——不能重载它们)，所以就类型推断而言，它们具有与常规方法相同的特征。

如果要使用泛化的 Apply 为方法提供参数，则必须使用下列形式中的一种。下面将看到使用多参数方法作为 HOF 的参数需要混乱的语法。

代码清单 9.3 将多参数方法用作 HOF 的参数

```
PersonalizedGreeting GreeterMethod(Greeting gr, Name name)
   => $"{gr}, {name}";

Func<Name, PersonalizedGreeting> GreetWith_1(Greeting greeting)
   => FuncExt.Apply<Greeting, Name, PersonalizedGreeting>
       (GreeterMethod, greeting);

Func<Name, PersonalizedGreeting> GreetWith_2(Greeting greeting)
   => new Func<Greeting, Name, PersonalizedGreeting>(GreeterMethod)
      .Apply(greeting);
```

放弃扩展方法的语法，并显式提供所有泛型实参

调用 Apply 之前将该方法显式转换为委托

我个人认为这两种情况下的语法噪音都是不可接受的。幸运的是，这些问题都是特定于方法解析的。如果使用委托(回顾一下 Func)，它们就会消失。如代码清单 9.4 所示，可采用多种不同方式创建一个委托，然后使用 Apply。

代码清单 9.4 获取一个委托实例的不同方式

```
public class TypeInference_Delegate
{
   readonly string separator = ", ";

   // 1. field
   readonly Func<Greeting, Name, PersonalizedGreeting> GreeterField
      = (gr, name) => $"{gr}, {name}";

   // 2. property
   Func<Greeting, Name, PersonalizedGreeting> GreeterProperty
      => (gr, name) => $"{gr}{separator}{name}";

   // 3. factory
   Func<Greeting, T, PersonalizedGreeting> GreeterFactory<T>()
      => (gr, t) => $"{gr}{separator}{t}";
}
```

声明和初始化一个委托字段。注意，无法在此处引用 separator

一个只读属性的主体由=>引入

作为函数工厂的方法可具有泛型参数

下面简要讨论这些可选择项。声明一个委托字段似乎是最自然的选择。但遗憾的是它不够强大。例如，如果将声明和初始化结合起来，如代码清单 9.4 所示，则不能在委托体中引用任何实例变量(如 separator)。另外，因为字段可以被重新分配(在这种情况下，当然不希望这样做)，所以应该将委托标记为只读(readonly)。

可使用属性来解决这个问题。在公开委托的类中，这相当于用“=>”替代“=”来声明一个只读属性，这对于客户端代码来说是完全透明的。

但最有效的方式是建立一个工厂方法：一个仅用于创建所需委托的方法。这里最大的区别是也可以拥有泛型参数，而这对于字段或属性来说是不可能的。

无论以何种方式获得委托实例，类型解析都可正常工作，所以任何情况下你都可提供第一个参数，如下所示：

```
GreeterField.Apply("Hi");
GreeterProperty.Apply("Hi");
GreeterFactory<Name>().Apply("Hi");
```

从本节来看，如果要使用以多参函数为参数的 HOF，有时最好不要使用方法，而是编写 Func——或返回 Func 的方法。尽管不像方法那样常用，但 Func 节省了显式指定类型参数的语法开销，使代码更具可读性。

了解了偏函数应用，接下来了解一个相关概念：柯里化。这是一种旨在简化偏函数应用的技术。

9.3 柯里化函数：优化偏函数应用

柯里化(currying)是以数学家 Haskell Curry 命名的，将一个接受参数 t1,t2,...,tn 的 n 元函数转换为一个一元函数；这个一元函数接受 t1 并生成一个接受 t2 的新函数，以此类推，一旦参数全部给出，最后返回与 f 相同的结果。换言之，n 元函数的签名为：

```
(T1, T2, ..., Tn) → R
```

当被柯里化后，具有的签名为：

```
T1 → T2 → ... → Tn → R
```

在本章的第一节中已经见过该例子：

```
var greet = (Greeting gr, Name name) => $"{gr}, {name}";

var greetWith = (Greeting gr) => (Name name) => $"{gr}, {name}";
```

greetWith 与 greet 是一样的，只不过是柯里化形式而已。确实，签名比较如下：

```
greet     : (Greeting, Name) → PersonalizedGreeting
greetWith : Greeting → Name → PersonalizedGreeting
```

这意味着可像下面这样调用柯里化的 greetWith 函数：

```
greetWith("hello")("world") // => "hello, world"
```

这是对两个函数的调用，实际上与使用两个参数来调用 greet 相同。当然，如果要同时传递所有参数，这是毫无意义的。但是，如果对偏函数应用感兴趣，这会变得很有用。如果一个函数被柯里化，只需要调用以下函数就可以实现偏函数应用：

```
var greetFormally = greetWith("Good evening");
names.Map(greetFormally).ForEach(WriteLine);
// prints: Good evening, Tristan
//         Good evening, Ivan
```

一个函数可被写成柯里化形式，如这里的 greetWith，这称为手动柯里化。或者，可定义一些泛化函数，它们将接受 n 元函数并对其进行柯里化。对于二元和三元函数，Curry 如下：

```
public static Func<T1, Func<T2, R>> Curry<T1, T2, R>
   (this Func<T1, T2, R> f)
    => t1 => t2 => f(t1, t2);

public static Func<T1, Func<T2, Func<T3, R>>> Curry<T1, T2, T3, R>
   (this Func<T1, T2, T3, R> f)
    => t1 => t2 => t3 => f(t1, t2, t3);
```

可为其他元数的函数定义类似的重载。作为一个练习，可用箭头符号写出上述函数的签名。让我们看一下如何使用这样一个泛化的 Curry 函数来柯里化 greet 函数：

```
var greetWith = greet.Curry();
var greetNostalgically = greetWith("Arrivederci");

names.Map(greetNostalgically).ForEach(WriteLine);
// prints: Arrivederci, Tristan
//         Arrivederci, Ivan
```

当然，如果想要使用泛化的 Curry 函数，那么关于方法解析的注意事项与 Apply 的相同。

偏函数应用与柯里化密切相关，却是截然不同的概念，这往往容易令人混淆。下面来阐明其差异：

- **偏函数应用**——传给函数的参数比函数所期望的要少，得到一个被目前所给到的参数值所具化的函数。
- **柯里化**——不需要传入任何参数。只需要将一个 *n* 元函数转换成一个一元函数，并依次给出参数，以最终得到与原函数相同的结果。

如上所述，柯里化并没有真正做任何事情。相反，它为偏函数“优化”了一个函数。如前所述，可通过使用泛化的 Apply 函数来应用偏函数，而不需要进行柯里化。另一方面，柯里化本身是没有意义的：柯里化一个函数(或将一个函数写成柯里化形式)，是为了更容易应用偏函数。

偏函数在 FP 中如此普遍，以至于在许多函数式语言中，所有函数都默认为是柯里化的。由于这个原因，箭头符号中的函数签名在 FP 文献中是以柯里化形式给出的，如下所示：

```
T1 → T2 → ... → Tn → R
```

注意 本书的其余部分均会使用柯里化符号，甚至于那些实际上非柯里化的函数。

尽管在 C#中函数默认是非柯里化的，但仍可利用偏函数，以通过参数化其行为来编写高度通用(并因此广泛复用)的函数，然后使用偏函数来随时创建所需的更具体函数。正如到目前为止所见到的，可通过不同方式来实现这一点：

- 将函数写成柯里化形式。
- 使用 Curry 将函数柯里化，然后用后续的参数调用已被柯里化的函数。
- 使用 Apply 逐个提供参数。

具体使用哪种技术只是偏好的问题，使用 Apply 是最直观的。

9.4 创建一个友好的偏函数应用 API

现在了解了偏函数应用的基本机制，以及如何通过使用 Func(而不是方法)来解决糟糕的类型推断，下面可转向更复杂的场景，在这个场景中，将使用第三方库和现实世界的需求。

对于偏函数应用来说，一个好的场景是函数需要一些在启动时可用的且不会更改的配置，以及可能随每次调用而变化的瞬态参数。这种情况下，引导组件可提供配置参数，从而获得只需要瞬态参数的特定函数。然后，可将其提供给此功能的最终使用者，从而不必知道关于配置的任何信息。

本节研究这样一个例子：访问 SQL 数据库。假设有一个常见类型的应用程序，它需要使用不同的参数来执行大量查询，以从数据库中检索不同类型的数据。下面从偏函数应用的角度来思考这个问题。假设有一个用于检索数据的非常通用的函数：

- 可被特殊化以查询一个特定数据库。
- 可被进一步特殊化以检索给定类型的对象。
- 可被给定的查询和参数进一步特殊化。

下面通过一个简单例子来进行探索。假设希望通过 ID 加载一个 Employee，或通过姓氏搜索 Employee。需要实现以下这些类型的函数：

```
lookupEmployee            : Guid → Option<Employee>
findEmployeesByLastName : string → IEnumerable<Employee>
```

实现这些函数是我们的高级目标。在低级别，我们将使用 Dapper 库来查询 SQL Server 数据库[1]。为检索数据，Dapper 使用以下签名来公开 Query 方法：

```
public static IEnumerable<T> Query<T>
(
   this IDbConnection conn,
```

1 Dapper 是一个轻量级 ORM，由于它的快速和易用性(第 2 章使用过它)，它获得了很高人气。可在 GitHub 上找到 Dapper 以及其他更多文档，详见链接[1]。

```
    string sqlQuery,
    object param = null,
    SqlTransaction tran = null,
    bool buffered = true
)
```

表 9.1 列出在调用 Query 时需要提供的参数，包括泛型参数 T。本例忽略最后两个参数，它们是可选的。

表 9.1　Dapper 的 Query 方法的参数

T	该类型应被通过查询而返回的数据所填充。本例是 Employee(Dapper 会自动将列映射到字段)
conn	用于连接数据库(注意，Query 是连接上的扩展方法，但就偏函数应用而言，它并不重要)
sqlQuery	这是要执行的 SQL 查询的模板，例如 SELECT * FROM EMPLOYEES WHERE ID = @Id，请注意@Id 占位符
param	一个对象，其属性将用于填充 sqlQuery 中的占位符。例如，前面的查询将需要相应的 param 对象来包含一个名为 Id 的字段，其值将在 sqlQuery(而不是@Id)中进行计算和呈现

这是参数顺序的一个好示例，因为连接和 SQL 查询可被用作应用程序设置的一部分，而 param 对象将特定于 Query 的每个调用。这正确吗？

实际上错了！SQL 连接是轻量级对象，应在每次执行查询时获取该对象并处理。事实上，如第 2 章所述，Dapper API 的标准用法遵循以下模式：

```
const string sql = "SELECT 1";

using (var conn = new SqlConnection(connString))
{
   conn.Open();
   var result = conn.Query(sql);
}
```

这意味着，第一个参数(即连接)不如第二个参数(即 SQL 模板)通用。但一切都不会丢失。请记住，如果不喜欢 API，可以改变它！这就是适配器函数的用途。[1]

接下来，编写一个能更好地支持偏函数的 API，以创建专门的函数来检索感兴趣的数据。

9.4.1　可文档化的类型

虽然 DB 连接的时长很有限，但用于创建连接的连接字符串在应用程序的生命周期内通常不会改变。当应用程序启动时，可以从配置中读取它，并且它永远不会改变。因此，连接字符串将是检索数据的函数使用的最常用参数。

下面应用 4.2 节中介绍的思路——使用类型使代码更具表现力——并为连接字符串创建专用类型，如代码清单 9.5 所示。

1　第 2 章讨论了适配器函数：如果不喜欢一个函数的签名，可通过定义一个函数(该函数调用另一个函数并公开一个更适合你需求的接口)来更改它。

代码清单 9.5 连接字符串的自定义类型

```
public record ConnectionString(string Value)
{
   public static implicit operator string(ConnectionString c) => c.Value;
   public static implicit operator ConnectionString(string s) => new (s);
}
```

每当一个字符串不仅是一个字符串，而且是一个数据库连接字符串时，我们会将其封装在一个 ConnectionString 中。这可通过隐式转换轻松完成。例如，在启动时可从配置中对其进行填充，如下所示：

```
ConnectionString connString = configuration
   .GetSection("ConnectionString").Value;
```

该思想同样适用于 SQL 模板，所以也沿相同路线定义了一个 SqlTemplate 类型。大多数强类型的函数式语言允许使用一行代码来定义内置的自定义类型，如下所示：

```
type ConnectionString = string
type SqlTemplate = string
```

在 C#中，这有点费力，但仍值得一试。首先，它使函数签名更有意义：使用类型可记录函数做了什么。例如，一个函数可声明它依赖于一个连接字符串，如代码清单 9.6 所示。

代码清单 9.6 当使用自定义类型时，函数签名将更明确

```
public Option<Employee> lookupEmployee
   (ConnectionString conn, Guid id) => //...
```

这将比单纯的字符串更明确。第二个好处是现在可在 ConnectionString 上定义扩展方法，而这对于字符串来说却没有意义。接下来将看到这方面的内容。

9.4.2 特殊化数据访问函数

前面研究了如何表示以及获取连接字符串，下面来看一下执行 DB 查询所需的其余数据，按从一般到具体的顺序列出：

- 想要检索的数据类型，如 Employee
- SQL 查询模板，如"SELECT * FROM EMPLOYEES WHERE ID = @Id"
- 用于呈现 SQL 模板的 param 对象，如 new {Id="123"}

接下来就是解决方案的关键。可在 ConnectionString 上定义一个扩展方法，它接受我们需要的参数，如代码清单 9.7 所示。

代码清单 9.7 更适合偏函数应用的一个适配器函数

```
using Dapper;
```

```
using static ConnectionHelper;

public static class ConnectionStringExt
{
   public static Func<object, IEnumerable<T>> Retrieve<T>
   (
      this ConnectionString connStr,    | 这些值在应用程序启动时可用
      SqlTemplate sql
   )                                    | 这个值随每个查询的改变而改变
   => param  <-
   => Connect(connStr, conn => conn.Query<T>(sql, param));
}
```

注意我们使用了 2.3 节中实现的 ConnectionHelper.Connect(在内部负责打开和处理连接)。如果已不记得其实现细节也没关系，只需要注意这里的通用且不变的连接字符串是第一个参数，而连接对象本身的生命周期是短暂的，将在每个查询中创建。以下是上述方法的签名：

```
Retrieve<T> : (ConnectionString, SqlTemplate) → object → IEnumerable<T>
```

该函数接受一个连接字符串和一个 SQL 模板。这些值在应用程序启动时已知，因此它们可以由在启动时读取配置到 Retrieve 的组件提供。结果是一个仍在等待接收最后一个参数的函数：一个带有 SQL 查询参数的对象。例如，可以将这样的函数提供给处理客户端发出的传入请求的组件。希望你现在已了解了偏函数应用与关注点分离之间的关系。

代码清单 9.8 显示了如何让 Retrieve 参数化以实现我们需要的函数。

代码清单 9.8　提供参数以获得给定签名的函数

```
ConnectionString conn = configuration
   .GetSection("ConnectionString").Value;

SqlTemplate sel = "SELECT * FROM EMPLOYEES"
   , sqlById = $"{sel} WHERE ID = @Id"
   , sqlByName = $"{sel} WHERE LASTNAME = @LastName";

// queryById : object → IEnumerable<Employee>
var queryById = conn.Retrieve<Employee>(sqlById);   <- 连接字符串和 SQL 查询是固定的

// queryByLastName : object → IEnumerable<Employee>
var queryByLastName = conn.Retrieve<Employee>(sqlByName);   <- 连接字符串和 SQL 查询是固定的

// lookupEmployee : Guid → Option<Employee>
Option<Employee> lookupEmployee(Guid id)   <- 我们要实现的函数
   => queryById(new { Id = id }).SingleOrDefault();

// findEmployeesByLastName : string → IEnumerable<Employee>
IEnumerable<Employee> findEmployeesByLastName(string lastName)   <- 我们要实现的函数
   => queryByLastName(new { LastName = lastName });
```

这里，通过参数化前面定义的 Retrieve 方法来定义 queryById 和 queryByLastName。现在有两个一元函数，它们需要一个参数对象，该对象包装用于替换 SqlTemplate 中占位符的值。

剩下要做的就是定义 lookupEmployee 和 findEmployeesByLastName，使用本节开始时公开的签名。这些函数充当适配器函数，将输入参数转换为适当填充的参数对象。

注意 如果能够为Retrieve提供连接字符串，并获得一个可根据返回的数据类型进行参数化的函数，那就太好了。毕竟，与其他任何实体相同，也要使用该连接字符串来检索Employees。遗憾的是，C#不允许我们延迟泛型类型参数的解析。

这个示例展示了如何从一个非常通用的函数开始(该函数用于对任何 SQL 数据库运行任何查询)，到最终得到高度专业化的函数。注意，我们没有显式地使用 Curry 或 Apply，而是将 Retrieve 定义为：参数可以逐个给出。

9.5 应用程序的模块化及组合

随着应用程序逐渐变得庞大，需要将其模块化并分解为组件。例如，第 8 章中介绍的处理预约转账请求的端到端示例。下面将所有相关代码放在控制器中，最终控制器中的成员列表如代码清单 9.9 所示。

代码清单 9.9 一个担负过多职责的控制器

```
public class MakeTransferController : ControllerBase
{
    DateTime now;
    static readonly Regex regex = new Regex("^[A-Z]{6}[A-Z1-9]{5}$");
    string connString;
    ILogger<MakeTransferController> logger;

    public IActionResult MakeTransfer([FromBody] MakeTransfer request)

    IActionResult OnFaulted(Exception ex)

    Validation<Exceptional<Unit>> Handle(MakeTransfer request)

    Validation<MakeTransfer> Validate(MakeTransfer cmd)
    Validation<MakeTransfer> ValidateBic(MakeTransfer cmd)
    Validation<MakeTransfer> ValidateDate(MakeTransfer cmd)

    Exceptional<Unit> Save(MakeTransfer transfer)
}
```

如果这是一个现实中的银行应用程序，将不会只有两个用于检查转账请求有效性的规则，而是会有几十条规则。还需要身份和会话管理、检测等功能。简言之，控制器很快就会变得臃肿不堪，需要将其分解成独立组件，以承担更独立的职责。这会使代码更模块化，更易于管理。

模块化的另一个驱动因素是代码复用。例如，会话管理或授权的逻辑可能需要几个控制器，因此应该放在单个组件中。将应用程序分解为组件后，还需要将其组合在一起，以便所有必需的组件可在运行时进行协作。

本节将研究如何处理模块化，以及 OO 和函数式方法在这方面有何不同。下面通过重构 MakeTransferController 来说明这一点。

9.5.1　OOP 中的模块化

OOP 中的模块化通常是通过将职责分配给不同的对象并用接口捕获这些职责来获得。例如，可定义一个用于验证的 IValidator 接口和一个用于持久化的 Irepository，如代码清单 9.10 所示。

代码清单 9.10　使用 OOP 中的接口来捕获组件的职责

```
public interface IValidator<T>
{
  Validation<T> Validate(T request);
}

public interface IRepository<T>
{
  Option<T> Lookup(Guid id);
  Exceptional<Unit> Save(T entity);
}
```

控制器将依靠这些接口来完成工作，如图 9.3 所示。

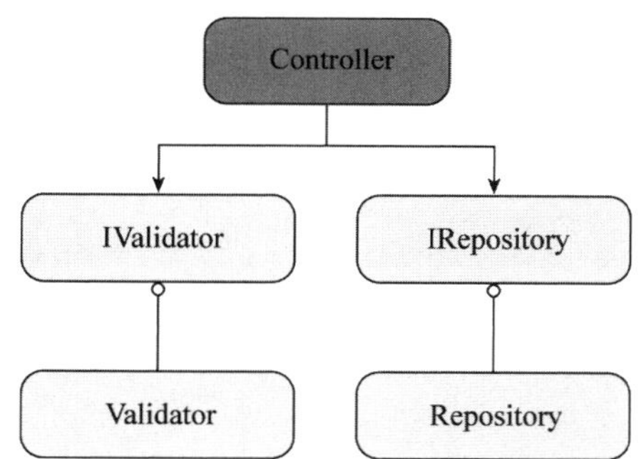

图 9.3　在面向对象设计中，较高级的组件(如 Controller)通过接口使用较低级的组件(如 Repository)

这遵循一种称为“依赖倒转”的模式，根据这种模式，较高层级的组件(如控制器)不直接使用较低层级的组件，而是采用抽象方法；抽象通常被理解为表示接口，由较低层级组件(如验证器和存储库)实现[1]。这种方法有以下两个好处。

- **解耦**——可交换存储库实现(将其从写入数据库更改为写入队列)，而不会影响控制器。只需要改变两者的连接方式即可。
- **可测试性**——可通过注入一个假的 IRepository 对处理程序进行单元测试，而不必连接数据库。

1　注意“依赖注入”和“依赖倒转”是有区别的。依赖倒转更普遍，意味着注入类、方法或函数所需的内容；例如，如果要注入一个具体实现、一个原始值或一个配置对象，则使用依赖注入，而不使用依赖倒转。依赖倒转依赖于依赖注入，反之则不然。

与依赖倒转相关的成本也是相当高昂的：

- 接口数量急剧增加，增加了样板代码并导致代码难以浏览。
- 组成应用程序的引导逻辑通常是不可忽视的。
- 构建可测试性的假实现可能很复杂。

为管理这种额外的复杂性，通常使用第三方框架，即 IoC 容器和模拟框架。如果采用这种方法，控制器的实现最终如代码清单 9.11 所示。

代码清单 9.11 小范围内函数式，大范围内 OO

```
public class MakeTransferController : ControllerBase
{
   IValidator<MakeTransfer> validator;            依赖项为对象
   IRepository<MakeTransfer> repository;

   public MakeTransferController(IValidator<MakeTransfer> validator
      , IRepository<MakeTransfer> repository)
   {
      this.validator = validator;            在构造函数中注入依赖项
      this.repository = repository;
   }

    [HttpPost, Route("api/transfers/book")]
   public IActionResult TransferOn([FromBody] MakeTransfer transfer)
      => validator.Validate(transfer)          使用依赖项
         .Map(repository.Save)
         .Match
          (
            Invalid: BadRequest,
            Valid: result => result.Match<IActionResult>
             (
               Exception: _ => StatusCode(500, Errors.UnexpectedError),
               Success: _ => Ok()
             )
         );
}
```

可以说上面的实现“在小范围内是函数式的，在大范围内是面向对象的”。主要组件(控制器、验证器、存储库)确实都是对象，并且程序行为是在这些对象的方法中编码。但许多函数式概念随后被用于方法的实现和定义它们的签名。

这种在一个整体 OO 软件架构内使用函数式技术将 FP 与 OOP 集成在一起的方式是完全有效的。也有可能推动函数式方法，以便在函数中捕获所有行为。接下来，你会看到这一点。

9.5.2 FP 中的模块化

OOP 的基本单位是对象，FP 中的基本单位是函数。FP 中的模块化是通过将职责分配给函数和组合函数来实现的。在函数式方法中，没有定义接口，因为函数签名已经提供了需要的所有接口。

例如，在第 3 章中介绍过，时间验证器类并不需要依赖“服务”，而可以只依赖返回当前时间的函数。代码清单 9.12 提供了示例。

代码清单 9.12　将函数注入为依赖项

```
public record DateNotPastValidator(Func<DateTime> Clock)
   : IValidator<MakeTransfer>
{
   public Validation<MakeTransfer> Validate(MakeTransfer transfer)
      => transfer.Date.Date < Clock().Date
         ? Errors.TransferDateIsPast
         : Valid(transfer);
}
```

毕竟，如果时钟(clock)不是一个可调用以获取当前时间的函数，那又是什么呢？更进一步：为什么需要首先使用 IValidator 接口？如果验证器不是可供调用以查明给定对象是否有效的函数，那又是什么呢？下面用一个委托来表示验证：

```
// Validator<T> : T → Validation<T>
public delegate Validation<T> Validator<T>(T t);
```

如果遵循这种方法，MakeTransferController 就不依赖于 IValidator 对象，而依赖于 Validator 函数。要实现一个 Validator，甚至不需要拥有对象或将依赖项存储为字段；相反，依赖项可作为函数参数传递，如代码清单 9.13 所示。

代码清单 9.13　依赖项可作为参数传递给函数

```
public static Validator<MakeTransfer> DateNotPast(Func<DateTime> clock)
   => transfer
   => transfer.Date.Date < clock().Date
      ? Errors.TransferDateIsPast
      : Valid(transfer);
```

这里，DateNotPast 是一个 HOF，它接受一个函数 clock(需要依赖项以了解当前日期)并返回一个 Validator 类型的函数。注意此方法如何创建接口，如何在构造函数中完成注入并将信息存储在字段中。

下面分析如何创建一个 Validator。当引导应用程序时，将给 DateNotPast 提供一个从系统时钟读取时间的函数：

```
Validator<MakeTransfer> val = DateNotPast(() => DateTime.UtcNow());
```

但出于测试的目的，可提供一个返回固定日期的 clock：

```
var uut = DateNotPast(() => new DateTime(2020, 20, 10));
```

注意，这实际上是偏函数应用程序：DateNotPast 是一个二元函数(以柯里化形式)，需要一个时钟和一个 MakeTransfer 来计算其结果。在组合应用程序时(或在单元测试的安排阶段)应提供第一个参数，并在实际处理接收到的请求时(或在单元测试的操作阶段)提供第二个参数。

除了验证器，MakeTransferController 还需要一个依赖项来持久化 MakeTransfer 的请求数据。要使用函数，可使用下面的签名来表示：

```
MakeTransfer → Exceptional<Unit>
```

同样，可通过一个通用函数来创建一个函数(向数据库写入内容)，签名如下：

```
TryExecute : ConnectionString → SqlTemplate → object → Exceptional<Unit>
```

然后，可使用配置文件中的连接字符串和具有要执行的命令的 SQL 模板对其进行参数化。这与第 9.3 节介绍的代码非常相似，此处将省略全部细节。现在控制器的实现如下所示：

```
public class MakeTransferController : ControllerBase
{
   Validator<MakeTransfer> validate;
   Func<MakeTransfer, Exceptional<Unit>> save;

   [HttpPost, Route("api/transfers/book")]
   public IActionResult MakeTransfer([FromBody] MakeTransfer cmd)
      => validate(cmd).Map(save).Match( //...
}
```

如果采用这种方法得出逻辑结论，那么当使用的所有逻辑都可在如下类型的函数中捕获时，为什么需要一个控制器？

```
MakeTransfer → IResult
```

这是一个函数，它接受一个 MakeTransfer 命令(是从 HTTP 请求体中反序列化得到的)，并返回一个 IResult。ASP.NET 用于适当地填充 HTTP 响应。更准确地说，该函数还需要接收它所依赖的 validate 和 save 函数。代码清单 9.4 展示了这种方法。

代码清单 9.14　用例的顶级函数

```
using static Microsoft.AspNetCore.Http.Results;   // ← 定义函数 Ok、BadRequest 等，它们填充一个 IResult

static Func<MakeTransfer, IResult> HandleSaveTransfer
(
   Validator<MakeTransfer> validate,                // 依赖项要求处理该命令
   Func<MakeTransfer, Exceptional<Unit>> save
)
=> transfer                                         // ← API 接收到的命令
=> validate(transfer).Map(save).Match
   (
     Invalid: err => BadRequest(err),
     Valid: result => result.Match
   (
     Exception: _ => StatusCode(StatusCodes.Status500InternalServerError),
     Success: _ => Ok()
   )
);
```

这与 MakeTransferController 方法基本相同，只是有一些区别：

- 依赖项不存储在字段中，而是成为函数(以参数形式传递)。在应用程序启动时我们期待获得 validate 和 save 输入，从而产生一个接受 MakeTransfer 的函数，该函数在每次传入请求时都会被调用。
- 代码使用像 Ok 和 BadRequest 这样的函数来填充一个 IResult。这些被公开为 Microsoft.AspNetCore.Http.Results 中的静态方法。相比之下，前面的实现(代码清单 9.11)使用了从 ControllerBase 继承而来的同名方法。

现在我们需要注册这个函数，以便在客户端向相应路由发送 HTTP 请求时实际调用它。下面讨论具体怎么做。

9.5.3　将函数映射到 API 端点

可以将 Web API 看作一个函数，它以 HTTP 请求作为输入，并产生 HTTP 响应作为输出。这样的函数是如何工作的呢?它会查看请求的路由，并将请求传递给相应的函数，即一个函数集合，每个 API 端点对应一个函数。从概念上讲，很容易将 API 联想为一组函数。然而，长期以来，用 ASP.NET 将这一想法转化为实践是不切实际的，因为 ASP.NET 喜欢用 MVC 控制器来创建 Web API。

这在.NET 6 中完全改变了，它包含了最小的 API，一个允许简单地将函数映射到 API 端点的特性。这代表着一个巨大的转变！多年来，C#已经有了一些函数式特性，但包括 ASP.NET 在内的 OO 框架对它们的使用有些限制。而最小的 API 允许从头开始以函数式风格进行构建。

提示　如果不能使用.NET 6，仍然可以通过使用名为 Feather HTTP 的包来构建函数式风格的 Web API。Feather HTTP 是.NET 6 最小 API 的第一个化身。关于如何引用 Feather HTTP 的最新说明，可以参见链接[2]。

使用最少的 API，只需几行代码就可以配置 Web API。

代码清单 9.15　配置最小的 Web API

```
using Microsoft.AspNetCore.Builder;

var app = WebApplication.Create();          ← 创建 Web 应用程序

app.MapGet("/", () => "Hello World!");      ← 配置端点

await app.RunAsync();                       ← 开始监听请求
```

如上所述，只需要创建一个 WebApplication，然后使用 MapGet、MapPost 等，提供路由和处理该路由上请求的函数。这与在其他语言中非常流行的微 Web 框架是一致的。

顶级语句

前面的代码清单使用了顶级语句，这是 C# 9 引入的一个特性。你可以拥有一个包含松散语句的单个文件，这将作为应用程序的入口点(以前这些语句会被装在 Program.Main 中)。

如果你正在编写一个最小的 API，那么将 API 配置放在入口点文件中很有必要，并使用顶级语句。在这个文件中，可以将应用程序的所有端点映射到项目中其他文件中定义的函数。

代码清单 9.16 显示了另一个稍微复杂一点的端点。它接收 Todo 对象并将其保存到数据库。

代码清单 9.16　配置 POST 请求

```
app.MapPost("/todos", async
   (
      [FromServices] TodoDbContext db,     ← 必须注册此依赖项
      Todo todo     ← 反序列化的请求体
   ) =>
   {
      await db.Todos.AddAsync(todo);     ┐ 写入 DB
      await db.SaveChangesAsync();       ┘

      return new StatusCodeResult(204);     ← 填充响应
   });
```

如上所述，最小的 API 提供了 MVC 控制器中所有可用的额外功能(依赖注入、反序列化、处理异步进程等)，而且不需要太多的仪式。类似地，在 BOC 应用程序中，只需要将代码清单 9.14 中定义的处理程序插入 WebApplication 中。应用程序的入口点如下：

```
var app = WebApplication.Create();
var handleSaveTransfer = ConfigureSaveTransferHandler(app.Configuration);

app.MapPost("/Transfer/Future", handleSaveTransfer);

await app.RunAsync();
```

剩下的就是实现 ConfigureSaveTransferHandler，我们在其中设置将在 MakeTransfer 处理程序中使用的依赖项。代码清单 9.17 显示了这个设置。

代码清单 9.17　连接用例所需的函数

```
static Func<MakeTransfer, IResult>
   ConfigureSaveTransferHandler(IConfiguration config)
{
   ConnectionString connString
      = config.GetSection("ConnectionString").Value;
   SqlTemplate InsertTransferSql = "INSERT ...";

   var save = connString.TryExecute(InsertTransferSql);     ← 建立持久性

   var validate = DateNotPast(() => DateTime.UtcNow);     ← 设置验证
```

```
   return HandleSaveTransfer(validate, save);  ← 将两者合并到主工作流中
}
```

在这里，我们将各个部分连接起来：为通用 TryExecute 提供所需的所有参数，以便在需要时将 MakeTransfer 保存到 DB；给 DateNotPast 一个时钟；最后，将两个结果函数都提供给逻辑中的 main 函数(代码清单 9.14)。

就是这样！前面介绍了如何只用函数来构建整个用例：没有接口，没有存储库，只有函数(一个用于保存数据的函数，一个用于验证的函数，一个用于将两者结合起来处理请求的函数)。它实际上是非常干净和简单的。

我们仍简单地只应用了一个验证规则，但 9.6 节将处理多个规则。首先，让我们讨论一下这个示例中 OO 和函数式方法是如何叠加的。

9.5.4 比较两种方法

在刚才展示的实现中，所有的依赖项都被注入为函数。请注意，采用这种方法，仍可获得与依赖倒转相关的好处：

- **解耦**——函数对它所使用的函数的实现细节一无所知。
- **可测试性**——测试这些函数时，只需要传递一个返回可预测结果的函数即可。

还可减轻 OOP 版本中与依赖倒转相关的一些问题：

- 不需要定义任何接口。
- 这使得测试更容易，因为不需要设置假数据。

例如，在本节中开发的用例的测试如代码清单 9.18 所示。请注意，当依赖项是函数时，不必用假数据编写单元测试。

代码清单 9.18　不使用假数据的单元测试

```
[Test]
public void WhenValid_AndSaveSucceeds_ThenResponseIsOk()
{
   var handler = HandleSaveTransfer
    (
      validate: transfer => Valid(transfer),  | 注入返回可预测结果的函数
      save: _ => Exceptional(Unit())          |
   );

   var result = controller.MakeTransfer(MakeTransfer.Dummy);

   Assert.AreEqual(typeof(OkResult), result.GetType());
}
```

到目前为止，函数式方法似乎更可取。还有一点需要指出。在 OO 实现中(代码清单 9.10)，控制器依赖于如下的 IRepository 接口：

```
public interface IRepository<T>
{
```

```
    Option<T> Lookup(Guid id);
    Exceptional<Unit> Save(T entity);
}
```

但请注意，控制器仅使用 Save 方法。这违反了接口隔离原则(interface segregation principle，ISP)，ISP 规定客户端不应该依赖于它们不使用的方法。例如，因相信 15 岁的儿子而让他带着房门钥匙，并不意味着他也应该有车门钥匙。实际上，IRepository 接口应被拆解为两个单一方法接口，并且控制器应该依赖于较小接口，如下所示：

```
public interface ISaveToRepository<T>
{
    Exceptional<Unit> Save(T entity);
}
```

这进一步增加了应用程序中的接口数量。如果你尽力推动 ISP，那么最终会发现单一方法接口的普遍性，这些接口传递的信息与函数签名相同，最终使注入函数变得更简单，如同在函数式方法中注入一样。

当然，如果控制器确实需要函数来读写，那么在函数式风格中，必须注入两个函数，增加依赖项的数量。像往常一样，函数式风格更明确。

为了完成这个用例的实现，需要满足不止一个，而是很多的验证规则。在 OOP 中，可以使用一个复合验证器来实现 IValidator，并在内部使用一组特定的 IValidator。但是这里希望以一种函数式的方式来完成这一任务，并使用一个 Validator 函数在内部组合许多 Validator 规则。接下来将讨论这个问题，但是为了做到这一点，必须先退一步，看看将值列表缩减为单个值的一般模式。

9.6 将列表压缩为单个值

将值列表压缩为单个值是一种常见操作，但目前尚未讨论。在 FP 中，这种操作称为折叠或压缩，这些是在大多数语言或库以及 FP 文献中常见的名称。特别地，LINQ 使用不同的名称：Aggregate。如果你已经熟悉 Aggregate，可跳过下一节。

9.6.1 LINQ 的 Aggregate 方法

注意，迄今使用 IEnumerable 的大多数函数也返回一个 IEnumerable。例如，Map 接受 n 个事物的列表并返回 n 个事物的另一个列表(可能具有不同类型)。Where 和 Bind 也仍在抽象范围内，它们接受一个 IEnumerable 并返回一个 IEnumerable，尽管列表的大小或元素的类型可能会有所不同。

Aggregate 与这些函数的不同，它接受 n 个事物的列表，但只返回一个结果(就像你可能熟悉的 SQL 集合函数 COUNT、SUM 和 AVERAGE 一样)。

给定一个 IEnumerable <T>，Aggregate 将接受一个初始值，称为累加器(accumulator)或种

子(seed)，以及一个 reducer 函数(一个二元函数，接受累加器和列表中的元素，并返回累加器的新值)。然后 Aggregate 遍历列表，将函数应用于累加器的当前值和列表中的每个元素。Aggregate 的签名是：

```
IEnumerable<T> → Acc → (Acc → T → Acc) → Acc
```

例如，你可以有一个柠檬列表，并将其聚合成一杯柠檬汁。累加器将是一个空杯子，如果柠檬列表是空的，便返回一个空杯。reducer 函数接受一个玻璃杯和一个柠檬，并返回一杯挤入柠檬的玻璃杯。Aggregate 则遍历列表，将每个柠檬挤入杯子，最后返回装有所有柠檬汁的玻璃杯。

图 9.4 以图形方式展示了它。如果列表为空，Aggregate 只返回给定的累加器，即 *acc*。如果其包含一个 t_0 项，则返回将 *f* 应用于 *acc* 和 t_0 的结果，我们称该值为 acc_1。如果其包含更多项，则计算 acc_1，然后将 *f* 应用于 acc_1 和 t_1 以获得 acc_2，以此类推，最终返回 acc_N 结果。可将 *acc* 看成初始值，给定函数将应用于列表中的所有值。

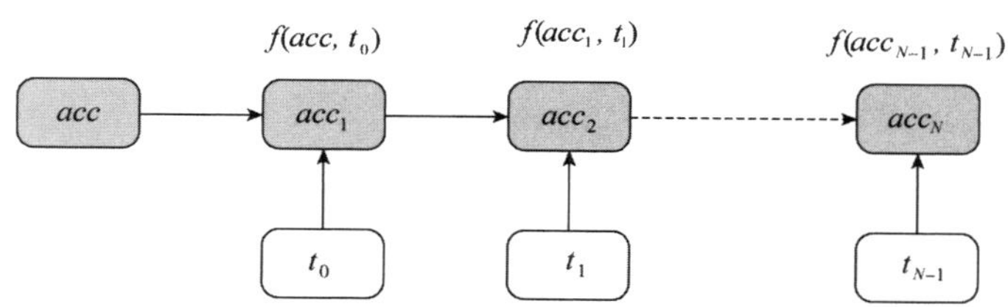

图 9.4　使用 Aggregate 将列表压缩为单个值

Sum 函数(在 LINQ 中可单独使用)是 Aggregate 的一个特例。一个空列表中的所有数字之和是多少？当然是 0！所以这就是我们的累加器值。二元函数只是加法，Sum 函数如代码清单 9.19 所示。

代码清单 9.19　Sum 作为 Aggregate 的一个特例

```
Range(1, 5).Aggregate(0, (acc, i) => acc + i) // => 15
```

这将扩展为：

```
((((0 + 1) + 2) + 3) + 4) + 5
```

更一般地，ts.Aggregate(acc,f)将扩展为：

```
f(f(f(f(acc, t0), t1), t2), ... tn)
```

也可将 Count 看成 Aggregate 的一个特例：

```
Range(1, 5).Aggregate(0, (count, _) => count + 1) // => 5
```

注意，累加器类型不一定是列表项的类型。例如，假设我们有一份列表，我们想将列表项添加到树中。如果列表项的类型是 T，那么累加器的类型应该是 Tree<T>。如代码清单 9.20 所示，从一个作为累加器的空树开始，随后在遍历列表时添加每一项。

代码清单 9.20 使用 Aggregate 来创建一个具有列表中所有项的树

```
Range(1, 5).Aggregate(Tree<int>.Empty, (tree, i) => tree.Insert(i))
```

在这个例子中，假定 tree.Insert(i)返回一个具有新插入值的树。

Aggregate 是一种非常强大的方法，可实现 Map、Where 和 Bind——建议将其作为一个练习。还有一个不太常见的重载，它不需要累加器参数，而是使用列表的第一个元素作为累加器。这个重载的签名是：

```
IEnumerable<T> → (T → T → T) → T
```

使用这种重载时，结果类型与列表中的元素类型相同，而且列表不能为空。

9.6.2 聚合验证结果

现在你已知道如何将值列表压缩为单个值，下面来应用这些知识，并了解如何将验证器列表“压缩”为单个验证器。为此，需要实现一个具有以下类型的函数：

```
IEnumerable<Validator<T>> → Validator<T>
```

注意，因为 Validator 本身就是一个函数类型，所以前面的类型可扩展为：

```
IEnumerable<T → Validation<T>> → T → Validation<T>
```

首先，我们需要决定我们希望组合验证如何工作：

- **快速失败**——如果应该优化验证以提高效率，那么只要其中一个验证器失败，组合验证就会失败，从而最大限度地减少资源的使用。如果以编程方式验证从应用程序发出的请求，这是一个很好的方法。
- **收集错误**——可能需要识别所有违规的规则，以便在发出另一个请求之前将其修复。如果要对用户通过表单提交的请求进行验证，这是一种更好的方法。

快速失败策略更容易实现：每个验证器都返回一个 Validation，并且 Validation 公开一个 Bind 函数，该函数只在状态为 Valid 时才应用绑定函数(就像 Option 和 Either 一样)，所以可使用 Aggregate 遍历验证器列表，并将每个验证器绑定到运行结果。

代码清单 9.21 使用 Aggregate 应用列表中的所有验证

```
public static Validator<T> FailFast<T>
   (IEnumerable<Validator<T>> validators)
   => t
   => validators.Aggregate(Valid(t)
      , (acc, validator) => acc.Bind(_ => validator(t)));
```

注意，FailFast 函数接受一个 Validator 列表并返回一个 Validator，即一个函数，该函数需要一个类型为 T 的对象来验证。在接收到有效的 t 时，它使用 Valid(t)作为累加器来遍历验证器列表(即，如果验证器列表为空，则 t 有效)，并将列表中的每个验证器应用于具有 Bind 的累加器。从概念上讲，对 Aggregate 的调用将扩展为：

```
Valid(t)
   .Bind(validators[0]))
   .Bind(validators[1]))
   ...
   .Bind(validators[n - 1]));
```

由于 Bind 是为 Validation 定义的，所以每当一个验证器失败时，后续验证器都将被跳过，且整体验证失败。

并非所有验证都同样昂贵。例如，验证 BIC 代码是否正确地使用正则表达式(如代码清单 8.7 所示)就非常廉价。假设还需要确保给定的 BIC 代码标识了一个现有的银行分行。这可能涉及数据库查询或远程调用一个具有有效代码列表的服务，这显然更昂贵。

为确保整体验证的高效性，需要相应地对验证器列表进行排序。在本示例中，需要首先应用廉价的正则表达式验证，再应用昂贵的远程查找。

9.6.3　收集验证错误

另一种方法是优先考虑完整性，保留所有验证失败的详细信息。在本示例中，你并不希望因失败而阻止进一步的计算；相反，你希望确保所有验证器都运行，并且收集所有错误(如果有)。如果你正在验证具有大量字段的表单并希望用户看到他们需要修复的所有内容以便进行有效提交，这会非常有用。代码清单 9.22 显示了如何重写组合不同验证器的方法。

代码清单 9.22　从所有失败的验证器中收集错误

```
public static Validator<T> HarvestErrors<T>
   (IEnumerable<Validator<T>> validators)
   => t =>
{
   var errors = validators
      .Map(validate => validate(t))      ← 独立运行所有验证器
      .Bind(v => v.Match(
         Invalid: errs => Some(errs),     ← 收集验证错误
         Valid: _ => None))     ← 忽视通过的验证
      .ToList();

   return errors.Count == 0     ← 如果没有错误，则整体验证通过
      ? Valid(t)
      : Invalid(errors.Flatten());
};
```

这里不使用 Aggregate，而使用 Map 将验证器列表映射到在要验证的对象上运行验证器的结果。这确保所有验证器都是独立调用的，并且最终得到 Validation 的 IEnumerable。

而这里有意收集所有错误。为此，应使用 Option。我们将 Invalid 映射到包装了错误的 Some，并将 Valid 映射到 None。还记得在第 6 章中，Bind 用来从 Option 列表中过滤掉 None，这就是在此获取所有错误的列表的过程。因为每个 Invalid 都包含错误列表，所以 errors 实际上是列表的列表。如果出现错误，需要将其平铺到一维列表中并用其填充 Invalid。如果没有错误，就返

回一个有效的 Valid。[1]

9.7 练习

1. 一个具有二元算术函数的偏函数应用：
   - 编写一个函数 Remainder，用于计算整数除法的余数部分(负的输入值也适用)。注意参数的预期顺序可能并非偏函数最需要的顺序(更有可能部分地应用除法)。
   - 编写一个 ApplyR 函数，给出给定二元函数的最右边参数(在不查看 Apply 实现的情况下尝试实现)。以柯里化形式和非柯里化形式，用箭头符号书写 ApplyR 的签名。
   - 使用 ApplyR 创建一个函数，该函数返回任何数除以 5 的余数。
   - 编写一个 ApplyR 的重载，给出三元函数最右边的参数。
2. 三元函数：
   - 定义一个 PhoneNumber 类，包含三个字段：数字类型(家庭电话、手机号...)、国家代码('it'、'uk'...)和编号。CountryCode 应该是一个自定义类型，具有与字符串之间的隐式转换。
   - 定义一个三元函数，创建一个新编号，给出这些字段的值。工厂函数的签名是什么？
   - 使用偏函数创建一个二元函数，用于创建 UK 编号，然后创建一个可创建 UK 手机号的一元函数。

3. 函数无处不在，但你可能仍感觉对象比函数更强大。比如，一个日志记录器对象应公开 Debug、Info 和 Error 等相关操作的方法。但是，为了证明这不一定正确，可尝试编写一个非常简单的日志机制(记录到控制台即可)，而不需要任何类或结构。你仍然能将一个 Log 值注入使用者类或函数中，并公开 Debug、Info 和 Error 等操作，如下所示：

```
void ConsumeLog(Log log)
   => log.Info("look! no classes!");
```

4. 开放式练习：在日常编码中，请开始更多地关注所编写和使用的函数的签名，如参数的顺序是否合理？它们是否从一般到具体？有没有一些参数始终使用相同的值来调用，以便可以部分地应用它？是否有时会编写相同代码的类似变体，能否将它们泛化为参数化函数？

5. 用 Aggregate 实现 IEnumerable 的 Map、Where 和 Bind。

9.8 本章小结

- 偏函数应用意味着给函数逐个提供参数，在给出每个参数的情况下有效地创建一个更

1 实际上有一种更简单的方法来完成此任务，即使用应用式(applicative，是加强版函子，或称可适用函子)和遍历(traverse)工具。第 15 章将介绍这种方法。

专用的函数。

- 柯里化意味着更改函数的签名，以便一次只接受一个参数。
- 偏函数应用使你可通过参数化其行为来编写高度通用的函数，然后提供参数以获取愈发专业化的函数。
- 参数顺序的问题很重要：首先给出最左边的参数，以便函数按照“从一般到具体”的顺序声明其参数。
- 在 C#中使用多参函数时，方法解析可能出现问题，并产生语法开销。这可通过依赖 Func(而不是方法)来解决。
- 可通过参数声明方式来注入函数所需的依赖项。这使你可以完全采用函数来编写应用程序，而不会影响关注分离、解耦及可测试性。

第 10 章

有效地处理多参函数

本章主要内容：

- 对高级类型使用多参函数
- 对任何单子类型使用 LINQ 语法
- 基于属性的测试的基本原理

本章主要介绍如何在效果(effectful)类型的世界中使用多参函数，因此标题中的“有效”是双关语！6.6.1 节曾提到，效果类型包括 Option(增加了可选性的效果)、Exceptional(异常处理)、IEnumerable(聚合)等。在第Ⅲ部分，你会看到更多与状态、惰性和异步相关的效果。

当你编写更多函数式代码时，你将更加依赖这些效果。你可能已经用过很多 IEnumerable。如果你认为 Option 这样的类型以及某种 Either 的变体可增强程序的稳健性，那么你很快就会在大部分代码中处理高级类型。

尽管前面介绍了 Map 和 Bind 等核心函数的强大功能，但还有一项你尚未见过的重要技术：鉴于 Map 和 Bind 都采用一元函数，如何将多参函数集成到工作流中？

事实证明，有两种可能的方法：应用式(applicative，即加强版函子，或称可适用函子)和单子(monad)方法。首先看一下应用式方法，该方法使用 Apply 函数——你尚未见过的核心函数。接着，我们将重新讨论单子，讨论如何使用带有多参函数的 Bind，以及 LINQ 语法在该领域是多么重要。然后，比较这两种方法，并了解为什么这两种方法在不同情况下都是有用的。同时，还将介绍一些与单子和应用式有关的理论，并介绍一种称为“基于属性的测试”的单元测试技术。

10.1 高级界域中的函数应用程序

本节介绍应用式方法，该方法依赖于一个新函数(即Apply)的定义，Apply 在高级界域中负责执行函数应用程序。Apply(如 Map 和 Bind)是 FP 中的核心函数之一。

先进行热身练习，请启动 REPL，像往常一样导入 LaYumba.Functional 库，然后输入以下内容：

```
var doubl = (int i) => i * 2;

Some(3).Map(doubl) // => Some(6)
```

到目前为止，并没有什么新内容：有一个包装在 Option 中的数字，而且可使用 Map 将一元函数@double 应用于该数字。现在，假设有一个二元函数，如乘法函数，并且有两个数字，每个数字都被包装在一个 Option 中。如何将这个函数应用于它的参数？

这里的关键概念是：柯里化(第 9 章中介绍过)允许将任意 n 元函数转变成一个一元函数，当给定参数时，将返回一个(n-1)元函数。这意味着可对任何函数使用 Map，只要该函数已被柯里化！下面在实践中了解这一点，如代码清单 10.1 所示。

代码清单 10.1 将一个柯里化函数映射到 Option

```
var multiply = (int x) => (int y) => x * y;

var multBy3 = Some(3).Map(multiply);
// => Some(y => 3 * y))
```

记住，当将一个函数映射到一个 Option 上时，Map 会“提取”Option 中的值并将给定的函数应用于该值。在上述代码清单中，Map 将从 Option 中提取值 3 并提供给 multiply 函数：3 将替换变量 x，生成函数 y => 3 * y。下面分析这些类型：

```
multiply                : int → int → int
Some(3)                 : Option<int>
Some(3).Map(multiply)   : Option<int → int>
```

因此，当映射一个多参函数时，该函数将被部分地应用于包装在该 Option 中的参数。下面从更一般的观点来看待该问题。这里是函子 F 的 Map 的签名：

```
Map : F<T> → (T → R) → F<R>
```

现在设想 R 的类型恰好是 T1 → T2，那么 R 实际上是一个函数。在本示例中，签名扩展到：

```
F<T> → (T → T1 → T2) → F<T1 → T2>
```

但看看第二个参数：T → T1 → T2，这是一个柯里化形式的二元函数。这意味着可真正地对任何元数的函数使用 Map！为避免调用者不得不将函数柯里化，函数式库包含了可接受各种元数的函数的 Map 的重载，并处理了柯里化。例如：

```
public static Option<Func<T2, R>> Map<T1, T2, R>
   (this Option<T1> opt, Func<T1, T2, R> func)
   => opt.Map(func.Curry());
```

因此，代码清单 10.2 所示的代码也可正常工作。

代码清单 10.2　将一个二元函数映射到一个 Option 上

```
var multiply = (int x, int y) => x * y;

var multBy3 = Some(3).Map(multiply);
multBy3 // => Some(y => 3 * y))
```

现在，你知道了如何有效地对多参函数使用 Map，再来看看结果值。这是以前从未见过的内容：一个高级函数——一个包装在高级类型中的函数，如图 10.1 所示。

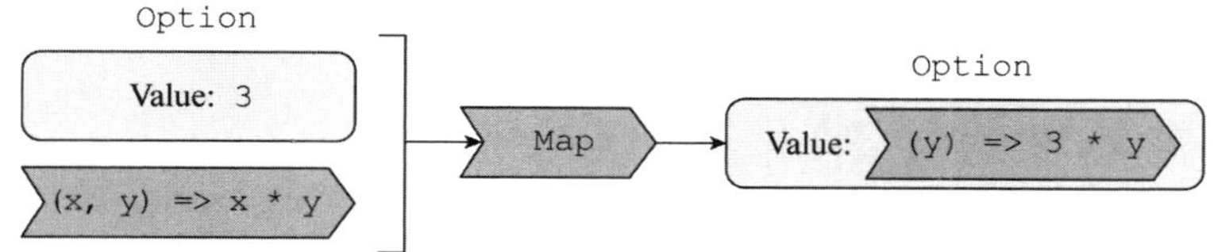

图 10.1　将一个二元函数映射到一个 Option 上，生成一个包装在 Option 中的一元函数

高级函数也没有什么特别之处。函数也仅是值，所以它只是包装在一个常用容器中的另一个值。

然而，如何处理函数高级值呢？现在有了一个包装在 Option 中的一元函数，该如何为其提供第二个参数呢？如果第二个参数也被包装于 Option 中呢？简单的方法是显式地将这两个值拆解出来，然后将函数应用于参数，如下所示：

```
var multiply = (int x, int y) => x * y;

Option<int> optX = Some(3)
          , optY = Some(4);
var result = optX.Map(multiply).Match
(
   () => None,
   (f) => optY.Match
   (
      () => None,
      (y) => Some(f(y))
   )
);

result // => Some(12)
```

这段代码不太好：它让 Option 的高级界域应用该函数，只是将结果重新提升到 Option 中。是否可对其进行抽象，在不离开高级界域的情况下将多参数函数集成到工作流中呢？这确实是 Apply 函数的作用所在，接下来将对其进行讨论。

10.1.1　理解应用式

在讨论如何为高级值定义 Apply 之前，先简要回顾第 9 章中定义的 Apply 函数，该函数在常规值界域中执行偏函数应用。我们为 Apply 定义了各种重载函数，它接受一个 n 元函数和一个参数，并将应用函数的结果返回给参数。签名形式为：

```
Apply : (T → R) → T → R
Apply : (T1 → T2 → R) → T1 → (T2 → R)
Apply : (T1 → T2 → T3 → R) → T1 → (T2 → T3 → R)
```

这些签名表示“给我一个函数和一个值，我会给出将该函数应用于该值的结果”，无论这是函数还是部分应用的函数的返回值。

在高级界域中，我们需要定义 Apply 的重载，其中输入值和输出值被包装在高级类型中。一般而言，对于可定义 Apply 的任何函子 A，Apply 的签名将如下所示：

```
Apply : A<T → R> → A<T> → A<R>
Apply : A<T1 → T2 → R> → A<T1> → A<T2 → R>
Apply : A<T1 → T2 → T3 → R> → A<T1> → A<T2 → T3 → R>
```

正如常规的 Apply 一样，在高级界域中也是“给我一个包装于 A 中的函数和一个包装于 A 中的值，我会给出将该函数应用该值的结果(当然也包装于 A 中)”，如图 10.2 所示。

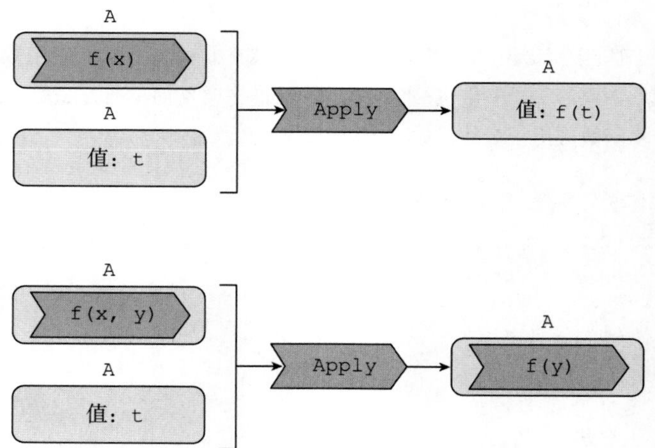

图 10.2　Apply 在高级界域中执行了函数应用程序

Apply 的实现必须拆解函数，拆解值，将函数应用于值，然后将结果重新包装。当为一个函子 A 定义一个适用的 Apply 实现时，这被称为一个可适用函子(或一个应用式)。代码清单 10.3 显示了如何为 Option 定义 Apply，使其成为一个应用式。

代码清单 10.3　Option 的 Apply 实现

```
public static Option<R> Apply<T, R>
(
   this Option<Func<T, R>> optF,
   Option<T> optT
)
=> optF.Match
```

```
(
    () => None,
    (f) => optT.Match
    (
       () => None,
       (t) => Some(f(t))
    )
);

public static Option<Func<T2, R>> Apply<T1, T2, R>
(
   this Option<Func<T1, T2, R>> optF,
   Option<T1> optT
)
=> Apply(optF.Map(F.Curry), optT);
```

如果两个 Option 均为 Some，则仅将包装函数应用于包装值

柯里化包装函数并使用接受一个 Option 的重载来包装一个一元函数

第一个重载是最重要的。它接受一个包装于 Option 中的一元函数，以及一个应用于函数的参数(也被包装于一个 Option 中)。只有当两个输入都是 Some 时，实现才会返回 Some，其他情况下返回 None。

与往常一样，包装函数的各种元数都需要重载，但可根据一元函数的版本来定义重载，如第二次重载所示。

现在已经处理了包装和拆解的底层细节，下面分析如何对一个二元函数使用 Apply：

```
var multiply = (int x, int y) => x * y;

Some(3).Map(multiply).Apply(Some(4));
// => Some(12)

Some(3).Map(multiply).Apply(None);
// => None
```

简言之，如果有一个包装于容器中的函数，则 Apply 允许为其提供参数。下面进一步讨论这一想法。

10.1.2 提升函数

在目前见过的所有例子中，通过将多参函数映射到一个高级值可将函数“提升”到一个容器中，如下所示：

```
Some(3).Map(multiply)
```

或者，可通过简单地使用容器的 Return 函数将函数提升到容器中，就像使用任何其他值一样。毕竟，所包装的函数并不关心如何到达那里。所以可编写如下代码：

```
Some(multiply)
   .Apply(Some(3))
   .Apply(Some(4))

// => Some(12)
```

将函数提升到一个 Option 中

使用 Apply 来提供参数

这可推广到任意元数的函数。与往常一样，你可以获得 Option 的安全性，因此如果过程中

有任何值为 None，则最终结果也将为 None：

```
Some(multiply)
   .Apply(None)
   .Apply(Some(4))
// => None
```

如你所见，在高级界域中有两种不同但等效的方式用于对一个二元函数求值，如表 10.1 所示。

表 10.1 在高级界域中实现函数应用程序的两种等效方式

首先对函数执行 Map 操作，然后执行 Apply 操作	首先提升函数，然后执行 Apply 操作

`Some(3)`
`   .Map(multiply)`
`   .Apply(Some(4))`
	`Some(multiply)`
	`   .Apply(Some(3))`
	`   .Apply(Some(4))`

第二种方式是首先使用 Return 来提升函数，然后应用参数，其更易读且更直观，因为这与常规值界域中的偏函数应用类似，如表 10.2 所示。

表 10.2 常规值和高级界域中的偏函数应用

使用常规值的偏函数应用	使用高级值的偏函数应用

`multiply`
`   .Apply(3)`
`   .Apply(4)`
 	
`// => 12`
	`Some(multiply)`
	`   .Apply(Some(3))`
	`   .Apply(Some(4))`
	
	`// => Some(12)`

就结果函子而言，无论是使用 Map 获得函数还是使用 Return 来提升函数都无关紧要。这是一个必要条件，且如果应用式正确实现，它将保持不变，这有时称为应用式定律。[1]

10.1.3 基于属性的测试

是否可编写一些单元测试来证明我们用来处理 Option 的函数满足应用式定律？有一种针对此类测试的特定技术——即测试一个实现是否满足某些定律或属性。这称为“基于属性的测试”，并且已有一种称为 FsCheck 的支持框架可用于在.NET 中执行基于属性的测试。[2]

基于属性的测试是参数化的单元测试，其断言应该适用于任何可能的参数值。你可以编写一个参数化测试，然后让诸如 FsCheck 的框架用大量随机生成的参数值，重复运行测试。

通过例子来理解这一点最容易。代码清单 10.4 展示了一个应用式定律的属性测试。

1 实际上，正确的 Apply 和 Return 的实现必须满足四条定律。这些定律本质上认为恒等函数、函数组合和函数应用在应用世界中的作用与在正常世界中的一样。文中所提到的应用式定律是这些定律的结果，它在重构和实际使用方面比基本的四条定律更重要。这里不详细讨论这四条定律，但如果想要了解更多，可通过链接[1]查看 Haskell 中应用式模块的文档。

2 FsCheck 是用 F#编写的，且可免费获取(可通过链接[2]下载)。与为其他语言编写的许多类似框架一样，它是 Haskell 的 QuickCheck 的一个端口。

代码清单 10.4 一个基于属性的测试展示了应用式定律

```
using FsCheck.Xunit;
using Xunit;

Func<int, int, int> multiply = (i, j) => i * j;

[Property]   ← 标记一个基于属性的测试
void ApplicativeLawHolds(int a, int b)   ← FsCheck 会随机生成大量输入值来运行测试
{
   var first = Some(multiply)
      .Apply(Some(a))
      .Apply(Some(b));
   var second = Some(a)
      .Map(multiply)
      .Apply(Some(b));

   Assert.Equal(first, second);
}
```

如果查看测试方法的签名，会发现它使用两个 int 值进行参数化。但这与在第 3 章中见到的参数化测试有所不同，这里没有提供任何参数值。相反，只是用 FsCheck.Xunit 中定义的 Property 属性来修饰测试方法[1]。当运行测试时，FsCheck 将随机生成大量输入值，并使用这些值来运行测试[2]。这使你不必提供样本输入，并让你更好地确信边缘情况已被覆盖。

该测试通过，但我们将 int 作为参数并将它们提升到 Option 中，仅表明了处于 Some 状态的 Option 的行为。还应该测试 None 的情况。测试方法的签名其实应为：

```
void ApplicativeLawHolds(Option<int> a, Option<int> b)
```

也就是说，理想情况下也会如 FsCheck 一样，随机生成 Some 或 None 状态下的 Option 并将它们提供给测试。

如果试图运行它，FsCheck 会抱怨它不知道如何随机生成一个 Option <int>。幸运的是，可让 FsCheck 知道如何做到这一点，如代码清单 10.5 所示。

代码清单 10.5 教会 FsCheck 创建任意 Option

```
static class ArbitraryOption
{
   public static Arbitrary<Option<T>> Option<T>()
   {
      var gen = from isSome in Arb.Generate<bool>()
                from val in Arb.Generate<T>()
                select isSome && val != null ? Some(val) : None;
      return gen.ToArbitrary();
```

1 这也具有将基于属性的测试与测试框架集成在一起的效果：当使用 dotnet 测试来运行测试时，所有基于属性的测试都将与常规的单元测试一样运行。也有可用的 FsCheck.NUnit 包，公开了 Nunit 的 Property 属性。

2 默认情况下，FsCheck 会生成 100 个值，但可自定义输入值的数量和范围。如果真正要开始使用基于属性的测试，那么能微调生成值的参数是很重要的。

```
    }
}
```

FsCheck 知道如何生成基本类型，如 bool 和 int，因此生成一个 Option<int>应该很容易：生成一个随机 bool，然后是一个随机 int；如果 bool 为 false，则返回 None，否则将生成的 int 包装到一个 Some 中。这是前面代码的根本含义——不要担心此刻的确切细节。

现在只需要指示 FsCheck 在需要一个随机的 Option<T>时查看 Arbitrary Option 类。

代码清单 10.6 使用任意 Option 来参数化基于属性的测试

```
[Property(Arbitrary = new[] { typeof(ArbitraryOption) })]
void ApplicativeLawHolds(Option<int> a, Option<int> b)
   => Assert.Equal
    (
      Some(multiply).Apply(a).Apply(b),
      a.Map(multiply).Apply(b)
);
```

果然，FsCheck 现在能够随机生成该测试的输入，且是可通过的，并能精确地说明应用式定律。它是否证明了实现始终满足应用式定律呢？不完全是，因为它只是测试了该属性适用于乘法函数，而该定律应该适用于任何函数。遗憾的是，与数字及其他值不同，不可能随机生成一系列有意义的函数。但这种基于属性的测试仍然给予我们很大的信心——肯定比单元测试，甚至是参数化测试更好。

现实中基于属性的测试

基于属性的测试不仅适用于理论性测试，而且可有效地应用于 LOB 应用程序。每当有一个不变量时，可编写属性测试来捕获它。

下面是一个非常简单的例子：如果你有一个随机填充的购物车，并且你从中移除了随机数量的物品，则修改后的购物车物品总数必须始终小于或等于原购物车物品的总数。可从这些简单的属性开始，然后添加其他属性，直到它们捕获模型的本质。

有关如何通过属性来捕获业务规则的更多灵感，请参阅 Scott Wlaschin 的文章 *Choosing properties for property-based testing*，详见链接[3]。

前面介绍了 Apply 函数的机制，下面将应用式与之前讨论的其他模式进行比较。完成这些之后，我们会用一个更具体的例子来观察应用式，以及它们的对比，尤其是与单子的比较。

10.2 函子、应用式、单子

下面回顾一下迄今为止所见到的三种重要模式：函子、应用式和单子[1]。请记住，函子是

1 如第 6 章所述，在一些语言(如 Haskell)中，这些模式可用“类型类”捕获，它类似于接口，但功能更强大。C#类型系统不支持这些泛型抽象，因此不能在一个接口中习惯性地捕获 Map 或 Bind。

由 Map 的一个实现所定义的，单子由 Bind 和 Return 的一个实现所定义，而应用式则由 Apply 和 Return 的一个实现所定义，表 10.3 进行了总结。

表 10.3　核心函数的总结及其如何定义模式

模式	所需函数	签名
函数(Functor)	Map	F<T> → (T → R) → F<R>
应用式(Applicative)	Return Apply	T → A<T> A<(T → R)> → A<T> → A<R>
单子(Monad)	Return Bind	T → M<T> M<T> → (T → M<R>) → M<R>

首先，为什么 Return 是单子和应用式的必要条件，而不是函子的必要条件？因为需要一种方式将值 T 放入函子 F<T>中；否则不能创建用于对一个函数执行 Map 操作的任何内容。问题的关键在于函子定律(即 Map 应该观察的属性)不依赖于 Return 的定义，而单子和应用式定律都依赖于 Return 的定义。所以，这主要是一个技术性问题。

更有趣的是，这三种模式之间的关系是什么？第 7 章中你了解到单子比函子更强大。应用式也比函子更强大，因为可用 Return 和 Apply 来定义 Map。Map 接受一个高级值和一个常规函数，所以可使用 Return 来提升函数，然后使用 Apply 将其应用于高级值。对于 Option 来说，代码如下所示：

```
public static Option<R> Map<T, R>
   (this Option<T> opt, Func<T, R> f)
   => Some(f).Apply(opt);
```

其实任何其他应用式的实现都是相同的，使用相应的 Return 函数而不是 Some。

最后，单子比应用式更强大，因为可以用 Bind 来定义 Apply，如下所示：

```
public static Option<R> Apply<T, R>
(
   this Option<Func<T, R>> optF,
   Option<T> optT
)
=> optT.Bind(t => optF.Bind(f => Some(f(t))));
```

这能够建立一个层次结构，其中函子是最通用的模式，应用式则位于函子和单子之间，如图 10.3 所示。

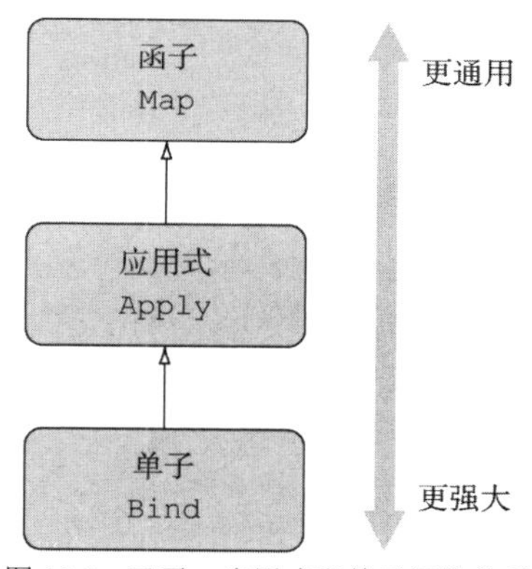

图 10.3　函子、应用式和单子间的关系

可将其看作成一个类图：如果函子是一个接口，应用式就会扩展它。此外，第 9 章讨论了fold函数(或在LINQ中称为 Aggregate)，这是它们中最强大的一个，因为可用它来定义 Bind。Foldables(可以定义 fold的东西)比单子更强大。

应用式并不像函子和单子那样常用，所以为什么还要用它呢？事实证明，尽管 Apply 可用 Bind 来定义，但通常会使用它自己的代码实现，既是为了提高效率，又因为

Apply 在用 Bind 定义时会失去其有趣的行为。本书将展示两个单子，其中 Apply 的实现具有这样的有趣行为：Validation(稍后介绍)和 Task(在第 16 章中介绍)。

接下来，回到单子的主题，来看看如何使用具有多参函数的 Bind。

10.3 单子定律

现在讨论第 6 章中提及的单子定律，在那一章首先介绍了单子(monad)这个术语。如果对该理论不感兴趣，请跳至第 10.3.4 节。

请记住，单子是一个类型 M，为它定义了以下函数：

- **Return**，接受一个 T 类型的常规值并将其提升到 M<T>类型的单子值中。
- **Bind**，接受一个单子值 m 和跨界函数 f，并从 m 中“提取”其内部值 t，然后将 f 应用于该值。

Return 和 Bind 应该有以下三个属性：

(1) 右恒等元

(2) 左恒等元

(3) 结合律

对于目前的讨论，主要关注第三定律(即结合律)，前两个很简单，会顺便介绍。

10.3.1 右恒等元

右恒等元的属性表明，如果将 Return 函数绑定到一个单子值 m 上，最终会得到 m。换言之，以下等式应成立：

```
m == m.Bind(Return)
```

如果仔细观察上述等式，在右侧，Bind 拆解了 m 中的值，并应用了 Return，将值重新提升回 m，因此，其净效应为零也就不足为奇了。代码清单 10.7 展示了一个测试。

代码清单 10.7 一个基于属性的测试，证明了适用于 Option 类型的右恒等元

```
[Property(Arbitrary = new[] { typeof(ArbitraryOption) })]
void RightIdentityHolds(Option<object> m)
   => Assert.Equal
    (
      m,
      m.Bind(Some)
   );
```

10.3.2 左恒等元

左恒等元属性表明，如果首先使用 Return 来提升一个 t，然后在结果上绑定一个函数 f，这应该相当于将 f 应用于 t：

```
Return(t).Bind(f) == f(t)
```

如果看一下这个等式，在左侧你用 Return 来提升 t，然后在将它提供给 f 之前，让 Bind 来提取它。因此，该定律表明这种提升和提取应该没有副作用，也不应以任何方式来影响 t。

代码清单 10.8　一个基于属性的测试，说明了 IEnumerable 的左恒等元

```
Func<int, IEnumerable<int>> f = i => Range(0, i);

[Property] void LeftIdentityHolds(int t)
   => Assert.Equal
   (
      f(t),
      List(t).Bind(f)
);
```

综上所述，左右恒等元确保了在 Return 中所执行的提升操作和作为 Bind 的一部分所发生的拆解是中性操作，它们没有副作用而且不会篡改 t 的值或 f 的行为，无论包装和拆解是发生在一个值被提升到单子之前(左)还是之后(右)。可编写一个单子，比如在内部保存 Bind 被调用的次数，或包含一些其他的副作用。而那样会破坏此属性。

简言之，Return 应尽可能地愚钝：没有副作用，没有条件逻辑，不会对给定的 t 起作用。仅满足签名 T → C<T>所需的最小工作量。

下面来看一个反例。以下基于属性的测试说明了 Option 的左恒等元：

```
Func<string, Option<string>> f = s => Some($"Hello {s}");

[Property] void LeftIdentityHolds(string t)
  => Assert.Equal
   (
    f(t),
    Some(t).Bind(f)
  );
```

事实证明，当 t 的值为 null 时，上述属性失败。这是因为 Some 的实现“太聪明”，如果给定的值为 null，则会抛出异常，而这个特定的函数 f 可容忍 null 并生成 Some("Hello")。

如果想让左恒等元适用于任何值(包括 null)，则需要更改 Some 的实现，将 null 提升到 Some 中。但这是一个非常糟糕的主意，因为当实际上没有数据时，Some 会表明存在数据。在这个例子中，实用性胜过理论。[1]

10.3.3　结合律

现在继续讨论第三条定律，这对于目前的讨论来说是最有意义的。以加法的结合律为例，来看看结合律的含义是什么：如果需要将两个以上的数字相加，那么对它们如何分组将无关紧

1　当然，在函数式语言中，就不会使用 null，所以不会遇到这种问题。

要。换言之，对于任何数字 a、b 和 c，以下都是正确的：

```
(a + b) + c == a + (b + c)
```

Bind 也可以被认为是一个二元运算符，可用符号>>=来表示，以替代 m.Bind(f)，可用符号将其表示成 m >>= f，其中 m 表示一个单子值，f 表示一个跨界函数。符号>>=是 Bind 的一个相当标准的符号，形象地反映了 Bind 的作用：提取左操作数的内部值并将其提供给作为右操作数的函数。

事实证明，Bind 在某种意义上也是可结合的，所以应该能够写出下面的等式：

```
(m >>= f) >>= g == m >>= (f >>= g)
```

下面分析等式左侧：先对第一个 Bind 操作进行计算，然后使用生成的单子值作为下一个 Bind 操作的输入。可将其扩展为 m.Bind(f).Bind(g)，这就是通常使用 Bind 的方式。

现在分析等式右侧。正如代码所示，语法上是错误的：(f >>= g)不能正常工作，因为>>=期望其左侧的操作数是单子值，而 f 是函数。但请注意，f 可扩展为 lambda 形式，即 x => f(x)，因此可按如下所示重写右侧：

```
m >>= (x => f(x) >>= g)
```

Bind 的结合律可用下面的等式来总结：

```
(m >>= f) >>= g == m >>= (x => f(x) >>= g)
```

或者，如果愿意，可使用以下方式：

```
m.Bind(f).Bind(g) == m.Bind(x => f(x).Bind(g))
```

代码清单 10.9 显示了如何将其转换为代码，它显示了一个基于属性的测试，说明了可结合的属性如何适用于 Option 的实现。

代码清单 10.9 一个基于属性的测试，用来说明 Option 的 Bind 的结合律

```
using Double = LaYumba.Functional.Double;   // 公开一个返回 Option 的 Parse 函数

Func<double, Option<double>> safeSqrt = d
   => d < 0 ? None : Some(Math.Sqrt(d));

[Property(Arbitrary = new[] { typeof(ArbitraryOption) })]
void AssociativityHolds(Option<string> m)
   => Assert.Equal
   (
      m.Bind(Double.Parse).Bind(safeSqrt),
      m.Bind(x => Double.Parse(x).Bind(safeSqrt))
   );
```

当像 m.Bind(f).Bind(g)那样结合到左边时，这会提供可读性更强的语法(我们目前所使用的语法中最具可读性的)。但如果结合到右边，并将 g 扩展为其 lambda 形式，可得到：

```
m.Bind(x => f(x).Bind(y => g(y)))
```

有趣的是，这里的 g 不仅具有 y 的可见性，而且具有 x 的可见性。这就是能将多参函数集成到一个单子流(意为一个链接多个使用 Bind 的操作的工作流)的原因。接下来将对此进一步讨论。

10.3.4　对多参函数使用 Bind

下面分析如何在前一个 Bind 调用中调用 Bind，以便集成多参函数。例如，设想两个参数都是包装在 Option 中的参数，因为这两个参数必须从字符串中解析。在这个例子中，Int.Parse 接受一个字符串并返回一个 Option<int>：

```
static Option<int> MultiplicationWithBind(string strX, string strY)
   => Int.Parse(strX)
   .Bind(x => Int.Parse(strY)
      .Bind<int, int>(y => multiply(x, y)));
```

这有效，却完全不可读。设想一下，如果有一个接受三个或更多参数的函数。对 Bind 的嵌套调用会使代码难以阅读，所以你当然不希望像这样去编写或维护代码。10.1.2 节介绍的应用式的语法会更清晰。事实证明，编写嵌套 Bind 的应用程序有更好的语法，该语法被称为LINQ。

10.4　通过对任何单子使用 LINQ 来提高可读性

根据不同的上下文环境，LINQ 一词用于指代不同的事物：

- 表示引用 System.Linq 库。
- 表示一种用于表达各种数据查询的特殊 SQL 类语法。实际上，LINQ 是语言集成查询(Language-Integrated Query)的缩写。

当然，二者是有关联的，它们都是在 C# 3 中引入的。到目前为止，本书中所见的 LINQ 库的所有用法都使用了常规的方法调用，但有时使用 LINQ 语法可能导致更多可读的查询。例如，在 REPL 中输入表 10.4 中的两个表达式将发现它们是等价的。

表 10.4　LINQ 是用于表达查询的专用语法

常规的方法调用	LINQ 表达式

`Enumerable.Range(1, 100)`
`    Where(i=>i%20==0).`
`    OrderBy(i => -i).`
`    Select(i => $"{i}%")`
	`from i in Enumerable.Range(1, 100)`
	`where i %20==0`
	`orderby -i`
	`select $"{i}%"`

这两个表达式不仅在生成相同结果方面等价，它们实际上被编译为相同的代码。当 C#编译器发现一个 LINQ 表达式时，它将其子句翻译为基于模式的方法调用——稍后会详细介绍。

这意味着你可为自己的类型实现查询模式，并使用 LINQ 语法来处理它们，这可显著提高可读性。接下来，将着眼于实现 Option 的查询模式。

10.4.1 对任意函子使用 LINQ

最简单的 LINQ 查询具有单个 from 和 select 子句，并且它们被解析为 Select 方法。例如，以下是使用范围(range)作为数据源的简单查询：

```
using System.Linq;
using static System.Linq.Enumerable;

from x in Range(1, 4)
select x * 2;
// => [2, 4, 6, 8]
```

Range(1, 4)生成一个值为[1,2,3,4]的序列，这是 LINQ 表达式的数据源。然后，通过将数据源中的每一项 x 映射到 x * 2 来创建一个“投影”，以生成结果。这背后发生了什么呢？

对于给定的 LINQ 表达式，编译器将查看数据源的类型(在本示例中，Range(1, 4)的类型为 RangeIterator)，并查找名为 Select 的实例或扩展方法。编译器会使用正常策略进行方法解析，优先考虑作用域中最特定的匹配项，本例中是定义为 Ienumerable 上的扩展方法的 Enumerable.Select。

在表 10.5 中可看到 LINQ 表达式及其翻译。请注意 Select 中给定的 lambda 如何将 from 子句中的标识符 x 和 select 子句中的选择器表达式 x * 2 结合在一起。

表 10.5 具有单个 from 子句的 LINQ 表达式及其翻译

LINQ 表达式	翻译
`from x in Range(1, 4)` `select x * 2`	`Range(1, 4).` `Select(x => x * 2)`

第 6 章中讲过，LINQ 中的 Select 相当于 FP 中更广为人知的操作 Map。LINQ 的基于模式的方法意味着可为需要的任何类型定义 Select，并且只要发现该类型是作为一个 LINQ 查询的数据源，编译器就会使用它。下面对 Option 这样做：

```
public static Option<R> Select<T, R>
   (this Option<T> opt, Func<T, R> f)
   => opt.Map(f);
```

上面的代码实际上只是将 Map 的别名指定为 Select，这是编译器查找的名称。这就是在一个简单的 LINQ 表达式中使用 Option 需要的全部内容。下面举一些例子：

```
from x in Some(12)
select x * 2
// => Some(24)

from x in (Option<int>)None
select x * 2
// => None

(from x in Some(1) select x * 2) == Some(1).Map(x => x * 2)
// => true
```

总之，通过提供合适的 Select 方法，可对任何函子使用具有单个 from 子句的 LINQ 查询。

当然，对于这样简单的查询，LINQ 符号并不真正有益，因为标准方法调用甚至更省代码。因此，让我们来看更复杂的查询。

10.4.2　对任意单子使用 LINQ

下面来看使用多个 from 子句的查询——结合来自多个数据源的数据的查询。示例如下：

```
var chars = new[] { 'a', 'b', 'c' };
var ints = new [] { 2, 3 };

from c in chars
from i in ints
select (c, i)
// => [(a, 2), (a, 3), (b, 2), (b, 3), (c, 2), (c, 3)]
```

如你所见，这有点类似于两个数据源上的嵌套循环(6.3.2 节研究 IEnumerable 的 Bind 时讨论过这个循环)。确实，可使用 Map 和 Bind 来编写一个等效的表达式，如下所示：

```
chars
   .Bind(c => ints
      .Map(i => (c, i)));
```

或等价地使用标准的 LINQ 方法名(使用 Select 而不是 Map，使用 SelectMany 而不是 Bind)：

```
chars
   .SelectMany(c => ints
      .Select(i => (c, i)));
```

注意，可构造一个包含来自两个数据源数据的结果，因为对变量 c 进行了闭包处理。

你可能会猜想，当查询中存在多个 from 子句时，它们会与相应的 SelectMany 调用一起解释。这个猜测是正确的，但有一点不同。出于性能原因，编译器并不执行上述转换，而是转换为一个具有不同签名的 SelectMany 的重载：

```
public static IEnumerable<RR>
SelectMany<T, R, RR>
(
   this IEnumerable<T> source,
   Func<T, IEnumerable<R>> bind,
   Func<T, R, RR> project
)
{
   foreach (T t in source)
      foreach (R r in bind(t))
         yield return project(t, r);
}
```

这意味着如下 LINQ 查询：

```
from c in chars
from i in ints
```

```
select (c, i)
```

将被转换为：

```
chars.SelectMany(c => ints, (c, i) => (c, i))
```

代码清单 10.10 显示了与 Bind 签名相同的 SelectMany 普通型实现及其扩展的重载(当包含两个 from 子句的查询被转换为方法调用时使用)。

代码清单 10.10 LINQ 需要的两个 SelectMany 重载

```
public static IEnumerable<R> SelectMany<T, R>
(
   this IEnumerable<T> source,
   Func<T, IEnumerable<R>> func
)
{
   foreach (T t in source)
      foreach (R r in func(t))
         yield return r;
}
```

普通型 SelectMany，相当于 Bind

```
public static IEnumerable<RR> SelectMany<T, R, RR>
(
   this IEnumerable<T> source,
   Func<T, IEnumerable<R>> bind,
   Func<T, R, RR> project
)
{
   foreach (T t in source)
      foreach (R r in bind(t))
         yield return project(t, r);
}
```

SelectMany 的扩展重载，用于转换具有两个 from 子句的查询

比较两者的签名，会看到第二个重载是通过调用一个选择器函数“挤压”普通型 SelectMany 得到的。不是通常的 T→R 形式的选择器，而是一个接受两个输入参数(每个数据源对应一个参数)的选择器。

这样做的好处是，通过 SelectMany 这种更精细的重载，不再需要将一个 lambda 嵌套在另一个 lambda 中，从而提高了性能。[1]

扩展后的 SelectMany 比我们用单子 Bind 标识的普通型版本更复杂，但功能上仍然等同于 Bind 和 Select 的结合。这意味着可为任何单子定义一个 LINQ 风格的 SelectMany 的合理实现。下面分析 Option：

```
public static Option<RR> SelectMany<T, R, RR>
(
   this Option<T> opt,
   Func<T, Option<R>> bind,
```

1 LINQ 的设计者注意到，在查询中使用多个 from 子句时，性能会迅速恶化。

```
   Func<T, R, RR> project
)
=> opt.Match
(
   () => None,
   (t) => bind(t).Match
   (
      () => None,
      (r) => Some(project(t, r))
   )
);
```

如果要使用一个具有三个或更多 from 子句的表达式，那么编译器还需要 SelectMany 的普通型版本(具有与 Bind 相同的签名)。因此，需要定义 SelectMany 的两个重载以满足 LINQ 查询模式。

现在可用多个 from 子句来编写 Option 上的 LINQ 查询。例如，下面是一个简单的程序，提示用户输入两个整数并计算它们的总和，使用返回 Option 的函数 Int.Parse 来验证输入是否为有效整数：

```
WriteLine("Enter first addend:");
var s1 = ReadLine();

WriteLine("Enter second addend:");
var s2 = ReadLine();

var result = from a in Int.Parse(s1)
             from b in Int.Parse(s2)
             select a + b;

WriteLine(result.Match
(
   None: () => "Please enter 2 valid integers",
   Some: (r) => $"{s1} + {s2} = {r}"
));
```

代码清单 10.11 展示了两种方式的比较，显示了如何用 LINQ 查询与可替代的方法编写相同的表达式。

代码清单 10.11　两个可选整数相加的不同方式

```
// 1. using LINQ query
from a in Int.Parse(s1)
from b in Int.Parse(s2)
select a + b

// 2. normal method invocation
Int.Parse(s1)
   .Bind(a => Int.Parse(s2)
      .Map(b => a + b))

// 3. the method invocation that the LINQ query will be converted to
Int.Parse(s1)
```

```
   .SelectMany(a => Int.Parse(s2)
      , (a, b) => a + b)

// 4. using Apply
Some(new Func<int, int, int>((a, b) => a + b))
   .Apply(Int.Parse(s1)
   .Apply(Int.Parse(s2))
```

毫无疑问，在此方案中，LINQ 提供了可读性最强的语法。相比之下 Apply 比较差，因为你必须指明要将投影函数用作 Func[1]。你会发现使用 SQL 之类的 LINQ 语法来执行与查询数据源无关的操作很陌生，但此种用法完全合法。LINQ 表达式提供了一种处理单子的便捷语法，它们是在函数式语言中等效构造的基础上建模的[2]。

10.4.3 let、where 及其他 LINQ 子句

除了迄今为止见到的 from 和 select 子句外，LINQ 还提供了其他一些子句。let 子句对于存储计算的中间结果很有用。例如，下面来看一个计算直角三角形斜边的程序，它提示用户输入直角边的长度。

代码清单 10.12 对 Option 使用 let 子句

```
using Double = LaYumba.Functional.Double;     // 公开一个返回 Option 的 Parse 函数

string s1 = Prompt("First leg:")      // 假定 Prompt 是一个便捷函数，
     , s2 = Prompt("Second leg:");    // 从控制台读取用户输入

var result = from a in Double.Parse(s1)
             let aa = a * a               // let 子句允许存储中间结果
             from b in Double.Parse(s2)
             let bb = b * b
             select Math.Sqrt(aa + bb);

WriteLine(result.Match
(
   () => "Please enter two valid numbers",
   (h) => $"The hypotenuse is {h}"
));
```

let 子句允许在 LINQ 表达式的作用域内放置一个新变量，如本例中的 aa。为此，它依赖于 Select，所以不需要额外的工作就可以使用 let。[3]

可对 Option 使用的另一个子句是 where 子句。where 子句解析为已经定义的 Where 方法，所以这种情况下不需要额外工作。例如，对于斜边的计算，不仅应该检查用户的输入是不是有效数字，还应该检查它们是否为正数，如代码清单 10.13 所示。

---

1 这是因为 lambda 表达式可用来表示 Expression 和 Func。

2 例如，Haskell 中的 do 块或 Scala 中的 for 推导式。

3 let 将新计算的结果与之前的结果一起存储在一个元组中。

代码清单 10.13　对 Option 使用 where 子句

```
string s1 = Prompt("First leg:")
     , s2 = Prompt("Second leg:");

var result = from a in Double.Parse(s1)
             where a >= 0
             let aa = a * a

             from b in Double.Parse(s2)
             where b >= 0
             let bb = b * b
             select Math.Sqrt(aa + bb);

WriteLine(result.Match
(
   () => "Please enter two valid, positive numbers",
   (h) => $"The hypotenuse is {h}"
));
```

如这些示例所示，LINQ 语法允许你简洁地编写查询，而这些查询很麻烦，可作为相应的 Map、Bind 和 Where 函数的调用组合来编写。LINQ 还包含其他各种子句，如上例中的 orderby。这些子句对于集合是有意义的，但它们在诸如 Option 和 Either 等结构中没有对应物。

总之，对于任何单子，可通过提供 Select(Map)、SelectMany(Bind)的实现，以及你见过的 SelectMany 的三元重载来实现 LINQ 查询模式。某些结构可能具有可以包含在查询模式中的其他操作，例如 Option 中的 Where。

现在你已了解到 LINQ 如何提供“对多参函数使用 Bind”的轻量级语法，下面回过头来比较 Bind 和 Apply，不仅比较可读性，还比较实际功能。

10.5　何时使用 Bind 或 Apply

LINQ 为使用 Bind 提供了非常棒的语法(即使对于多参函数也是如此)，甚至比使用 Apply 的普通方法调用的效果更好。那么还需要 Apply 吗？事实证明，某些情况下，Apply 有一些有趣的行为，其中一个例子就是验证——接下来你便会知晓原因。

10.5.1　具有智能构造函数的验证

考虑以下 PhoneNumber 类的实现。能看出它有什么问题吗？

```
public record PhoneNumber
(
   string Type,
   string Country,
   long Nr
);
```

答案应该是显而易见的：类型是错的！该类允许创建一个 PhoneNumber，例如，Type = "green"，Country = "fantasyland" 以及 Nr = -10。

你在第 4 章中了解到如何定义自定义类型，以避免无效数据进行系统。以下是 PhoneNumber 类的定义，它遵循这种原则：

```
public record PhoneNumber
{
   public NumberType Type { get; }
   public CountryCode Country { get; }
   public Number Nr { get; }

   public enum NumberType { Mobile, Home, Office }
   public struct Number { /* ... */ }
}

public class CountryCode { /* ... */ }
```

现在 PhoneNumber 的三个字段都有特定类型，这样就确保只能表示有效的值。CountryCode 可以在应用程序中的其他地方使用，但其余两种类型是特定于电话号码的，因此在 PhoneNumber 类中定义。

还需要提供一种构建 PhoneNumber 的方式。为此，可定义一个私有构造函数和一个公共工厂函数 Create：

```
public record PhoneNumber
{
   public static Func<NumberType, CountryCode, Number, PhoneNumber>
   Create = (type, country, number)
      => new(type, country, number);

   PhoneNumber(NumberType type, CountryCode country, Number number)
   {
      Type = type;
      Country = country;
      Nr = number;
   }
}
```

注意，这里将 Create 定义为 Func，而不是使用构造函数或方法来帮助进行类型推断。这在第 9.2 节中讨论过。

现在假设给出了三个字符串作为原始输入，要基于它们来创建一个 PhoneNumber。每个属性都可被独立验证，因此可定义三个具有以下签名的智能构造函数：

```
validCountryCode  : string → Validation<CountryCode>
validNumberType   : string → Validation<PhoneNumber.NumberType>
validNumber       : string → Validation<PhoneNumber.Number>
```

这些函数的实现细节并不重要(如果想了解更多信息，请参阅代码示例)。要点是 validCountryCode 只在给定字符串为有效的 CountryCode 时才会接受一个 string 并返回一个处于

Valid 状态的 Validation。其他两个函数与此类似。

10.5.2　使用应用式流收集错误

如代码清单 10.14 所示，给定三个输入字符串后，可在创建 PhoneNumber 的过程中结合这三个函数。通过应用式流，可将 PhoneNumbers 工厂函数提升到 Valid 中，并应用其三个参数。

代码清单 10.14　使用一个应用式流的验证

```
Validation<PhoneNumber> CreatePhoneNumber
   (string type, string countryCode, string number)
   => Valid(PhoneNumber.Create)
      .Apply(validNumberType(type))
      .Apply(validCountryCode(countryCode))
      .Apply(validNumber(number));
```

将工厂函数提升到一个 Validation 中

提供参数，每个参数也被包装在一个 Validation 中

如果用于验证单个字段的任何函数生成 Invalid，此函数将生成 Invalid。下面给出各种不同的输入，来观察其行为：

```
CreatePhoneNumber("Mobile", "ch", "123456")
// => Valid(Mobile: (ch) 123456)

CreatePhoneNumber("Mobile", "xx", "123456")
// => Invalid([xx is not a valid country code])

CreatePhoneNumber("Mobile", "xx", "1")
// => Invalid([xx is not a valid country code, 1 is not a valid number])
```

第一个表达式展示一个 PhoneNumber 的成功创建。第二种情况下，正在传递无效的国家代码并按预期得到一个失败。第三种情况下，国家代码和电话号码都无效，所以得到一个带有两个错误的验证——记住，一个 Validation 的 Invalid 情况精确地包含一个 IEnumerable<Error>，以捕获多个错误。

但在最终结果中，这两个由不同函数返回的错误是如何收集的呢？这是由于 Validation 的 Apply 实现，如代码清单 10.15 所示。

代码清单 10.15　Validation 的 Apply 实现

```
public static Validation<R> Apply<T, R>
(
   this Validation<Func<T, R>> valF,
   Validation<T> valT
)
=> valF.Match
(
   Valid: (f) => valT.Match
    (
      Valid: (t) => Valid(f(t)),
      Invalid: (err) => Invalid(err)
   ),
```

如果两个输入均有效，则将所包装的函数应用于所包装的参数，并将结果提升到一个处于 Valid 状态的 Validation 中

```
    Invalid: (errF) => valT.Match
     (
       Valid: (_) => Invalid(errF),
       Invalid: (errT) => Invalid(errF.Concat(errT))
     )
);
```

如果两个输入都有错误，则返回一个处于 Invalid 状态的 Validation，同时收集来自 valF 和 valT 的错误

正如我们预期的那样，只有两者都有效的情况下，Apply 才会将所包装的函数应用于所包装的参数。但有趣的是，如果两者都无效，将返回一个 Invalid，将来自两个参数的错误结合起来。

10.5.3 使用单子流快速失败

现在使用 LINQ 来创建一个 PhoneNumber，如代码清单 10.16 所示。

代码清单 10.16 使用一个单子流的 Validation

```
Validation<PhoneNumber> CreatePhoneNumberM
   (string typeStr, string countryStr, string numberStr)
   => from type    in validNumberType(typeStr)
      from country in validCountryCode(countryStr)
      from number  in validNumber(numberStr)
      select PhoneNumber.Create(type, country, number);
```

下面使用与以前相同的测试值来运行这个新版本：

```
CreatePhoneNumberM("Mobile", "ch", "123456")
// => Valid(Mobile: (ch) 123456)

CreatePhoneNumberM("Mobile", "xx", "123456")
// => Invalid([xx is not a valid country code])

CreatePhoneNumberM("Mobile", "xx", "1")
// => Invalid([xx is not a valid country code])
```

前两种情况与以前一样，但第三种情况有所不同：只出现第一个验证错误。为弄清原因，下面基于代码清单 10.17 来分析 Bind 的定义方式(LINQ 查询实际上调用 SelectMany，但这是通过 Bind 实现的)。

代码清单 10.17 Validation 的 Bind 实现

```
public static Validation<R> Bind<T, R>
(
   this Validation<T> val,
   Func<T, Validation<R>> f
)
=> val.Match
(
   Invalid: (err) => Invalid(err),
   Valid: (t) => f(t)
);
```

如果给定的单子值是 Invalid，则不对给定的函数求值。在该代码清单中，validCountryCode 返回 Invalid，所以 validNumber 永远不会被调用。因此，在单子版本中，没机会积聚错误，因为沿途的任何错误都会导致后续函数被绕过。如果比较 Apply 和 Bind 的签名，则能更清楚地了解差异：

```
Apply : Validation<(T → R)> → Validation<T> → Validation<R>
Bind  : Validation<T> → (T → Validation<R>) → Validation<R>
```

对于 Apply，两个参数的类型都是 Validation。也就是说，在调用 Apply 前，Validation 和它们包含的任何可能的错误都已被独立求值。由于来自两个参数的错误都存在，因此在结果值中收集它们是有意义的。

对于 Bind，只有第一个参数具有类型 Validation。第二个参数是一个生成 Validation 的函数，但尚未被求值，所以如果第一个参数为 Invalid，Bind 的实现就可以完全避免调用该函数。[1]

因此，Apply 是将两个独立计算的高级值结合在一起，而 Bind 是将生成高级值的计算链接在一起。因此，单子流允许短路：在此过程中，如果一个操作失败，将跳过后续操作。

Validation 的例子所表明的是，尽管函数式模式及其定律表面上严苛，但仍有改进空间，可以按照适应偏函数特定需求的方式来设计高级类型。考虑到 Validation 的实现以及当前创建有效 PhoneNumber 的场景，可使用单子流来快速失败，而使用应用式流来收集错误。

总之，前面介绍了三种在高级界域中使用多参函数的方式：好的、坏的以及丑陋的。嵌套调用 Bind 的方式肯定是丑陋的，最好避免使用。而其他两种方式的优劣则取决于需求：如果有一个具有一些理想行为的 Apply 的实现，同你在 Validation 中见到的一样，那么使用应用式流；否则，使用 LINQ 的单子流。

10.6 练习

1. 为 Either 和 Exceptional 实现 Apply。

2. 为 Either 和 Exceptional 实现查询模式。尝试写出 Select 和 SelectMany 的签名(不查看任何示例)。对于该实现，只需要遵循类型——如果进行类型检查，则可能是正确的！

3. 试着提出一个场景，使用 Bind 将其中各种返回 Either 的操作链接在一起(如果没有好的创意，可使用第 8 章中的“为朋友准备喜欢吃的菜”的例子)。请使用 LINQ 表达式来重写代码。

10.7 本章小结

- Apply 函数可用于在高级界域(如 Option 的界域)中执行函数应用程序。
- 通过 Return 可将多参函数提升到高级界域中，然后可通过 Apply 提供参数。

---

1 当然，可提供一个 Bind 的实现，它不执行任何这样的短路，但始终执行绑定函数并收集任何错误。这是有可能的，但它是违反直觉的，因为它破坏了诸如 Option 和 Either 等类型的预期行为。

- 可以为其定义 Apply 的类型称为应用式。应用式比函子更强大，但没有单子强大。
- 因为单子更强大，还可对 Bind 使用嵌套调用以在高阶界域中执行函数应用程序。
- LINQ 提供了一个轻量级语法来处理单子，它的可读性强于嵌套调用 Bind。
- 要将 LINQ 与自定义类型一起使用，必须实现 LINQ 查询模式，特别是要提供具有适当签名的 Select 和 SelectMany 的实现。
- 对于多个单子，Bind 具有短路行为(给定函数在某些情况下不会被应用)，Apply 却不是这样(不是给定一个函数，而是一个高级值)。出于这个原因，有时可将理想的行为嵌入应用式中，例如在 Validation 的情况下收集验证错误。
- FsCheck 是一个基于属性测试的框架。允许使用大量随机生成的输入来运行一个测试，从而使测试的断言对任何输入都保持高置信度。

第 11 章

表示状态和变化

本章主要内容：

- 状态突变的陷阱
- 表示非突变的变化
- 强制不可变性
- 隔离数据和逻辑

古希腊哲学家赫拉克利特曾说过，人不能两次踏进同一条河流，这条河一直在变化，所以刚才在那里的那条河流再也没有了。许多程序员是不赞同的，他们反对说，这是同一条河流，只不过状态发生了变化。函数式程序员则试图忠于赫拉克利特的思想，对应每一次观察都创建一条新河流。

大多数程序都是为了表示真实世界中的事物和过程而建立的，而且由于世界的不断变化，程序必须以某种方式表示这种变化。问题是如何表示变化。用命令式风格编写的商业应用程序的核心就是状态突变：对象表示业务领域的实体，而世界的变化则通过改变这些对象的状态来模拟。

本章首先讨论在程序中使用突变将导致的问题。然后讲述如何从源头上避免这些问题：通过在不使用突变的情况下表示变化，并且更贴近实际，说明如何在C#中强制不可变性。最后，因为大部分程序数据都存储在数据结构中，所以将介绍函数式数据结构背后的概念和技术，这些概念和技术也是不可变的。

11.1 状态突变的陷阱

状态突变是指内存的就地更新，它的一个重要问题是并发访问“共享的可变状态”是不安全的。第 1 章和第 3 章中的一些示例演示了由于并发更新而导致的信息丢失。下面来看一个更具面向对象特点的场景。假设有一个包含 Inventory 字段的 Product 类，该类表示库存数量：

```
public class Product
{
   public int Inventory { get; private set; }
   public void ReplenishInventory(int units) => Inventory += units;
   public void ProcessSale(int units) => Inventory -= units;
}
```

如果 Inventory 是可变的，就像本例中一样，并且有并发线程来更新其值，这就是所谓的竞争条件，其结果可能是不可预测的。假设有一个线程在补充库存，而另一个线程正在处理销售(会相应地减少库存)，如图 11.1 所示。如果两个线程同时读取该值，并且执行最后一次更新的是销售线程，则最终库存会总体减少。

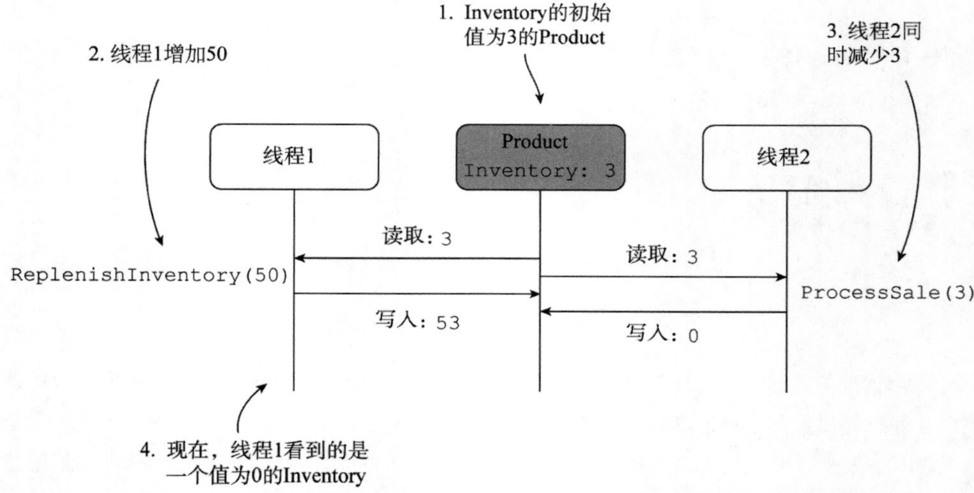

图 11.1 由于并发更新而导致数据丢失。两个线程都导致 Inventory 值并发更新，结果是丢失一个更新

不仅补充库存的更新丢失了，而且现在第一个线程可能面临着一个完全无效的状态：刚补充了产品却没有库存。

如果你处理过一些基本的多线程，就可能会想：“很简单！只需要使用锁状态将关键部分(如库存的更新)包装起来。”事实证明，这个解决方案适用于这种简单的情况，但随着系统复杂性的增加，它可能成为一些困难 bug 的来源(销售不仅影响库存，还影响销售订单、公司资产负债表等)。

如果在设置单个变量时就有可能出现问题，那么当更新的实体涉及更新多个字段时更可能导致失败。例如，假设在更新库存时，还需要设置一个指示产品库存是否不足的标志，如代码清单 11.1 所示。

代码清单 11.1　由非原子更新而引起的暂时不一致性

```
class Product
{
   int inventory;
   public bool IsLowOnInventory { get; private set; }

   public int Inventory
   {
      get => inventory;
      private set
      {
         inventory = value;

         IsLowOnInventory = inventory <= 5;
      }
   }
}
```

此时，从读取对象属性的任何线程的角度看，对象可能处于无效状态

这段代码定义了一个不变式：当库存小于等于 5 时，则 IsLowOnInventory 必须为 true。

在单线程设置中，上述代码没有任何问题。但在多线程设置中，一个线程可能正在读取此对象的状态，另一个线程正在执行更新，而这期间 Inventory 已更新但 IsLowOnInventory 尚未更新(注意，如果计算 IsLowOnInventory 的逻辑成本更大，那么此窗口期会扩大)。在窗口期间，等式被打破平衡，因此对第一个进程来说该对象似乎处于无效状态。当然，这种情况很少发生，而且很难重现。这是竞争条件导致的 bug 之所以难诊断的原因之一。

事实上，众所周知，竞争条件已经导致软件行业中一些最严重的失败。如果系统具有并发性和状态突变性，就无法证明系统摆脱了竞争条件[1]。换句话说，如果想保证并发性(并且，鉴于当今多核处理器和分布式计算的趋势，你几乎没有选择)以及正确性，那么你必须放弃突变。

缺乏安全的并发访问可能是共享的可变状态的最大缺陷，但并非唯一缺陷。另一个问题是引入耦合的风险——系统的不同部分之间高度依赖。在代码清单 11.1 中，Inventory 是被封装过的，这意味着只能在类中被设置，另外根据面向对象编程理论，这应该提供一种舒适感。但在 Product 类中有多少个方法可设置库存值呢？又有多少条代码路径通向这些方法，以便它们最终影响 Inventory 的值呢？应用程序的多少个部分可获得同一 Product 实例，并依赖于 Inventory 的值？如果引入一个导致 Inventory 变化的新组件，又会有多大影响呢？

对于一个意义重大的应用程序来说，要全面回答这些问题是非常困难的。这就是为什么尽管 inventory 是私有字段，并且只能通过私有 setter 设置，但被限定为全局可变状态的原因。据我们所知，程序的任何部分通过封闭类中的公共方法都可改变它。因此，可变状态会耦合读取或更新该状态的各个组件的行为，使得整个系统的行为很难推断。

最后，共享的可变状态意味着纯洁性的损失。如第 3 章所述，改变全局状态(记住，这是

1　上面的例子提到了多线程，如果并发性的来源是异步或并行，则会出现同样的问题(这些术语在第 3 章的补充说明“并发的含义和类型”中有描述)。

所有不属于函数本地范围内的状态，包括私有变量)构成了一个副作用。所以如果通过改变系统中的对象来表示世界的变化，将失去函数纯洁性带来的好处。由于这些原因，在进行函数式编码时，最好避免状态突变。

注意 在本章中，将学习如何处理不可变数据。这是一项重要技术，但请记住，仅表示随时间而变化的实体是不够的。不可变数据对象可以表示实体在任何给定时间点的状态，有点像电影中的一帧，但为了表示实体本身，为了获得完整的移动图像，你需要进一步的抽象，将这些连续的状态连接在一起。第 13、15、18 和 19 章将讨论实现这一目标的技术。

局部突变是可接受的

并非所有的状态突变都有害。局部状态(仅在函数作用域内可见的状态)突变虽不优雅却是良性的。例如以下函数：

```
int Sum(int[] ints)
{
   var result = 0;
   foreach (int i in ints) result += i;
   return result;
}
```

虽然我们正在更新结果，但这在函数的作用域以外不是可见的。因此，Sum 的这种实现实际上是一个纯函数：从调用函数的角度看，没有可观察到的副作用。

当然，该代码也是非常低级的。通常可通过内置函数(如 Sum、Aggregate 等)来实现所需的功能。在实践中，正常情况下很少涉及局部变量突变。

11.2 理解状态、标识及变化

下面进一步了解变化和突变[1]。“变化”是指现实世界的变化，例如新增 50 个库存可供出售。“突变”是指数据就地更新。如你之前在 Product 类中所见，当更新 Inventory 值时，之前的 Inventory 值会丢失。

在 FP 中，非突变的变化表示：值不是就地更新。作为代替，我们创建了表示具有预期变化的数据的新实例。“目前的库存水平为 53”这一事实并没有抹杀它以前是 3 的事实，如图 11.2 所示。

因此，在 FP 中，我们使用不可变的值：一旦一个值被初始化，该值便不会被更新。

1 本节讨论的基本技术在 FP 中普遍存在，但我讲解技术所用的概念和隐喻很大程度上是受 Clojure 编程语言的创造者 Rich Hickey 的启发。

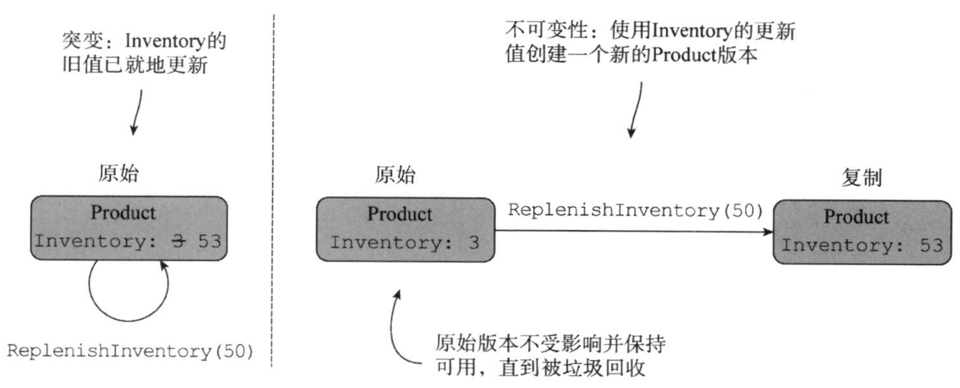

图 11.2　在 FP 中，可通过创建新版本的数据来表示变化

在不可变对象上绞尽脑汁

如果一直使用突变来表示变化，那么在对象的属性更新时创建对象的副本似乎是违反直觉的。例如以下代码：

```
record Product(int Inventory);

static Product ReplenishInventory(Guid id, int units)
{
   Product original = RetrieveProduct(id);
   Product updated = new Product(original.Inventory + units);
   return updated;
}
```

在这段代码中，Product 是不可变的，所以可以通过创建一个新的 Product 实例来表示新的库存。你可能对此感到尴尬，因为现在内存中有两个相互竞争的 Product 实例，其中只有一个准确地代表了真实世界的产品。

注意，本例将返回更新后的实例，而原始实例将超出范围，因此将被垃圾回收。在许多情况下，过时的实例将被简单地“遗忘”，而不是覆盖。

但在某些情况下，确实希望一个实体的多个视图共存。例如，你的雇主为超过 40 美元的订单提供免费送货服务。你可能希望在用户删除商品之前和之后查看订单视图，以便在用户失去免费送货权时发出警告。或者，更新可能是内存事务的一部分，如果事务失败，你可能想要恢复到实体的先前状态。

只有数据的最新视图或当前视图才有价值的这种想法，来自主流编程实践的偏见。只有放弃该想法，许多新的可能性才能出现。

为完善或重新定义有关变化和突变的代码，有必要区分变化的事物和不变的事物。

11.2.1　有些事物永远不变

有些事物一开始就是不变的。例如，年龄会从 30 变为 31，但 30 就是 30，31 就是 31。

这是在框架(Base Class Library，BCL)中建模的，所有原始类型都是不可变的。那么更复杂的类型呢？比如日期就是一个很好的例子。即使可能将日期从 3 月 3 号改为 4 号，但 3 月 3 号仍然是 3 月 3 号。这也体现在框架中，因为用于表示日期的类型(如 DateTime)是不可变的[1]。通过在 REPL 中输入以下内容，可亲自查看(如果没有.NET 6，使用 DateTime 代替 DateOnly)：

```
var momsBirthday = new DateOnly(1966, 12, 13);
var johnsBirthday = momsBirthday;          // 约翰和妈妈的生日在同一天

// some time goes by...

johnsBirthday = johnsBirthday.AddDays(1);  // 稍后意识到约翰的生日实际上是一天之后

johnsBirthday // => 14/12/1966
momsBirthday // => 13/12/1966              // 妈妈的生日没有受到影响
```

在上例中，首先表明妈妈和约翰的生日在同一天，所以为 momsBirthday 和 johnsBirthday 赋予相同的值。然后当使用 AddDays 创建一个较晚的日期并将其赋给 johnsBirthday 时，momsBirthday 并不受影响。在该例中，为了防止日期突变而进行了双重保护：

- 因为 System.DateOnly 是一个结构体，在赋值时被复制，所以 momsBirthday 和 johnsBirthday 是不同的实例。
- 即使 DateOnly 是一个类，从而 momsBirthday 和 johnsBirthday 指向同一个实例，但行为依然相同，因为 AddDays 创建了一个新实例，并不会影响底层实例。

另一方面，如果 DateOnly 是一个可变类，并且 AddDays 使其实例的日期突变，那么更新 johnsBirthday 的同时也会更新 momsBirthday 的值，或者说是作为更新 johnsBirthday 的副作用(想象一下，向妈妈解释这是你生日祝福迟到的原因)。

.NET 框架中的不可变类型

.NET 框架中有些类型是不可变的。以下是最常用的：

- `DateTime, TimeSpan, DateTimeOffset , DateOnly, TimeOnly`
- `Delegate`
- `Guid`
- `Nullable<T>`
- `String`
- `Tuple<T1>, Tuple<T1, T2>, ...`
- `Uri`
- `Version`

此外，框架中的所有原始类型都是不可变的。

现在自定义一个不可变类型。假设 Circle 的表示方式如下：

1 .NET 的创造者从 Java 中获得灵感，但他们也从 Java 的错误中吸取了教训(Java 的日期在 Java 8 之前是可变的)。

```
readonly record struct Circle(Point Center, double Radius);
```

由于是一个完全抽象的几何实体，所以一个圆变大还是缩小是没有意义的。前面的实现通过将该结构声明为只读，从而使其不可变来反映这一点。这意味着无法更新 Radius 和 Center 的值。也就是说，一旦创建，圆的状态就永远不会改变。[1]

结构体应该是不可变的

注意，前面已将 Circle 定义为一个值类型。因为值类型在函数之间传递时会被复制，所以使结构体不可变是有意义的。由于编译器对这一点不强制要求，所以你可以创建一个可变的结构体。事实上，如果声明一个没有 readonly 修饰符的记录结构体，就会得到一个可变的结构体。

与类不同，对可变结构所做的任何更改都会向下传播而不是向上传播到调用堆栈，这可能会导致意外的行为。因此，建议始终使用不可变的结构体，唯一的例外是经过验证的性能要求。

如果你有一个圆，并且想要一个大小为该圆两倍的圆，则可定义一个函数来基于现有的圆创建一个新圆。以下是一个例子：

```
static Circle Scale(this Circle c, double factor)
   => c with { Radius = c.Radius * factor }
```

到目前为止，我们尚未使用过突变，而且这些例子非常直观。那么数字、日期和几何实体之间有何共同之处呢？那就是它们的值将捕获它们的标识，它们是值对象。如果更改一个日期的值，那么它会标识一个不同日期！当认为对象的值和标识是不同事物时，问题便出现了。接下来将对此进行探讨。

11.2.2　表示非突变的变化

许多真实世界的实体：银行账户、日历、联系人列表等都会随着时间而变化(如图 11.3)。

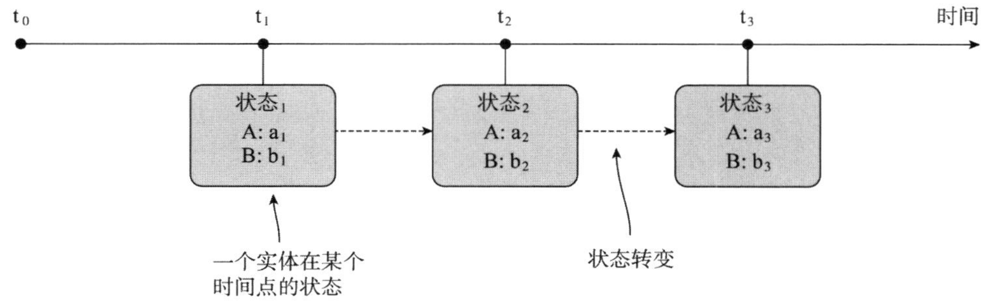

图 11.3　状态随时间变化的实体

对于这样的实体，标识并没有被它们的值所捕获，因为标识是保持不变的，而它们的值随

1　实际上，仍可通过使用反射使只读变量突变。但将字段设置为只读对于代码的任何客户端来说都是一个明确的信号，表明该字段不应发生突变。

着时间而变化。相反，标识在不同的时间点与不同的状态有关。年龄和薪水可能变化，但身份(即标识)却不会。为表示这样的实体，程序不仅要对实体的状态(这是简单的部分)进行建模，还要对从一个状态到另一个状态的转变进行建模，并且通常还要对标识与实体的当前状态的关联建模。

前面我们讨论了一些原因，说明为什么突变为管理状态转变提供了一个不完善的机制。在 FP 中，状态不发生突变。它们是快照，就像一部电影的画面一样，代表不断变化的现实，但本身却是静态的。

11.3 使用记录捕获域实体的状态

为了说明 C #中的不变数据对象，我们将使用 AccountState 表示 BOC 应用程序中银行账户的状态。代码清单 11.2 显示了该模型。

代码清单 11.2 一个简单的银行账户的状态模型

```
public enum AccountStatus
{ Requested, Active, Frozen, Dormant, Closed }

public record AccountState
(
   CurrencyCode Currency,
   AccountStatus Status = AccountStatus.Requested,
   decimal AllowedOverdraft = 0m,
   IEnumerable<Transaction> TransactionHistory = null
);

public record Transaction
(
   decimal Amount,
   string Description,
   DateTime Date
);
```

为简单起见，我省略了 CurrencyCode 的定义，它简单地包装了一个字符串值，例如 EUR 或 USD，类似于 9.4.1 节中的 ConnectionString 和 SqlTemplate 类型。

因为 AccountState 有几个字段，而且并非所有字段都有意义，所以除货币字段以外，我们为所有字段提供了一些合理的默认值。要创建一个 AccountState，你所需要的仅仅是指定它的货币：

```
var newAccount = new AccountState(Currency: "EUR");
```

这将创建一个 AccountState，其默认状态为 Requested。当准备激活账户时，可以使用 with 表达式：

```
public static AccountState Activate(this AccountState original)
```

```
  => original with { Status = AccountStatus.Active };
```

这将创建一个 AccountState 的新实例，该实例使用原始值中的所有值填充，Status 除外，因为它被设置为新值。原始对象仍然完整：

```
var original = new AccountState(Currency: "EUR");
var activated = original.Activate();

original.Status    // Requested
original.Currency  // "EUR"

activated.Status   // Active
activated.Currency // "EUR"
```

注意，可以用 with 表达式来设置多个属性：

```
public static AccountState RedFlag(this AccountState original)
  => original with
  {
     Status = AccountStatus.Frozen,
     AllowedOverdraft = 0m
};
```

使用不可变对象的性能影响

使用不可变对象意味着每次数据需要更改时，都要创建一个新的、修改过的实例，而不是就地更改对象。“但那不是非常低效吗?”你可能会这样想。

确实，创建修改过的副本，以及创建大量最终需要被垃圾回收的对象，会带来一些小的性能开销。这也是 FP 在缺乏自动内存管理的语言中不实用的原因。

但是性能影响比想象的要小，因为修改后的实例只是原始实例的浅复制(shallow copy)。也就是说，原始对象引用的对象不会被复制，只复制引用。除了字段被更新，新对象是原对象的按位复制，如图 11.4 所示。

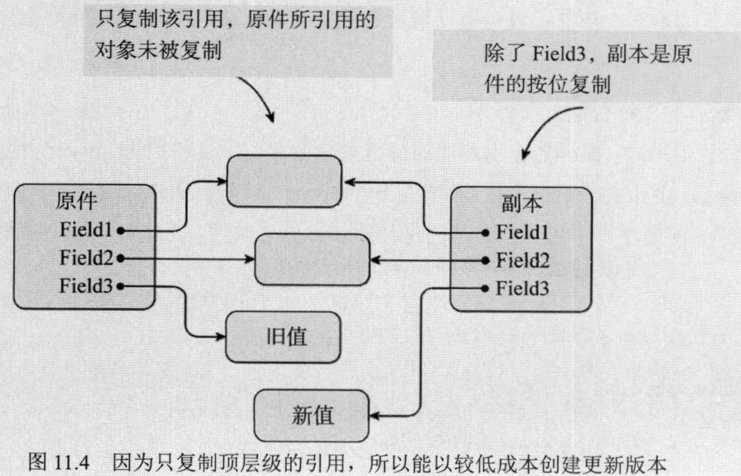

图 11.4　因为只复制顶层级的引用，所以能以较低成本创建更新版本

例如，当你创建一个具有更新状态的新 AccountState 时，将不会复制交易列表。相反，新对象将引用交易的原始列表(如稍后所述，这也必须是不可变的，所以两个不同的实例可共享它)。

with 表达式非常快。当然，就地更新甚至更快，因此需要在性能和安全性之间进行权衡。大多数情况下，创建浅复制的性能损耗可忽略不计，所以建议首先考虑安全性，然后根据需要进行优化。

接下来看看如何进一步改进这个模型。

11.3.1 对记录初始化的细粒度控制

再次查看建议的 AccountState 定义(复制在下面的代码片段中)，看看是否可以发现其中的潜在问题：

```
public record AccountState
(
   CurrencyCode Currency,
   AccountStatus Status = AccountStatus.Requested,
   decimal AllowedOverdraft = 0m,
   IEnumerable<Transaction> TransactionHistory = null
);
```

事实上，这里有几个问题。目前最突出的一个问题是事务列表的默认值为 null。提供默认值的原因是，当创建一个新账户时，它将没有前期的事务记录，因此将 null 作为可选参数是有意义的。但我们也不希望 null 潜在地引起 NullReferenceException。其次，这个记录定义允许你通过更改现有账户的货币来创建一个账户，如下：

```
var usdAccount = newAccount with { Currency = "USD" };
```

这毫无道理。虽然账户的状态可以从 Requested 变为 Active，但一旦账户以指定的货币开立，货币单位应该永不改变。可以用模型来表现这一点。下面看看如何解决这两个问题，从货币开始。

只读属性与初始化属性

使用位置记录时，编译器会为声明的每个参数创建一个仅初始化(init-only)的自动属性。这是一个带有 get 和 init 方法的属性。后者是一个 setter，只能在初始化记录实例时调用。如果显式地将 Currency 属性声明为一个公共的仅初始化的自动属性，就像编译器生成的那样，那么代码如下：

```
public record AccountState
(
   CurrencyCode Currency,
   AccountStatus Status = AccountStatus.Requested,
   decimal AllowedOverdraft = 0m,
   IEnumerable<Transaction> TransactionHistory = null
```

```
)
{
   public CurrencyCode Currency { get; init; } = Currency;
}
```

代码清单 11.3 将其分解，以便你看见每一个位的含义。

代码清单 11.3　在位置记录定义中显式地定义属性

```
public record AccountState(CurrencyCode Currency /*...*/)
{


   public CurrencyCode Currency  <——  这里的 Currency 指的是属性的名称
   {                                  
      get;  <——  获取属性的值
      init;  <——  只允许在记录初始化时设置该值
   }
   =  <——  引入属性初始化器
   Currency;  <——  Currency 在这里指的是构造函数参数。这意味着在初始化时，
                   Currency 属性被设置为 Currency 构造函数参数提供的值

}
```

当你使用 with 表达式创建记录的修改版本时，运行时将创建原始记录的副本，然后调用所有包含新值的属性的 init 方法。现在，显式地编写该属性将允许重写编译器的默认值。本例中，我们希望通过删除 init 方法，将 Currency 属性定义为只读的自动属性：

```
public CurrencyCode Currency { get; } = Currency;
```

然后，尝试使用 with 表达式创建具有不同货币的账户的修改版本将无法编译，因为没有 init 方法用于设置副本的货币。

不可变对象永远不会改变，因此不可变对象的所有属性必须是只读的或仅初始化(init-only)的：

- 如果属性被赋予更新的值，创建副本是有意义的，那么使用仅初始化的属性。
- 否则使用只读属性。

如上所述，位置记录的编译器生成的属性是仅初始化的，因此如果希望它们是只读的，则需要显式地声明它们。

将可选列表初始化为空

现在回到 TransactionHistory 的问题上来，当没有将值传递给 AccountState 的构造函数时，它被初始化为 null。我们真正想要的是将空列表作为默认值，所以我们希望编写以下代码：

```
public record AccountState
(
   // ...
   IEnumerable<Transaction> TransactionHistory
      = Enumerable.Empty<Transaction>()
);
```

但这无法编译，因为可选参数的默认值必须是编译时常量。最简洁的解决方案是显式地定义 TransactionHistory 属性并使用属性初始化器，如代码清单 11.4 所示。

代码清单 11.4 用空列表初始化一个记录

```
public record AccountState
(
   CurrencyCode Currency,
   AccountStatus Status = AccountStatus.Requested,
   decimal AllowedOverdraft = 0m,
   IEnumerable<Transaction> TransactionHistory = null
)
{
   public IEnumerable<Transaction>
      TransactionHistory { get; init; }
      = TransactionHistory                          // 指的是构造函数参数
         ?? Enumerable.Empty<Transaction>();        // 如果构造函数为 null，则使用空列表
}
```

虽然方法参数的默认值必须是编译时常量，但属性初始化器没有这个限制。因此，可以在属性初始化器中包含一些逻辑。前面的代码将自动生成的 TransactionHistory 属性替换为一个显式的声明。它本质上是说，“当创建新的 AccountState 时，使用为可选的 TransactionHistory 构造函数参数提供的值来填充 TransactionHistory 属性，但如果它为空，则使用一个空列表”。

还有其他一些方法：你可以显式地定义一个构造函数，在构造函数中使用此逻辑，或者定义一个带有后备字段(backing field)的完整属性，并在该属性的 init 方法中使用此逻辑。

11.3.2 所有这些都是不可变的

还有一个小改动。要使对象不可变，它的所有成员必须是不可变的。如果查看 AccountState 的定义，就会发现一个问题。TransactionHistory 被定义为 IEnumerable<transaction>，虽然 Transaction 是不可变的，但是有很多可变列表实现了 IEnumerable。例如下面的代码：

```
var mutableList = new List<Transaction>();

var account = new AccountState
(
   Currency: "EUR",
   TransactionHistory: mutableList
);

account.TransactionHistory.Count() // => 0

mutableList.Add(new(-1000, "Create trouble", DateTime.Now));

account.TransactionHistory.Count() // => 1
```

这段代码创建了一个具有可变列表的 AccountState。然后，它保存对该列表的引用，所以这个列表仍然可以被突变。因此，不能说 AccountState 的定义是真正不可变的。

有两种可能的解决方案。可以更改类型定义，声明 TransactionHistory 是一个 ImmutableList，而不是 IEnumerable。或者，也可以重写该属性，如代码清单 11.5 所示。

代码清单 11.5 使记录不可变，即使给定一个可变列表

```
using System.Collections.Immutable;

public record AccountState // ...
{
   public CurrencyCode Currency { get; } = Currency;

   public IEnumerable<Transaction> TransactionHistory { get; init; }
      = ImmutableList.CreateRange
         (TransactionHistory ?? Enumerable.Empty<Transaction>());
}
```

这段代码从给定的 IEnumerable 创建了一个 ImmutableList，从而使 AccountState 成为真正不可变的。

> **提示** 如果给定一个 ImmutableList，CreateRange 将直接返回它，因此使用这种方法时不会产生任何开销。否则，它将创建一个防御性副本，以确保对给定列表的任何后续更改不会影响 AccountState。

如果账户具有不可变的事务列表，那么你如何将事务添加到该列表中？答案是不添加，而是创建一个新列表，其中包含新的事务以及所有已存在的事务，它将成为新 AccountState 的一部分。如代码清单 11.6 所示，向不可变对象添加子对象涉及要创建一个新的父对象。

代码清单 11.6 向不可变对象添加子对象

```
using LaYumba.Functional;          // 添加 Prepend 作为 IEnumerable 上的扩展方法

public static AccountState Add
   (this AccountState account, Transaction trans)
   => account with
   {
      TransactionHistory
         = account.TransactionHistory.Prepend(trans)   // 一个新的 IEnumerable，包括现有值和正在添加的值
   };
```

注意，本例将事务前置到列表中。这实际上要具体情况具体分析。在大多数情况下，我们对最新的事务感兴趣，所以将最新的事务放在列表的最前面是非常有效的策略。

虽然每次添加或删除单个元素时都要复制一个列表，这听起来非常低效，但事实并非如此。第 12 章将讨论具体原因。

使用 C#记录时会遇到的障碍

本节介绍了如何有效地使用记录来定义自定义的不可变数据类型。然而，记录是 C#最近才出现的特性，所以在尝试采用记录时可能会遇到一些障碍。

具体来说，如果使用对象-关系映射器(包括实体框架)，它使用更改跟踪来查看数据库中哪些对象已更改并需要更新到数据库中，或者依赖一个空的构造函数和可设置属性来填充对象，那么你可能无法使用记录。另一个障碍可能是序列化。虽然 System.Text.Json 支持将记录序列化为 JSON，并支持从 JSON 格式反序列化成记录，但其他序列化器可能还不支持记录。在这种情况下，请考虑使用约定的不可变性(详见附录)。相信随着时间的推移，记录会越来越受欢迎，并最终得到所有主要库的支持。

11.4 数据与逻辑分离

FP 减少了应用程序中的耦合，因此使应用程序更简单、更易于维护的一种方法是自然地将数据和逻辑分离开来。这就是前一节所遵循的方法：

- AccountState(在代码清单 11.2 中定义)只包含数据。
- 业务逻辑(如激活账户或添加交易)是通过函数进行修改。

可以将所有这些函数分组到一个静态 Account 类中，包括用于创建 AccountState 新版本和更新版本的逻辑，如代码清单 11.7 所示。

代码清单 11.7 包含特定账户的业务逻辑的静态类

```
public static class Account
{
   public static AccountState Create(CurrencyCode ccy) => new(ccy);

   public static AccountState Activate(this AccountState account)
      => account with { Status = AccountStatus.Active };

   public static AccountState Add
      (this AccountState account, Transaction trans)
      => account with
      {
         TransactionHistory
            = account.TransactionHistory.Prepend(trans)
      };
}
```

Account 是一个静态类，用于表示账户更改，它包括一个工厂函数。其中，AccountState 表示账户在给定时间的状态，Account 中的函数表示状态转换。图 11.5 说明了这一点。

在高级别上编写逻辑时，我们只依赖于 Account，例如，

```
var onDayOne = Account.Create("USD");
var onDayTwo = Account.Activate(onDayOne);
```

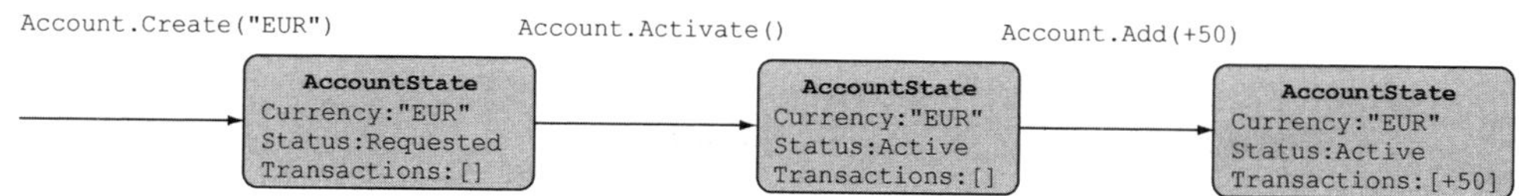

图 11.5　表示与实体相关的状态和逻辑是独立的关注点。在本例中，AccountState 捕获表示账户的数据，而 account 是对账户更改建模的函数集合

这意味着 FP 允许将表示状态和表示状态转换作为独立的关注点来处理。而且，与数据相比，业务逻辑级别更高(Account 依赖于较低级别的 AccountState)。

命名约定

如果采用从数据中分离逻辑的方法，则必须选择一种命名约定来将数据对象与包含逻辑的类区分开来。这里，我对包含逻辑的类使用了实体名称(Account)。这是因为我喜欢在引用无点函数时拥有最佳的可读性。例如，以下代码中的 Account.Activate。

```
Option<AccountState> Activate(Guid id)
   => GetAccount(id).Map(Account.Activate);
```

另一方面，更详细的 AccountState 通常可以通过使用 var 来省略。当然，其他命名约定也可以。应选择最有意义的一种，并在应用程序中保持一致。

Account 是一个类，因为 C#语法需要它(除了顶级语句，你不能在类之外声明方法或委托)，但从概念上讲，它只是相关函数的分组。这可以被称为一个模块。这些函数不依赖于外围类中的任何状态，因此可以将它们视为独立函数，将类名视为名称空间的一部分。

数据(惰性)和函数(执行数据转换)之间的分离是 FP 的典型特征。这与 OOP 形成了鲜明的对比，OOP 中的对象包括数据和改变数据的方法。

将数据从逻辑中分离出来会使系统更简单，耦合更少，因此更容易理解和维护。当使用分布式系统进行编程时，这也是一个合理的选择。因为分布式系统需要数据结构易于序列化和在应用程序之间传递，而逻辑驻留在这些应用程序中。

面向数据的编程(Data Oriented Programming，DOP)

本章讨论的几个思想都与 DOP 有关，DOP 是一种提倡将逻辑从数据中分离出来以降低应用程序复杂性的范式。FP 和 DOP 是不同的，但有一些重叠。DOP 的原则如下：

1. 逻辑与数据实体分离。
2. 使用不可变数据。
3. 使用通用结构来表示数据实体。

正如我在本节中所述，FP 还提倡使用不可变数据，而使用不可变数据和纯函数自然会导致逻辑与数据实体分离。FP 和 DOP 之间肯定有一些重叠。

对于第三个原则，DOP 提倡使用泛型结构来表示数据。例如，与其用 Currency 属性定义 AccountState 类型，不如使用字典，将账户的货币值映射到 Currency 键，并类似地将其他字段映射到 Currency 键[1]。事实证明，可以只使用列表、字典和基本类型来表示任何形状的数据。

使用泛型结构来表示数据的主要好处是，你能以相应的一般方式处理数据。例如，给定两个任意形状的数据快照，你可以比较它们并查看哪些位已更改。你也可以合并更改集，并查看并发更新是否会导致冲突。这点很强大。

其明显的缺点是会失去类型安全性，因此对于习惯于使用 C#等静态类型语言的程序员来说，这有点难以接受。

如果想学习更多关于 DOP 的知识，了解分离逻辑和数据如何简化生活，并了解为什么使用泛型结构来表示数据实体是值得的，请参阅 Yehonathan Sharvit(Manning，2021)著作的 *Date-Oriented Programming* 一书。

11.5 本章小结

- FP 不鼓励状态突变，从而防止了与状态突变相关的一些缺陷，如缺乏线程安全性、耦合和不纯洁：
  - 不变的东西用不可变对象表示。
  - 变化的东西也用不可变对象表示。这些不可变快照能表示一个实体在给定点的状态。通过创建一个包含所需更改的新快照来表示一个更改。
- 使用记录来定义自定义的不可变数据类型。
- 一个类型要成为不可变的，它的所有子类型，包括列表和其他数据结构，也必须是不可变的。
- 可以通过分离数据和逻辑来简化应用程序并促进松散耦合：
  - 使用数据对象(通常是记录)封装数据。
  - 使用函数(作为无状态静态类中的静态方法实现)来表示业务逻辑。

1 如果想在 C#中用这种方法，可以使用 dynamic 类型来修饰底层字典。这允许使用点表示法访问字段值。

第 12 章

函数式数据结构简介

本章主要内容：

- 函数式数据结构
- 链表
- 二叉树

第 11 章介绍了如何创建不可变对象。特别是，11.1 节展示了涉及并发性时状态突变存在的一些缺陷。在处理集合时，这些缺陷变得更加明显。因为处理大型集合需要花费比更新单个对象更长的时间，所以出现竞争条件的可能性更大(1.1.3 节介绍了这样的例子)。

了解了不可变对象，下面看看不可变数据结构设计背后的一些原则。注意，在文本中，函数式数据结构和不可变数据结构这两个术语可以互换使用[1]。它们的原则是相同的：毕竟，对象只是特殊的数据结构。

如果承诺只使用不可变数据，那么所有的数据结构也应该是不可变的。例如，不应该通过更改列表的结构来添加元素，而应该创建一个具有所需更改的新列表。

这可能会令人惊讶："要向列表添加一项，我需要将所有现有的元素连同额外的项复制到新列表中？效率有多低？"

为了说明为什么这样做不一定是低效的，下面来看一些简单的函数式数据结构。你会看到，向集合添加新元素确实会产生一个新集合，但这并不需要复制原始集合中的每一项。

---

1 不可变数据结构也被称为持久数据结构。在这里，术语持久性并不是指在某些媒体上的持久性，而只是指在内存中的持久性：原始数据结构不受任何创建新版本的操作(如添加或删除元素)的影响。此外，应用于数据结构的术语"持久性"意味着它在某些操作的运行时间方面提供了某些保证。也就是说，在持久数据结构中的操作应该与在相应的可变结构中的一样高效，或者至少在相同的数量级内。这涉及更深入的数据结构和算法设计，所以这里将继续使用"不可变/函数式"数据结构/集合这些术语。

提示 本章展示的实现都很简单。它们有助于理解基本概念，但不能用于生产环境。对于真实的应用程序，要使用经过验证的库，如 System.Collections.Immutable。

12.1 经典的函数链表

首先从经典的函数链表开始介绍。虽然看似简单，但这是大多数函数式语言的核心库中都有的基本列表。用符号表示，可将其描述为：

```
List<T> = Empty | Cons(T, List<T>)
```

换句话说，T 型的列表可以是以下两种情况之一：

- empty—表示空列表的特殊值
- cons—由两个值构成的非空列表：
  - 单个 T，称为 head，表示列表中的第一个元素
  - 另一个 T 型的列表，称为 tail，表示其他所有元素

tail 可以是 Empty，也可以是 Cons，等等。因此，List 是递归类型(一种根据自身定义来定义的类型)的一个例子。基于这两种情况，我们可以处理任意长度的列表。例如，包含["a"，"b"，"c"]的列表的结构如下：

```
Cons("a", Cons("b", Cons("c", Empty)))
```

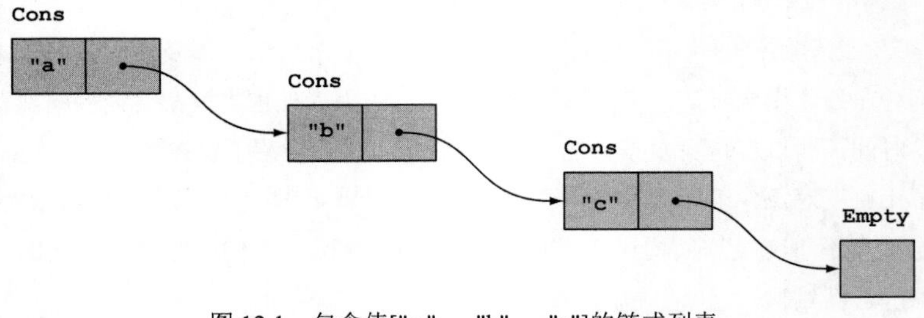

图 12.1 包含值["a "， "b"， "c"]的链式列表

它可以像图 12.1 那样图形化地表示，其中每个 Cons 都表示为一个带有值(头部)和指向列表其余部分的指针(尾部)的盒子。

下面看看如何在 C#中实现它。这些实现包含在源存储库中的 LaYumba.Functional.Data 项目中。下面是我为列表建模要使用的类型：

```
namespace LaYumba.Functional.Data.LinkedList;

public abstract record List<T>;
internal sealed record Empty<T> : List<T>;
internal sealed record Cons<T>(T Head, List<T> Tail) : List<T>;
```

注意，只有 List 类型是公共的。为了与 List 交互，我定义了一个 Match 方法，为模式匹配

提供良好的语法：

```
public static R Match<T, R>
(
   this List<T> list,
   Func<R> Empty,
   Func<T, List<T>, R> Cons
)
=> list switch
{
   Empty<T> => Empty(),
   Cons<T>(var t, var ts) => Cons(t, ts),
   _ => throw new ArgumentException("List can only be Empty or Cons")
};
```

这与 5.3 节中展示的 Option 的理想实现类似：Empty 没有成员(如 None)，而 Cons 则存储列表的元素。Match 方法使你可以处理这两种情况，同时消除了 switch 表达式的一些语法干扰。

实际上，你可以通过 Match 定义所有常用的列表操作。例如，如果想知道列表的长度(如代码清单 12.1 所示)，可以使用 Match 方法。空列表的长度显然是 0，而非空列表的长度等于其尾部的长度加 1。

代码清单 12.1　计算列表的长度

```
public static int Length<T>(this List<T> list)
   => list.Match
   (
      () => 0,                          ← 提供给 Match 的第一个函数
                                          会处理空列表的情况
      (_, tail) => 1 + tail.Length()    ← 如果列表不为空，则给第二个
                                          函数提供列表的头和尾
   );
```

注意，在 Match 的第一个函数中，空括号图形化地表示一个空列表。在第二个函数中，参数包括 Cons 的头和尾。在大多数情况下，这里将处理头部，然后依靠列表的递归定义递归地处理尾部。

最后，我提供了一些函数来创建空列表和填充列表。用 new Cons("a", new Cons("b", ...显示地创建整个结构会很乏味，所以我定义了一些函数来初始化一个空列表或者带有元素的列表，如代码清单 12.2 所示。

代码清单 12.2　初始化一个列表的函数

```
public static class LinkedList
{
   public static List<T> List<T>()          ← 创建一个空列表
      => new Empty<T>();

   public static List<T> List<T>(T h, List<T> t)   ← 创建一个由头部和尾部
      => new Cons<T>(h, t);                           组成的非空列表
```

```
   public static List<T> List<T>(params T[] items)   ← 创建一个包含硬编码元
      => items.Reverse().Aggregate(List<T>()            素的列表的便捷方法
         , (tail, head) => List(head, tail));        ←
}
```

前两个函数只是分别调用 Empty 和 Cons 的构造函数。函数是一个方便的列表初始化器。params 关键字已经将所有参数收集到一个数组中，所以只需要将数组转换为 Empty 和 Cons 的适当组合。这是通过 Aggregate 完成的，以 Empty 作为累加器，并在 reducer 函数中创建 Cons。因为 List 是在列表的前面追加元素，所以必须先反转参数列表。

前面学习了所有的构建块，下面看看如何在 REPL 中使用 List。需要导入 LaYumba.Functional.Data 组件：

```
#r "functional-csharp-code-2\LaYumba.Functional\bin\Debug\net6.0\
➥ LaYumba.Functional.Data.dll"
```

下面是一些在 REPL 中创建列表的示例：

```
using LaYumba.Functional.Data.LinkedList;
using static LaYumba.Functional.Data.LinkedList.LinkedList;

var empty = List<string>();
// => []

var letters = List("a", "b");
// => [a, b]

var taxi = List("c", letters);
// => [c, a, b]
```

此代码演示了如何创建空列表或预填充列表，以及如何通过向现有列表添加单个元素来创建 Cons。

12.1.1 常见的列表操作

现在看看如何使用列表执行一些常见操作，就像我们使用 IEnumerable 一样。例如，下面是 Map：

```
public static List<R> Map<T, R>
(
   this List<T> list,
   Func<T, R> f
)
=> list.Match
(
   () => List<R>(),
   (t, ts) => List(f(t), ts.Map(f))
);
```

Map 接受一个列表和一个要映射到列表的函数。然后使用模式匹配。如果列表为空，则返回空列表；否则，它将函数应用于头部，并递归地将函数映射到尾部，然后返回这两者的 Cons 值。

这里可以看到一个通用的命名惯例。当一个 Cons 被拆解时，它的元素通常被称为 t(单数，表示头部)和 ts(复数，表示尾部)，因为它们都是 T 类型(在不需要命名泛型类型的语言中，你会看到 x 和 xs 这样的变量名)。

如果有一个整数列表，想要对它求和，可以按照同样的方式实现：

```
public static int Sum(this List<int> list)
   => list.Match
   (
      () => 0,
      (head, tail) => head + tail.Sum()
   );
```

如 9.6 节所述，Sum 是 Aggregate 的一个特例。下面看看如何为 List 实现更通用的 Aggregate：

```
public static Acc Aggregate<T, Acc>
(
   this List<T> list,
   Acc acc,
   Func<Acc, T, Acc> f
)
=> list.Match
(
    () => acc,
    (t, ts) => Aggregate(ts, f(acc, t), f)
);
```

同样，我们使用模式匹配，在 Cons 情况下，对累加器和头部应用 reducer 函数 f。然后使用新的累积器和列表的尾部递归地调用 Aggregate。

警告　这里显示的实现不是栈安全的。如果列表足够长，它们将导致 StackOverflowException。

了解了如何使用链式列表，下面看看修改列表的操作。

12.1.2　修改不可变列表

假设要向现有列表添加一项(即获得一个包含新增项的新列表)。对于单链表，自然的方法是在前面添加项：

```
public static List<T> Add<T>(this List<T> list, T value)
   => List(value, list);
```

给定一个现有列表和一个新值，我们构建了一个具有新头部的新列表。新列表的表头是一个包含新值的列表节点和一个指向原始列表表头的指针。这就够了!不需要复制所有元素，所以可以在常数时间内添加一个元素，只创建一个新对象。下面是向不可变链表添加元素的示例：

```
var fruit = List("pineapple", "banana");
// => ["pineapple", "banana"]
```

```
var tropicalMix = fruit.Add("kiwi");
// => ["kiwi", "pineapple", "banana"]

var yellowFruit = fruit.Add("lemon");
// => ["lemon", "pineapple", "banana"]
```

fruit 列表初始化为两个水果项。然后我们添加第三种水果以获得一个新列表，即 tropicalMix。因为列表是不可变的，所以原始的水果列表没有改变，仍然包含两项。这是显而易见的，因为可以重用它来创建一个只包含黄色水果的修改版的新列表。

图 12.2 给出了上面代码中创建的对象的图形化表示，并显示出当创建带有添加项的新列表时，原始的水果列表没有改变(它的元素也不需要被复制)。

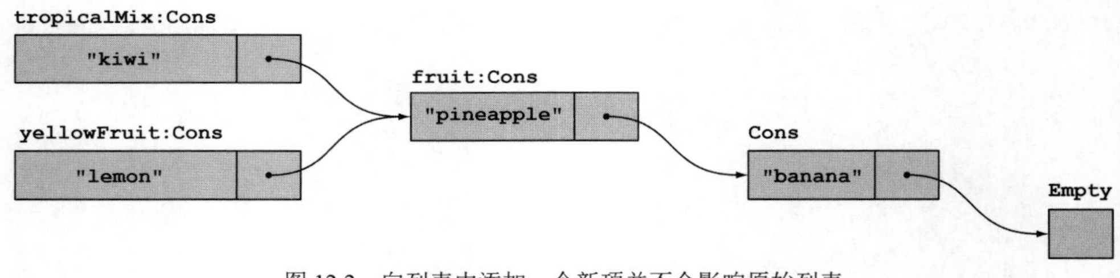

图 12.2 向列表中添加一个新项并不会影响原始列表

思考一下就解耦而言，这意味着什么：当有一个不可变列表(更广泛地说，一个不可变对象)时，你可以公开它，而不必担心其他组件对数据有任何操作。因为无法对数据做任何修改。

那么删除一项又会怎样呢？单链表偏向于处理第一项，所以会删除第一项(头部)，并返回列表的其余部分(尾部)：

```
public static List<T> Tail<T>(this List<T> list)
   => list.Match
   (
      () => throw new IndexOutOfRangeException(),
      (_, tail) => tail
   );
```

同样，可以在常数时间内从列表中删除第一个元素，而不改变原始列表(请注意，在空列表上调用 Tail 是一个开发人员错误，因此这是极少数抛出异常仍视为合理的例子之一。如果列表有可能为空，正确的实现应该使用 Match 而不是调用 Tail)。

你可能会认为这些示例相当有限，因为只与列表的第一个元素交互。但在实践中，这可用来涵盖相当多的用例。例如，如果需要一个堆栈，它是一个完美的起点。对于长度为 n 的列表，常见的操作如 Map 和 Where 都将是 O(n)的，与其他任何列表一样。

可以定义函数来插入或删除索引为 m 的元素，这些操作都是 O(m)的，因为它们需要遍历 m 个元素并创建 m 个新的 Cons 对象。如果经常需要从一个长列表的末尾追加或删除(例如，如果需要实现一个队列)，那么应使用不同的数据结构——你熟悉的所有数据结构都有不可变的替代品。

12.1.3 解构任何 IEnumerable

注意，我们可以通过模式匹配在简单的链表类型上定义许多有用的操作。这是因为通常需要空列表和非空列表具有不同的行为。注意，非空 case 会将列表分解为头部和尾部。

具有相同语义的 Match 方法可以定义为适用于任何 IEnumerable 类型，定义如下：

```
public static Option<T> Head<T>(this IEnumerable<T> list)
{
   var enumerator = list.GetEnumerator();
   return enumerator.MoveNext()
      ? Some(enumerator.Current)
      : None;
}

public static R Match<T, R>
(
   this IEnumerable<T> list,
   Func<R> Empty,
   Func<T, IEnumerable<T>, R> Otherwise
)
=> list.Head().Match
(
   None: () => Empty(),
   Some: (head) => Otherwise(head, list.Skip(1))
);
```

如果列表为空，Head 返回 None；否则，将列表的头部包装在一个 Some 中

如果列表为空，则调用 Empty 处理程序

如果列表不为空，则使用列表头和尾调用 Otherwise 处理程序

这个 Match 的实现包含在 LaYumba.Functional 中。第 13 章将介绍它在实践中的有用之处。

12.2 二叉树

树也是常见的数据结构。除了链表，大多数其他列表实现会使用树作为它们的底层表示，因为这样可以更有效地执行某些操作。下面来看一棵基本的二叉树，其定义如下：[1]

```
Tree<T> = Leaf(T) | Branch(Tree<T>, Tree<T>)
```

根据这个定义，树可以是一个 Leaf，它是一个终端节点，包含一个 T，也可以是一个 Branch，它是一个包含两个孩子或子树的非终端节点。反过来，孩子或子树又可以是叶子或树枝，依次递归下去。与 List 一样，我将用不同的类型来表示每种情况：

```
public abstract record Tree<T>;
internal record Leaf<T>(T Value) : Tree<T>;
internal record Branch<T>(Tree<T> Left, Tree<T> Right) : Tree<T>;
```

在遍历树时，需要为树枝和叶子执行不同的代码，并访问叶子的内部值。下面定义一个

1 这里的二叉树表示每个分支都有两棵子树。

Match 方法，提供一个令人满意的 API 来执行模式匹配：

```
public static R Match<T, R>
(
   this Tree<T> tree,
   Func<T, R> Leaf,
   Func<Tree<T>, Tree<T>, R> Branch
)
=> tree switch
{
   Leaf<T>(T val) => Leaf(val),
   Branch<T>(var l, var r) => Branch(l, r),
   _ => throw new ArgumentException("{tree} is not a valid tree")
};
```

现在可以像往常一样调用 Match：

```
myTree.Match
(
   Leaf: t => $"It's a leaf containing '{t}'",
   Branch: (left, right) => "It's a branch"
);
```

另外，典型的工厂函数 Leaf 和 Branch 允许你在 REPL 中以如下方式创建树：

```
using static LaYumba.Functional.Data.BinaryTree.Tree;

Branch(
   Branch(Leaf(1), Leaf(2)),
   Leaf(3)
)
```

从而生成图 12.3 所示的树。

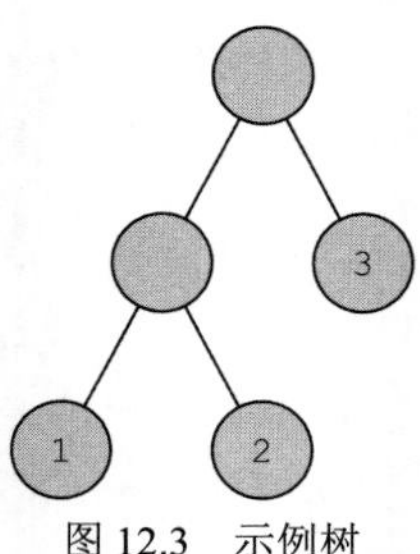

图 12.3 示例树

12.2.1 常见的树操作

现在来看一些常见的操作。与列表一样，可以使用模式匹配来定义大多数操作。例如，要计算一棵树的节点数量，可以编写如下代码：

```
public static int Count<T>(this Tree<T> tree)
   => tree.Match
```

```
  (
    Leaf: _ => 1,
    Branch: (l, r) => l.Count() + r.Count()
  );
```

树也有深度(从根节点到最远的叶子，需要遍历多少节点)，同样，可以使用模式匹配计算深度：

```
public static int Depth<T>(this Tree<T> tree)
  => tree.Match
  (
    Leaf: _ => 0,
    Branch: (l, r) => 1 + Math.Max(l.Depth(), r.Depth())
  );
```

那 Map 呢？Map 将生成一棵与原始树同构的新树，并将映射函数应用于原始树中的每个值，如图 12.4 所示。

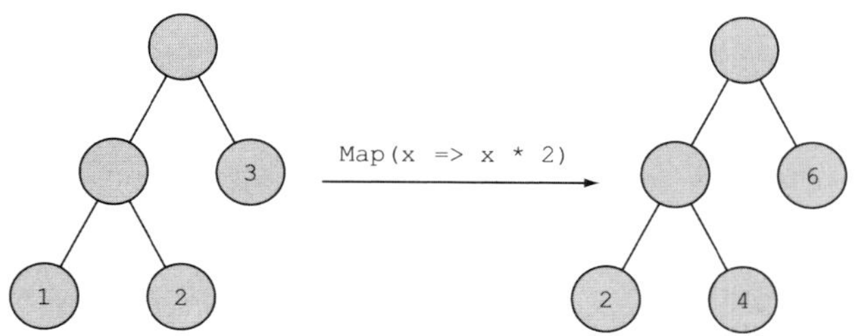

图 12.4　二叉树的 Map 函数

先尝试不查看下面的实现，自己写下如何实现 Map 方法：

```
public static Tree<R> Map<T, R>
(
  this Tree<T> tree,
  Func<T, R> f
)
=> tree.Match
(
  Leaf: t => Leaf(f(t)),
  Branch: (left, right) => Branch
   (
     Left: left.Map(f),
     Right: right.Map(f)
  )
);
```

要在树上实现 Map，需要匹配模式：

- 对于叶节点，提取它的值，将函数应用于该叶节点，并将它包装于一个新的叶节点中。
- 否则，创建一个新的分支，它的左右子树是该函数映射到原始子树上的结果。

定义一个 Aggregate 函数也是可行的，该函数用于将树中的所有值压缩为单个值：

```
public static Acc Aggregate<T, Acc>
(
  this Tree<T> tree,
```

```
    Acc acc,
    Func<Acc, T, Acc> f
)
=> tree.Match
(
    Leaf: t => f(acc, t),
    Branch: (l, r) =>
    {
        var leftAcc = l.Aggregate(acc, f);
        return r.Aggregate(leftAcc, f);
    }
);
```

12.2.2 结构共享

还有更有意思的操作，下面看一个改变树结构的操作，如插入一个元素。这很简单，如代码清单 12.3 所示。

代码清单 12.3 向不可变树添加值

```
public static Tree<T> Insert<T>
(
    this Tree<T> tree,
    T value
)
=> tree.Match
(
    Leaf: _ => Branch(tree, Leaf(value)),
    Branch: (l, r) => Branch(l, r.Insert(value))
);
```

与往常一样，代码使用模式匹配。如果树是一个叶子节点，它会创建一个分支节点，它的两个孩子分别是叶子节点本身，以及一个包含插入值的新叶子节点。如果它是一个分支节点，就会将新值插入右边的子树中。

例如，一个包含{1,2,3,7}的树，你要插入值 9，结果将如图 12.5 所示。如上所述，新树的大部分结构与原始树共享。这是一个更普遍的结构共享思想的例子，即更新后的集合与原始集合共享尽可能多的结构。

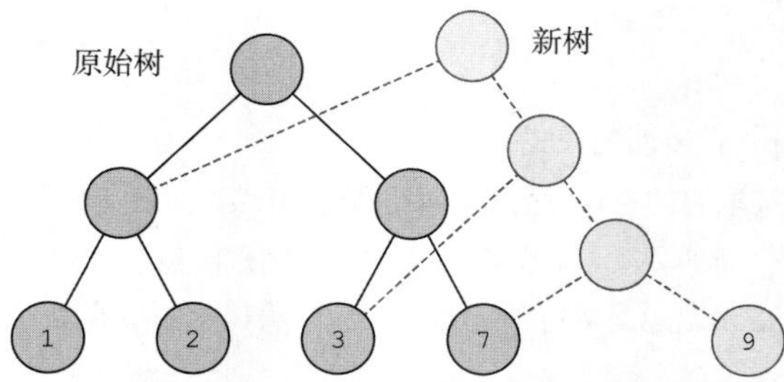

图 12.5 添加了新值的树与原始树共享部分结构

那么在树中插入一项需要创建多少个新项？取决于到达叶子节点所需的数量。如果从一棵拥有 n 个元素的平衡树[1]开始，那么一次插入就需要创建 log n + 2 个对象，这是合理的。[2]

当然，代码清单 12.3 中的实现最终会导致一个非常不平衡的树，因为它总是向右侧添加元素。为了保证有效的插入，需要改进树的表示，使其包含一个自平衡机制。这当然是可能的，但超出了本书的讨论范围。

12.3 结论

开发高效的函数式数据结构是一个庞大而迷人的主题，我们只是浅尝辄止。关于这一主题的参考书有 Chris Okasaki(剑桥大学出版社，1999)出版的 *Purely Functional Data Structures*。然而遗憾的是，代码示例是用 Standard ML 编写的。尽管如此，本节介绍了函数式数据结构的内部工作方式和结构共享的思想，这使得不可变的数据结构变得安全并且可以很好地执行。

函数式程序可能会因复制数据而不是就地更新数据而导致一些性能损失，但命令式程序可能必须引入锁定和防御性副本以确保正确性。因此，函数式程序在许多场景下表现得更好。然而，对于大多数实际应用程序来说，性能并不是关键问题，而是通过采用不变性可获得更高的可靠性。

12.4 练习

列表：

1. 实现以下函数以处理本章中定义的单链表：
   - InsertAt 在指定的索引处插入一项。
   - RemoveAt 删除指定索引处的项。
   - TakeWhile 接受一个谓词并遍历列表，生成所有项目，直至找到第一个令谓词失败的项便停止。
   - DropWhile 工作方式类似，但会排除列表前面的所有项，并返回剩余的项。
2. 这四种函数的复杂性怎样？需要多少个新对象以创建新的列表？
3. 在处理已排序的列表且希望获得大于或小于某个值的所有项时，TakeWhile 和 DropWhile 是非常有用的。请编写接受 IEnumerable(而不是 List)的实现。

树：

1. 是否可为本章所展示的二叉树的实现定义 Bind？如果可以，实现 Bind；否则解释原因(提

---

1 如果一个树从其树根到树叶的所有路径具有相同的长度，或最多相差一个，则该树是平衡树。

2 log 的底数将是树的元数：每个节点有多少个子节点。实际上，一个基于列表表示的树的实现可能元数为 32，所以在插入 100 万个对象后，树可能仍然只有 4 级的深度。

示，首先编写签名，然后绘制二叉树，并说明如何将一个返回树的函数应用于树中的每个值)。

2. 实现一个 LabelTree 类型，其中每个节点都有一个 string 类型的标签和一个子树列表。这可用来模拟网站中的一个典型导航树或类别树。

3. 假设需要在导航树中添加本地化功能。给定一个 LabelTree，其中每个标签的值都是一个键，以及一个字典(它将键映射到站点必须支持的语言的翻译)。需要计算本地化的导航/类别树(提示，为 LabelTree 定义 Map)。

4. 对上述实现进行单元测试。

12.5 本章小结

- 在 FP 中，集合也应该是不可变的，这样已存在的集合便永远不会被改变，而是在需要时创建包含变化的新集合。
- 不可变的集合既安全又高效，因为一个更新后的版本与原始集合共享大部分结构，却不会影响它。

第 13 章

事件溯源：持久化的函数式方法

本章主要内容：

- 关于持久化数据的函数式思考
- 事件溯源的概念和实现
- 事件溯源系统的架构

在第 11 章中，你看到在 FP 中我们避免状态突变，尤其是全局状态。数据库也是有状态的，所以也应该是不可变的。从概念上讲，数据库只是一种数据结构。无论数据库是存储在内存中还是磁盘上，最终都只是实现细节。

在第 12 章中，你了解到函数式数据结构虽然是不可变的，但可以“演变”。也就是说，可为任何给定的结构创建新的“状态”或“视图”，这些结构基于原始结构但不改变原始结构。我们就对象、列表和树进行了探索，这一思想自然也适用于内存中的数据(与存储的数据一样)，这就是应用程序在不发生突变的情况下表示变化的方式(甚至是在数据库级别)。

目前，有两种方法能实现仅追加数据存储的想法：

- **基于断言**——将数据库视为不断增长的事实集合，这些事实在特定时间点是真实的(true)。
- **基于事件**——将数据库视为不断增长的事件集合，这些事件发生于特定时间点。

这两种情况下，数据都不会被更新或删除，只会被追加[1]。13.4 节将详细比较这两种方法，

1 关系数据库的传统函数是 CRUD 操作：创建、读取、更新和删除。数据存储的函数式方法是 CRA：创建、读取和追加。

但本章的大部分内容都将讨论基于事件的方法，这通常被称为事件溯源(event sourcing，ES)。这是因为所使用的各种后备存储更易于理解和实现，并且在.NET社区中其已被广泛采用。

13.1 关于数据存储的函数式思考

当今许多服务器应用程序本质上都是无状态的。也就是说，当它们收到一个请求时，会从数据库中检索所需的数据，然后做一些处理，并持久化相关的变化(见图13.1)[1]。

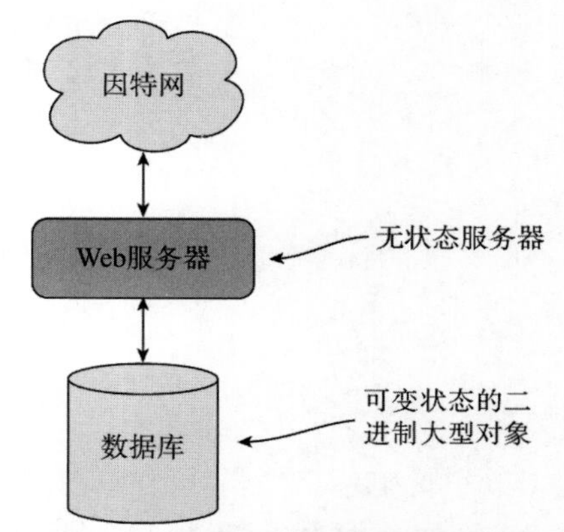

图13.1 所谓的无状态服务器通常依赖于一个称为数据库的可变数据的二进制大型对象

事实上，无状态服务器的方法之所以被证明是有效的，正是因为状态是复杂性的主要来源。如果在需要时你一招手就能取得数据，那么很多难题便不复存在。这本质上就是无状态服务器的工作原理。

这也意味着在无状态服务器中避免状态突变相对容易：只需要创建更新版本的数据，并将其持久化到数据库。但如果仅凭数据库中的值是在进程中更新或删除就认为我们是在进行函数式开发，那就是自欺欺人了。无论何时使用CRUD方法(就地更新存储的数据)开发应用程序，我们实际上是将数据库用作全局可变状态的一个二进制大型对象。

13.1.1 为什么数据存储只能追加

关系数据库已经使用了大约40年。它们是在磁盘空间稀缺的时代构思出来的，因此有效地使用磁盘是非常重要的。通常只存储“当前状态”。当客户改变地址时，旧地址被新地址覆盖——现在仍然有这样一种思维模式，尽管它已经完全过时了。

在大数据时代，情况变了：“存储变得廉价，数据变得有价值。覆盖数据就像将钱扔出窗外一样浪费。假设一位顾客从他们的购物篮中清除了一件物品，你会怎么做？是否会删除数据库中的一行记录？如果这样做了，那么便删除了有用的信息，该信息可能有助于确定某些物品不能按期销售的原因。也许客户经常在购买过程中放弃某些物品，并使用推荐列表中的更便宜物品来代替。如果删除了数据，将无法进行这种分析。

这就是“仅追加存储”的思想赢得青睐的原因所在：永不删除或覆盖任何数据，只添加新数据。例如，想想你用来存储代码的版本控制系统：当提交新的更改时是否覆盖现有代码？

1 无状态服务器易于扩展：你可以有无数个实例，所有实例都可以交互处理请求。但如果服务器是有状态的，并且根据其内部状态以不同的方式处理请求，那么只能使用单个实例，或者，必须设计一种机制来确保不同实例的行为一致。

仅追加存储还有另一大优点：它解决了数据库争用的问题。数据库引擎在内部使用锁定机制来确保修改同一单元的并发连接不会相互冲突。例如，假设有一个电子商务网站，它的某个特定产品的购买量很大。如果该产品的库存数量被建模为数据库单元格中的值，并在下单时更新，这会对单元格造成争用，从而导致数据库访问效率降低。诸如事件溯源的“仅追加”方法可以解决这个问题。下面分析事件溯源代码是什么样的。

13.1.2　放松，并忘却存储状态

第 11 章探讨的一个重要思想是状态与实体的关系。状态是一个实体在给定时间的快照。而实体则是一系列逻辑相关状态。状态转换导致一个新的状态与实体相关联，或者更直观地说，导致实体从一个状态转换到另一个状态。

状态转换由事件触发。例如，银行账户会受到诸如存款、取款、银行收费等事件的影响。结果，银行账户状态发生了变化，如图 13.2 所示。

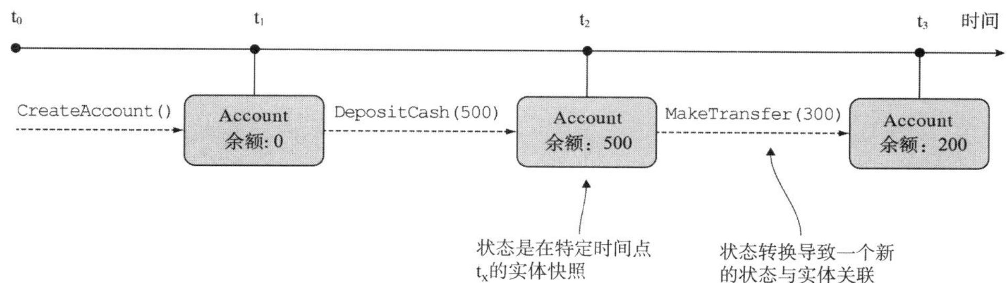

图 13.2　一个实体可被视为一系列逻辑相关的状态，实体的身份将保持不变，但状态会随着影响实体状态的事件而改变

作为开发人员，我们往往过于关注状态的表示。实际上，我们经常认为必须将状态持久化。但这个假设是没有根据的：这只是关系数据库盛行半个世纪以来所产生的影响。

在关系数据库中，我们倾向于只存储实体的最新状态而覆盖之前的状态。当真正需要了解过去时，通常会使用历史记录表，以在其中存储所有快照。这种方法效率低下，因为我们复制了快照之间没有改变的所有数据，如果要计算出导致变化的原因，那么必须运行复杂的逻辑来比较两个状态。

事件溯源(ES)则使该情况有所好转：它将焦点从“状态”转移到“状态转换”。它不是存储有关状态的数据，而是存储有关事件的数据。通过“重播”影响实体的所有事件，始终可重建实体的当前状态。

图 13.3 显示了与图 13.2 相同的信息，但焦点已经改变。不再关注状态：状态是次要的。实际上，一个实体的状态是一个其事件历史的函数。

如果给定实体的两个状态，那么很难计算出是什么事件导致了状态之间的转换，但是给定一个实体的状态和影响该实体的事件，那么很容易计算出新状态。因此，在 ES 中，我们将捕获了有关事件细节(而不是状态)的数据持久化。

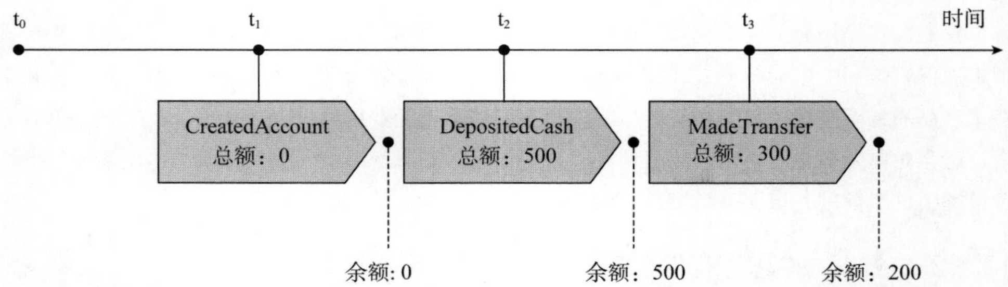

图 13.3 事件来源暗示了对实体思考的焦点转移。不关注实体的状态，而是关注带来新状态的转换

13.2 事件溯源的基础知识

接下来，分析如何将想法应用于实践，并通过 BOC 情景来说明。你会理解：

- 事件可表示为简单的、不可变的数据对象，捕获所发生事情的细节。
- 状态也表示为不可变的数据对象，尽管它们可能比事件拥有更复杂的结构(如父子关系)。
- 状态转换可表示为接受一个状态和一个事件并生成一个新状态的函数。

最后，你会看到如何根据事件历史重新创建一个实体的状态。

13.2.1 表示事件

事件是一些非常简单、普通的数据对象，捕获最少量的信息，以真实地表示所发生的事情。例如，代码清单 13.1 显示了一些可能影响银行账户的事件。

代码清单 13.1 影响银行账户的一些事件

```
public abstract record Event
(
   Guid EntityId,            ← 标识受影响的实体(在本例中是一个账户)
   DateTime Timestamp
);

public record CreatedAccount
(
   Guid EntityId,
   DateTime Timestamp,
   CurrencyCode Currency
)
: Event(EntityId, Timestamp);

public record FrozeAccount
(
   Guid EntityId,
   DateTime Timestamp
)
```

```
: Event(EntityId, Timestamp);

public record DepositedCash
(
   Guid EntityId,
   DateTime Timestamp,
   decimal Amount,
   Guid BranchId
)
: Event(EntityId, Timestamp);

public record DebitedTransfer
(
   Guid EntityId,
   DateTime Timestamp,

   string Beneficiary,
   string Iban,
   string Bic,

   decimal DebitedAmount,
   string Reference
)
: Event(EntityId, Timestamp);
```

上述事件只是可能影响账户的一部分事件(最明显的是，缺少现金提取和贷记转账)，但它们具有足够的代表性，通过这些例子，你可以弄清楚如何处理其他事件。

事件应该是不可变的：它们代表过去发生的事情，不能改变过去。它们将被持久化到存储中，所以也必须是可序列化的。

13.2.2　持久化事件

如果你想将代码清单 13.1 中的示例事件持久化到数据库中，你会注意到所有事件都有不同的结构、不同的字段，因此无法将它们存储在一个固定格式的结构中(比如一个关系表)。存储事件有多种选择。按事件优先级，应考虑使用以下数据库：

- 专门的事件数据库，如 Event Store(详见链接[1])。这是专门针对事件源系统设计的。
- 文档型数据库，如 Redis、MongoDB 等。这些存储系统不对它们存储的数据结构做任何假设。
- 传统的关系数据库，如 SQL Server。

注意　你用来持久化事件的任何存储通常都称为事件存储。不要将此与 Event Store(总是首字母大写)混淆，Event Store 是一个包含事件存储和相关功能的特定产品。

如果你选择将事件存储在一个关系数据库中，那么需要一个包含 EntityId 和 Timestamp 等标题列的事件表，需要这些标题列才能查询实体的事件历史(已排序，并可能按照时间戳进行过滤)。事件的有效载荷将被序列化为一个 JSON 字符串并存储到一个宽列中，如表 13.1 所示。

表 13.1 事件数据可存储在关系数据库表中

实体标识	时间戳	事件类型	数据
abcd	2021-07-22 12:40	CreatedAccount	{ “Currency”: “EUR” }
abcd	2021-07-30 13:25	DepositedCash	{ “Amount”: 500, “BranchId”: BOCLHAYMCKT” }
abcd	2021-08-03 10:33	DebitedTransfer	{ “DebitedAmount”: 300, “Beneficiary”: “Rose Stephens”, …}

这三种存储选项都是可行的；只取决于需求以及现有的基础结构。如果大部分数据已经存在于关系数据库中，并且只想对某些实体事件溯源，那么使用同一数据库是有意义的，因为这样仅涉及较少的操作开销。

13.2.3 表示状态

第 11 章用了很多篇幅来讨论如何表示状态，所以我们已经处于非常有利的位置。但现在我们必须问一个问题：如果使用事件来进行持久化，那么这些状态或快照存在的目的究竟是什么？事实证明，之所以需要数据实体状态的快照是出于两个目的：

- 需要快照来决定如何处理命令。例如，如果服务器收到一个指示应该进行转账的命令，并且账户被冻结或余额不足，那么必须拒绝该命令。
- 还需要快照以向用户显示。我将其称为视图模型[1]。

下面从第一种类型的快照开始(13.3.4 节介绍视图模型)。我们需要一个仅捕获所需的内容的快照来决策如何处理命令。代码清单 13.2 展示了这样一个模拟账户状态的对象。

代码清单 13.2 一个简化的实体状态模型

```
public sealed record AccountState
(
   CurrencyCode Currency,
   AccountStatus Status = AccountStatus.Requested,
   decimal Balance = 0m,
   decimal AllowedOverdraft = 0m
);
```

注意，与第 11 章中讨论的 AccountState 类型相比，这有点简化。具体来说，没有交易列表，因为假设当前余额和账户状态足以决策如何处理任何命令。事务可以显示给用户，但在处理命令时不需要它们。

1 对存储为事件的数据运行复杂分析可能效率低下，因此你也可能决定存储快照。这些快照称为投影(projection)，并在事件发生时进行更新，以使数据可用于有效格式的查询。它与视图模型没有根本区别——更确切地说，可将视图模型视为投影——所以本书不会专门讨论投影。

13.2.4　表示状态转换

现在来看看状态转换中的状态和事件是如何结合的。一旦有一个状态和一个事件，即可通过将事件应用到状态来计算下一个状态。这种计算称为状态转换，它是一个函数，其签名具有以下通用形式：

```
state → event → state
```

换句话说，“给我一个状态和一个事件，我会在事件发生后计算新的状态”。对于该场景来说，该签名为：

```
AccountState → Event → AccountState
```

这里，Event 是基类，所有事件都从 Event 派生，因此这个实现必须对事件类型进行模式匹配，然后使用相关的变化来计算一个新的 AccountState。

还有一种特殊的状态转换，即当首次创建账户时。这种情况下，我们有一个事件但没有先前的状态，所以签名形式如下：

```
event → state
```

代码清单 13.3 展示了针对该场景的实现。

代码清单 13.3　对状态转换进行建模

```
public static class Account
{
   public static AccountState Create(CreatedAccount evt)
      => new AccountState
       (
         Currency: evt.Currency,
         Status: AccountStatus.Active
      );

   public static AccountState Apply
      (this AccountState acc, Event evt)
      => evt switch
      {
         DepositedCash e
            => acc with { Balance = acc.Balance + e.Amount },

         DebitedTransfer e
            => acc with { Balance = acc.Balance - e.DebitedAmount },

         FrozeAccount
            => acc with { Status = AccountStatus.Frozen },

         _ => throw new InvalidOperationException()
      };
}
```

CreatedAccount 是一个特例，因为没有先前的状态

根据事件的类型调用相关转换

discard 模式匹配任何未定义处理程序的事件

第一个方法是创建的特例，它接受一个 CreatedAccount 事件并新建一个 AccountState(其中

包含来自事件的值)。为了简化事情，假设在创建账户时可以立即将其设置为 Active 状态。

Apply 方法是状态转换的一般公式，它将处理其他所有事件类型，对事件类型进行模式匹配：如果事件是 FrozeAccount，则返回状态为 Frozen 的一个新状态；如果事件是 DepositedCash，则余额相应地增加，以此类推。在真实应用程序中，你将获得更多事件类型。

无限制继承和丢弃模式

代码清单 13.3 中的 switch 表达式包括必需的丢弃(discard)模式，以用于任何显式指定的模式都不匹配的事件。这必须提供，因为如果省略它，将收到编译器警告：如果没有丢弃模式，编译器不能假定模式匹配是彻底的。事件可以有其他子类，甚至是在其他程序集中定义的子类，可单独编译。

如果丢弃模式能匹配，那么抛出一个异常是明智的。如果引入了一种新的事件类型，但忘记定义如何处理它，那么你会希望代码失败。

大多数静态类型的函数语言都对求和类型采取了不同的方法：在定义求和类型时，还定义了所有可能的子类型。例如，定义 List 可以是 Empty 或 Cons，除此之外无其他类型。但事实上，在 C#中不可能以这种方式限制继承，这导致我为本书中的大多数 sum 类型定义了 Match 方法。

如果编程语言允许你详尽地指定 sum 类型的所有可能情况，那么模式匹配会更加强大。编译器知道系统可以处理的所有类型(如事件)。这不仅意味着不再需要丢弃模式，更重要的是，如果添加了一种新的 Event 类型，编译器将指出事件处理程序所在的位置，从而有效地指导开发过程(你得到一个显示处理位置的编译器错误，而不是匹配丢弃模式后抛出的运行时错误)。

请注意，这种使用数据(例如不同类型的事件或命令)来执行不同逻辑的数据驱动方法与 OO 程序员所钟爱的开放/封闭原则完全不一致。

13.2.5 从过去的事件中重建当前状态

前面介绍了如何表示状态和事件，以及如何将它们与状态转换结合在一起，也讲解了如何从过去影响该实体的事件的历史记录中获取实体的当前状态。图 13.4 以图形方式表示了这一点。

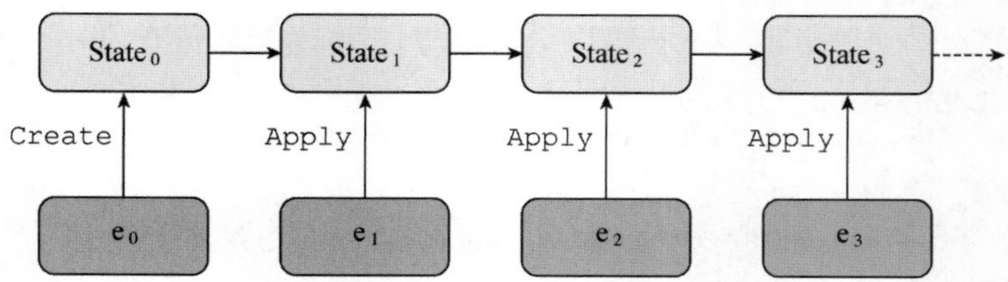

图 13.4 根据事件历史复原实体的当前状态

假定你有一个影响账户的事件列表，你想要计算账户的当前状态。以下是需要牢记的三个注意事项：

- 当你从一个列表开始，并希望以单个值结束时，可以使用 Aggregate。

- 列表中的第一个事件将导致创建账户，而后续事件涉及状态转换。
- 最后一个细节：假设在 DB 中查询与账户 123 有关的所有事件，得到一个空列表。这意味着该账户没有历史记录，因此实际上它不存在，应该得到 None。

下面的代码清单 13.4 显示了如何从一个账户的事件历史记录计算出账户状态。

代码清单 13.4　根据事件历史复原实体的当前状态

```
public static Option<AccountState> From
   (IEnumerable<Event> history)          ← 提供事件历史
   => history.Match
   (
      Empty: () => None,
      Otherwise: (created, otherEvents) => Some
      (
         otherEvents.Aggregate
         (
            seed: Account.Create((CreatedAccount)created),   ← 从第一个事件中创建一个新账户，并将其用作累加器
            func: (state, evt) => state.Apply(evt)   ← 应用每个后续事件
         )
      )
   );
```

下面先来分析签名。函数接受一个事件序列：实体的历史记录。这是查询给定 EntityID 的所有事件时从数据库获取的事件列表。假定序列已按顺序排列：第一个发生的事件应位于列表顶部。此规则在你从数据库中检索事件时必须强制执行，而且通常很容易做到：因为事件是按时间先后顺序持久化，所以会按顺序追加它们，并且检索时通常会保留此顺序。

接着调用了 12.1.3 节中定义的 Match 方法。这允许你处理空的事件历史记录情况，在这种情况下，账户实际上不存在，代码返回 None。这就是为什么所需的返回类型 AccountState 被包装在 Option 中的原因。

如果列表不为空，它就被解构为头部和尾部。头部一定是一个 CreatedAccount 事件，而尾部包含其他所有事件。该代码从 CreatedAccount 事件计算出账户的初始状态，然后将其用作累加器进行 Aggregate，Aggregate 将所有后续事件应用于此初始状态，从而获得当前状态。

注意，如果不想查看账户的当前状态，而是查看过去任何时间点的状态，则可通过对相同的函数求值，但仅包括在所需日期之前发生的事件来轻松完成此操作。因此，当你需要审计追踪并需要查看一个实体如何随时间变化时，事件溯源是一种非常有价值的模型。

前面了解到事件溯源如何为持久化提供一个可行的“仅追加”模型，从中可轻松计算出现在或过去的状态，下面从高级架构的角度来分析事件溯源系统是什么样的。

13.3　事件溯源系统的架构

事件溯源系统中的数据流与传统系统中的数据流不同，后者的数据通过关系存储来备份。

如图 13.5 所示，在面向 CRUD 的系统中，程序在实体中进行处理，或在状态中会处理得更好。状态将保存在数据库中，由服务器检索，并发送给客户端。“模型”(存储在数据库中的数据)和“视图模型”(发送给客户端的数据)之间的转换通常非常少。

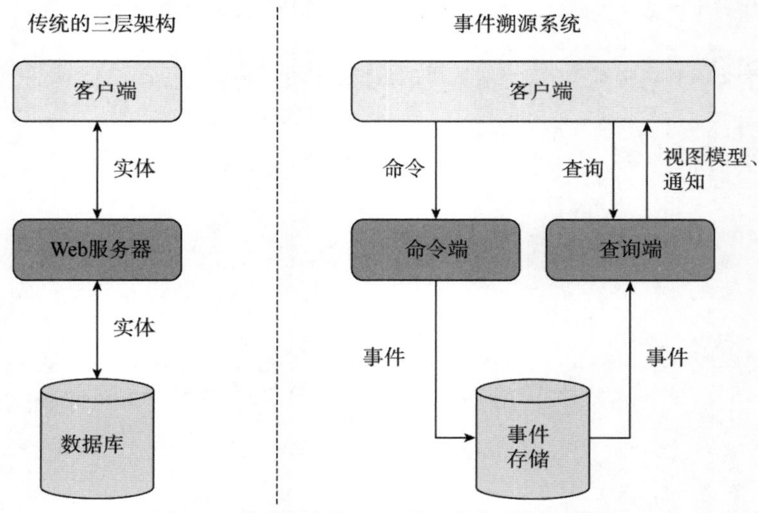

图 13.5 传统与事件溯源系统中数据流的高级比较

事件溯源系统中则完全不同。我们持久化的是事件。但用户并不希望看到事件日志，因此供用户查看的数据必须以有意义的方式进行结构化。出于这个原因，可将事件溯源系统巧妙地分成两个独立部分。

- **命令端**——此端负责写数据，其工作主要包括处理从客户端接收的命令。命令首先经过验证，有效的命令将导致事件被持久化并发布。
- **查询端**——此端负责读数据。视图模型由客户端想要展示的内容决定，查询端必须用存储的事件来填充这些视图模型。当新事件导致视图改变时，查询方也可选择向客户端发布通知。

命令端和查询端之间的这种自然分割导致了更小、更集中的组件。也提供了灵活性：命令和查询端可以是完全独立的应用程序，因此可独立扩展和部署。当认为查询端的负载可能比命令端的负载大得多时，这是有利的。例如，与所检索的数据量相比，访问 Twitter 或 Facebook 等网站时所发布的数据要少得多。

相反，在命令端，可能需要同步写入以防止并发更改。如果有一个命令端的单个实例，那么可以更轻松地完成同步写入。这种分离(称为 CQRS，即命令/查询的责任分离)允许你轻松扩展数据密集型的查询端以满足需求，同时保留较少实例甚至是命令端的单个实例。

命令端和查询端不必是单独的应用程序。两者可共存于同一个应用程序中。但如果使用事件溯源，那么双方仍要内部分离。下面分析如何从命令端开始实现它们。

13.3.1　处理命令

命令可以说是最早的数据源。命令由客户端发送到应用程序，并由命令端处理，命令端必执行以下操作：

- 验证命令。
- 将命令转换为一个事件。
- 持久化事件并将其发布给相关方。

下面首先比较类似但不同的“命令”和“事件”：

- “命令”表示来自客户端的请求。由于某种原因，可能会违背或忽视命令。也许是该命令未通过验证，或者系统在处理它时崩溃了。命令应以命令形式命名，例如 MakeTransfer 或 FreezeAccount。
- “事件”表示已经发生的事，所以不会失败或被忽视。它们以过去式命名，例如 DebitedTransfer 或 FrozeAccount。在 ES 上下文中，术语“事件”指的是导致状态转换的事件，因此必须进行持久化(如果系统中有其他不需要持久化的瞬态事件，请确保清楚地区分它们)。

此外，命令和事件通常会捕获相同的信息，并且从命令创建事件只需要逐字段复制(有时会有一些变化)。代码清单 13.5 提供了一个例子。

代码清单 13.5　将命令转换为事件

```
using Boc.Domain.Events;                          ← 事件是域定义的一部分

namespace Boc.Commands;                           ← 命令是高级的、面向客户端代码的一部分

public abstract record Command(DateTime Timestamp);

public record FreezeAccount
(
   DateTime Timestamp,
   Guid AccountId
)
   : Command(Timestamp)
{
   public FrozeAccount ToEvent() => new           ← 通过逐字段复制值，将命令转换为事件
    (
      EntityId: this.AccountId,
      Timestamp: this.Timestamp
   );
}

// more commands here...
```

我为 BOC 应用程序中的每个命令定义了类似的 ToEvent 方法。请注意，事件是在域中定义的(即 Boc.Domain.Events 名称空间)，而命令实际上是面向客户端的代码的一部分(可能的话，事件可以在命令处理代码所依赖的低级程序集中定义)。

事件将直接影响单个实体，但事件是在系统内广播的，因此可能引起一系列影响其他实体的其他事件。例如，转账直接影响银行账户，但间接影响银行的现金储备。

接下来分析命令端的主工作流，如图 13.6 所示。

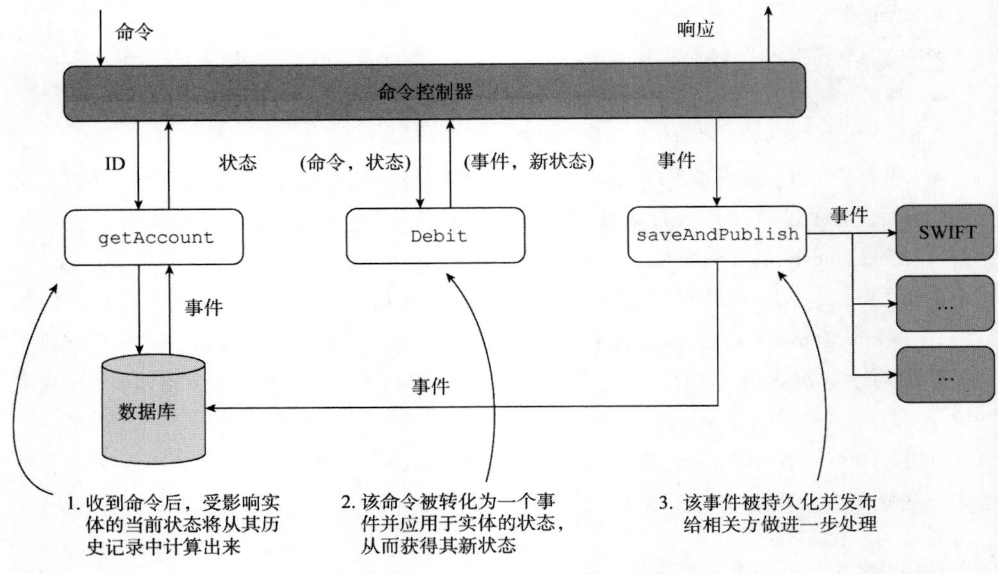

图 13.6 一个事件溯源系统的命令端

为简单起见，此处暂时忽略验证以及错误处理。这将使你能专注于数据流的基本要素。代码清单 13.6 展示了命令端的入口点和主工作流。

代码清单 13.6 顶级的命令处理工作流

```
public static void ConfigureMakeTransferEndpoint
(
   WebApplication app,
   Func<Guid, AccountState> getAccount,
   Action<Event> saveAndPublish
)
=> app.MapPost("/Transfer/Make", (MakeTransfer cmd) =>    ← 处理接收到的命令
{
   var account = getAccount(cmd.DebitedAccountId);    ← 检索账户

   var (evt, newState) = account.Debit(cmd);    ← 执行状态转换。返回一个包含事件和新状态的元组

   saveAndPublish(evt);    ← 持久化事件并发布给相关方

   return Ok(new { newState.Balance });    ← 向用户返回有关新状态的信息
});
```

这段代码依赖如下两个函数：

- getAccount，检索受影响账户的当前状态(根据其事件历史来计算，如 13.2.5 节所述)。
- saveAndPublish，将给定事件持久化至存储，并将其发布给任何相关方。

现在分析端点本身。它接收一个进行转账的命令并使用 getAccount 函数检索要借记的账户的状态。然后将检索到的账户状态和命令提供给 Debit 函数，Debit 函数执行状态转换。

Debit 返回一个包含创建的事件和账户的新状态的元组。然后，代码将此元组解构为两个元素：创建的事件被传递给 saveAndPublish，账户的新状态用于填充发送回客户端的响应。接下来分析 Debit 函数：

```
public static class Account
{
   public static (Event Event, AccountState NewState) Debit
    (
      this AccountState currentState,
      MakeTransfer transfer
   )
   {
      Event evt = transfer.ToEvent();                   ← 将命令转换为一个事件
      AccountState newState = currentState.Apply(evt);  ← 计算新状态

      return (evt, newState);
   }
}
```

Debit 将命令转换为一个事件，并将该事件与新状态一起提供给 Apply 函数以获取账户的新状态。注意，这与从其事件历史计算账户当前状态时使用的 Apply 函数完全相同。[1]这可确保状态转换是一致的，无论事件是刚发生的，还是发生在过去并且正在重播。

13.3.2　处理事件

我们实际上是在哪里完成将钱转账给收款人的任务呢？这是通过 saveAndPublish 完成的：新创建的事件应该传播给相关方。一个专门的服务应该订阅这些事件，并相应地将资金发送到收款银行(通过 SWIFT 或其他中介平台)。其他订阅者可能会出于其他原因处理相同的事件，例如重新计算银行的现金储备，向客户的手机发送一个 toast 通知等。

这可能阐明了该函数被称为 saveAndPublish 的原因：这两件事情都应该在原子级别发生。如果进程保存了事件，然后在所有订阅者能够处理事件之前崩溃，则系统可能处于不一致状态。例如，该账户余额可能会减少，但这笔钱不会发送给 SWIFT。

如何实现这种原子性有些复杂，并且完全是由采用哪种基础结构(用于存储和事件传播)决定的。例如，如果使用 Event Store，则可利用事件流的持久性订阅，这可确保事件至少向订阅者传递一次(在此情况下，意味着“持久”)。

1　ES 的其他作者允许在此时将一个命令被翻译成多个事件，但这往往会增加复杂性而没有任何实际的好处。相反，我发现应将一个命令翻译成一个事件。当此事件发布后，下游事件处理程序可创建其他事件，影响同一实体或其他实体。

因此，使用 Event Store 可简化 saveAndPublish 中的逻辑以仅保存事件。然后事件处理程序将订阅 Event Store 的事件流，如图 13.7 所示。

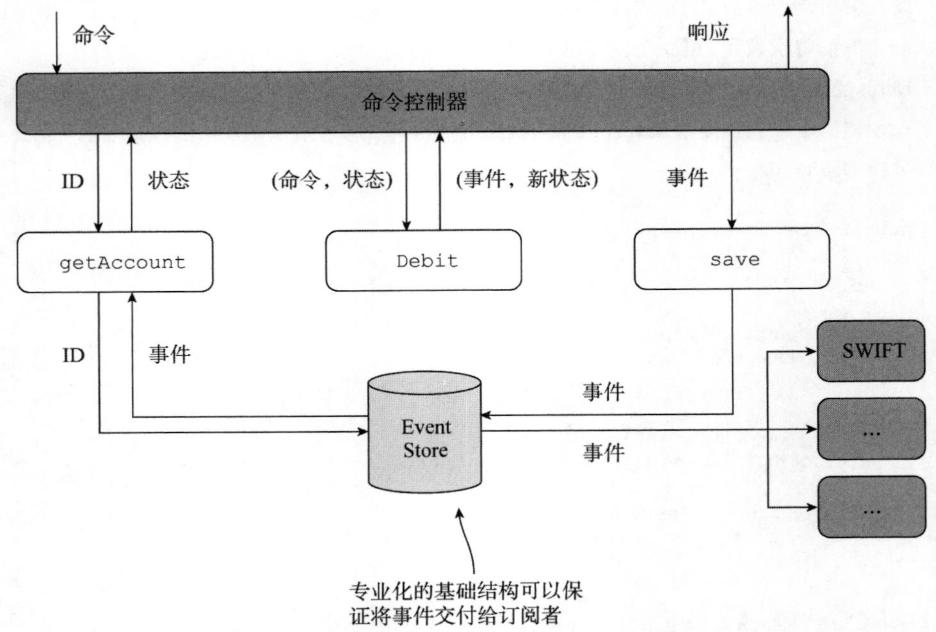

图 13.7 事件处理程序可以订阅 Event Store 发布的事件流

13.3.3 添加验证

现在添加验证，以便只有在账户当前状态允许的情况下才接受该命令并将其转换为事件，如代码清单 13.7 所示。

代码清单 13.7 仅确保有效的转换发生

```
public static class Account
{
   public static Validation<(Event Event, AccountState NewState)> Debit
      (this AccountState account, MakeTransfer transfer)
   {
      if (account.Status != AccountStatus.Active)
         return Errors.AccountNotActive;
      if (account.Balance - transfer.Amount < account.AllowedOverdraft)
         return Errors.InsufficientBalance;
      Event evt = transfer.ToEvent();
      AccountState newState = account.Apply(evt);

      return (evt, newState);
   }
}
```

此处的 Debit 执行了一些账户的特定验证，因此返回类型被包装在 Validation 中。

- 如果验证失败，代码返回一个 Error(这里将演示 8.3.1 节中描述的方法，其中 Errors 类公开了应用程序中可能出现的每个错误的属性)。
- 如果一切顺利，会返回包含事件和新状态元组。

注意，在任何一种情况下，返回的值都会隐式提升到适当状态的 Validation 中。这些就绪后，让我们重新审视主要的工作流，添加验证，如代码清单 13.8 所示。

代码清单 13.8　具有验证的命令处理

```
public static void ConfigureMakeTransferEndpoint
(
   WebApplication app,
   Func<MakeTransfer, Validation<MakeTransfer>> validate,
   Func<Guid, Option<AccountState>> getAccount,
   Action<Event> saveAndPublish
)
=> app.MapPost("/Transfer/Make", (MakeTransfer transfer)
   => validate(transfer)
      .Bind(t => getAccount(t.DebitedAccountId)
         .ToValidation($"No account found for {t.DebitedAccountId}"))
      .Bind(acc => acc.Debit(transfer))
      .Do(result => saveAndPublish(result.Event))
      .Match(
         Invalid: errs => BadRequest(new { Errors = errs }),
         Valid: result => Ok(new { result.NewState.Balance })));
```

该代码清单有一个新的依赖项，validate。validate 应该执行一些更通用的命令验证，例如确保 IBAN 和 BIC 代码格式的正确性等。

13.2.5 节中提到，检索账户应该返回一个 Option，以反映所请求账户的历史记录不存在的情况。这里使用 ToValidation 将 Option 转换为 Validation，并在给定 Option 为 None 时提供一个 Error 值(与 6.5 节中看到的类似，这是另一个自然转换的例子)。

命令的验证、实体是否存在的验证，以及 Debit 中特定于账户的验证都被建模为返回 Validation 的函数，并因此可以与 Bind 结合使用。

工作流的下一步发生在 Do 函数中(请参阅下面的补充说明)。这将调用 saveAndPublish 并传递 Debit 的结果，该结果将在后续的 Match 调用(工作流程的最后一步)中可用，在该步骤中，我们将根据验证的结果向客户端发送适当的响应。

Do 函数

可以使用 Do 在工作流程中执行副作用。Do 类似于 ForEach，它接受一个具有副作用的函数。但 ForEach 会“丢弃”内部值，而 Do 则会传递值，使其可用于后续逻辑。Do 的实现很简单：

```
public static Validation<T> Do<T>
   (this Validation<T> val, Action<T> action)
{
   val.ForEach(action);
```

```
    return val;
}
```

除了使用 Do，还可以使用 Map，给它提供一个执行副作用并返回输入的函数。但最好是显式的，所以还是使用 Do 来凸显正在执行副作用的事实，而对于没有副作用的数据转换则使用 Map。

Do 也被称为 Tap 或 Tee。Tee 这个名称很形象。以管道方式来思考：Do 就像一个 T 形的管道(数据从一端进入，然后向管道中的副作用函数和后面的函数输出，如图 13.8 所示)。

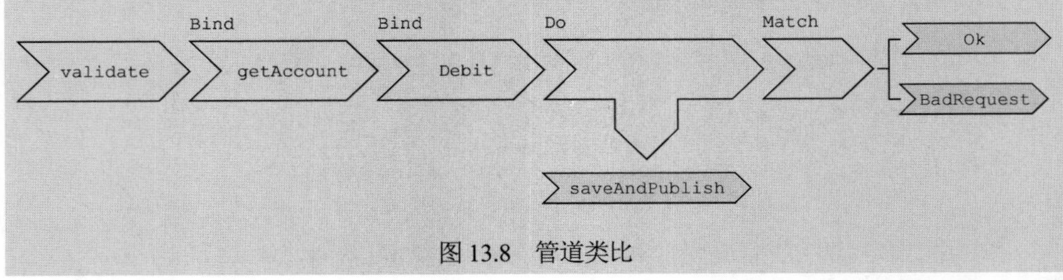

图 13.8 管道类比

与代码清单 13.6 中的初始框架相比，代码清单 13.8 中的代码添加了验证，但没有异常处理。因为 getAccount 和 saveAndPublish 要执行 I/O，它们中的任何一个都可能失败。为表达这一点，必须将 Validation 与另一个效应(如 Exceptional)结合使用。第 18 章将介绍这是如何实现的。

现在你应该对事件溯源系统命令端的工作方式有了很好的了解。下面来分析查询端。

13.3.4 创建事件数据的视图

前面介绍了事件溯源系统的命令端功能，下面看看查询端。再次从客户端开始探索。客户端以最适合用户需求的格式显示数据，服务器的作用是提供出现在这些视图(视图模型)中的数据。

让我们以银行账户对账单为典型的银行账户视图为例。它包含在给定期间发生的交易清单(假设与自然月相吻合)以及期初和期末的余额。图 13.9 呈现了一个例子。

Your summary for: July 2016

Starting Balance		**550**	

Transactions

Date	Description	Credited	Debited
2016-07-03	Cash deposit	200	-
2016-07-10	Transfer to Rose Stephens	-	350
2016-07-03	Direct debit payment to Electro	-	65

End Balance		**335**	

图 13.9 一个银行对账单的示例结构

接下来定义视图模型的结构，包含用于填充银行对账单的数据。有一个父对象 AccountStatement，其中包含一个 Transactions 列表，如代码清单 13.9 所示。

代码清单 13.9　银行对账单的视图模型

```
public record AccountStatement
(
   int Month,
   int Year,
   decimal StartingBalance,
   decimal EndBalance,
   IEnumerable<Transaction> Transactions
);

public record Transaction
(
   DateTime Date,
   string Description,
   decimal DebitedAmount = 0m,
   decimal CreditedAmount = 0m
);
```

注意 AccountStatement 与你在代码清单 13.2 中看到的 AccountState 有关但完全独立：

- AccountState 在命令端用于处理可能影响账户的命令，因此服务器逻辑将决定应包含哪些数据。
- AccountStatement 是查询端的一部分，因此客户端将决定需要什么数据。

这两种类型都引用相同的实体，但它们可能在不同的名称空间、程序集甚至应用程序中定义。

接下来，需要基于一个给定账户的事件历史填充此数据。注意，需要完整的事件历史记录。代码清单 13.10 显示了一个函数，该函数根据账户的事件历史记录，填充给定期间的 AccountStatement。

代码清单 13.10　填充 AccountStatement 视图模型

```
public static AccountStatement Create
(
   int month,      | 希望填充账单的期间
   int year,       |
   IEnumerable<Event> events   <-- 账户的完整事件历史记录
)
{
   var startOfPeriod = new DateTime(year, month, 1);
   var endOfPeriod = startOfPeriod.AddMonths(1);

   var (eventsBeforePeriod, eventsDuringPeriod) = events
      .TakeWhile(e => endOfPeriod < e.Timestamp)
      .Partition(e => e.Timestamp <= startOfPeriod);

   var startingBalance = eventsBeforePeriod
      .Aggregate(0m, BalanceReducer);
   var endBalance = eventsDuringPeriod
      .Aggregate(startingBalance, BalanceReducer);
```

```
    return new
    (
      Month: month,
      Year: year,
      StartingBalance: startingBalance,
      EndBalance: endBalance,
      Transactions: eventsDuringPeriod.Bind(CreateTransaction)
    );
}
```

让我们浏览一下代码。首先，事件列表被分成两部分。我们需要对账单期间开始前发生的所有事件以计算期初余额，以及在这一期间发生的所有事件以计算期末余额。

为计算期初余额，我们使用 0 作为种子值和一个 reducer 函数(见 9.6 节)聚合对账单期间开始之前的所有事件，该 reducer 函数根据事件如何影响余额来逐步增加或减少余额。代码清单 13.11 展示了这种方法。

代码清单 13.11　reducer 对每个事件如何影响账户余额进行建模

```
static decimal BalanceReducer(decimal bal, Event evt)
   => evt switch
   {
      DepositedCash e => bal + e.Amount,                    影响余额的事件
      DebitedTransfer e => bal - e.DebitedAmount,
      _ => bal    ← 其他事件不会影响余额，因此这个默认子句返回当前余额
   };
```

不是所有事件都影响余额，因此 switch 表达式的 discard 模式返回当前余额。

要计算期末余额，可以使用相同的逻辑，只是要使用期初余额作为种子，并聚合在对账单期间发生的事件。

现在查看交易列表。有些事件(如转账)涉及交易，而其他事件(如更改账户状态)不涉及交易。我已经在一个函数 CreateTransaction 中对此进行了建模，它根据 Event 填充一个 Transaction：

```
static Option<Transaction> CreateTransaction(Event evt)
   => evt switch
   {
      DepositedCash e => new Transaction
      (
         CreditedAmount: e.Amount,
         Description: $"Deposit at {e.BranchId}",
         Date: e.Timestamp.Date
      ),

      DebitedTransfer e => new Transaction
      (
         DebitedAmount: e.DebitedAmount,
         Description: $"Transfer to {e.Bic}/{e.Iban}; {e.Reference}",
         Date: e.Timestamp.Date
      ),
```

```
    _ => None
};
```

不影响账户余额的事件不涉及交易。因此，该函数返回一个 Option。可以使用此函数计算属于该对账单的所有事务。但不要使用 Map，这将产生一个 IEnumerable <Option<Transaction>>。可以使用 Bind，它会过滤掉所有的 None，如 6.5 节所述。

如上所述，使用一个事件列表填充视图模型需要一些工作和思考。所涉及的数据转换通常可通过常用的 Map、Bind 和 Aggregate 函数来执行。视图模型一直以用户体验为中心，并且与底层表示完全分离。

如果需要处理大量事件，则视图模型填充可能是计算密集型的，因此通常要进行一些优化，以免每次需要视图时都重新计算视图模型。这种优化之一是查询端为每个视图模型缓存当前版本，并在接收到新事件时更新它。在本示例中，查询端订阅命令端发布的事件，在接收到这些事件后更新缓存版本，并(可选地)将更新后的视图模型发布到已连接的客户端。

如前所述，如果想要一个具有关系数据库(或更好)性能特征的事件溯源模型，则需要一些额外的工作来预先计算和维护视图模型。一些更复杂的优化涉及查询端的专用数据库，其中数据以优化格式来存储以供查询。例如，如果需要查询带过滤器的视图，那么可以使用一个关系数据库。这种“查询模型”始终是过去事件的副产品，因此事件存储库充当了“事实来源”。

13.4　比较不同的不可变存储方法

本章介绍解了 ES，这是一种基于事件的数据存储方法。还讨论了为什么它本质上是一种函数式技术，以及存储状态转换的相关数据，而非状态本身能带来重要的好处。

本章开头提到的另一种方法是基于断言的方法。它更像是关系模型，因为你仍然在定义实体和属性，而这些实体和属性本质上与关系数据库中的行和列相似(例如，可定义一个具有 Email 属性的 Person 实体)。

可通过断言来修改这个数据库——例如“现在开始，id 为 123 的 Person 的 Email 属性的值为 jobl@manning.com。”将来，此属性可能会与其他值关联，但它在特定时间范围内与值 jobl@manning.com 相关联的事实不会被遗忘、覆盖或销毁。在这个模型中，数据库变成一个不断增长的事实集合。然后，你可采用与关系数据库类似的方式查询数据库，可指定是否要查询当前状态或任何时间点的状态。

使用基于断言和基于事件的方法，可得到以下结果：

- 审计追踪，可在任何时间点查询实体的状态
- 无数据库争用，因为没有数据被覆盖

这些好处源于这两种方法都采用了不变性。下面分析可能影响你在这两种方法之间做出选择的其他因素。

13.4.1 Datomic 与 Event Store

基于断言的方法实际上只有一种具体实现，即 Datomic(详见链接[2])，除了这里讨论的原则外，它还实现了其他相关的设计决策，在性能和可扩展性方面具有良好特性。Datomic 是一款专有产品，其免费版本的可扩展性受到限制。但要自己开发基于断言的存储系统将是一项艰巨的任务。

另一方面，实现事件溯源系统则相对简单：本章介绍了所需的大部分内容。可使用任何数据库(NoSQL 或关系数据库)编写有效的实现作为底层存储。对于大型应用程序，仍然值得使用专门为 ES 设计的数据库(如开源的 Event Store[1])。总之，如果需要基于断言的方法，则几乎必须使用 Datomic；对于 ES，可能需要(或选择使用)Event Store。

Event Store 是用.NET 开发的，它提供了通过 TCP 与存储进行通信的.NET 客户端，并且该项目在.NET 社区中具有良好的能见度。Datomic 是用 Clojure 开发的，所以与.NET 的互操性不是很好[2]。这些方面使得更多人倾向于使用 Event Store，部分原因是.NET 用户更广泛地采用 ES(无论是否使用 Event Store)。

13.4.2 领域是否受事件驱动

在确定采用任何技术时，最重要的考虑因素是领域的具体需求：某些应用程序本质上是受事件驱动的，而其他应用程序则不是。

该如何评估 ES 是否合适呢？首先，思考领域里什么被视为“事件”，它们有多重要？其次，了解所提供的数据与所涉及的各方正在使用的数据之间是否存在固有差异。

例如，思考在线拍卖的领域：典型事件是客户在商品上投标。此事件触发变化：竞价客户成为高出价者，并且提高下一个出价的值。另一个重要事件是锤子落下时：高出价者必然购买相应的物品，等等。该领域绝对是受事件驱动的。

此外，客户所使用的数据往往与他们产生的数据完全不同：大多数客户产生单个出价，但他们可能会使用包含待售商品细节、物品目前的历史报价和他们已购买的物品清单的数据。所以用户操作(命令)和他们所使用的数据(查询)之间已经有了一个自然的解耦。ES 非常适用于该领域。

相比之下，设想一个应用程序用于管理保险公司的产品。对此你能想到什么事件？一个新方案可被创建，或被停用，或者一些参数可被修改……但这些本质上是 CRUD 操作！仍然需要一个审核日志，因为一旦修改生效，修改一个产品特征可能影响数千个合同。而这对于基于断言的数据库来说更适合。

总之，不可变的数据存储是未来发展要关注的领域，两种不可变存储的方法都很重要，很

---

1 虽然 Event Store 对.NET 用户特别有吸引力，但它不是唯一围绕事件流设计的数据库。另一个基于相同原则的堆栈是管理事件流的 Apache Kafka 和 Samza 框架(用于维护从这些流计算的视图模型)。

2 截至 2021 年，还没有本地.NET 客户端,所以只能通过 RESTful API 连接到 Datomic，这被认为已过时。更多信息见链接[3]。

好地反映了现代应用的需求和挑战。

13.5　本章小结

- 以函数式方式来思考数据，还有存储。不要改变所存储的数据，而要将数据库视为一个不可变的大集合：可追加新数据，但不要覆盖现有数据。
- 不可变存储有两种主要方法：
  - **基于事件**——数据库是一个不断增长的事件集合。
  - **基于断言**——数据库是一个不断增长的事实集合。
- 事件溯源意味着将事件发生时的事件数据持久化。实体的状态不需要存储，因为总是可通过计算影响实体的所有事件的“总和”得出。
- 一个事件溯源系统很自然将读数据与写数据的问题分离，使得 CQRS 架构能够分离：
  - **命令端**，接收、验证命令，并将其转变为可被持久化和发布的事件。
  - **查询端**，将事件组合起来创建视图模型，视图模型服务于客户端，并可选择对其进行缓存以获得更高性能。
- 事件溯源系统有几个主要组件：
  - **命令**——简单的、不可变的数据对象，封装了来自客户端的请求。
  - **事件**——简单的、不可变的数据对象，捕获所发生的事情。
  - **状态**——表示实体在某个时间点的状态的数据对象。
  - **状态转换**——接受一个状态和一个事件并生成新状态的函数。
  - **视图模型**——用于填充视图的数据对象。它们是根据事件计算的。
  - **事件处理程序**——用于订阅事件以执行业务逻辑(在命令端)或更新视图模型(在查询端)。

第Ⅳ部分　高级技术

本部分将讲解状态管理、异步计算和并发消息传递等高级主题。

第 14 章讨论惰性求值的好处，以及如何组合惰性计算。这是一个一般模式，你会看到几种实际用途。

第 15 章展示如何在没有状态突变的情况下实现有状态的程序，以及如何组合有状态的计算。

第 16 章讨论异步传递单个值或值流的计算，这是现代计算的一个重要组成部分。

第 17 章展示如何结合本书中讨论的不同效果——这仍然是 FP 研究的一个开放话题。

第 18 章讨论响应式扩展(Rx)，一个用于处理数据流的大型库。

最后，第 19 章介绍消息传递的并发机制，这是一种无锁并发的风格，可用于编写有状态的并发程序。

本部分的每一章都介绍了一些重要的技术，这些技术可能彻底改变你对编程的看法。这些主题中的许多内容过于庞大，所以无法全面讨论，因此这些章节旨在为你进一步探索而抛砖引玉。

第14章

惰性计算、延续以及单子组合之美

本章主要内容：

- 惰性计算
- 使用 Try 进行异常处理
- 以单子形式组合函数
- 使用延续(continuation)来逃离厄运金字塔

本章中，你首先要了解为什么有时需要定义惰性计算(即可能执行或可能不执行的函数)。然后了解这些函数如何与其他函数进行组合，并独立执行。

一旦涉足惰性计算(只是简单函数)，你会了解到如何将相同的技术扩展到“除了惰性还有其他一些有用效果”的计算。换言之，你将学习如何使用 Try 委托来安全地运行可能引发异常的代码，以及如何组合多个 Try。然后，你将学习如何组合需要回调的函数，而不会陷入回调地狱。

所有这些技术的共同点是，在各种情况下，你都将函数视为具有特定特征的事物，并且你可独立于它们的执行来组合它们。这需要一个抽象上的飞跃，但功能相当强大。

注意 本章的内容非常具有挑战性，所以如果第一次阅读时无法理解所有内容，请不要气馁。

14.1 惰性的优点

计算中的惰性意味着推迟计算，直到需要结果时才计算。这在计算昂贵且可能并不需要结果时是有利的。

为介绍惰性思想，请思考以下方法，它随机选取两个给定元素之一。可在 REPL 中尝试它：

```
var rand = new Random();

T Pick<T>(T l, T r) =>
   rand.NextDouble() < 0.5 ? l : r;

Pick(1 + 2, 3 + 4) // => 3, or 7
```

这里的有趣之处在于，当调用 Pick 时，表达式 1 + 2 和 3 + 4 皆被求值，但最终只需要其中之一[1]。因此，程序正在执行一些不必要的计算。这是次优的，如果计算成本高的话，应当避免这么做。为防止这种情况发生，可重写 Pick，使它不再是接受两个值，而是接受两个惰性计算，即得到一个可生成所需值的函数：

```
T Pick<T>(Func<T> l, Func<T> r) =>
   (rand.NextDouble() < 0.5 ? l : r)();

Pick(() => 1 + 2, () => 3 + 4) // => 3, or 7
```

Pick 现在首先在两个函数之间进行选择，然后对其中之一进行求值。结果是只执行一次计算。

总之，如果你不确定一个值是不是必需的，并且对其进行计算可能很昂贵，那么可将其包装在一个计算该值的函数中，来惰性地传递该值。

注意 整数加法是一种非常快的操作，因此在这个特殊的例子中，分配两个 lambda 的成本超过了使计算延迟的好处。这种技术只适用于计算密集型或执行 I/O 的操作。

接下来，你将了解在处理 Option 时，这样的惰性 API 十分有用。

14.1.1 用于处理 Option 的惰性 API

Option API 提供了几个例子，很好地说明了惰性是多么有用。下面看看这些例子。

提供一个回退的 Option

假设你有一个返回 Option 的操作，如果第一个操作返回 None，你希望提供一个回退——另一个产生 Option 的操作。以这种方式组合两个这样的 Option 返回函数是一种常见的场景，

---

1 这是因为 C#是一种严格(或及早)求值的语言——表达式只要被绑定到变量便被求值。尽管严格求值更常见，但有些语言(特别是 Haskell)使用的是惰性求值，以便仅在需要时才对表达式求值。

这可通过 OrElse 函数实现。该函数的定义如下：

```
public static Option<T> OrElse<T>
   (this Option<T> left, Option<T> right)
   => left.Match
    (
      () => right,
      (_) => left
   );
```

如果左边是 Some，则 OrElse 会生成左侧的 Option；否则会回退到右侧的 Option。例如，假设定义了一个从缓存中查找条目的存储库，失败时则转为从数据库中查找：

```
interface IRepository<T> { Option<T> Lookup(Guid id); }

class CachingRepository<T> : IRepository<T>
{
   IDictionary<Guid, T> cache;
   IRepository<T> db;

   public Option<T> Lookup(Guid id)
      => cache.Lookup(id).OrElse(db.Lookup(id));
}
```

能看出上述代码中存在的问题吗？因为 OrElse 总是被调用，所以其参数总会被求值，这意味着即使在缓存中找到该条目，也会去数据库中查找，这使得缓存失去了意义！

这可通过惰性来处理。对于这样的场景，我定义了一个 OrElse 重载，它接受的不是一个回退的 Option，而是一个函数，如果需要生成回退的 Option，就对该函数求值：

```
public static Option<T> OrElse<T>
   (this Option<T> opt, Func<Option<T>> fallback)
   => opt.Match
    (
      None: fallback,    // 只有在 opt 为 None 时才对回退函数进行求值
      Some: _ => opt
   );
```

在此实现中，只有在 opt 为 None 时才对回退函数进行求值(而之前始终会求值)。因此，可相应地修复缓存存储库的实现，如下所示：

```
public Option<T> Lookup(Guid id)
   => cache.Lookup(id).OrElse(() => db.Lookup(id));
```

现在，如果缓存查找返回 Some，仍将调用 OrElse，但不调用 db.Lookup，从而实现所需的行为。

如你所见，要使表达式的求值惰性化，可以提供一个函数来估算表达式，而不是提供一个表达式。提供一个 Func<T>，而不是一个 T。

使用||操作符作为 OrElse 的简洁替代

下面是一个与此例相关的有趣细节，尽管与本章主题无关。C#允许重载逻辑操作符，我为|定义了以下 Option：

```
public static Option<T> operator |
(
   Option<T> l,
   Option<T> r
)
=> l.isSome ? l : r;
public static bool operator true(Option<T> opt) => opt.isSome;
public static bool operator false(Option<T> opt) => !opt.isSome;
```

因此，可以使用短路||运算符来代替 OrElse，而 Lookup 函数可以重写为如下形式：

```
public Option<T> Lookup(Guid id)
   => cache.Lookup(id) || db.Lookup(id));
```

因为||是短路的，如果左边(从缓存查找)是 Some，右边将不会被计算。这样做可使代码简洁高效，并提供我们所需的行为。

提供默认值

类似的场景是，你想从一个 Option 中提取内部值，并在它为 None 时提供一个回退值。这种操作称为 GetOrElse。例如，你需要从配置中查找值，如果没有指定值，则使用默认值：

```
string DefaultApiRoot => "localhost:8000";

string GetApiRoot(IConfigurationRoot config)
   => config.Lookup("ApiRoot").GetOrElse(DefaultApiRoot);
```

假设 Lookup 返回一个适当填充的 Option，其状态取决于是否在配置中指定了值。注意，无论 Option 的状态如何，都会对 DefaultApiRoot 属性进行求值。

这在本示例中是没问题的，因为它只返回一个常量值。但如果 DefaultApiRoot 涉及昂贵计算，那么我们希望仅在需要时通过惰性地传递默认值来执行计算。这也是另外提供两个 GetOrElse 重载的原因：

```
public static T GetOrElse<T>(this Option<T> opt, T defaultValue)
    => opt.Match
    (
       () => defaultValue,
       (t) => t
    );

public static T GetOrElse<T>(this Option<T> opt, Func<T> fallback)
    => opt.Match
    (
       () => fallback(),
       (t) => t
    );
```

第一个重载接受一个常规的回退值 T，每当 GetOrElse 被调用时都会对其求值。第二个重载接受一个 Func<T>：一个仅在必要时才被求值的函数。

API 应该在何时才惰性地接受值？

一般来说，只要一个函数可能不使用它的某些参数，那么这些参数就应该使用惰性计算。

在某些情况下，可选择提供两个重载，一个接受一个值作为参数，另一个接受一个惰性计算作为参数。然后客户端代码自行调用最合适的重载：

- 如果计算值足够昂贵，则惰性地传递值(更高效)。
- 如果计算值的成本可忽略不计，则传递值(更易读)。

14.1.2　组合惰性计算

本章的其余部分将介绍如何组合惰性计算，以及为什么这样做。我们从普通的惰性计算 Func<T>开始，逐渐介绍一些包含有用效果(如处理错误或状态)的惰性计算。

Func<T>是一种惰性计算，可以调用它来获取 T。事实证明 Func<T>可被视为函子而非 T。记住，一个函子具有一个内部值，通过它可对函数执行 Map 操作。这怎么可能呢？迄今为止所见到的函子都是某类“容器”。那么，函数怎么可能是一个容器，且其内部值又是什么呢？

其实，可将一个函数想象为包含“潜在”结果的容器。如果 Option<T>可能包含 T 类型的某个值，那么可以说 Func<T>潜在地包含 T 类型的某个值，或者更准确地说，包含生成类型 T 的值潜在可能。一个函数的内部值是其求值时会生成的值。

在阿拉丁神灯的故事里，摩擦时，神灯会产生强大的精灵。显然，这样一盏灯可以容纳任何东西：放入一个精灵，然后摩擦灯，以让精灵出来；将外婆放进去，然后摩擦灯，以让外婆回来。可将其想象成一个函子：在灯上映射一个“变蓝”的函数，当摩擦灯时，会得到灯的内容，即变成蓝色。Func<T>就是这样一个容器，其中的摩擦行为便是函数调用。

实际上，函子必须公开一个具有合适签名的 Map 方法，所以如果按这个模式来定义 Map(详见 6.1.4 节)，为 Func<T>定义的 Map 签名应包括：

- 一个输入函子，类型为() → T；即一个可被调用以生成 T 的函数。我们称之为 f。
- 一个要映射的函数，类型为 T → R。我们称之为 g。
- 一个预期结果，类型为() → R；即一个可被调用以生成 R 的函数。

Map 的实现非常简单：调用 f 以获得 T，然后将其传递给 g 以获得 R，如图 14.1 所示。代码清单 14.1 展示了相应的代码。

代码清单 14.1　Func<T>的 Map 定义

```
public static Func<R> Map<T, R>
   (this Func<T> f, Func<T, R> g)
   => () => g(f());
```

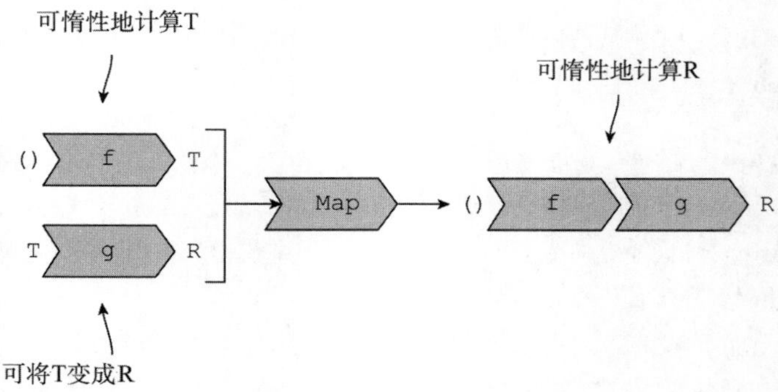

图 14.1 Func<T>的 Map 定义

注意 Map 并没有调用 f，它接受一个惰性求值的 T 并返回一个惰性求值的 R。还要注意，该实现只是函数的组合。

要查看实际运行情况，可像往常一样打开 REPL，导入 LaYumba.Functional，然后输入以下内容：

```
var lazyGrandma = () => "grandma";
var turnBlue = (string s) => $"blue {s}";
var lazyGrandmaBlue = lazyGrandma.Map(turnBlue);

lazyGrandmaBlue() // => "blue grandma"
```

为更好地理解整个计算的惰性，可在其中添加一些调试语句：

```
var lazyGrandma = () =>
{
   WriteLine("getting grandma...");
   return "grandma";
};

var turnBlue = (string s) =>
{
   WriteLine("turning blue...");
   return $"blue {s}";
};

var lazyGrandmaBlue = lazyGrandma.Map(turnBlue);   ← 还没有任何函数被求值

lazyGrandmaBlue()                ← 之前组合的所有函数现在都被求值了
// prints: getting grandma...
//         turning blue...
// => "blue grandma"
```

如你所见，函数 lazyGrandma 和 turnBlue 在最后一行才被调用。这表明，可在不执行任何操作的情况下构建任意复杂的逻辑。

一旦完全理解了前面的例子，又在 REPL 中进行了实验，并理解了 Map 的定义，便能很容易地理解 Bind 的定义，如代码清单 14.2 所示。

代码清单 14.2　Func<T>的 Bind 定义

```
public static Func<R> Bind<T, R>
   (this Func<T> f, Func<T, Func<R>> g)
   => () => g(f())();
```

Bind 返回一个函数，当该函数被调用时，将对 f 求值以得到 T，将其作为 g 函数的输入，并应用 g 得到 Func<R>，最后对其求值以得到结果 R。

这一切都非常有趣，但它究竟多有用呢？因为函数已内置到语言中，所以将 Func 视为一个单子来处理并不十分有用。但另一方面，函数能像单子一样组合的话，我们就可以对这些函数的行为预制一些有趣的效果。接下来的内容都与此相关。

14.2　使用 Try 进行异常处理

第 8 章展示了如何通过捕获异常并将它们返回到一个 Exceptional(一个可保存异常或成功结果的数据结构中)，从一个基于异常的 API 过渡到函数式的 API。例如，如果想要安全地用一个 string 创建一个 Uri，可编写如下方法：

```
Exceptional<Uri> CreateUri(string uri)
{
   try { return new Uri(uri); }
   catch (Exception ex) { return ex; }
}
```

这是可行的，但是否每个可能抛出异常的方法都需要这样处理呢？当然，一旦你重复几次，便会发觉所有这些尝试和捕获都是样板代码。那么，能将其抽象出来吗？

14.2.1　表示可能失败的计算

事实上，可使用 Try ——一个表示该操作可能抛出异常的委托。其定义如下：

```
public delegate Exceptional<T> Try<T>();
```

Try<T>只是一个委托，可用来表示一个通常返回 T，但也可能抛出异常的计算。因此，它的返回值被包装在 Exceptional 中。

将 Try 定义为单独的类型允许你定义特定于 Try 的扩展方法，其中最重要的是 Run 方法。可安全地调用它，并返回一个已适当填充的 Exceptional 对象：

```
public static Exceptional<T> Run<T>(this Try<T> f)
{
   try { return f(); }
   catch (Exception ex) { return ex; }
}
```

Run 一劳永逸地完成了 try/catch，所以不必再次编写 try/catch 语句。为了重构之前的

CreateUri 方法来使用 Try，可以输入以下内容：

```
Try<Uri> CreateUri(string uri) => () => new Uri(uri);
```

注意 Try 是如何在处理异常时不使用任何样板代码来定义 CreateUri 的，而且，仍可以使用 Run 来调用它以安全地执行 CreateUri。不妨亲自测试一下，在 REPL 中输入以下代码：

```
Try<Uri> CreateUri(string uri) => () => new Uri(uri);

CreateUri("http://github.com").Run()
// => Success(http://github.com/)

CreateUri("rubbish").Run()
// => Exception(Invalid URI: The format of the URI could not be...)
```

还要注意，CreateUri 的主体返回一个 Uri，但 Try<Uri>返回一个 Exceptional <Uri>。这很好，因为定义了从 T 到 Exceptional<T>的隐式转换。在这里，错误处理的细节再次被抽象出来，因此可以专注于重要的代码。

作为一个简化符号，如果不想将 CreateUri 定义为一个专用函数，可使用 Try 函数(在 F 中定义)，该函数只是将 Func<T>转换为 Try<T>：

```
Try(() => new Uri("http://google.com")).Run()
// => Success(http://google.com/)
```

14.2.2 从 JSON 对象中安全地提取信息

现在出现了有趣的部分——为什么组合惰性计算很重要。如果你有两个(或多个)可能会失败的计算，可使用 Bind 以单子形式将它们组合成可能失败的单一计算。例如，假设用一个字符串表示一个 JSON 格式的对象，它的结构如下：

```
{
  "Name": "github",
  "Uri": "http://github.com"
}
```

如果想定义一个方法，该方法根据 JSON 对象 Uri 字段中的值创建 Uri。则不安全的做法如代码清单 14.3 所示。

代码清单 14.3 从一个 JSON 对象中不安全地提取数据

```
using System.Text.Json;

record Website(string Name, string Uri);

Uri ExtractUri(string json)
{
  var website = JsonSerializer.Deserialize<Website>(json);
```

将字符串反序列化为一个 Website

```
    return new Uri(website.Uri);   ← 创建一个 Uri 实例
}
```

如果输入的格式有误，JsonSerializer.Deserialize 和 Uri 构造函数都会抛出异常。

下面使用 Try 使该实现变得安全。首先将抛出异常的方法调用封装到 Try 中，如下所示：

```
Try<Uri> CreateUri(string uri) => () => new Uri(uri);
Try<T> Parse<T>(string s) => () => JsonSerializer.Deserialize<T>(s);
```

与其他容器一样，组合多个返回 Try 的操作是使用 Bind 来实现的。稍后会研究其定义。现在，请相信这是可行的，下面定义一个方法，将上述两个操作组合成另一个返回 Try 的函数：

```
Try<Uri> ExtractUri(string json)
   => Parse<Website>(json)
      .Bind(website => CreateUri(website.Uri));
```

这是可行的，但可读性并不好。LaYumba.Functional 库包括了 Try 和所有其他单子的 LINQ 查询模式实现(请参阅后面的补充说明“有关 LINQ 查询模式的提示”中的内容)，所以可改用一个 LINQ 表达式来提高可读性，如代码清单 14.4 所示。

代码清单 14.4　从 JSON 对象中安全地提取数据

```
Try<Uri> ExtractUri(string json) =>
   from website in Parse<Website>(json)   ← 将字符串反序列化为一个 Website
   from uri in CreateUri(website.Uri)     ← 创建一个 Uri 实例
   select uri;
```

代码清单 14.4 是代码清单 14.3 中不安全代码的安全版本。可以看到，可以在不影响可读性的情况下进行这种重构。给 ExtractUri 输入一些示例值，看看它是否能按预期工作：

```
ExtractUri(
   @"{
      ""Name"":""Github"",
      ""Uri"":""http://github.com""
     }")
   .Run()
// => Success(http://github.com/)

ExtractUri("blah!").Run()
// => Exception('b' is an invalid start of a value...)

ExtractUri("{}").Run()
// => Exception(Value cannot be null...)

ExtractUri(
   @"{
      ""Name"":""Github"",
      ""Uri"":""rubbish""
     }")
   .Run()
// => Exception(Invalid URI: The format of the URI...)
```

记住，一切都按照惰性方式运行。当调用表达式 ExtractUri 时，只会获得一个 Try 来最终执行一些计算。除非你调用 Run，否则不会发生任何事。

14.2.3 组合可能失败的计算

前面介绍了如何使用 Bind 来组合可能失败的多个计算，下面分析其底层实现，了解如何为 Try 定义 Bind。

记住，Try<T>类似于 Func<T>，在调用它时可能抛出一个异常。因此，下面快速查看 Func 的 Bind：

```
public static Func<R> Bind<T, R>
   (this Func<T> f, Func<T, Func<R>> g)
   => () => g(f())();
```

该代码可简单描述为它首先调用 f 然后调用 g。现在需要对其进行调整以便使用 Try。首先，用 Try 替换 Func 为我们提供了正确的签名(这通常成功了一半，因为对于核心函数，如果实现类型检查，它通常是有效的)。其次，因为直接调用 Try 可能引发异常，所以需要改用 Run。最后，如果第一个函数失败，我们不希望运行第二个函数。代码清单 14.5 显示了具体实现。

代码清单 14.5 Try<T>的 Bind 定义

```
public static Try<R> Bind<T, R>
   (this Try<T> f, Func<T, Try<R>> g)
   => ()
   => f.Run()
        .Match
        (
            Exception: ex => ex,
            Success: t => g(t).Run()
        );
```

如果第一个 Try 失败，则不再执行第二个

使用 Run 安全地执行每个 Try

Bind 接受一个 Try 和一个返回 Try 的函数 g。然后，它返回一个函数，该函数在调用时将运行 Try，如果成功，则对结果运行 g 以获得另一个 Try，该 Try 也会运行。

如果可定义 Bind，则始终可定义 Map，其定义通常更简单。我建议你将定义 Map 作为一个练习。

有关 LINQ 查询模式的提示

本章的一个基本思想是，可以使用 Bind 来组合计算，为此将展示 Bind 的实现。

为使用单子类型的 LINQ 表达式(在本示例中为 Try)，还需要实现 10.4.2 节中的 LINQ 查询模式，以下是如何实现它的提示：

- 给 Map 取别名 Select。
- 给 Bind 取别名 SelectMany。
- 定义一个接受二元投影函数的额外 SelectMany 重载。这个额外的重载可用 Map 和 Bind

来定义，虽然通常可以定义更高效的实现。

代码示例中提供了所有这些方法的可用实现，本章不再一一展示。到目前为止，你已经掌握了理解它们的所有工具。

14.2.4　单子组合

在本章和下一章中，你会经常读到有关"以单子形式组合计算"的内容。这听起来很复杂，但实际上并非如此，下面揭开它的神秘面纱吧。

先来回顾"常规"函数的组合，第 7 章曾介绍过这个主题。假设有两个函数：

```
f : A → B
g : B → C
```

可通过管道将 f 的输出输入到 g 来组合它们，从而获得函数 A→ C。现在假设具有以下函数：

```
f' : A → Try<B>
g' : B → Try<C>
```

显然，这些函数不能进行组合，因为 f'返回一个 Try<B>，而 g' 期望一个 B，但可以通过从 Try<B>中"提取"B 并将其提供给 g' 来组合它们。这是单子组合，可通过 Try 的 Bind 来实现。

换言之，单子组合是一种结合函数的方式，比函数组合更普遍，并涉及函数组合逻辑。该逻辑是在 Bind 函数中被捕获的。

这种模式有多种变体。假设有以下函数：

```
f" : A → (B,K)
g" : B → (C,K)
```

能将这些函数组合成一个 A → (C, K)类型的新函数吗？给定一个 A，可很容易地计算一个 C：在 A 上运行 f"，从结果元组中提取 B，将其提供给 g"。在这个过程中，计算了两个 K，该如何处理它们呢？如果有一种方法可将两个 K 组合成一个 K，则可返回组合后的 K。例如，如果 K 是一个列表，可以返回来自两个列表的所有元素。如果 K 的类型合适，上述形式中的函数能以单子形式组合。[1]

表 14.1 列出了本书中用于演示单子组合的函数，当然还有更多可能的变体。

表 14.1　本书中展示的以单子形式组合的计算

委托	签名	章节	场景
Try<T>	() → T	14.2	异常处理
Middleware<T>	(T → R) → R	14.3	在一个给定函数之前或之后添加行为
Generator<T>	int → (T, int)	15.2	生成随机数据
StatefulComputation<S, T>	S → (T, S)	15.3	在计算之间保持状态

1　这在文献中被称为 Writer Monad，并且这种始终可以将两个实例组合为一个实例的类型被称为 Monoid。

14.3　为数据库访问创建中间件管道

本节将首先展示为什么在某些情况下使用 HOF 会导致深度嵌套回调，该问题通常称为“回调地狱”或“厄运金字塔”。下面以数据库访问作为特定场景来说明该问题，并展示如何利用 LINQ 查询模式来创建扁平的单子式工作流。

本节包含一些不影响你理解后续章节的高级内容，不熟悉的读者可跳过这一节，直接阅读第 15 章。

14.3.1　组合执行安装/拆卸操作的函数

在 2.3 节中，你了解了执行一些安装和拆卸操作的函数，并且这些函数通过在其间调用的另一个函数来参数化。此示例是一个管理数据库连接的函数，其参数化方式是通过一个使用连接与数据库进行交互的函数：

```
public static class ConnectionHelper
{
    public static R Connect<R>
        (ConnectionString connString, Func<SqlConnection, R> f)
    {
        using var conn = new SqlConnection(connString);
        conn.Open();
        return f(conn);
    }
}
```

该函数可用于客户端代码中，如下所示：

```
public void Log(LogMessage message)
    => Connect(connString, c => c.Execute("sp_create_log"
        , message, commandType: CommandType.StoredProcedure));
```

下面定义一个类似的函数，可在操作之前和之后记录一条消息：

```
public static class Instrumentation
{
    public static T Trace<T>(ILogger log, string op, Func<T> f)
    {
        log.LogTrace($"Entering {op}");
        T t = f();
        log.LogTrace($"Leaving {op}");
        return t;
    }
}
```

如果想使用这些函数(打开/关闭连接，对进入/离开一个块进行跟踪)，可使用代码清单 14.6 所示的代码。

代码清单 14.6　嵌套回调难以阅读

```
public void Log(LogMessage message)
    => Instrumentation.Trace("CreateLog"
        , () => ConnectionHelper.Connect(connString
            , c => c.Execute("sp_create_log"
                , message, commandType: CommandType.StoredProcedure)));
```

这段代码难以阅读。如果还想完成其他一些工作设置，该怎么办？对于添加的每个 HOF，你的回调都将被嵌套在更深的一层，致使代码更难理解。这就是通常所谓的“厄运金字塔”。

如图 14.2 所示，理想情况是能以一种干净的方式组合一个中间件管道。也就是说，我们希望为每个访问数据库的操作添加一些行为(如连接管理、诊断等)。从概念上讲，这类似于 ASP.NET Core 中处理 HTTP 请求的中间件管道。

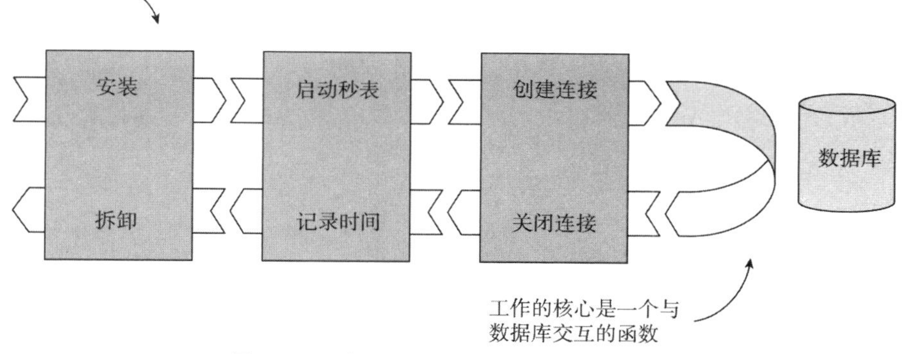

图 14.2　一个用于访问数据库的中间件管道

在一个常规的线性函数管道中，每个函数的输出都被传送到下一个函数中，因此函数无法控制下游发生的事情。另一方面，中间件管道是 U 形的：可以说，每个函数都会传递一些数据，也会接收一些数据。因此，每个函数都能在下游函数执行之前和之后执行一些操作。

这些函数或者块中的每一个都称为中间件。我们希望能很好地组合这样的中间件管道来添加日志记录，添加计时等。但由于每个中间件都必须将回调函数用作输入参数(否则，在回调返回后无法进行干预)，如何才能逃离厄运金字塔？

14.3.2　逃离厄运金字塔的秘方

事实证明，可将 Bind 作为逃离厄运金字塔的秘方。例如，第 8 章中曾使用 Bind 来组合多个返回 Either 的函数：

```
WakeUpEarly()
   .Bind(ShopForIngredients)
```

```
    .Bind(CookRecipe)
    .Match
    (
       Left: PlanB,
       Right: EnjoyTogether
    );
```

如果扩展对 Bind 的调用，则上述代码如下所示：

```
WakeUpEarly().Match
(
   Left: planB,
   Right: u => ShopForIngredients(u).Match
   (
      Left: planB,
      Right: ingr = CookRecipe(ingr).Match
      (
         Left: planB,
         Right: EnjoyTogether
      )
   )
);
```

在本示例中可看到，Bind 使我们有效地逃离了厄运金字塔——这同样适用于 Option 等。但可为中间件函数定义 Bind 吗？

14.3.3 捕获中间件函数的本质

要回答这个问题，先看一下中间件函数的签名，并看看是否有一种模式可用抽象方式来识别和捕获的模式。以下是我们目前见过的函数：

```
Connect : ConnectionString → (SqlConnection → R) → R
Trace : ILogger → string → (() → R) → R
```

下面来想象一些可能需要使用中间件的例子。可使用一个计时中间件来记录一个操作的执行时长，而使用另一个中间件来启动并提交一个数据库事务。它们的签名如下：

```
Time : ILogger → string → (() → R) → R
Transact : SqlConnection → (SqlTransaction → R) → R
```

Time 与 Trace 具有相同的签名：接受一个记录器和一个字符串(被计时的操作的名称)，以及被计时的函数。Transact 与 Connect 类似，但接受一个连接(用来创建事务)和一个函数(使用该事务)。

现在有了四个合理的用例，下面分析这些签名中是否存在模式：

```
ConnectionString → (SqlConnection → R) → R
ILogger → string → (() → R) → R
SqlConnection → (SqlTransaction → R) → R
```

每个函数都有一些特定于其功能的参数，但肯定存在模式。如果将这些特定参数(该参数可通过偏函数应用来提供)抽象出来，并且只关注以粗体显示的参数，那么所有函数都具有以下形式的签名：

```
(T → R) → R
```

也就是说，所有函数都接受一个回调函数——但在该背景下通常称其为延续(continuation)，该延续会生成一个 R，且所有函数会返回一个 R，该 R 可能是由延续返回的 R，也可能是修改后的版本。所以中间件函数的本质是接受一个 T→R 类型的延续，向其提供 T 来获得 R，并返回 R，如图 14.3 所示。

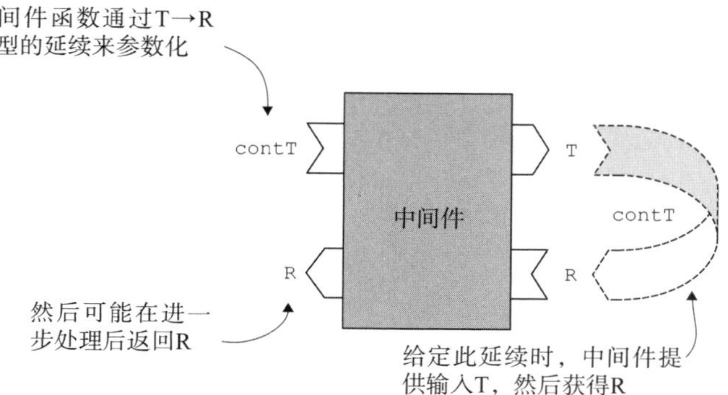

图 14.3　一个单独的中间件函数

下面用一个委托来捕获这个本质：

```
// (T → dynamic) → dynamic
public delegate dynamic Middleware<T>(Func<T, dynamic> cont);
```

但为什么其返回结果是动态的，而不是 R 呢？

原因是 T(延续的输入)和 R(输出)不是同一时间获得的。例如，假设想从诸如 Connect 之类的函数中创建一个 Middleware 实例，Connect 具有以下签名：

```
public static R Connect<R>(ConnectionString connString
    , Func<SqlConnection, R> func) // ...
```

Connect 所接受的延续将 SqlConnection 作为输入，因此可使用 Connect 来定义 Middleware<SqlConnection>。这意味着 Middleware<T>中的 T 类型变量将解析为 SqlConnection，但还不知道所给定的延续会产生什么结果，因此无法解析 Connect<R>中的 R 类型变量。

遗憾的是，C#不允许“局部应用”类型变量，因此是动态的。在概念上，我们正考虑将这类 HOF 组合起来：

```
(T → R) → R
```

对它们进行建模，如下所示：

```
(T → dynamic) → dynamic
```

稍后会看到，你仍可使用 Middleware，而不会影响类型安全性。

有趣而又令人费解的是，Middleware<T>是 T 上的一个单子，记住，T 是由中间件函数给出的延续所接受的输入参数类型。这似乎违反直觉。T 上的单子通常“包含”一个 T 或一些 T。如果一个函数具有签名(T → R) →R，那么它可为给定函数 T → R 提供一个 T，所以该单子必须“包含”或能以某种方式生成一个 T。

14.3.4 实现中间件的查询模式

现在是时候学习如何使用 Bind 将两个中间件块组合起来了。本质上，Bind 将一个下游的中间件块连接到一个管道，如图 14.4 所示。

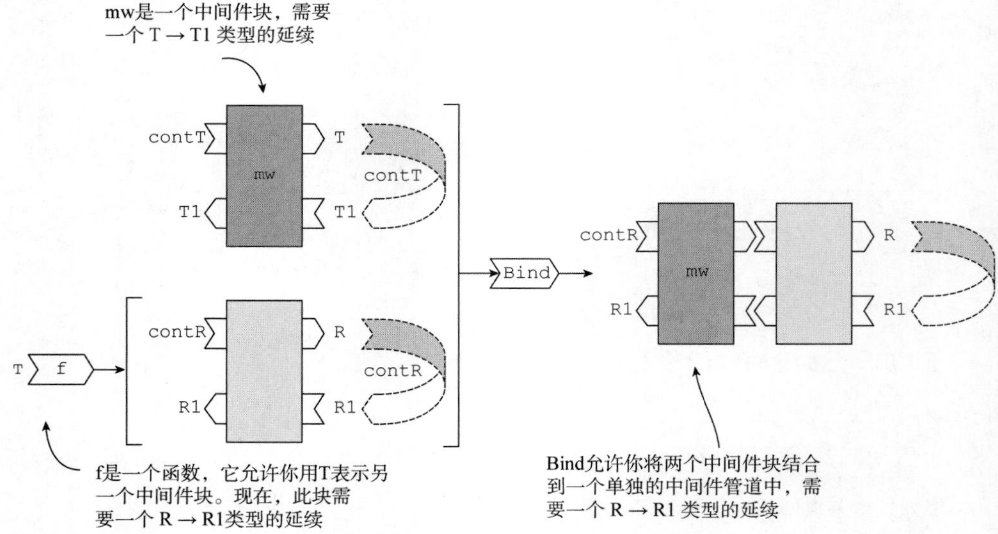

图 14.4 Bind 将中间件块添加到管道中

Bind 的实现很简单，但要完全掌握却没那么容易：

```
public static Middleware<R> Bind<T, R>
   (this Middleware<T> mw, Func<T, Middleware<R>> f)
   => cont
   => mw(t => f(t)(cont));
```

我们有一个 Middleware<T>，它需要一个(T → dynamic)类型的延续。还有一个函数 f，它接受一个 T，并生成一个期望(R→ dynamic)类型延续的 Middleware<R>。最终得到的结果是一个 Middleware<R>，具体过程为当提供一个延续 cont 时，运行初始的中间件(mw)，将其作为延续，该延续是一个运行绑定函数 f 以获得第二个中间件的函数(为其传递 cont)。如果没有充分理解这一点，也请不要担心。

现在来看 Map：

```
public static Middleware<R> Map<T, R>
   (this Middleware<T> mw, Func<T, R> f)
   => cont
```

```
    => mw(t => cont(f(t)));
```

Map 接受一个 Middleware<T>和一个从 T 到 R 的函数 f。中间件知道如何创建 T 并将其提供给接受 T 的延续。通过应用 f，它现在知道如何创建 R 并将其提供给接受 R 的延续。可将 Map 视为在延续之前添加 T → R 转换，或者是向管道中添加了一个新的安装/拆卸块，该块执行转换(作为安装)，并传递结果(作为拆卸)，如图 14.5 所示。

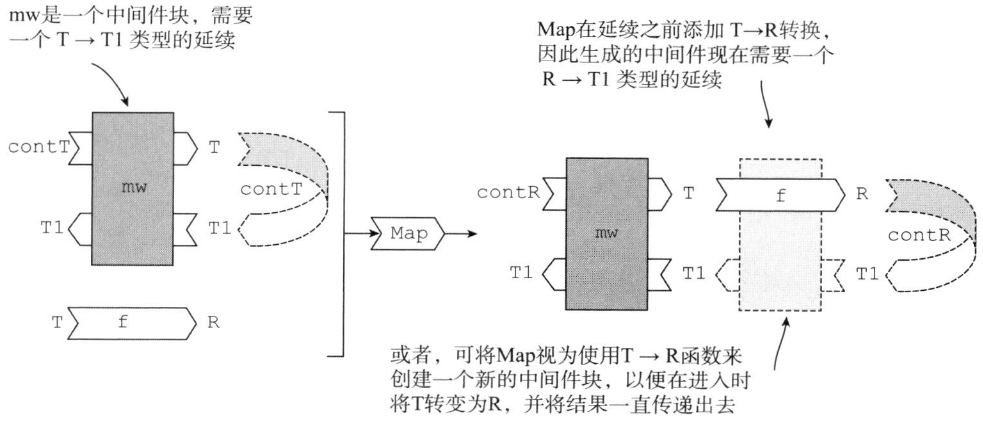

图 14.5　Map 向管道中添加了一个转换

最后，一旦组合了所需的管道，便可通过传递一个延续来运行整个管道：

```
Middleware<A> mw;
Func<A, B> cont;

dynamic exp1 = mw(cont);
```

上述代码表明，如果有一个 Middleware<A>和一个类型为 A→B 的延续函数 cont，可直接将延续提供给中间件。

还有一个小问题需要解决。注意，当我们提供延续时，会得到一个 dynamic，实际真正期望的是 B。为保持类型安全，可定义一个 Run 函数，该函数将恒等函数作为延续来运行管道：

```
public static T Run<T>(this Middleware<T> mw)
   => (T)mw(t => t);
```

mw 是一个 Middleware<T>(也就是说，mw 可创建一个 T 并将其提供给延续)，本示例中的延续是恒等函数，而延续生成了 T，所以可以安心地将中间件的运行结果转换为 T。

运行管道时，可使用 Map 映射延续(而不是直接提供延续)，然后调用 Run：

```
Middleware<A> mw;
Func<A, B> cont;

B exp2 = mw.Map(cont).Run()
```

这里将延续 A → B 映射到 Middleware<A>上，从而获得一个 Middleware<B>，然后使用恒等函数运行它以获得 B。注意，此代码段中的 exp2 与之前代码片段中的 exp1 相同[1]，但我们重获了类型安全。

下面重构 2.3 节的 DbLogger，使用 Middleware(而不是 HOF)来实现这一切：

```
public class DbLogger
{
   Middleware<SqlConnection> Connect;

   public DbLogger(ConnectionString connString)
   {
      Connect = f => ConnectionHelper.Connect(connString, f);
   }

   public void Log(LogMessage message) => (
      from conn in Connect
      select conn.Execute("sp_create_log", message
         , commandType: CommandType.StoredProcedure)
   ).Run();
```

在构造函数中，我们实际上使用偏函数应用将连接字符串预制到 Connect 函数中，该函数现在具有正确的签名，以用作 Middleware<SqlConnection>。

在 Log 方法中，我们创建了一个只有一个中间件块的管道，该中间件块创建了数据库连接。然后，我们可使用 LINQ 语法，在调用 Execute(与数据库交互的主要操作)时引用 conn(此连接在管道运行时可用)。

当然，可通过将一个回调传递给 Connect 来更简洁地编写 Log。但这里的要点是尽量避免回调。随着向管道中添加更多块，可通过在 LINQ 推导式中添加 from 子句来实现这一点。接下来将学习该内容。

14.3.5　添加计时操作的中间件

假设一个数据库操作需要比预期更长的时间，所以我们想添加另一个中间件来记录数据库访问操作所花费的时间。为此，可定义以下 HOF：

```
public static class Instrumentation
{
   public static T Time<T>(ILogger log, string op, Func<T> f)
   {
      var sw = new Stopwatch();
      sw.Start();

      T t = f();
```

1　这是因为在计算 exp2 时，首先计算了 mw.Map(cont)，它将用最后给出的延续组合 cont。然后，通过调用 Run，我们提供恒等函数作为延续。最终的延续是 cont 和恒等式的组合，这与提供 cont 作为延续是完全相同的。

```
      sw.Stop();
      log.LogDebug($"{op} took {sw.ElapsedMilliseconds}ms");
      return t;
   }
}
```

Time 接受三个参数：一个记录器，用于记录诊断信息；op，表示正在执行的操作的名称，包含在记录的消息中；一个函数，用于对该操作的持续时间进行计时。

然而有一个小问题，Time 接受一个 Func<T>(一个没有输入参数的函数)，而我们定义的中间件接受的延续应该是 T → dynamic 形式。也就是说，始终应该有一个输入参数。如往常一样，可通过 Unit 来弥合此差异，但这次是在输入端。下面定义了一个适配器函数，将一个接受 Unit 的函数转换为无参函数：

```
public static Func<T> ToNullary<T>(this Func<Unit, T> f)
   => () => f(Unit());
```

这些就绪后，就可以用一个块来丰富管道，以记录数据库访问所需的时间，如代码清单 14.7 所示。

代码清单 14.7　组合计时和连接管理

```
public class DbLogger
{
   Middleware<SqlConnection> Connect;
   Func<string, Middleware<Unit>> Time;

   public DbLogger(ConnectionString connString, ILogger log)
   {
      Connect = f => ConnectionHelper.Connect(connString, f);
      Time = op => f => Instrumentation.Time(log, op, f.ToNullary());
   }

   public void DeleteOldLogs() => (
      from _ in Time("DeleteOldLogs")
      from conn in Connect
      select conn.Execute
         ( "DELETE [Logs] WHERE [Timestamp] < @upTo"
        , new { upTo = 7.Days().Ago() })
   ).Run();
}
```

一旦将对 Instrumentation.Time 的调用包装到 Middleware 中，便可添加一个额外的 from 子句以在管道中使用它。注意，_变量将被赋予由 Time 返回的 Unit 值。你或许想要忽略该变量，但 LINQ 语法却不允许忽略它。

14.3.6　添加管理数据库事务的中间件

作为最后一个例子，下面添加另一种管理数据库事务的中间件。可以像下面这样将简单的事务管理抽象为一个 HOF：

```
public static R Transact<R>
   (SqlConnection conn, Func<SqlTransaction, R> f)
{
   using var tran = conn.BeginTransaction();
   R r = f(tran);
   tran.Commit();

   return r;
}
```

Transact 接受一个连接和一个函数 f，该函数会使用事务。假定 f 涉及数据库的多种操作(需要以原子方式执行)。由于 using 声明的解释方式，如果 f 抛出异常，事务将被回滚。代码清单 14.8 提供了一个将 Transact 集成到管道中的示例。

代码清单 14.8 一个提供连接和事务管理的管道

```
Middleware<SqlConnection> Connect(ConnectionString connString)
   => f => ConnectionHelper.Connect(connString, f);

Middleware<SqlTransaction> Transact(SqlConnection conn)
   => f => ConnectionHelper.Transact(conn, f);

Func<Guid, int> DeleteOrder(ConnectionString connString)
   => (Guid id) =>
{
   SqlTemplate deleteLinesSql = "DELETE OrderLines WHERE OrderId = @Id";
   SqlTemplate deleteOrderSql = "DELETE Orders WHERE Id = @Id";

   object param = new { Id = id };

   Middleware<int> deleteOrder =
      from conn in Connect(connString)
      from tran in Transact(conn)
      select conn.Execute(deleteLinesSql, param, tran)
           + conn.Execute(deleteOrderSql, param, tran);

   return deleteOrder.Run();
};
```

适配器将现有的 HOF 转换为 Middleware

注入连接字符串

Connect 和 Transaction 只是将现有的 HOF 包装成一个中间件。DeleteOrder 以柯里化形式编写，以便在启动时提供连接字符串，并在运行时提供要删除的订单 ID，如 9.4 节所述。现在看看这个有趣的中间件管道，它被声明为 deleteOrder：

- Connect 定义了一个创建(然后释放)连接的块。
- Transact 定义了另一个块，该块使用该连接并创建(然后释放)一个事务。
- 在 select 子句中，有两个 DB 操作，它们使用连接和事务，因此将以原子方式执行。因为 Execute 返回一个 int 值(受影响的行数)，所以可使用+来合并这两个操作。

如前所述，被删除的订单的 Guid 用来填充一个参数对象的 Id 字段，结果，它取代了 SQL

模板字符串的@Id 标记。

一旦设置了中间件函数，添加或删除管道中的一个步骤就只需要一行代码。如果你正在记录计时信息，你是想只记录数据库操作的时间，还是也记录获取连接所花费的时间？无论何种情况，只需要更改管道中的中间件顺序，如下所示：

将获取连接的时间会计入时间记录

```
from _ in Time("slowQuery")
from conn in Connect
select conn.Execute(mySlowQuery)
```

只对数据库操作计时

```
from conn in Connect
from _ in Time("slowQuery")
select conn.Execute(mySlowQuery)
```

LINQ 查询的扁平布局使你可以很容易地查看和更改中间件函数的顺序。当然，该解决方案避免了厄运金字塔。尽管我已经使用中间件以及数据库访问的某些特定场景对其进行了说明，但延续的概念更广泛，适用于以下形式的任何函数[1]：

```
(T → R) → R
```

这也意味着可避免定义一个自定义委托 Middleware。Map、Bind 和 Run 的定义与此场景无关，且我们可使用 Func<Func<T,dynamic>dynamic>而不是 Middleware<T>。这甚至可省去几行代码，因为不再需要创建正确类型的委托。我倾向于选择 Middleware 作为更明确的、特定领域的抽象，但这是个人喜好。

在本章中，你已看到了基于委托的单子(例如 Try 和 Middleware)如何提供强大且富有表现力的构造，从而使我们能优雅地处理一些常见问题(如异常处理)，以及一些更具体的场景(如中间件管道)。第 15 章将讨论更多场景。

14.4　本章小结

- 惰性意味着推迟计算，直到需要其结果为止。当可能不需要结果时，这会特别有用。
- 可将惰性计算组合起来以创建更复杂的计算，然后根据需要将其触发。
- 在处理一个基于异常的 API 时，可使用 Try 委托类型。Run 函数可安全地执行 Try 中的代码并返回包装在 Exceptional 中的结果。
- 形式为(T → R) → R(即接受一个回调或延续的函数)的 HOF 也可通过单子形式组合，使你可使用扁平的 LINQ 表达式来替代深度嵌套的回调。

1　在文献中，这被称为延续单子。这是一个误称，因为这里的单子并不是延续，而是以延续作为输入的计算。

第 15 章

有状态的程序和计算

本章主要内容：

- 如何使程序具有状态
- 编写有状态的程序而不使状态突变
- 生成随机结构
- 组合有状态的计算

第 1 章就宣扬状态突变是一个副作用，应该不惜一切代价避免，你也已经见过多个重构程序以避免状态突变的例子。本章中，你将见到当需要有状态程序时，函数式方法是如何工作的。

但是，究竟什么是有状态的程序呢？有状态的程序是指一个程序的行为取决于过去的输入或事件[1]。举个例子，如果有人说“早上好”，你可能毫不犹豫地回应他。如果这个人随即再次说“早上好”，你的反应肯定会不同：为什么有人会连续两次说“早上好”呢？然而，一个无状态的程序将不断地回答“早上好”，进行无意识的回答，因为它没有过去输入的概念。即每一次都像是第一次。如图 15.1 所示。

在本章中，你将见到两个表面上矛盾的想法——在内存中保留状态和避免状态突变——如何在有状态的函数式程序中调和。然后，你将了解如何使用第 14 章中学到的技术来组合处理状态的函数。

1　这意味着根据你所描绘的程序边界，程序可分为有状态和无状态的。例如一个使用数据库来保持状态的无状态服务器。如果将两者视为一个程序，则是有状态的；如果你单独考虑服务器，则是无状态的。

图 15.1 类比例子

15.1 管理状态的程序

本节将介绍一个非常简单的命令行程序，用户通过该程序可以获得外币汇率(FX 汇率)。用户与程序交互的示例如下(粗体字表示用户输入)：

```
Enter a currency pair like 'EURUSD', or 'q' to quit
usdeur
fetching rate...
0.9162
gbpusd
fetching rate...
1.2248
q
```

如果已经下载了代码示例，可以自己尝试一下：

```
cd Examples
dotnet run CurrencyLookup_Stateless
```

代码清单 15.1 展示了初始的无状态实现。

代码清单 15.1 一个查找外币汇率的简单程序的无状态实现

```
WriteLine("Enter a currency pair like 'EURUSD', or 'q' to quit");
for (string input; (input = ReadLine().ToUpper()) != "Q";)
   WriteLine(RatesApi.GetRate(input));
static class RatesApi
{
   public static decimal GetRate(string ccyPair)
   {
      WriteLine($"fetching rate...");
      // ...    ← 执行一个 Web 请求来获取请求的汇率
   }
}
```

你可以忽略 RatesApi.GetRate 的实现细节。只需要知道 GetRate 函数接受一个货币对标识符，如 EURUSD(欧元/美元)，并返回汇率。

该程序可以正常工作，但是如果连续 n 次询问同一货币对，它将每次执行一个 HTTP 请求。你可能想避免不必要的远程请求，原因有以下几点：性能、网络使用或每个请求产生的成本。接下来将引入一个内存缓存来避免查找已检索过的汇率。

15.1.1　将数据缓存到内存中

如图 15.2 所示，我们希望将检索到的汇率存储在缓存中，并仅针对之前未见过的汇率发出 HTTP 请求(实践中，你可能希望存储在缓存中的值在一段时间后过期，但为了重点介绍有关状态保存的重要方面，先忽略这一要求)。

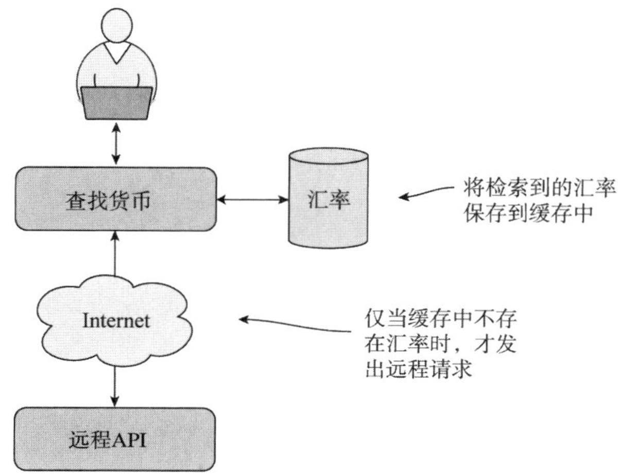

图 15.2　将已检索到的汇率保存到缓存中

当然，作为函数式程序员，我们希望在没有状态突变的情况下做到这一点。至于程序状态的类型选择，字典是一个自然的选择，将货币对标识符(如 EURUSD)映射到所检索到的汇率。为确保不会突变，下面让它成为一个不可变字典：ImmutableDictionary<string, decimal>。因为类型名过于复杂，所以为其指定别名 Rates 以使代码简洁一些。

代码清单 15.2 提供了一个实现，将已检索到的汇率存储在缓存中，并仅当汇率未被检索过时才调用远程 API。

代码清单 15.2　实施汇率缓存的有状态实现

```
using Rates = System.Collections.Immutable
   .ImmutableDictionary<string, decimal>;      // 为表示程序状态的对象创建一个可读的名称

public class Program
{
   public static void Main()
   {
```

```
        WriteLine("Enter a currency pair like 'EURUSD', or 'q' to quit");
        MainRec(Rates.Empty);  ← 设置一个初始状态并将控制权交给 MainRec
    }

    static void MainRec(Rates cache)
    {
        var input = ReadLine().ToUpper();
        if (input == "Q") return;

        var (rate, newState) = GetRate(input, cache);  ← 获取结果以及新状态
        WriteLine(rate);
        MainRec(newState);  ← 用新状态递归调用自身
    }

    static (decimal, Rates) GetRate(string ccyPair, Rates cache)
    {
        if (cache.ContainsKey(ccyPair))
            return (cache[ccyPair], cache);   | 如果可用，使用缓存的汇率

        var rate = RatesApi.GetRate(ccyPair);  ← 执行一个 Web 请求

        return (rate, cache.Add(ccyPair, rate));  ← 根据检索到的汇率和程序更新后的状态返回一个元组
    }
}
```

查看两个 GetRate 函数的签名：

```
RatesApi.GetRate : string → decimal
Program.GetRate : string → Rates → (decimal, Rates)
```

第一个签名是无状态版本，第二个是有状态版本：它接受所请求的货币对以及程序的当前状态，返回结果以及程序的新状态。

重点 如果全局变量不可突变，则必须通过参数和返回值传递状态。这是编写无突变的有状态应用程序的关键所在。

现在来看一下 MainRec(递归)，它包含程序的基本控制流程。需要注意的是，它将程序的当前状态作为输入参数，并传递给 GetRate 以检索新状态(以及汇率，汇率将被打印出来)。MainRec 最后用新状态调用自身。

最后，Main 只使用程序的初始状态(这是一个空的缓存)调用 MainRec。你可以将整个程序的执行视为一个循环，MainRec 递归调用自身并将当前版本的状态作为参数传递。

注意，虽然程序中没有全局变量，但仍然是一个有状态的程序。程序在内存中保存了某种状态，这会影响程序的运行方式。

一般来说，递归在 C#中是一种风险很大的操作，因为如果进行超过 10 000 次递归调用，可能导致堆栈崩溃。如果想避免递归定义，可改用循环，将 Main 重写为代码清单 15.3 所示的形式。

代码清单 15.3　将递归函数转换为一个循环

```
public static void Main()
{
   WriteLine("Enter a currency pair like 'EURUSD', or 'q' to quit");
   var state = Rates.Empty;  ←—— 初始状态

   for (string input; (input = ReadLine().ToUpper()) != "Q";)
   {
      var (rate, newState) = GetRate(input, state);
      state = newState;  ←—— 为下一次迭代重新指定状态变量
      WriteLine(rate);
   }
}
```

这里保留了一个局部的可变变量 state，而不是递归调用，且在需要时会被重新赋予新状态。由于没有突变任何全局状态，所以基本思想依然成立。

对于本章中的其余示例，我仍会坚持递归版本，因为这样更清晰。而在现实应用中，你需要使用递归版本来避免堆栈溢出。

15.1.2　重构以实现可测试性和错误处理

前面介绍了如何创建一个不需要突变的有状态程序。在继续前，我想对该程序进行一些改进，以阐明本书先前关于可测试性和错误处理的一些概念。

注意，尽管在状态突变方面没有副作用，但到处都有 I/O 的副作用，所以程序根本不是可测试的。可遵循第 3 章介绍的模式，重构 GetRate，将执行 HTTP 请求的函数作为一个输入参数：

```
static (decimal, Rates) GetRate
   (Func<string, decimal> getRate, string ccyPair, Rates cache)
{
   if (cache.ContainsKey(ccyPair))
      return (cache[ccyPair], cache);
   var rate = getRate(ccyPair);
   return (rate, cache.Add(ccyPair, rate));
}
```

现在，GetRate 除了调用 getRate(指定的委托)会产生副作用外，不会有其他副作用。因此，通过为委托提供可预测的行为对此函数进行单元测试会很容易。同样地，可通过注入函数来调用 I/O 以对 MainRec 进行测试。

接下来，程序没有任何错误处理：如果输入不存在的货币对名称，程序就会崩溃。所以要好好利用 Try。首先，把无状态的 GetRate 方法包装在 Try 中：

```
static class RatesApi
{
   public static Try<decimal> TryGetRate(string ccyPair)  ←—— 安全函数返回一个 Try
```

```
      => () => GetRate(ccyPair);

   static decimal GetRate(string ccyPair) // ...
}
```

不安全版本的工作方式与以前相同

现在，有状态的 Program.GetRate 方法现在必须更改其签名，以不接受返回 decimal 的函数，而是接受返回 Try<decimal>的函数。相应地，它的返回类型也将被包装在 Try 中。以下是之前和之后的签名：

```
before : (string → decimal) → string → (decimal, Rates)
after : (string → Try<decimal>) → string → Try<(decimal, Rates)>
```

重构后的实现如代码清单 15.4 所示。

代码清单 15.4 该程序被重构为使用 Try 进行错误处理

```
public class Program
{
public static void Main()
   => MainRec("Enter a currency pair like 'EURUSD', or 'q' to quit"
      , Rates.Empty);

static void MainRec(string message, Rates cache)
{
   WriteLine(message);

   var input = ReadLine().ToUpper();
   if (input == "Q") return;

   GetRate(RatesApi.TryGetRate, input, cache).Run().Match
    (
      ex => MainRec($"Error: {ex.Message}", cache),
      result => MainRec(result.Rate.ToString(), result.NewState)
   );
}

static Try<(decimal Rate, Rates NewState)> GetRate
    (Func<string, Try<decimal>> getRate, string ccyPair, Rates cache)
{
   if (cache.ContainsKey(ccyPair))
      return Try(() => (cache[ccyPair], cache));
   else return from rate in getRate(ccyPair)
      select (rate, cache.Add(ccyPair, rate));
   }
}
```

你可以自己试一下：

```
dotnet run CurrencyLookup_StatefulSafe
```

下面是与程序的交互示例：

```
Enter a currency pair like 'EURUSD', or 'q' to quit
eurusd
```

```
fetching rate...
1.2066
eurusd
1.2066
rubbish
fetching rate...
Error: The given key 'BISH' was not present in the dictionary.
Q
```

返回缓存的汇率

优雅地处理错误

注意，我们能以相对轻松的方式来添加可测试性和错误处理，而不必通过接口、try/catch 块等来扩充实现。相反，我们通过参数传递获得了更强大的函数签名和更明确的函数之间的关系。

15.1.3　有状态的计算

如果你在本节中所见，如果想以函数方式处理状态(不产生状态突变)，状态必须作为输入参数提供给函数，并且影响状态的函数必须在结果中返回更新后的状态。本章其余部分将重点介绍有状态计算，即与某些状态进行交互的函数。

注意　*有状态计算是指接受状态(以及其他可能的参数)并返回新状态(以及可能的返回值)的函数。有状态计算也被称为状态转换。*

有状态计算可能出现在有状态和无状态的程序中。你已经看到了一些示例。在前面的场景中，GetRate 是一个有状态的计算，因为它接受某个状态(缓存)以及货币对，并返回更新后的状态以及所请求的汇率。在第 13 章中，静态 Account 类只包含有状态计算，每个都接受一个 AccountState(以及一个命令)并返回一个新的 AccountState(以及一个要存储的事件)，在此示例中，由于结果被包装在一个 Validation 中，事情变得有些复杂。

如果你想结合多个有状态的计算(始终将状态传递到函数中)，从结果中提取它并将其传递给下一个函数的过程可能会非常繁杂。幸运的是，有状态的计算能以单子形式组合，以隐藏状态传递(正如你将在接下来看到的)。

本章的其余部分包含一些不影响你理解后续章节的高级内容，可酌情跳过。

15.2　一种用于生成随机数据的语言

随机数据具有许多合法的实际用途，包括基于属性的测试(第 10 章讨论过)、负载测试(生成大量随机数据，然后轰炸系统并观察其承受度)以及蒙特卡罗(Monte Carlo)等模拟算法。这里将列举一个非常简单的随机生成示例，以演示状态计算的组成。在 REPL 中输入以下内容：

```
var r = new Random(100);
r.Next() // => 2080427802
r.Next() // => 341851734
r.Next() // => 1431988776
```

由于显式地将值 100 作为随机生成器的种子值传递，因此应该会得到完全相同的结果。如你所见，实际上不是那么随机。目前的计算机几乎不可能获得真正的随机性。相反，我们使用伪随机生成器，它们使用加扰算法(scrambling algorithm)确定性地生成看似随机的输出。通常，你不需要每次都获得相同的值序列，因此如果在没有显式指定种子的情况下初始化一个 Random 实例，通常会使用当前时间。

如果 Random 是确定的，那么每次调用 Next 时，如何生成不同的输出呢？答案是 Random 是有状态的，每次调用 Next 时，Random 实例状态都会变化，以便之后调用 Next 时生成一个新值。换言之，Next 具有副作用。

虽然 Next 被调用时没有输入参数，并显式输出 int，但它有一个隐式输入(Random 实例的当前状态，该输入决定了输出)和另一个隐式输出(Random 实例的新状态)。以此类推，这些输出又决定了后面调用 Next 的输出。

下面将创建一个无副作用的随机生成器，其中所有输入和输出都是显式的。实际上，生成数字是有状态的计算，因为它需要一个种子，而且必须生成一个新种子以用于下一次生成。我们不仅想要生成整数，而且想要生成任何类型的值，因此可使用以下委托来捕获生成器函数的类型：

```
public delegate (T Value, int Seed) Generator<T>(int seed);
```

也就是说，Generator<T>是一个有状态的计算，它接受一个 int 值作为种子(状态)，并返回一个由生成的 T 和一个新种子组成的元组，该元组可用于生成后续值。Generator<T>的标准箭头符号签名是：

```
int → (T, int)
```

为运行生成器，可定义以下 Run 方法：

```
public static T Run<T>(this Generator<T> gen, int seed)
    => gen(seed).Value;

public static T Run<T>(this Generator<T> gen)
    => gen(Environment.TickCount).Value;
```

第一个重载使用给定的种子运行生成器，并只返回生成的值，而不考虑状态。第二个重载在每次调用时都会使用时钟来获得一个不同的种子值(因此与第一次重载不同，它是不纯洁的而且是不可测试的)。接下来，让我们创建一些生成器。

15.2.1 生成随机整数

我们需要的基本构建块是一个将种子值加扰为一个新 int 的生成器。代码清单 15.5 展示了一种可能的实现。

代码清单 15.5 一个有状态的计算，返回一个伪随机数

```
public static Generator<int> NextInt = (seed) =>
{
```

```
    seed ^= seed >> 13;
    seed ^= seed << 18;
    int result = seed & 0x7fffffff;
    return (result, result);
};
```

这是一个生成器，当给定一个种子时，会对该种子进行加扰以获得另一个看起来不相关的整数[1]。然后返回该整数值为结果值，并作为种子值以用于后续的计算。

当想要生成更复杂的值时，事情便开始变得有趣。事实证明，如果可生成一个随机 int，便可为任意复杂的类型生成随机值。那么知道如何为 int 编写一个生成器时，如何为一个更简单的类型(如 Boolean)编写一个生成器呢？

15.2.2 生成其他基元

请记住，一个生成器应该接受一个种子并返回一个新值(本例中为生成的布尔值)以及一个新种子。Generator<bool>的架构如下所示：

```
public static Generator<bool> NextBool = (seed) =>
{
    bool result = // ???
    int newSeed = // ???
    return (result, newSeed);
};
```

我们如何实施它？我们已经有了一个 int 生成器，所以可生成一个 int 并根据生成的 int 是偶数/奇数来返回 true/false。我们还需要返回新种子，为此，我们可以利用生成 int 时所计算出的新种子。本质上，我们使用 NextInt 方法将生成的 int 转换为 bool 并重用了种子，如图 15.3 所示。

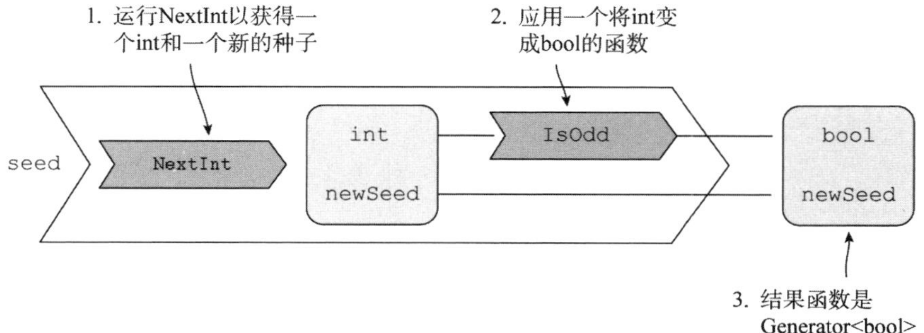

图 15.3　使用 NextInt 生成器生成一个布尔值

该实现如下：

```
public static Generator<bool> NextBool = (seed) =>
{
   var (i, newSeed) = NextInt(seed);
```

1　该算法的具体细节与本次讨论的目的无关。有许多算法可用于生成伪随机数。

```
    return (i % 2 == 0, newSeed);
};
```

现在让我们以不同的方式来思考。这里所做的是有效映射一个函数，该函数将一个 int 转变为一个 bool，同时重用由现有的 NextInt 生成器返回的新种子。可泛化该模式以定义 Map：如果有一个 Generator<T>和一个函数 f：T → R，可通过运行生成器来获得一个 T 和一个新种子，然后应用 f 以获得一个 R，并将其与新种子一起返回，最终得到 Generator<R>。Map 的代码实现如代码清单 15.6 所示。

代码清单 15.6 Generator<T>的 Map 的定义

```
public static Generator<R> Map<T, R>
(
    this Generator<T> gen,
    Func<T, R> f
)
=> seed =>
{
    var (t, newSeed) = gen(seed);
    return (f(t), newSeed);
};
```

Map 返回了一个生成器，当给定一个种子时……

……运行给定的生成器 gen 将获得一个 T 和一个新种子……

……然后用 f 将 T 转换为 R，将其与新种子一起返回

现在，对于那些包含比 int 更少信息的类型(如 bool 或 char)，我们可更简洁地为其定义生成器，如代码清单 15.7 所示。

代码清单 15.7 基于 NextInt 生成其他类型

```
public static Generator<bool> NextBool =>
    from i in NextInt
    select i % 2 == 0;

public static Generator<char> NextChar =>
    from i in NextInt
    select (char)(i % (char.MaxValue + 1));
```

生成一个 int……

……返回其是否为偶数

这提高了可读性，因为我们不必为种子问题而过度烦恼了，而是以“生成 int，返回它是否为偶数”的方式来阅读代码。

15.2.3 生成复杂的结构

现在继续分析如何生成更复杂的值。下面尝试生成一对整数。我们必须这样编写：

```
public static Generator<(int, int)> PairOfInts = (seed0) =>
{
    var (a, seed1) = NextInt(seed0);
    var (b, seed2) = NextInt(seed1);
    return ((a, b), seed2);
};
```

可以看到，对于每个有状态计算(或者每次生成随机值时)，我们需要提取状态(新创建的种子)并将其传递给下一个计算。这相当繁杂。但幸运的是，可用一个 LINQ 表达式来组合生成器以消除显式的状态传递。

代码清单 15.8　定义一个生成一对随机整数的函数

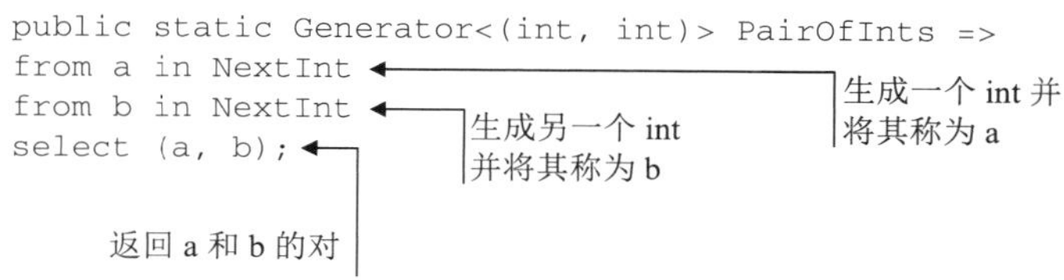

```
public static Generator<(int, int)> PairOfInts =>
from a in NextInt
from b in NextInt
select (a, b);
```

生成一个 int 并
将其称为 a
生成另一个 int
并将其称为 b
返回 a 和 b 的对

这样更具可读性，其本质与之前的相同。这是可行的，因为我已经定义了一个 Bind/SelectMany 的实现来负责“串联状态”。也就是将状态从一个计算传递给下一个计算。Bind 的工作方式如图 15.4 所示。代码清单 15.9 展示了相应的代码。

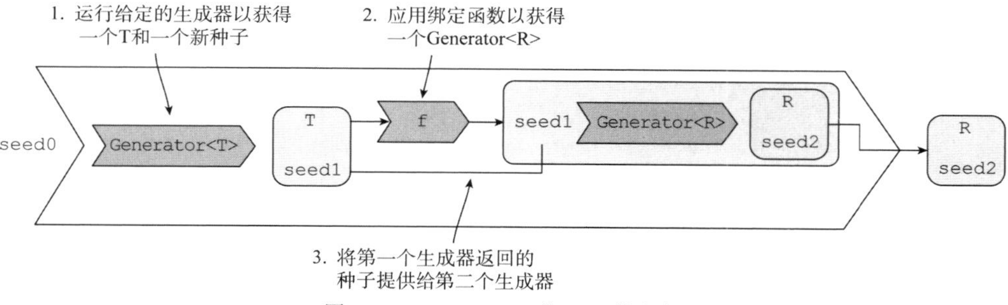

1. 运行给定的生成器以获得
一个T和一个新种子
2. 应用绑定函数以获得
一个Generator<R>
seed0
Generator<T>
T
seed1
f
seed1
Generator<R>
R
seed2
R
seed2
3. 将第一个生成器返回的
种子提供给第二个生成器

图 15.4　Generator<T>的 Bind 的定义

代码清单 15.9　Generator<T>的 Bind 的定义

```
public static Generator<R> Bind<T, R>
(
   this Generator<T> gen,
   Func<T, Generator<R>> f
)
=> seed0 =>
{
   var (t, seed1) = gen(seed0);
   return f(t)(seed1);
};
```

现在我们拥有了生成任意复杂类型的所有构建块。假设想创建一个 Option<int>。这很简单——为 Option 的状态生成一个布尔值，并为该值生成一个 int：

```
public static Generator<Option<int>> OptionInt =>
   from some in NextBool
   from i in NextInt
   select some ? Some(i) : None;
```

这段代码应该不陌生。当我们使用 FsCheck 定义属性测试时(你已在10.1.3 节中看到过类似代码)，需要提供一种方法来生成随机的 Option。实际上，FsCheck 的随机生成器的定义与此相同。

接下来将生成一系列整数。这将稍微复杂一些，如代码清单 15.10 所示。

代码清单 15.10 生成一个随机数列表

```
public static Generator<IEnumerable<int>> IntList
    => from empty in NextBool
       from list in empty ? Empty : NonEmpty
       select list;

static Generator<IEnumerable<int>> Empty
    => Generator.Return(Enumerable.Empty<int>());

static Generator<IEnumerable<int>> NonEmpty
    => from head in NextInt
       from tail in IntList
       select List(head).Concat(tail);

public static Generator<T> Return<T>(T value)
    => seed => (value, seed);
```

下面从顶层的 IntList 开始：通过生成一个随机布尔值来判断序列是否为空[1]。如果是，便使用 Empty，这是一个始终返回空序列的生成器；否则，通过调用 NonEmpty 返回一个非空序列。这将生成一个 int(作为第一个元素)和一个紧随其后的随机序列。注意 Empty 使用了 Generator 的 Return 函数，将一个值提升到一个始终返回该值的生成器中，而不会影响给定状态。

怎样生成字符串呢？一个字符串本质上是一个字符序列，所以我们可生成一个 int 列表，将每个 int 转换为一个 char，然后根据所得到的字符序列来构建一个字符串。正如你所见，我们遵循这种方法来生成各种类型的生成器，组合成任意复杂类型的生成器语言。

15.3 有状态计算的通用模式

除了生成随机值，还有其他很多场景可组合多个有状态的计算。为此，可使用一个更通用的委托 StatefulComputation：

```
delegate (T Value, S State) StatefulComputation<S, T>(S state);
```

StatefulComputation<T>是以下形式的函数：

```
S → (T, S)
```

1 这意味着在统计上，一半的生成列表将是空的，四分之一的列表将有一个元素，所以该生成器不太可能生成一个长列表。你可遵循不同方法并首先生成一个随机长度(假定该长度在一个给定范围内)，然后填充值。如上所示，一旦开始生成随机数据，就必须定义参数来管理随机生成。

T 是函数的结果值，S 是状态[1]。可将其与 Generator<T>的签名进行比较，来看看它们有多么相似：

```
StatefulComputation<T> : S   → (T, S)
Generator<T>           : int → (T, int)
```

对于 Generator，传入和传出的状态始终是 int。对于更通用的 Stateful Computation，状态可以是任意类型 S。因此，可用相同的方式定义 Map 和 Bind (唯一的区别是额外的类型参数)，并让它们负责“串联”一个计算和下一个计算之间的状态。

第 11 章讨论了树，并讲述了如何定义一个创建新树的 Map 函数，其中每个元素是对原始树中的每个值应用函数的结果。假设现在想为每个元素分配一个数字，如图 15.5 所示。

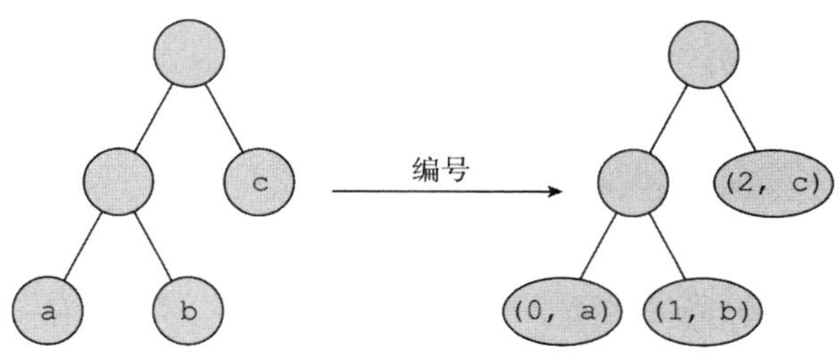

图 15.5　为树中的每个元素编号

此操作与 Map 类似，因为仍然必须遍历该树并将函数应用于每个元素，但现在你必须保存一些状态(一个计数器值)以便你访问每个元素时它的值能递增并能用来标记每个树叶。

首先定义一个包装了 T 和数字的 Numbered<T>类型。

```
public record Numbered<T>(T Value, int Number);
```

这意味着试图建模的操作可表示为 Tree<T>到 Tree<Numbered<T>>的函数。

首先，这里有一个遍历树的实现，用于显式地传递状态(一个计数器值)，如代码清单 15.11 所示。

代码清单 15.11　通过显式地传递状态为树叶进行编号

```
using LaYumba.Functional.Data.BinaryTree;

public Tree<Numbered<T>> Number<T>(Tree<T> tree)
   => Number(tree, 0).Tree;

(Tree<Numbered<T>> Tree, int Count) Number<T>
(
   Tree<T> tree,
   int count
)
```

调用有状态的重载，传递 0 作为初始状态

1　在 FP 术语中，这称为状态单子。用它来描述一个接受某种状态作为参数的函数是极其不合理的。这个糟糕的名称可能是理解它的最大障碍。

```
   => tree.Match
   (
      Leaf: t =>
         (
            Tree.Leaf(new Numbered<T>(t, count)),   ← 用当前计数标记此树叶
            count + 1   ← 将增加的计数作为新状态返回
         ),

      Branch: (l, r) =>
      {
         var (left, count1) = Number(l, count);     | 递归调用左侧和右侧
         var (right, count2) = Number(r, count1);   | 子树的 Number
         return (Tree.Branch(left, right), count2);   ← 返回已更新计数的新树
      }
   );
```

我们以计数器为 0 开始计算。编号函数简单地匹配了树的类型。如果是树叶，便包含一个 T，所以 Number 返回结果/新状态对，其中，Numbered<T>(包装 T 和当前计数)作为结果，递增的计数器作为新状态。如果是一个分支，则递归地在左边和右边的子树上调用 Number。因为这些操作中的每一个都会返回一个更新后的状态，所以必须将状态连起来并在结果值中返回它。

尽管我对上述解决方案感到满意，但手动传递状态的确引入了一些噪音。可通过重构代码，改用 StatefulComputation 委托来摆脱这种情况。

首先定义一个简单的有状态计算，它接受一个 int(状态，在本例中为计数器)，将计数器作为值返回，将递增的状态作为新状态返回：

```
static StatefulComputation<int, int> GetAndIncrement
   = count => (count, count + 1);

GetAndIncrement(0) // => (0, 1)
GetAndIncrement(6) // => (6, 7)
```

记住，一个有状态的计算会返回值和新状态。GetAndIncrement 将递增的计数器作为新状态返回，并将当前计数器的值作为返回值。

GetAndIncrement 的有趣之处在于它允许你查看状态：因为当前计数器的值成为计算的内部值，可以在 LINQ 表达式中引用它。可以在下面的代码中看到这一点，其中将当前 count 值赋给 count 变量。

代码清单 15.12 显示了如何使用 LINQ 重写树的编号函数来处理状态传递。

代码清单 15.12 使用 LINQ 对树的叶子进行编号

```
StatefulComputation<int, Tree<Numbered<T>>> Number<T>
(
   Tree<T> tree
)
=> tree.Match
(
   Leaf: t =>
      from count in GetAndIncrement   ← 将当前计数赋给 count 变量，同时将递增的计数赋给状态
```

```
      select Tree.Leaf(new Numbered<T>(t, count)),

   Branch: (left, right) =>
      from newLeft in Number(left)
      from newRight in Number(right)
      select Tree.Branch(newLeft, newRight)
);
```

结果是包含原始叶子值的新叶子，用当前计数编号

如你所见，组合一系列有状态计算时(与 Branch 的情况一样)，LINQ 确实可以提高可读性。否则，我认为显式传递状态更清晰。注意上述函数返回一个计算(未给定输入状态前它什么也不做)：

```
Number(tree).Run(0)
```

虽然有状态计算无处不在，但需要链接多个计算的情况并不常见。有状态计算常在某些领域中出现，如模拟或解析器。例如，一个函数式解析器通常被建模为一个函数，该函数接受一个字符串(状态)，使用部分字符串，生成一个结果。该结果包括已解析内容的结构化表示，还包括有待解析的字符串的其余部分(新状态)。

15.4　本章小结

- 当编写有状态的程序时，通过始终将状态作为函数的输入和输出的一部分进行显式传递，可避免产生状态改变的副作用。
- 有状态计算是形如 S → (T，S)的函数。也就是说，它接受某个状态并返回一个值以及更新后的状态。
- 有状态的计算可以单子形式组合，以减少从一个计算向下一个计算传递状态的语法负担。

第16章

使用异步计算

本章主要内容：

- 使用 Task 来表示异步计算
- 按顺序和并行方式组合异步操作
- 使用异步序列

在当今分布式应用程序的世界中，许多操作都是异步执行的。程序可以启动一些需要相当长时间才能完成的操作，例如向另一个应用程序请求数据，但在此过程中它并不会停下来等待该操作完成。相反，它将继续执行其他工作，并在收到数据后恢复操作。

异步编程当然是当今程序员的基本技能。我一直等到本书的最后才介绍它，是因为它较为复杂，而我想推迟这一复杂性，以使到目前为止所提出的思想更加浅显易懂。

异步操作在 C#中使用 Task 表示。通过本章，你会了解到，Task<T>与其他容器(如 Option<T>、Try<T>等)并没有太大区别。虽然 Task<T>表示异步传递的单个值，但 IAsyncEnumerable<T>是语言的最新补充，用于表示异步传递的一系列值。本章的第二部分将讨论这个问题。

16.1 异步计算

本节将首先介绍对异步的需求，以及如何使用 Task 对值的异步传递进行建模。然后你会看到 Task<T>只是 T 的另一个容器，因此支持诸如 Map 和 Bind 之类的操作。然后，我们将讨论使用 Task 时经常出现的一些问题：合并多个异步操作、处理失败、执行多个重试以及并行运行任务。

Task 和 ValueTask

BCL 还包括 ValueTask，它是一种值类型，与 Task 的用法类似。对于以下情况，建议异步方法返回 ValueTask 而不是 Task：

- 它在热路径上被调用，因此性能至关重要。
- 它可能涉及异步操作，但通常是同步完成的。例如，一些从文件或远程 API 读取并缓存检索数据的方法。

在这种情况下，使用 ValueTask 更有效，因为不需要在堆上分配一个任务。在本章中，凡是提及 Task 的地方，ValueTask 也同样适用。要了解更多关于 ValueTask 以及它与 Task 的不同之处，点击链接[1]，听听其创建者 Stephen Toub 的介绍。

16.1.1 对异步的需求

现实中一些操作比其他操作花费的时间更长，可能花费大量时间！虽然执行典型计算机指令所需的时间以纳秒计，但从文件系统读取或进行网络请求的 I/O 操作以毫秒或(甚至)秒来计。

为更好地理解差异到底有多大，打一个形象的比方：如果内存中的指令(如两个数字相加)花费了大约一秒的时间，那么一个典型的 I/O 操作可能需要几个月或几年的时间。而且，就像在现实生活中一样，你可以在饮水机旁等上几秒钟，直到水杯被装满，而在处理按揭贷款申请时，你不会在银行周围等待数周。相反，你会提交申请，然后回到日常生活中，并希望在将来某个时候收到结果通知。如图 16.1 和图 16.2 所示。

图 16.1 当一个操作可以快速执行时，我们很乐意等待该操作完成，而停止其他工作。这就是同步代码的工作方式

图 16.2 启动一个需要很长时间才能完成的操作时，我们会继续其他工作，同时等待操作完成时收到通知。这就是异步代码的工作方式

异步计算背后的思想：开始一个需要很长时间的操作后，继续执行其他工作，然后在操作完成后再回来。

16.1.2 用 Task 表示异步操作

自 C# 4 开始，处理异步计算的主要工具是基于任务的异步编程模式(TaskBased Asynchronous Pattern)。我假定你对其较为熟悉。如果不熟悉，网上有很多这方面的文档可供你参考。简而言之，它包括以下内容：

- 使用 Task 和 Task<T>来表示异步操作。
- 使用 await 关键字来等待 Task，这会释放当前线程来执行其他工作，直到异步操作完成。

例如，15.1 节讨论了一个从网络获取汇率的程序。代码清单 16.1 显示了实际执行 Web 请求的代码，之前省略了它。

代码清单 16.1　阻塞当前线程，直到一个网络调用完成

```
public static decimal GetRate(string ccyPair)
{
  Task<string> request = new HttpClient()
     .GetStringAsync(UriFor(ccyPair));

  string body = request.Result;

  var response = JsonSerializer.Deserialize<Response>(body, opts);
  return response.ConversionRate;
}

record Response(decimal ConversionRate);

const string ApiKey = "1a2419e081f5940872d5700f";

static string UriFor(string ccyPair)
{
    var (baseCcy, quoteCcy) = ccyPair.SplitAt(3);
    return $"https://v6.exchangerate-api.com/v6/{ApiKey}"
       + $"/pair/{baseCcy}/{quoteCcy}";
}

static readonly JsonSerializerOptions opts = new()
    { PropertyNamingPolicy = new SnakeCaseNamingPolicy() };
```

调用 Result 会阻塞线程，直到操作完成

让我们查看 GetRate 中的代码，它执行远程 API 调用。我们调用 UriFor 来计算检索所需的 FX 汇率的 URI，然后使用 HttpClient 来执行 API 查询。

当对生成任务调用 Result 时，当前线程暂停并等待从远程 API 接收响应。然后，它将响应正文反序列化为适当的类型并提取请求的汇率。

当前线程一直阻塞直至收到响应对于简单的控制台应用程序来说尚可，但对于大多数真实世界的应用程序来说，无论是客户端还是服务器，这都是不可接受的。没必要在等待网络调用完成时阻塞线程。

可以重构 GetRate 以异步执行请求，如代码清单 16.2 所示。

代码清单 16.2 使用 Task 来表示一个异步操作

```
public static async Task<decimal>        ← 该方法有 async 修饰符，并返回一个 Task
   GetRateAsync(string ccyPair)          ← 按照惯例，方法名具有 Async 后缀
{
   Task<string> request = new HttpClient()
      .GetStringAsync(UriFor(ccyPair));

   string body = await request;          ← await 释放当前线程，直到操作完成

   var response = JsonSerializer.Deserialize<Response>(body, opts);
   return response.ConversionRate;
}
```

请注意这些变化：

- 该方法现在不会返回 decimal，而会返回一个 Task<decimal>。
- await 将挂起当前上下文(释放线程以执行其他工作)，在异步操作完成后并且其结果可用时恢复。
- 在方法体中使用 await 时，必须将其标记为 async[1]。
- 按照惯例，返回 Task 的方法以 Async 后缀命名[2]。

到目前为止，一切波澜不惊。现在让我们更多地从函数式的角度来查看 Task<T>。

16.1.3 一个 Task 即为一个将来值的容器

基于本书的观点，将 Task<T>视作 T 的另一个容器是很自然的。如果 Option<T>可被视为一个可以包含一个 T 的盒子，并且 Func<T>作为一个可被运行以获取一个 T 的容器，那么 Task<T>可被视为一个其 T 将在某个时刻具化的盒子。所以 Task<T>可被视为一个增加了异步效应的构造。

1 这有点遗憾，因为 async 增加了噪音，尤其是在 lambda 中使用时。严格地说，它不是必需的：没有 async 也可以设计语言语法；然而，当 await 首次添加到语言中时，添加它是为了启用向后兼容性。

2 我强烈反对这种命名惯例。它是在异步的早期由微软提出的。首先，你不会把返回字符串的方法命名为带有特殊-Str 后缀的，对吗？那为什么要用 task 命名呢？我相信，这种惯例背后的思想是为了便于在某些 API 中消除歧义，这些 API 公开了同一操作的同步和异步变体。但这会导致糟糕的设计：如果一个方法有理由实现为异步的，那么使用同步变体是次优的。API 应该通过只公开异步版本来鼓励做正确的事。如果这两个版本都公开了，那么，如果有什么区别的话，同步版本应该用-Sync 后缀标记，而这也显得非常碍眼。好的设计使得做正确的事情变得容易，所以强迫异步版本使用更长的、更嘈杂的名称是糟糕的设计。不幸的是，这个惯例已经广泛到足以成为标准。

注意　再次提醒，非泛型 Task 和泛型 Task<T>分别表示产生 void 和 T 的异步操作，这之间存在困扰人的二分法。

在本章中，我将始终使用返回值(至少是 Unit)，所以即使我简单地写成了Task，你也应该将其视为 Task<T>。

为将“一个 Task 即为一个容器”思想应用到代码当中，我定义了 Return、Map 和 Bind 函数。这些函数能有效地使 Task<T>成为 T 上的单子，它们的实现如代码清单 16.3 所示。

代码清单 16.3　可通过 await 来定义 Map 和 Bind

```
public static Task<T> Async<T>(T t)
   => Task.FromResult(t);
public static async Task<R> Map<T, R>
   (this Task<T> task, Func<T, R> f)
   => f(await task);
public static async Task<R> Bind<T, R>
   (this Task<T> task, Func<T, Task<R>> f)
   => await f(await task);
```

我将使用 Async 作为 Task 的 Return 函数，它将一个 T 提升到一个 Task<T>中。这只是.NET 的 Task.FromResult 方法的一个简写。

注意到使用 await 关键字来定义 Map 和 Bind 是多么容易。为何如此容易呢？因为 Map 将从一个容器中提取内部值，然后应用给定的函数，并将结果包装到容器中。但是，这种拆解和包装正是 await 语言特性的效果：提取 Task 的内部值(即操作在完成时所返回的值)，并且当方法包含 await 时，结果会被自动包装到一个 Task 中[1]。Map 所要做的一切就是将给定的函数应用到等待的值。

Bind 与其类似。它等待给定的 Task<T>，当它完成时，结果 T 可以被提供给绑定函数。这反过来又返回一个 Task<R>，Task<R>也必须在得到所需的 R 类型结果之前继续等待。

我已经按照同样方式为 Task 实现了 LINQ 查询模式，因此可以使用一个 LINQ 推导式来重写 GetRateAsync 函数，如代码清单 16.4 所示。

代码清单 16.4　对 Task 使用 LINQ 推导式

```
public static Task<decimal> GetRateAsync(string ccyPair) =>
   from body in new HttpClient().GetStringAsync(UriFor(ccyPair))
   let response = JsonSerializer.Deserialize<Response>(body, opts)
   select response.ConversionRate;
```

在代码清单 16.4 所示的 LINQ 推导式中，from 子句获取了 Task 的内部值并将其绑定到变量 body (更通俗地讲，当看到子句 from s in m 时，可将其解读为“提取 m 的内部值，并称之为

1　await 不仅适用于 Task，而且适用于任何可等待的值(那些定义了一个返回 INotifyCompletion 的 GetAwaiter(实例或扩展)方法的任何值)。

s，然后……”)。这正是 await 所做的事情。不同之处在于 await 是特定于 Task 的，而 LINQ 推导式可用于任何单子。

将其与代码清单 16.2 进行比较，它执行了相同的操作。另外，注意 async 修饰符也没有了，因为方法体不包含 await 操作符。

当然，一旦实现了 Bind/SelectMany，就可以使用它组合几个异步操作。代码清单 16.5 演示了这一点。为了获得最佳性能，它使用了 GetStreamAsync 而不是 GetStringAsync，产生了一个可被反序列化器异步使用的流。

代码清单 16.5 使用 LINQ 推导式链接异步操作

```
public static Task<decimal> GetRateAsync(string ccyPair) =>
   from str in new HttpClient()
      .GetStreamAsync(UriFor(ccyPair))
   from response in JsonSerializer
      .DeserializeAsync<Response>(str, opts)
   select response.ConversionRate;
```

这个版本最大限度地利用了异步，并避免将响应存储在内存中(在处理大型有效负载时，这将是低效的)。注意，两个 from 子句是必需的，因为现在有两个异步操作(如果不使用 LINQ 推导式，则相应地使用两个 await 操作符)。

惰性与异步计算

惰性和异步计算都能够编写“在将来运行”的代码。也就是说，在某个时间点，程序定义了如何处理由一个惰性计算 Func<T>或一个异步计算 Task<T>返回的 T 值，但是这些指令会在以后执行。

但两者之间也存在重要区别。从定义计算的代码的角度看：

- 创建一个惰性计算(如 Func、Try、StatefulComputation 等)并不会启动计算。事实上，它什么都不做(没有副作用)。
- 创建一个 Task 会启动一个异步计算。

从使用计算结果的代码的角度看：

- 使用惰性值的代码决定了何时运行计算，以获取所计算的值。
- 使用异步值的代码无法控制何时会收到所计算的值。

16.1.4 处理失败

Task<T>可被视为一个增加了异步效应的构造。实际上，它也捕获了错误处理。由于异步操作通常是 I/O 操作，因此出现问题的可能性很高。幸运的是，Task<T>会通过 Status 和 Exception 属性进行错误处理。

这很重要。假设有一个同步计算，并且正在用 Exceptional<T>对一个可能失败的计算进行建模。现在，如果想使计算异步，那么并不需要 Task<Exceptional<T>>，只需要一个 Task<T>。

为演示异步计算是如何组合的，以获取汇率场景为例展示一些稍微复杂的变体。

假设你的公司已经购买了一个 CurrencyLayer 的订阅，则该公司通过 API 可提供优质的汇率数据(即与市场相比，数据具有最小的延迟)。如果由于某种原因致使 CurrencyLayer 的 API 调用失败，你希望回退到目前在用的 RatesAPI。首先，假设你定义了两个类来封装对 API 的访问：

```
public static class CurrencyLayer
{
  public static Task<decimal> GetRateAsync(string ccyPair) => //...
}
public static class RatesApi
{
  public static Task<decimal> GetRateAsync(string ccyPair) => //...
}
```

CurrencyLayer 的实现与 RatesApi 相同，但它适用于 CurrencyLayer 的 API，它返回具有不同结构的数据。有趣的部分在于合并两个对 GetRateAsync 的调用。对于这类任务，可以使用 OrElse 函数，它接受一个任务，并在任务失败时进行回退(其思想类似于第 14 章中为 Option 定义的 OrElse 函数)：

```
public static Task<T> OrElse<T>
    (this Task<T> task, Func<Task<T>> fallback)
    => task.ContinueWith(t =>
          t.Status == TaskStatus.Faulted
             ? fallback()
             : Async(t.Result)
       )
       .Unwrap();
```

将 Task<Task<T>> 平铺为 Task<T>

注意，OrElse 假定一个 Task 要么失败要么成功。实际上，C#的 Task 也支持取消操作，但这个特性很少使用，并会使 API 复杂化，所以这里不再讨论。现在，OrElse 可以使用如下方式：

```
CurrencyLayer.GetRateAsync(ccyPair)
   .OrElse(() => RatesApi.GetRateAsync(ccyPair))
```

结果是一个新的 Task，如果操作成功，将生成由 CurrencyLayer 返回的值，否则生成由 RatesAPI 返回的值。

当然，也存在这两种调用都会失败的可能(如网络出现故障)。所以还需要一个函数来指定任务失败时要执行的操作。我称之为 Recover：

```
public static Task<T> Recover<T>
(
   this Task<T> task,
Func<Exception, T> fallback
)
=> task.ContinueWith(t =>
   t.Status == TaskStatus.Faulted
      ? fallback(t.Exception)
      : t.Result);
```

可通过如下方式使用 Recover：

```
RatesApi
    .GetRateAsync("USDEUR")
    .Map(rate => $"The rate is {rate}")
    .Recover(ex => $"Error fetching rate: {ex.Message}")
```

Recover 通常在工作流的末尾使用，用于指定在中途发生错误时要执行的操作。换句话说，你可以像对 Option 或 Either 使用 Match 那样使用 Recover。但 Match 是同步工作的，而 Task 没有可匹配的内容，因为其状态在将来某个时间点之前是不可用的，所以从技术上讲，Recover 更像是故障情况下的 Map(可通过查看其签名来确认这一点)。

合理的做法是定义一个 Map 的重载，该重载对应成功和失败的情况都有一个处理程序：

```
public static Task<R> Map<T, R>
(
    this Task<T> task,
    Func<Exception, R> Faulted,
    Func<T, R> Completed
)
=> task.ContinueWith(t =>
    t.Status == TaskStatus.Faulted
       ? Faulted(t.Exception)
       : Completed(t.Result));
```

其使用方式如下：

```
RatesApi.GetRateAsync("USDEUR").Map(
    Faulted: ex => $"Error fetching rate: {ex.Message}",
    Completed: rate => $"The rate is {rate}")
```

16.1.5　一个用于货币转换的 HTTP API

下面通过编写一个 API 控制器来利用上述特性，以允许客户端将金额从一种货币转换为另一种货币。一个与此 API 交互的示例如下所示：

```
$ curl http://localhost:5000/convert/1000/USD/to/EUR -s
896.9000

$ curl http://localhost:5000/convert/1000/USD/to/JPY -s
103089.0000

$ curl http://localhost:5000/convert/1000/XXX/to/XXX -s
{"message":"An unexpected error has occurred"}
```

也就是说，可通过诸如“convert/1000/USD/to/EUR”的路径来调用 API，以了解多少欧元相当于 1000 美元。以下是实现代码：

```
Task<IResult> Convert
```

```
(
   decimal amount,
   string baseCcy,
   string quoteCcy
)
=> RatesApi.GetRateAsync(baseCcy + quoteCcy)          ← 回退到次级 API
   .OrElse(() => CurrencyLayer.GetRateAsync(baseCcy + quoteCcy))
    .Map(rate => amount * rate)                        ← 执行汇率转换
    .Map
    (
     Faulted: ex => StatusCode(500),                   ← 指定在失败时要做什么
      Completed: result => Ok(result)
   );

app.MapGet("convert/{amount}/{baseCcy}/to/{quoteCcy}", Convert);
```

当应用程序收到一个请求时，会调用 CurrencyLayer API 来获取相关汇率。如果失败，则调用 RatesAPI。一旦获得汇率，就可以使用该汇率来计算目标货币的等值金额。最后，它将成功结果映射到 200，而将失败结果映射到 500。

记得第 8 章中提到，一旦进入高级界域，就应尽可能长时间置于其中。而这对于 Task 来说更是如此：在 Task 的世界中意味着要编写未来运行的代码，因此在本示例中离开高级界域意味着阻塞线程并保持等待。而我们并不想这样做。

请注意，控制器方法返回一个 Task<IActionResult>。也就是说，当 Task 运行完成时，ASP.NET 会将响应发送给客户端，并且你不必担心这何时发生。在本示例中，永远不需要离开 Task 的高级界域。

16.1.6　如果失败，请再试几次

当远程操作(如调用 HTTP API)失败时，失败的原因往往是暂时的：可能连接出现故障，或者远程服务器正在重新启动。换句话说，如果几秒钟或几分钟后重试，那么曾失败过的操作有可能会成功。

在处理无法控制的第三方 API 时，常常需要在操作失败时进行重试。代码清单 16.6 展示了一个简单而优雅的解决方案，它执行一个异步操作，即如果失败，则重试指定的次数。

代码清单 16.6　用指数退避方法进行重试

```
public static Task<T> Retry<T>
   (int retries, int delayMillis, Func<Task<T>> start)
   => retries <= 0
      ? start()                                       ← 最后一次尝试
      : start().OrElse(() =>
         from _ in Task.Delay(delayMillis)            如果尝试失败，会等待片刻，然后重试
         from t in Retry(retries - 1, delayMillis * 2, start)
         select t);
```

要使用它，只需要将执行远程操作的函数包装到 Retry 函数的调用中即可：

```
Retry(10, 1000, () => RatesApi.GetRateAsync("GBPUSD"))
```

这段代码指定了最多重试 10 次，并且两次尝试之间的初始延迟为 1 秒。最后一个参数是要执行的操作，由于调用该函数将启动任务而被惰性指定。

注意，Retry 是递归的：如果操作失败，将等待指定的时间间隔，然后重试相同的操作，递减剩余的重试次数，并将等待下一次的时间间隔翻倍重试(该重试策略被称为指数退避)。

16.1.7 并行运行异步操作

由于 Task 用于表示需要一定时间的操作，因此在有可能的情况下可以并行执行它们。

比如你想查看不同航空公司的机票价格。假设有多个类封装了对航空公司 API 的访问，每个类都实现了 Airline 接口：

```
interface Airline
{
   Task<Flight> BestFare(string origin, string dest, DateTime departure);
}
```

BestFare 为你提供了给定航线和日期上最便宜的航班。航班的详细信息可通过远程 API 查询，因此结果很自然地被包装在一个 Task 中。

现在想象一下，我们回到了 20 世纪 90 年代，并且对欧洲旅游很感兴趣。需要查看市场上仅有的两家廉价航空公司：EasyJet 和 Ryanair。然后，可以基于一个给定日期来找到两家航空公司提供的最合适价格，如下所示：

```
Airline ryanair;
Airline easyjet;
Task<Flight> BestFareM(string origin, string dest, DateTime departure)
   => from r in ryanair.BestFare(origin, dest, departure)
      from e in easyjet.BestFare(origin, dest, departure)
      select r.Price < e.Price ? r : e;
```

这是可行的，但不是最优的。由于 LINQ 查询都是单子的，所以 easyjet.BestFare 仅在 ryanair.BestFare 完成后才会被调用(稍后会了解原因)。但为何要等待呢？毕竟，这两个调用是完全独立的，所以没理由不以并行方式进行调用。

还记得在第 10 章中，当拥有独立的计算时，便可以使用应用式。代码清单 16.7 显示了为 Task 定义的 Apply，该 Apply 再次通过 await 来实现。

代码清单 16.7 实现 Task 的 Apply

```
public static async Task<R> Apply<T, R>
   (this Task<Func<T, R>> f, Task<T> arg)
   => (await f)(await arg);

public static Task<Func<T2, R>> Apply<T1, T2, R>
   (this Task<Func<T1, T2, R>> f, Task<T1> arg)
   => Apply(f.Map(F.Curry), arg);
```

与其他容器一样，重要的是第一个重载(在容器中包装一个一元函数的地方)，并且只需要对函数进行柯里化，就可以定义更大元数的重载。与 Map 和 Bind 一样，该实现只使用 await 关键字来引用 Task 的内部值。Apply 等待包装后的函数和包装后的参数，并将函数应用于参数；由于使用了 await，结果会被自动包装到一个任务中。

因此，可使用 Apply 来重写前面的计算，如代码清单 16.8 所示。

代码清单 16.8 使用 Apply 并行执行两个任务

```
Task<Flight> BestFareA(string origin, string dest, DateTime departure)
{
   var pickCheaper = (Flight l, Flight r)
      => l.Price < r.Price ? l : r;

   return Async(pickCheaper)
      .Apply(ryanair.BestFare(origin, dest, departure))
      .Apply(easyjet.BestFare(origin, dest, departure));
}
```

在该版本中，两个对 BestFare 的调用是独立启动的，因此它们是并行运行的，并且完成 BestFareA 所需的总时间取决于完成 API 调用所需的时间——而不是它们的总和。

为更好地理解为什么 Apply 并行运行任务，而 Bind 顺序运行，下面来比较 Apply 和 Bind，如代码清单 16.9 所示。

代码清单 16.9 Bind 按顺序运行任务，而 Apply 并行运行任务

```
public static async Task<R> Bind<T, R>
   (this Task<T> task, Func<T, Task<R>> f)
    => await f(await task);

public static async Task<R> Apply<T, R>
   (this Task<Func<T, R>> f, Task<T> arg)
   => (await f)(await arg);
```

Bind 首先等待给定的 Task<T>，然后才对函数进行求值以开启第二个任务。Bind 是按顺序运行任务的，因为创建第二个任务需要一个 T 值，所以无法进行其他操作。

另一方面，Apply 接受了两个 Task，这意味着两个任务都已启动。考虑到这一点，下面回顾以下这段代码。

```
Async(PickCheaper)
   .Apply(ryanair.BestFare(origin, dest, departure))
   .Apply(easyjet.BestFare(origin, dest, departure));
```

当首次调用 Apply(使用 Ryanair 任务)时，Apply 会立即返回一个新的 Task，而不必等待 Ryanair 任务完成(这是 Apply 内部的 await 行为)。然后该程序立即开始创建 EasyJet 任务。因此，两项任务是并行运行的。换言之，Bind 和 Apply 之间的行为差异取决于它们的签名：

- 使用 Bind 时，必须等待第一个 Task 才能创建第二个任务，所以如果一个 Task 是否创建取决于另一个任务的返回值，那么应使用 Bind。

- 使用 Apply 时，两项任务都将由调用者提供，所以当任务可独立启动时应用使用它。

如果你要比较的低成本航空公司不止两家，而是一长串航空公司的列表，那么如何处理？对于这个更复杂的场景，需要一个新工具：Traverse，将在 17.1 节介绍，但首先我们通过探索异步值序列来结束本章。

16.2 异步流

Task<T>适合于对需要花费一些时间来交付单个 T 的操作进行建模，从而允许编写异步代码，而不会过于复杂。然而，经常有一些操作返回的不是单个 T，而是多个 T，这些 T 可以单独交付，也可以分批交付，并且项目或批次之间的时间相对较长。以下是一些例子：

- 从一个分页的 API 中检索几个页面。每个页面都是通过单个异步操作检索的，并且包含一定数量的资源，但是需要检索几个页面才能检索到所需的所有资源。
- 读取文件。可以逐行异步读取文件，而不是将文件的全部内容读入内存。这允许开始处理到目前为止读取的行，而文件的其余部分仍在读取中。
- 从云托管的数据库中检索数据。

与任何长时间运行的操作一样，我们不想在请求的值传递过程中等待。而是希望在异步请求启动后立即释放调用线程，如图 16.3 所示。

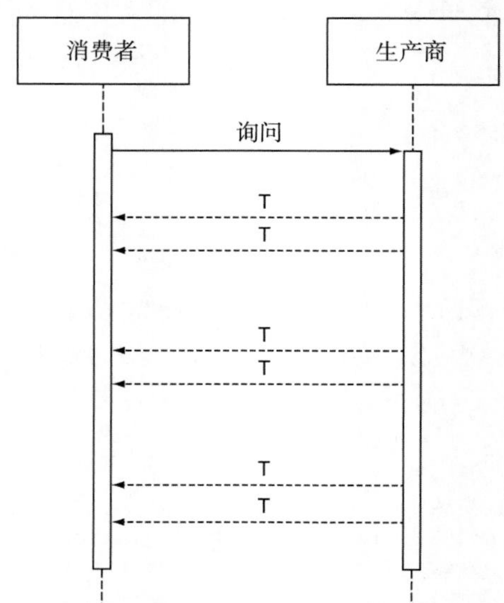

图 16.3 异步 T 序列。信息的使用者请求一些数据，这些数据由信息的生产者异步返回，并且在生成的值之间有不可忽略的延迟

可以将这样的场景建模为异步流，即以异步方式传递值的流。这些使用 IAsyncEnumerable<T>

接口表示，C# 8 引入了专用的语法来创建和使用 IAsyncEnumerable。

IAsyncEnumerable 类似于 Task(提供异步性)和 IEnumerable(提供聚合)。如果愿意，可以把这两种效果结合起来。表 16.1 显示了这些不同抽象之间的关系。

表 16.1　IAsyncEnumerable 与其他抽象的比较

	同步	异步
单值	T	Task<T>
多个值	IEnumerable<T>	IAsyncEnumerable<T>

你可能会问："IAsyncEnumerable<T>和 Task<IEnumerable<T>>有什么不同?"关键是，使用 Task<IEnumerable<T>>，必须等待封装任务完成，才能使用生成的 T。而使用 IAsyncEnumerable<T>，可以在接收到传入的 T 时立即开始使用它们，而无须等待流的结束。下面探索一些具体的场景。

16.2.1　以异步流的方式读取文件

假设你在电子商务领域工作，必须跟踪仓库中每种产品有多少件存货。业务的物流方面使用一种过时机制：将库存运送记录为 CSV 文件中以逗号分隔的值，该文件在每天结束时上传。你必须编写一个从 CSV 文件读取(每一行表示特定产品的库存交付)并相应地更新电子商务数据库的流程。

因为从文件读取相对较慢，所以很自然地将其建模为异步操作。此外，可以逐行读取文件的内容。这比将一个大文件的全部内容存储到内存中更有效。因此，可以使用 IAsyncEnumerable 接口，如代码清单 16.10 所示。

代码清单 16.10　将文件的内容读取为异步字符串流

```
using System.Collections.Generic;
using System.IO;

static async IAsyncEnumerable<string> ReadLines(string path)
{
   using StreamReader reader = File.OpenText(path);
   while (!reader.EndOfStream)
      yield return await reader.ReadLineAsync();
}
```

注意，要生成一个 IAsyncEnumerable，需要使用 yield return(就像使用 IEnumerable 一样)和 await。事实上，每当有一个异步操作(一个返回 Task<t>的方法，就像这里的 ReadLineAsync)需要重复调用时，就可以考虑使用 IAsyncEnumerable<T>。现在我们有一个异步字符串流，可以用它的每一行来填充一个数据对象(我称它为 Delivery)，并用它来更新 DB：

```
record Delivery(long ArticleID, int Quantity);

static Delivery Parse(string s)
```

对交付建模

利用文件的一行填充 Delivery

```
{
    string[] ss = s.Split(',');
    return new(long.Parse(ss[0]), int.Parse(ss[1]));
}

    static void UpdateDb(Delivery r) => // ...    ← 使用交付的信息更新 DB
```

有了这些构建块，就可以编写程序来用 CSV 文件中的值更新 DB：

```
public static async Task Main()                  使用来自 CSV 文件的行流
{
   await foreach (var line in ReadLines("warehouse.csv"))
   {
      Delivery d = Parse(line);    ← 把每一行解析到 Delivery 中
      UpdateDb(d);    ← 把 Delivery 保存到数据库中
   }
}
```

注意，这里通过 await foreach 来使用 IAsyncEnumerable 中的值。这类似于通过 foreach 使用 IEnumerable 的元素。

16.2.2 以函数方式使用异步流

你可能会想“我们永远不想使用 foreach 来显式地遍历集合中的元素。相反，我们要使用 Map 或 LINQ 推导式来将每一行转换为 Delivery 和 ForEach 以更新数据库！”

当然，这么想是对的，因为这就是本书采用的方法。唯一的问题是 IAsyncEnumable 上的相关扩展方法必须通过引用 System.Interactive.Async 包来导入。一旦有了这个引用，就可以重写程序，如代码清单 16.11 所示。

代码清单 16.11 利用 System.Interactive.Async 中的扩展方法

```
using System.Linq;    ← IAsyncEnumerable 上的扩展位于这个名称空间中

public static async Task Main()
   => await ReadDeliveries("warehouse.csv")
      .ForEachAsync(UpdateDb);    ← 对流中的每个元素执行副作用

static IAsyncEnumerable<Delivery> ReadDeliveries(string path)
   => from line in ReadLines(path)
      select Parse(line);    对流中的每个元素应用一个函数
```

这里使用一个 LINQ 推导式来将异步传递的每个字符串转换为一个 Delivery，并使用 ForEachAsync 来更新 DB。为什么它被称为 ForEachAsync 而不只是 ForEach？因为它仅在流中的所有值都已处理完毕时才完成，所以它返回一个 Task，并且照惯例是为返回 Task 的操作使用 Async 后缀。

注意，我将 UpdateDb 定义为同步的。在实践中，你可能需要将此操作变成异步操作。在这种情况下，它将返回一个 Task 而不是 void。然后，你需要修改程序，如下所示，使用

ForEachAwaitAsync 而不是 ForEachAsync：

```
public static async Task Main()
   => await ReadDeliveries("warehouse.csv")
      .ForEachAwaitAsync(UpdateDbAsync);

static Task UpdateDbAsync(Delivery r) => // ...
```

16.2.3　从多个流中消费数据

到目前为止，你已经学习了如何定义异步流，如何使用 Select 进行数据转换(无论是直接进行，还是通过 LINQ 推导式和单个 from 子句)，以及使用 ForEachAsync 或 ForEachAwaitAsync 执行副作用。接下来，看看如何通过多个 from 子句使用 LINQ 推导式。如 10.4 节所述，这将解析为 SelectMany，它本质上是 Bind。

假设客户拥有多个仓库。在一天结束时，他们都将各自的 CSV 文件上传到一个目录中，因此需要更改程序以处理多个文件。这个更改非常简单。程序不是处理一条路径下的文件，ReadDeliveries 可以获取目录路径并处理该目录下的所有文件：

```
static IAsyncEnumerable<Delivery> ReadDeliveries(string dir)
   => from path in Directory.EnumerateFiles(dir).ToAsyncEnumerable()
      from line in ReadLines(path)
      select Parse(line);
```

就是这样！只需要改变一行代码。EnumerateFiles 生成一个 IEnumerable<string>。需要将其提升为 IAsyncEnumerable<string>，以便在 LINQ 推导式中使用它来处理每个文件生成的流。注意，文件将按顺序处理；因此，在移动到第二个文件之前，产生的流将拥有来自第一个文件的所有交付内容，以此类推。

16.2.4　使用异步流进行聚合和排序

异步流的功能非常强大，因为它们使你能在流结束之前开始使用流中的值。在示例中，这意味着可以在读取 CSV 文件时开始更新 DB。在某些情况下，这可以大大提高效率。

现在，假设仓库在一天中收到多次交付，可能包括相同产品的多次交付，因此 CSV 文件可能包含同一产品 ID 的多个条目。如果是这种情况，则需要为该产品执行单个 DB 更新。代码需要更改如下：

```
public static async Task Main()
   => await ReadDeliveries("warehouse.csv")
      .GroupBy(r => r.ProductID)
      .SelectAwait(async grp => new Delivery(grp.Key
         , await grp.SumAsync(r => r.Quantity)))
      .ForEachAwaitAsync(UpdateDbAsync);
```

这里的要点是，根据产品 ID 对流中的元素进行分组。这是通过 GroupBy 完成的，就像使用 IEnumerable 一样。在每次分组后，计算所有数量的总和，为每个产品创建一个单一的

Delivery。但注意，不能像 IEnumerable 那样使用 Sum。相反，必须使用 SumAsync，它返回一个 Task(因为必须等待，直至收到所有的元素项，然后才能计算它们的总和)。

因此，尽管代码是正确的，但实际上失去了一些异步带来的好处。需要等待，直至接收到所有元素，才能计算它们的和或任何其他聚合操作。因此，在本例中，IAsyncEnumerable 并不比 Task<IEnumerable>更好。如果想要对值进行排序，也是同样的情况。

16.3 本章小结

- Task <T>表示一个异步交付 T 的计算。
- 当底层操作(如大多数 I/O 操作)可能有明显的延迟时，应该使用 Task。
- 返回 Task 的函数可以使用 Map、Bind 和其他几个组合器组合在一起，以指定错误处理或多次重试。
- 如果任务是独立的，它们可以并行运行。可以将 Task 用作应用程序，并使用 Apply 将多个 Task 组合在一起并行运行。
- IAsyncEnumerable<T>表示一个异步交付的 T 序列。
- 使用 System.Interactive.Async 中的扩展方法来处理 IAsyncEnumerable。这也包括 LINQ 查询模式的实现。
- 请记住，在异步流上进行某些操作，如排序和聚合，需要流中的所有元素，因此将失去使用异步流获得的部分效率。

第 17 章

遍历和堆叠的单子

本章主要内容：

- 可遍历：处理高级类型列表
- 组合不同单子的效果

本书前面介绍了许多不同的容器，它们为基础值添加了一些效果——Option 用于可选项，IEnumerable 用于聚合，Task 用于异步，等等。随着容器列表的不断增加，我们不可避免地会遇到合并不同容器的问题：

- 如果有一个要执行的任务列表，如何把它们合并成一个单一的任务，当所有的操作都完成时该任务完成？
- 如果有一个类型为 Task<validation<T>>的值，如何将它与类型为 T→Task<R>的函数组合在一起，使其噪声最小？

本章将提供组合不同容器效果的工具，并展示如何避免过多的嵌套容器。

17.1 遍历：处理高级值列表

Traverse 是 FP 中较为深奥的核心函数之一，使你可以处理高级值的列表。通过一个例子来说明可能是最容易理解的。

设想一个非常简单的命令行应用程序，它读取用户输入的以逗号分隔的数字列表，并返回所有给定数字的总和。可从以下这些代码入手：

公开一个静态函数 Trim

```
using Double = LaYumba.Functional.Double;
using String = LaYumba.Functional.String;
```

公开一个返回 Option 的函数以解析一个 double

```
var input = Console.ReadLine();

var nums = input.Split(',')      // Array<string>
    .Map(String.Trim)            // IEnumerable<string>
    .Map(Double.Parse);          // IEnumerable<Option<double>>
```

我们分割了所输入的字符串以获取一个字符串数组，并使用 Trim 来删除任何空格。然后，可将解析函数 Double.Parse 映射到该列表，它的签名为 string →Option<double>。因此，会得到一个 IEnumerable<Option<double>>。

相反，我们真正想要的是一个 Option<IEnumerable<double>>，如果任何数字解析失败，则应返回 None，这种情况下，可警告用户更正他们的输入[1]。Map 会生成一个类型，而其效果以相反的顺序堆叠而成。

这是一个常见的场景，有一个称为 Traverse 的特定函数可解决该场景的问题，而定义 Traverse 函数的类型被称为遍历(traversable)。图 17.1 展示了 Map 和 Traverse 之间的关系。

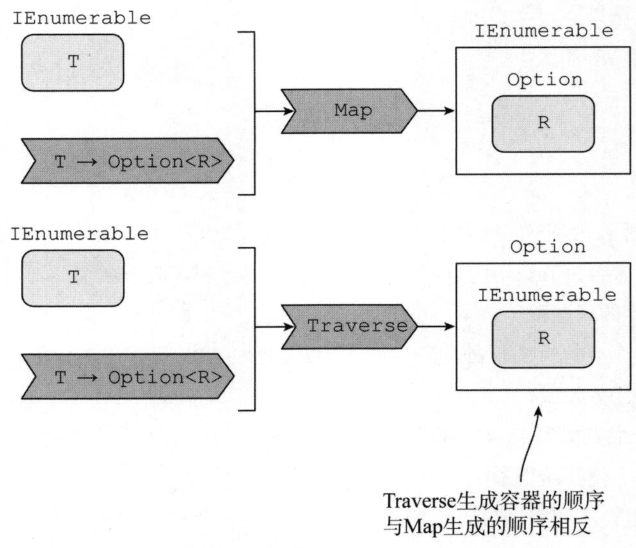

图 17.1 比较 Map 和 Traverse

下面对遍历思想进行归纳：

- 我们拥有一个 T 的“遍历”结构，所以让我们用 Tr<T>来表示它。在该示例中，它是 IEnumerable <string>。
- 我们拥有一个跨界函数 f：T → A<R>，其中 A 必须至少是一个应用式的。在该示例中，是 Double.Parse，所具有的类型为 string → Option<double>。
- 想获得一个 A<Tr<R>>。

1 你可能还记得，第 6 章中曾使用 Bind(而不是 Map)来过滤掉所有 None 值，并且只添加成功解析的数字。而对于该场景，这是不可取的：我们会不加通告地删除用户输入的错误值，从而导致错误结果。

Traverse 的一般性签名应该是：

```
Tr<T> → (T → A<R>) → A<Tr<R>>
```

对于该示例来说，签名应如下所示：

```
IEnumerable<T> → (T → Option<R>) → Option<IEnumerable<R>>
```

17.1.1 使用单子的 Traverse 验证值列表

下面分析如何使用上述签名来实现 Traverse。如果查看签名中的顶层类型，你会看到我们是以一个列表开始而以单个值结束。记得我们使用了 Aggregate 将列表压缩为单个值，9.6 节对此已详细介绍。

Aggregate 接受一个累加器和一个 reducer 函数(该函数将列表中的每个元素与累加器结合在一起)。如果列表为空，则返回累加器。这很容易做到，只需要创建一个空的 IEnumerable 并使用 Some 将其提升为 Option，如代码清单 17.1 所示。

代码清单 17.1 具有一个返回 Option 的函数的单子 Traverse

```
public static Option<IEnumerable<R>> Traverse<T, R>
(
   this IEnumerable<T> ts,
   Func<T, Option<R>> f
)
=> ts.Aggregate
(
   seed: Some(Enumerable.Empty<R>()),
   func: (optRs, t) =>
      from rs in optRs
      from r in f(t)
      select rs.Append(r)
);
```

如果遍历是空的，则提升一个空实例

从 Option 中提取累积的 R 型列表

将函数应用于当前元素，并从所生成的 Option 中提取值

将值追加到列表中，并将结果列表提升为一个 Option

现在分析 reducer 函数——这是有趣的一点。其类型是：

```
Option<IEnumerable<R>> → T → Option<IEnumerable<R>>
```

当将函数 f 应用到值 t 时，将得到一个 Option<R>。之后，它必须满足签名：

```
Option<IEnumerable<R>> → Option<R> → Option<IEnumerable<R>>
```

通过删除每个元素中的 Option 来简化一下：

```
IEnumerable<R> → R → IEnumerable<R>
```

现在很明显，问题在于将单个 R 追加到一个 IEnumerable<R>中，并生成一个包含目前所遍历的所有元素的 IEnumerable<R>。追加应该发生在 Option 的高级界域中，因为所有值都被

包装在一个 Option 中。如第 10 章所述，我们可以通过应用式或单子方式在高级界域中应用函数。而这里使用的是单子流。

现在介绍了 Traverse 的定义，我们准备回到解析用户输入的以逗号分隔的数字列表的场景中。代码清单 17.2 显示了我们如何使用 Traverse 实现目标。

代码清单 17.2　安全地解析和累加一个由逗号分隔的数字列表

```
using Double = LaYumba.Functional.Double;
using String = LaYumba.Functional.String;

var input = Console.ReadLine();
var result = Process(input);
Console.WriteLine(result);

static string Process(string input)
   => input.Split(',')            // Array<string>
       .Map(String.Trim)          // IEnumerable<string>
       .Traverse(Double.Parse)    // Option<IEnumerable<double>>
       .Map(Enumerable.Sum)       // Option<double>
       .Match
        (
           () => "Some of your inputs could not be parsed",
           (sum) => $"The sum is {sum}"
       );
```

在上述代码清单中，顶级语句执行了 I/O，且所有逻辑都在 Process 函数中。下面对其进行测试以查看其行为：

```
Process("1, 2, 3")
// => "The sum is 6"

Process("one, two, 3")
// => "Some of your inputs could not be parsed"
```

17.1.2　使用应用式 Traverse 收集验证错误

下面来改进错误处理，以便准确地告知用户哪些值是错误的。为此，需要用到 Validation，它可包含一个错误列表。这意味着还需要一个 Traverse 实现，它接受一个值列表和一个返回 Validation 的函数，如代码清单 17.3 所示。

代码清单 17.3　具有一个返回 Validation 的函数的单子 Traverse

```
public static Validation<IEnumerable<R>> TraverseM<T, R>
(
   this IEnumerable<T> ts,
   Func<T, Validation<R>> f
)
=> ts.Aggregate
(
   seed: Valid(Enumerable.Empty<R>()),
```

```
      func: (valRs, t) => from rs in valRs
                          from r in f(t)
                          select rs.Append(r)
   );
```

上述实现与接受一个返回 Option 的函数的实现(代码清单 17.1)完全相同，除了签名以及使用的 Return 函数是 Valid 而不是 Some。而这种重复是由于缺少对 Option 和 Validation 的共同抽象造成的。[1]

注意，我将函数称为 TraverseM 是因为该实现是单子的：如果一个项目未通过验证，那么不会为任何后续项目调用验证函数。

相反，如果要累积错误，我们应使用应用式流(如果需要了解为什么会这样，请参阅第 10.5 节)。因此，我们使用相同的签名来定义 TraverseA(以应用式)，但会使用应用式流，如代码清单 17.4 所示。

代码清单 17.4　具有一个返回 Validation 的函数的应用式 Traverse

```
static Func<IEnumerable<T>, T, IEnumerable<T>> Append<T>()
   => (ts, t) => ts.Append(t);

public static Validation<IEnumerable<R>> TraverseA<T, R>
(
   this IEnumerable<T> ts,
   Func<T, Validation<R>> f
)
=> ts.Aggregate
(
   seed: Valid(Enumerable.Empty<R>()),      ← 如果遍历是空的，则提升一个空实例
   func: (valRs, t) =>
      Valid(Append<R>())                    ← 提升针对 R 的 Append 函数
         .Apply(valRs)                      ← 将其应用于累加器
         .Apply(f(t))                       ← 将 f 应用到当前元素。封装在所产生的 Validation 中的 R 是被应用于 Append 的第二个实参
);

public static Validation<IEnumerable<R>> Traverse<T, R>
   (this IEnumerable<T> list, Func<T, Validation<R>> f)
   => TraverseA(list, f);                   ← 对于 Validation，Traverse 默认为应用式实现
```

TraverseA 的实现与 TraverseM 的实现非常相似，只是 reducer 函数中的追加操作是使用应用式而不是单子流来完成。因此，将为 ts 中的每个 T 调用验证函数 f，并且所有验证错误都会累积在生成的 Validation 中。

由于我们通常需要 Validation 具有这样的行为，因此我将 Traverse 定义为指向应用式的实现 TraverseA，但如果需要一个短路行为，则仍可能需要 TraverseM。

1　其原因已在第 6 章中讨论过。

现在，可重构该程序以使用 Validation，如代码清单 17.5 所示。

代码清单 17.5 安全地解析和累加一个由逗号分隔的数字列表

```
static Validation<double> Validate(string s)
    => Double.Parse(s).Match
     (
         () => Error($"'{s}' is not a valid number"),
         (d) => Valid(d)
    );

static string Process(string input)
    => input.Split(',')       // Array<string>
        .Map(String.Trim)     // IEnumerable<string>
        .Traverse(Validate)   // Validation<IEnumerable<double>>
        .Map(Enumerable.Sum)  // Validation<double>
        .Match
        (
            errs => string.Join(", ", errs),
            sum => $"The sum is {sum}"
        );
```

该代码清单只显示了更新后的 Process 实现(顶层语句与前面相同)。如果测试 Process 函数，将得到以下结果：

```
Process("1, 2, 3")
// => "The sum is 6"

Process("one, two, 3")
// => "'one' is not a valid number, 'two' is not a valid number"
```

如上所述，在第二个示例中，验证错误在遍历输入列表时已累积。如果改用单子的实现 TraverseM，则只会得到第一个错误。

17.1.3 将多个验证器应用于单个值

上例演示了如何将单个验证函数应用于要验证的一个值列表。如果只有单个要验证的值，有很多验证函数，情况会如何？

9.6.3 节讨论过这样的一个场景，在该场景中，我们有一个请求对象要进行验证，有一个验证器列表，而每个验证器都会检查对象是否满足某些有效条件。记得我们定义了一个 Validator 委托来捕获执行验证的函数：

```
// T => Validation<T>
public delegate Validation<T> Validator<T>(T t);
```

挑战是编写一个单一的 Validator 函数，结合所有验证器的验证，收集所有错误。为了定义带有这种行为的 HarvestErrors 函数，必须完成挑战(代码清单 9.22)。

现在了解了如何使用返回 Validation 的函数的 Traverse，可以更简洁地重写 HarvestErrors，如代码清单 17.6 所示。

代码清单 17.6　聚集来自多个验证器的错误

```
public static Validator<T> HarvestErrors<T>
    (params Validator<T>[] validators)
    => t
    => validators
        .Traverse(validate => validate(t))
        .Map(_ => t);
```

这里，Traverse 返回一个 Validation<IEnumerable<T>>，收集所有错误。如果没有错误，IEnumerable<T>类型的内部值将包含与验证器一样多的输入值 t 的实例。随后对 Map 的调用会忽略此 IEnumerable 并将其替换为正在被验证的原始对象。以下是一个在实践中使用 HarvestErrors 的例子：

```
Validator<string> ShouldBeLowerCase
    = s => (s == s.ToLower())
        ? Valid(s)
        : Error($"{s} should be lower case");

Validator<string> ShouldBeOfLength(int n)
    => s => (s.Length == n)
        ? Valid(s)
        : Error($"{s} should be of length {n}");

Validator<string> ValidateCountryCode
    = HarvestErrors(ShouldBeLowerCase, ShouldBeOfLength(2));

ValidateCountryCode("us")
// => Valid(us)

ValidateCountryCode("US")
// => Invalid([US should be lower case])

ValidateCountryCode("USA")
// => Invalid([USA should be lower case, USA should be of length 2])
```

17.1.4　组合使用 Traverse 与 Task 以等待多个结果

Traverse 与 Task 的工作方式类似于它与 Validation 的工作方式。比如，同样可定义 TraverseA (使用了应用式流且并行运行所有任务)、TraverseM(使用单子流且按顺序运行任务)和 Traverse(默认为 TraverseA，因为并行运行异步操作通常更可取)。若给定一个长期运行的操作的列表，我们可使用 Traverse 来获取一个可用来等待所有结果的 Task。

16.1.7 节比较了两家航空公司的机票价格。利用 Traverse，我们可以处理一组航空公司名单。假设可以使用一个方法查询每个航空公司的航班，该方法返回 Task<IEnumerable<Flight>>，那么想要得到给定日期和航线上所有可用的航班，并按价格排序，便可：

```
interface Airline
{
```

```
    Task<IEnumerable<Flight>> Flights
        (string origin, string destination, DateTime departure);
}
```

如何获得所有航空公司的所有航班信息？如果我们使用 Map 会发生什么：

```
IEnumerable<Airline> airlines;

IEnumerable<Task<IEnumerable<Flight>>> flights =
   airlines.Map(a => a.Flights(from, to, on));
```

最终得到了一个 IEnumerable<Task<IEnumerable<Flight>>> ——这完全不是想要的！

而使用 Traverse，我们将得到一个 Task<Ienumerable <IEnumerable<Flight>>>；也就是说，当所有航空公司都被查询(且任何查询失败都将导致失败)后将完成一项任务。该任务的内部值是一个列表的列表(每个航空公司都对应于一个列表)，然后可对其进行平铺和排序，以获得按价格排序的结果列表：

```
async Task<IEnumerable<Flight>> Search(IEnumerable<Airline> airlines
   , string origin, string dest, DateTime departure)
{
   var flights = await airlines
      .Traverse(a => a.Flights(origin, dest, departure));
   return flights.Flatten().OrderBy(f => f.Price);
}
```

Flatten 仅是一个便利函数，通过恒等函数来调用 Bind，从而将嵌套的 IEnumerable 平铺为来自所有航空公司的单个航班列表，然后按价格排序。

由于很多时候都需要并行执行，所以我将 Traverse 定义为与 TraverseA 相同。但如果有 100 个任务，且第二个失败了，那么整个任务就会失败。这种情况下使用单子的遍历可不必再运行另外 98 个任务，而这些任务在使用应用式遍历时仍会被启动。所选择的实现取决于用例，这就是为什么要包含两者的原因。

下面来看看这个例子的最后一个变化。在现实生活中，如果对第三方 API 的数十个查询中有一个失败了，你可能不希望搜索显示失败。假设想要展示最好的可用结果——就像很多价格比较网站一样。如果一个供应商的 API 停机，那么该供应商的结果将不可用，但仍希望看到所有其他供应商的结果。

这个改变很简单——可使用 16.1.4 节定义的 Recover 函数，以便每个查询在远程查询失败时返回一个空航班列表。

```
async Task<IEnumerable<Flight>> Search(IEnumerable<Airline> airlines
   , string origin, string dest, DateTime departure)
{
   var flights = await airlines
      .Traverse(a => a.Flights(origin, dest, departure)
                     .Recover(ex => Enumerable.Empty<Flight>()));

   return flights.Flatten().OrderBy(f => f.Price);
}
```

这里有一个函数可并行查询多个 API，忽略任何失败，并将所有成功的结果聚集到按价格排序的单个列表中。我发现这是一个很好的例子，说明了如何组合核心函数(如 Traverse、Bind 等)——可用很少的代码和精力来指定丰富的行为。

17.1.5 为单值结构定义 Traverse

前面了解了如何将 Traverse 用于一个 IEnumerable 和一个返回 Option、Validation、Task 或任何其他应用式的函数。事实证明，Traverse 更通用。也就是说，IEnumerable 不是唯一可遍历的结构，你可为在本书中见到的许多结构定义 Traverse。如果我们采用螺母和螺栓的方法，那么可将 Traverse 看成一个实用程序，其堆栈效果与执行 Map 时的方式相反：

```
Map      : Tr<T> → (T → A<R>) → Tr<A<R>>
Traverse : Tr<T> → (T → A<R>) → A<Tr<R>>
```

因此，如果有一个函数返回一个应用式 A，则 Map 在内部返回一个带有 A 的类型，而 Traverse 在外部返回一个带有 A 的类型。

例如，在第 8 章中，曾有一个场景使用 Map，将一个返回 Validation 的函数与一个返回 Exceptional 的函数结合起来。代码如下：

```
Func<MakeTransfer, Validation<MakeTransfer>> validate;
Func<MakeTransfer, Exceptional<Unit>> save;

public Validation<Exceptional<Unit>> Handle(MakeTransfer request)
   => validate(request).Map(save);
```

如果出于某种原因，想要返回的是一个 Exceptional<Validation<Unit>>呢？那么，现在知道了诀窍：只需要用 Traverse 替换 Map 即可！

```
public Exceptional<Validation<Unit>> Handle(MakeTransfer request)
   => validate(request).Traverse(save);
```

但是可使 Validation 可遍历吗？答案是肯定的。请记住，我们可将 Option 视为最多只有一个元素的列表。对于 Either，Validation 和 Exceptional 也是如此：成功情况下可被视为一个具有单个元素的遍历；失败情况下则可视为空。

本例中，需要定义一个接受一个 Validation 和一个返回 Exceptional 函数的 Traverse，如代码清单 17.7 所示。

代码清单 17.7　使 Validation 可遍历

```
public static Exceptional<Validation<R>> Traverse<T, R>
(
   this Validation<T> valT,
   Func<T, Exceptional<R>> f
)
=> valT.Match
```

```
(
    Invalid: errs => Exceptional(Invalid<R>(errs)),
    Valid: t => f(t).Map(Valid)
);
```

基本情况是假设 Validation 为 Invalid，这与空列表的情况类似。这里只是创建了一个所需输出类型的值，以保存验证错误。如果验证是 Valid，那意味着应该“遍历”其中包含的单个元素(标识为 t)。将返回 Exception 的函数 f 应用于该元素以获得一个 Exceptional<R>，然后对 Valid 函数执行 Map 操作，这会将内部值 r 提升到 Validation<R>中，从而提供所需的输出类型 Exceptional <Validation<R>>。

可按该方案来定义其他“一个值或无值”结构的 Traverse。注意，定义了 Traverse 之后，如果你再有了一个 Validation<Exceptional<T>>并想颠倒该效果的顺序，那么可使用具有恒等函数的 Traverse。

总之，Traverse 不仅适用于处理高级值的列表，而且在你需要堆叠效果时它更常见。如果编程时使用 Option、Validation 等来满足应用程序的需求，那么 Traverse 是你可以使用的工具之一，能确保你采用最合适的类型。

17.2 组合异步和验证(或其他任何两个单子效果)

大多数企业应用程序是分布式的并且依赖于大量的外部系统，因此很可能会在异步环境中运行。如果想使用诸如 Option 或 Validation 的结构，那么很快你就会处理 Task<Option<T>>、Task<Validation<T >>和 Validation<Task<T>>等。

17.2.1 堆叠单子的问题

这些嵌套的类型可能很难处理。当你在一个单子(如 Option)中工作时，一切都会很顺利，因为可使用 Bind 来组合多个返回 Option 的计算。但如果有一个函数返回一个 Option<Task<T>>以及一个类型为 T→ Option<R>的函数呢？怎样才能将它们组合起来？如何将一个 Option<Task<T>>与一个类型为 T → Task<Option<R>>的函数一起使用呢？

通常，可将其称为堆叠单子的问题。为阐明该问题以及了解如何解决该问题，下面回顾第 13 章中的一个例子。代码清单 17.8 展示了一个处理 API 请求以进行转账的控制器的框架版本。

代码清单 17.8 MakeTransfer 命令处理程序的框架

```
public static void ConfigureMakeTransferEndpoint
(
    WebApplication app,
    Func<Guid, AccountState> getAccount,
    Action<Event> saveAndPublish
)
=> app.MapPost("/Transfer/Make", (MakeTransfer cmd) =>    ←—— 接收命令
```

```
{
   var account = getAccount(cmd.DebitedAccountId);  ← 检索账户

   var (evt, newState) = account.Debit(cmd);  ← 执行状态转换，并生成一个包含一个事件和一个新状态的元组

   saveAndPublish(evt);  ← 持久化事件并发布给相关方

   return Ok(new { newState.Balance });  ← 向用户返回有关新状态的信息
});
```

以上代码将作为一个大纲，接下来将讲解如何添加异步、处理错误和验证。

首先添加一个新的依赖项以对 MakeTransfer 命令执行验证。它的类型将是 Validator <maketransfer>，它是一个具有以下签名的委托：

```
MakeTransfer → Validation<MakeTransfer>
```

接下来，需要修改现有依赖项的签名。当我们调用 getAccount 来检索账户的当前状态时，该操作将访问数据库。我们希望它是异步的，所以结果类型应该包装在 Task 中。此外，在连接到数据库的过程中可能发生错误。幸好，Task 已经捕获到这一点。最后，账户有可能不存在(对于给定的 ID 没有记录任何事件)，所以结果也应该包装在 Option 中。完整的签名如下：

```
getAccount : Guid → Task<Option<AccountState>>
```

保存和发布一个事件也应该是异步的，所以其签名是：

```
saveAndPublish : Event → Task
```

最后请记住，Account.Debit 也会返回结果，且该结果被包装在一个 Validation 中：

```
Account.Debit :
   AccountState → MakeTransfer → Validation<(Event, AccountState)>
```

现在编写一个命令处理程序的框架，其中包含所有这些效果：

```
public static void ConfigureMakeTransferEndpoint
(
   WebApplication app,
   Validator<MakeTransfer> validate,
   Func<Guid, Task<Option<AccountState>>> getAccount,
   Func<Event, Task> saveAndPublish
)
=> app.MapPost("/Transfer/Make", (MakeTransfer transfer) =>
{
   Task<Validation<AccountState>> outcome = // ...

   return outcome.Map
    (
      Faulted: ex => StatusCode(StatusCodes.Status500InternalServerError),
      Completed: val => val.Match
       (
         Invalid: errs => BadRequest(new { Errors = errs }),
         Valid: newState => Ok(new { Balance = newState.Balance })
      )
   );
});
```

刚才已用新签名列出了依赖项，确定了主工作流将返回一个 Task<Validation <AccountState>>(因为会有一些异步操作，并且会有一些验证)，并将其可能的状态映射到适当填充的 HTTP 响应。现在真正的工作出现了：如何整合需要使用的函数呢？

17.2.2 减少结果的数量

首先，我们需要一些适配器。注意，getAccount 返回一个 Option(包装在 Task 中)，这意味着应该考虑没有找到账户的情况。如果没有账户，这意味着什么呢？这意味着该命令被不正确地填充了，所以可将 None 映射到一个包含相应错误的 Validation。

LaYumba.Functional 定义了 ToValidation(一个自然的转换)，它把 Option 提升到 Validation。它使用 Option 的内部值将 Some 映射到 Valid，使用提供的 Error 将 None 映射到 Invalid：

```
public static Validation<T> ToValidation<T>
    (this Option<T> opt, Error error)
    => opt.Match
     (
     () => Invalid(error),
     (t) => Valid(t)
);
```

在 getAccount 中，返回的 Option 被包装在 Task 中，所以我们不直接应用 ToValidation，而是使用 Map：

```
Func<Guid, Task<Option<AccountState>>> getAccount;

Func<Guid, Task<Validation<AccountState>>> getAccountVal
    = id => getAccount(id)
        .Map(opt => opt.ToValidation(Errors.UnknownAccountId(id)));
```

现在至少可以只处理两个单子：Task 和 Validation。

其次，saveAndPublish 返回一个 Task，却并没有内部值，所以不适用于组合。下面编写一个适配器，它将返回一个 Task<Unit>来代替：

```
Func<Event, Task> saveAndPublish;

Func<Event, Task<Unit>> saveAndPublishF
    = async e =>
    {
        await saveAndPublish(e);
        return Unit();
    };
```

下面再来分析必须组合的函数，以获得想要的输出结果：

```
validate          : MakeTransfer → Validation<MakeTransfer>
getAccountVal     : Guid → Task<Validation<AccountState>>
Account.Debit     : AccountState → MakeTransfer
                    → Validation<(Event, AccountState)>
saveAndPublishF : Event → Task<Unit>
```

如果从头到尾都使用 Map，则会得到一个 Validation<Task<Validation <Validation<Task <Unit>>>>>的结果类型。可以尝试使用一个复杂的组合调用 Traverse 来改变单子的顺序，并使用 Bind 平铺它们。我试过了。这花了我将近半个小时才弄明白，结果非常神秘，绝不是你想要重构的内容！

我们必须寻找更好的方法。理想情况下，我们希望编写如下代码：

```
from tr in validate(transfer)
from acc in GetAccount(tr.DebitedAccountId)
from result in Account.Debit(acc, tr)
from _ in SaveAndPublish(result.Event)
select result.NewState
```

然后，会有 Select 和 SelectMany 的一些底层实现，这些实现将解决如何将这些类型结合在一起的问题。遗憾的是，这不能以普通方式实现：添加 SelectMany 的过多重载，将导致重载解析失败。好消息是有一个近似的方案，接下来将介绍。

17.2.3　具有一个单子堆叠的 LINQ 表达式

可为一个特定单子堆叠——本示例中为 Task<Validation<T>>[1]实现 Bind 和 LINQ 查询模式。这允许我们在 LINQ 表达式中组合多个返回 Task<Validation<>>的函数。考虑到这一点，可通过遵循以下规则来调整现有的函数：

- 如果有一个 Task<Validation<T>>(或者一个返回此类型的函数)，那么不需要任何操作。这就是正在处理的单子。
- 如果有一个 Validation<T>，可使用 Async 函数将其提升到一个 Task 中，以获得一个 Task<Validation<T>>。
- 如果有一个 Task<T>，可将 Valid 函数映射到它，以再次获取 Task<Validation<T>>。
- 如果有一个 Validation<Task<T>>，可使用恒等函数调用 Traverse，以交换容器。

所以之前的查询需要修改为如下形式：

```
from tr in Async(validate(transfer))
from acc in GetAccount(tr.DebitedAccountId)
from result in Async(Account.Debit(acc, tr))
from _ in SaveAndPublish(result.Event).Map(Valid)
select result.NewState;
```

使用 Async 将 Validation 提升到 Task<Validation<>>

使用 Map(Valid)将 Task 转换为 Task<Validation<>>

GetAccount 返回一个 Task<Validation<>>，这是正在处理的单子堆叠

只要为 Task<Validation<T>>定义了 Select 和 SelectMany 的适当实现，它便可以工作。正如你所见，结果代码仍然合理清晰，且易于理解和重构。只需要添加一些对 Async 和 Map(Valid)的调

1　这里不会展示代码示例中包含的实现。这是库代码，而不需要库的使用者操心其细节。你可能会问，是否所有的单子堆叠都需要一个实现？考虑到本书遵循的基于模式的方法，事实确实如此。

用来匹配类型。代码清单 17.9 显示了命令处理程序的完整实现，经过重构后包括异步和验证。

代码清单 17.9 命令处理程序被重构为包含异步和验证

```
public static void ConfigureMakeTransferEndpoint
(
   WebApplication app,
   Validator<MakeTransfer> validate,
   Func<Guid, Task<Option<AccountState>>> getAccount,
   Func<Event, Task> saveAndPublish
)
{
   var getAccountVal = (Guid id) => getAccount(id)
        .Map(opt => opt.ToValidation(Errors.UnknownAccountId(id)));

   var saveAndPublishF = async (Event e)
      => { await saveAndPublish(e); return Unit(); };

   app.MapPost("/Transfer/Make", (MakeTransfer transfer) =>
   {
      Task<Validation<AccountState>> outcome =
         from tr in Async(validate(transfer))
         from acc in getAccountVal(tr.DebitedAccountId)
         from result in Async(Account.Debit(acc, tr))
         from _ in saveAndPublishF(result.Event).Map(Valid)
         select result.NewState;

      return outcome.Map
       (
         Faulted: ex => StatusCode(StatusCodes.Status500InternalServerError),
         Completed: val => val.Match
          (
            Invalid: errs => BadRequest(new { Errors = errs }),
            Valid: newState => Ok(new { Balance = newState.Balance })
         )
      );
   });
}
```

下面看一下代码。首先，将工作流中要完成的各部分的操作作为依赖项分别注入。接下来，有两个适配器函数可以从 Option 提升到 Validation，从 Task 提升到 Task<unit>。然后，我们配置处理传输请求的端点。这里使用 LINQ 推导式来组合工作流中的不同操作。最后，将生成的结果转换为一个对象，表示希望返回的 HTTP 响应。

综上所述，尽管单子在单个单子类型的上下文中无往不利，但当需要结合多个单子效果时，情况会变得更复杂。注意，不仅在 C#中有这样的情况，在函数式语言中也如此。甚至在 Haskell 中，对单子的使用无处不在，且堆叠的单子通常通过相当笨重的“单子变换器”来处理。一种更有前途的方法被称为“组合效果”，它在一种称为 Idris 的非常小众的函数式语言中拥有一流的支持。未来的语言可能不仅针对单子(比如 LINQ)进行语法优化，还将包括针对单子堆叠而优化的语法。

作为一个实用的原则，请牢记，组合多个单子会增加复杂性，请将不同单子的嵌套限制为仅在真正需要的地方使用。例如，一旦通过将 Option 映射到 Validation 来简化前面的示例，只需要处理两个堆叠的单子，而不是三个。同样，如果有一个 Task<Try<T>>，可将其简化为一个 Task<T>，因为 Task 可捕获运行 Try 时所引发的任何异常。最后，如果发现自己总在使用一个具有两个单子的堆叠，则可以编写一个将这两种效果封装到单一类型的新类型。例如，封装了异步和错误处理的 Task。

17.3 本章小结

- 如果你有两个单子 A 和 B，你可能想要将它们堆叠在类似 A<B<T>>的值中，以组合两个单子的效果。
- Traverse 可用于将堆叠中的单子顺序翻转。
- 为一个堆叠实现查询 LINQ 模式，可使你轻松地组合 A、B 以及 A<B<>>。
- 尽管如此，堆叠的单子往往很笨重，所以请谨慎使用它们。

第 18 章

数据流和Reactive Extensions

本章主要内容：

- 使用 IObservable 来表示数据流
- IObservable 的创建、转换和组合
- 了解何时应使用 IObservable

如果你去过像华尔街或金丝雀码头这样的金融中心，你可能会看到一个报价板，一个发光的板，上面显示着交易最广泛的股票的最新交易价格。这是数据流的一种很合理的表示：随时间传递的相关值流。

交易员(包括人类和算法)密切关注价格，以便对价格变化做出反应：如果一只股票的价格上升或下降到给定水平，他们可能会根据自己的投资策略决定买入或卖出。本质上，这就是响应式编程的工作方式：你定义和使用数据流，以有趣的方式转换流中的数据，并定义程序应该如何对它所使用的数据做出反应。

例如，你家里有一个物联网，你拥有一些可以广播某些参数(如房间亮度或温度)的传感器和对这些参数的变化做出反应的设备(调节百叶窗或空调)。

再比如，在第 13 章描述的事件源系统中，可以将事件作为流发布，并定义这些事件的下游处理，以重新计算每笔交易的账户余额，并在余额为负数时向账户持有人发送通知。

在本章中，你将了解到什么是 IObservable，以及如何使用 Reactive Extensions(Rx)来创建、转换和组合 IObservable。我们还将讨论哪些类型的场景会受益于使用 IObservable。

Rx 是一组用于处理 IObservable 的库——就像 LINQ 提供了用于处理 IEnumerable 的实用程序一样。Rx 是一个非常丰富的框架，本章难以完全涵盖其内容。相反，我们将研究 IObservable 的一些基本特性和应用，以及它与我们目前见过的其他抽象的关系。

18.1　用 IObservable 表示数据流

如果你将一个数组看成空间(即内存空间)中的一个值序列，那么你可将 IObservable 视为时间上的一个值序列：

- 使用 IEnumerable，可在方便时列举其值。
- 使用 IObservable，可观察变动的值。

与第 16 章中的 IAsyncEnumerable 一样，IObservable 就像一个 IEnumerable，包含多个值，类似于一个 Task(因为这些值是异步传递的)。表 18.1 展示了 IObservable 与其他抽象的关系。

表 18.1　IObservable 与其他抽象的比较

	同　步	异　步
单一值	T	Task<T>
多个值	IEnumerable<T>	IAsyncEnumerable<T>IObservable<T>

因此，IObservable 比 IEnumerable 和 Task 更通用。你可将 IEnumerable 视为 IObservable 的一个特例，它可以同步生成其所有值，也可将 Task 视为 IObservable 的一个特例，它生成一个单一的值。那么 IObservable 和 IAsyncEnumerable 之间的区别是什么?为什么两者都需要呢？

- IAsyncEnumerable 是以消费者为中心的：消费数据的组件会向生产者请求一些数据，并接收一个返回的异步值流——数据是消费者“拉”出来的。消费者与生产者交互，因此为使用 IAsyncEnumerable 接口而开发的库被称为交互扩展(Ix)。这些包被命名为 System.Interactive.* (IAsyncEnumerable 本身包含在 System.Collections.Generic 名称空间的 BCL 中)。
- IObservable 是以生产者为中心的：消费者订阅数据，数据被生产者“推”出去。消费者仅对它收到的值做出反应。因此，为使用 IObservable 而开发的库被称为响应式扩展(Rx)。这些包被命名为 System.Reactive.*(IObservable 本身包含在 System 命名空间的 BCL 中)。

注意　Rx 和 Ix 都由.NET 基金会维护，它们是开源的，托管在链接[1]上。

Rx 已经存在很多年了(不仅在.NET 中，在很多其他语言中都有 Rx 的实现)，所以有更多的资源和知识可供参考。相比之下，异步流和 Ix 是最近添加的。然而，由于自 C# 8 以来的本地语言支持 yield return 和 await 关键字(参见 16 章)，创建和使用它们变得更容易了。

18.1.1　时间上的一个值序列

了解 IObservable 的最简单方式是使用弹珠图，图 18.1 展示了几个例子。每个 IObservable 都用一个箭头表示时间，用一个弹珠表示 IObservable 生成的值。

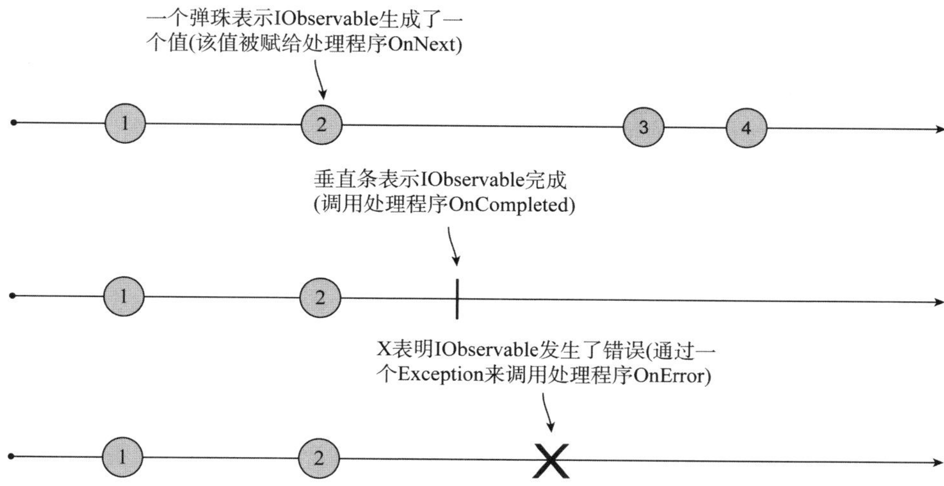

图 18.1　弹珠图提供了理解 IObservable 的直观方式

该图说明一个 IObservable 实际上可生成三种不同类型的消息：

- OnNext 发出一个新值的信号，所以如果你的 IObservable 代表事件流，那么当一个事件准备就绪时，将触发 OnNext。这是 IObservable 最重要的信息，并且通常是你唯一感兴趣的信息。
- OnCompleted 发出 IObservable 已完成的信号，并将发出没有更多值的信号。
- OnError 发出一个错误已经发生的信号，并提供相关的 Exception。

IObservable 协定

IObservable 协定规定 IObservable 应按照以下语法来生成消息：

```
OnNext* (OnCompleted|OnError)?
```

也就是说，一个 IObservable 可生成任意数量的 T(OnNext)，可能后跟一个表示成功完成(OnCompleted)或错误(OnError)的值。这意味着关于“完成”有三种可能。一个 IObservable 可以：

- 永不完成
- 正常完成，并带有一个完成的消息
- 完成，但发生异常，生成一个 Exception

无论 IObservable 是正常完成还是生成一个错误，它在完成后都不会生成任何值。

18.1.2　订阅 IObservable

可观察者与观察者是协同工作的。简单地说：

- 可观察者生成值
- 观察者则使用这些值

如果要使用由 IObservable 生成的消息，可创建一个观察者并通过 Subscribe 方法将其与 IObservable 关联。最简单的方式是提供一个回调函数来处理由 IObservable 生成的值，如下所示：

```
using System;
using System.Reactive.Linq;

IObservable<int> nums = //...

nums.Subscribe(Console.WriteLine);
```

公开下面使用的 Subscribe 扩展方法

公开 IObservable 接口

当我提到 nums“生成”一个 int 值时，我真正的意思是它使用该值调用了给定函数(在本例中为 Console.WriteLine)。上述代码的结果是，只要 nums 生成一个 int，便会被打印出来。

我发现命名稍显混乱。你期望 IObservable 有一个 Observe 方法，但它却调用了一个被称为 Subscribe 的方法。本质上，可将两者视为同义词：一个“观察者”即是一个订阅者，为了“观察”一个 IObservable，才对其进行订阅。

那么 IObservable 生成的其他类型的消息呢？你也可以为这些消息提供处理程序。例如，代码清单 18.1 展示了将观察者附加到 IObservable 的一个便利方法；只要 IObservable 发出信号，该观察者就会打印一些诊断消息。稍后我们将使用此方法进行调试。

代码清单 18.1 订阅由 IObservable 生成的消息

```
using static System.Console;

public static IDisposable Trace<T>
    (this IObservable<T> source, string name)
    => source.Subscribe
    (
        onNext: t => WriteLine($"{name} -> {t}"),
        onError: ex => WriteLine($"{name} ERROR: {ex.Message}"),
        onCompleted: () => WriteLine($"{name} END")
    );
```

Subscribe 实际上使用三个处理程序(都是可选参数)来处理 IObservable<T>生成的不同消息。至于处理程序为什么是可选的，这很明显：如果 IObservable 没有可能完成，那么提供一个 onComplete 处理程序是没有任何意义的。

订阅的一个更面向对象的选项是使用 IObserver 调用 Subscribe，该接口公开了 OnNext、OnError 和 OnCompleted 方法[1]。

另外注意，Subscribe 会返回一个 IDisposable(订阅)。通过处置它，可取消订阅。

本节中，你已了解到 IObservable 的一些基本概念和术语。需要消化的内容很多，但不必担心，当你见到一些例子后，一切都会变得更加清晰。以下这些是要牢记的基本思想：

1 这是在 IObservable 接口上定义的方法。接受回调的重载是一个扩展方法。

- 可观察者会生成值；而观察者则使用这些值。
- 需要使用 Subscribe 将观察者与可观察者关联在一起。
- 可观察者通过调用观察者的 OnNext 处理程序生成一个值。

18.2　创建 IObservable

现在你已知道如何通过订阅 IObservable 来使用流中的数据。但首先，你如何获得一个 IObservable 呢？IObservable 和 IObserver 接口被包含在.NET Standard 中，但如果想在 IObservable 上创建或执行其他许多操作，那么通常要安装 System.Reactive 包来使用 Reactive Extensions(Rx)[1]。

创建 IObservable 的推荐方法是使用静态 Observable 类中包含的几个专用方法之一，接下来将对其进行探索。建议你尽可能地使用 REPL 对其跟进。

18.2.1　创建定时器

定时器可以用一个定期发出信号的 IObservable 来建模。可用弹珠图来表示它，如图 18.2 所示。

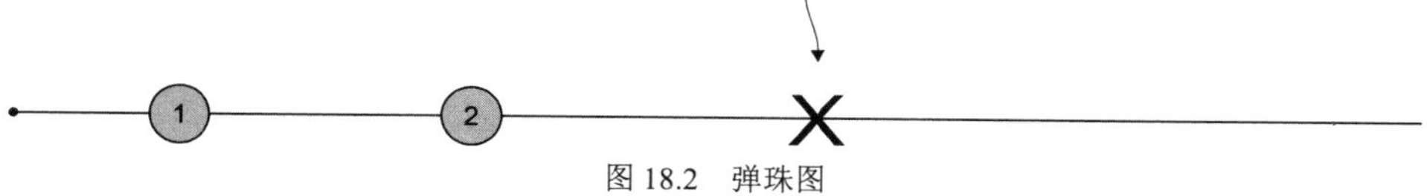

图 18.2　弹珠图

这是开始尝试使用 IObservable 的好方法，示例虽然简单，但确实包含了时间元素。可使用 Observable.Interval 来创建定时器，如代码清单 18.2 所示。

代码清单 18.2　创建一个每秒都会发出信号的 IObservable

```
using System.Reactive.Linq;

var oneSec = TimeSpan.FromSeconds(1);
IObservable<long> ticks = Observable.Interval(oneSec);
```

这里将 ticks 定义为一个 IObservable，它在 1 秒钟后将开始发出信号，并生成一个 long 型的计数器值，该值随秒数递增，且从 0 开始。注意到我说的“将开始发出信号”了吗？IObservable 是惰性的，除非已有一个订阅者存在，否则实际上它不会做任何事。如果没有人在听，它为什么还要说话呢？

如果想看到一些明确的结果，需要订阅 IObservable。可使用之前定义的 Trace 方法来做到

1　Rx 包含了多个库。主库是 System.Reactive，捆绑了最常用的包：System.Reactive.Interfaces、System.Reactive.Core、System.Reactive.Linq 和 System.Reactive.PlatformServices。还有其他几个可用于更特殊场景的包，比如你正在使用的 Windows 窗体。

这一点：

```
ticks.Trace("ticks");
```

此时，会看到以下消息显示在控制台中，且时间间隔一秒：

```
ticks -> 0
ticks -> 1
ticks -> 2
ticks -> 3
ticks -> 4
...
```

由于此 IObservable 永远完不成，因此必须重置 REPL 才能停止噪音——抱歉！

18.2.2 使用 Subject 告知 IObservable 应何时发出信号

创建 IObservable 的另一种方式是实例化一个 Subject，该 Subject 是一个 IObservable，你可以命令方式告知其生成一个值，并反过来将该值推送给其观察者。例如，代码清单 18.3 所示的程序将来自控制台的输入转换为由 Subject 发出的信号值。

代码清单 18.3 将用户的输入建模为一个流

```
using System.Reactive.Subjects;
using static System.Console;

var inputs = new Subject<string>();          ← 创建一个 Subject

using (inputs.Trace("inputs"))               ← 订阅 Subject
{
   for (string input; (input = ReadLine()) != "q";)
      inputs.OnNext(input);                  ← 告知 Subject 生成一个值，该值将被推送给其观察者

   inputs.OnCompleted();                     ← 告知 Subject 发出已完成信号
}                                            ← 离开 using 块时将处置订阅
```

每当用户输入某个值时，代码都会通过调用 OnNext 方法将该值推送给 Subject。当用户输入“q”时，代码退出 for 循环并调用 Subject 的 OnCompleted 方法，发出流已结束的信号。这里使用代码清单 18.1 中定义的 Trace 方法订阅了输入流，因此将为每个用户输入打印一条诊断消息。

与程序的交互如下所示(用户输入用粗体显示)：

```
hello
inputs -> hello
world
inputs -> world
q
inputs END
```

应避免使用 Subject

Subject 很有利于演示，但 Subject 的工作方式是命令式的，这与 Rx 的反应性原则相矛盾(指定当某些事发生时如何反应)。

出于该原因，建议你尽量避免使用 Subject，而使用其他方法，如 Observable. Create。

作为一个练习，请尝试使用 Observable.Create 来重写代码清单 18.3 中的代码，创建一个包含用户输入的 IObservable。

18.2.3　从基于回调的订阅中创建 IObservable

如果你的系统订阅了一个外部数据源(如消息队列、事件代理或发布者/订阅者)，则可将该数据源建模为一个 IObservable。

例如，Redis 可用作发布者/订阅者，它的 API 公开了一个订阅方法，允许注册一个回调，在给定的通道(Redis 通道只是一个字符串，它允许订阅者指定他们感兴趣的消息)上接收发布在 Redis 上的消息。代码清单 18.4 展示了如何使用 Observable. Create 创建一个 IObservable，以在 Redis 接收到消息时发出信号。

代码清单 18.4　从发布到 Redis 的消息中创建 IObservable

```
using StackExchange.Redis;
using System.Reactive.Linq;

ConnectionMultiplexer redis
   = ConnectionMultiplexer.Connect("localhost");

IObservable<RedisValue> RedisNotifications
(
   RedisChannel channel
)
=> Observable.Create<RedisValue>(observer =>     ← Create 接受一个观察者，所以给定的函数只会在订阅时被调用
{
   var sub = redis.GetSubscriber();
   sub.Subscribe(channel, (_, val) => observer.OnNext(val));     ← 将 Subscribe 的基于回调的实现转换为由 IObservable 生成的值
   return () => sub.Unsubscribe(channel);     ← 返回一个处理订阅时调用的函数
});
```

上述方法返回了一个 IObservable，将生成从给定信道上的 Redis 中接收到的值。使用方式如下：

```
RedisChannel weather = "weather";

var weatherUpdates = RedisNotifications(weather);     ← 当消息被发布在 weather 通道上时，获取发出信号的 IObservable
weatherUpdates.Subscribe(
   onNext: val => WriteLine($"It's {val} out there"));     ← 订阅 IObservable

redis.GetDatabase(0).Publish(weather, "stormy");
// prints: It's stormy out there
```

发布一个值会导致 weatherUpdates 发出信号，因此将调用 onNext 处理程序

你可能会问："我们到底得到了什么？"毕竟，可以使用 Redis 的 Subscribe 方法注册一个回调来处理消息。相反，现在有了一个 IObservable，需要订阅它来处理消息。关键是，通过 IObservable，可以利用 Rx 中包含的许多操作符(参见第 18.3 节)以及调度器(用于优化性能，但超出了本章的讨论范围)。

18.2.4 由更简单的结构创建 IObservable

IObservable<T>比值 T、Task<T>或 IEnumerable<T>更具普遍性，所以下面分析如何将它们"提升"为 IObservable。如果想将这些功能较弱的结构与一个 IObservable 结合起来，这将变得很有用。

通过 Return，可将单一值提升到图 18.3 所示的 IObservable 中。

图 18.3 提升单一值

也就是说，它立即生成该值，然后完成操作。以下是一个例子：

```
IObservable<string> justHello = Observable.Return("hello");
justHello.Trace("justHello");

// prints: justHello -> hello
//         justHello END
```

Return 接受一个值 T，并将其提升到 IObservable<T>中。这是第一个容器，即 Return 函数。

下面分析如何通过单一的异步值创建 IObservable——一个 Task。这里有一个 IObservable，如图 18.4 所示。

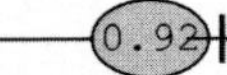

图 18.4 创建一个 IObservable

也就是说，一段时间后，会得到单一的值，紧接着是完成信号。代码如下所示：

```
Observable.FromAsync(() => RatesApi.GetRateAsync("USDEUR"))
.Trace("singleUsdEur");

// prints: singleUsdEur -> 0.92
//         singleUsdEur END
```

最后，由 IEnumerable 创建的 IObservable 如图 18.5 所示。

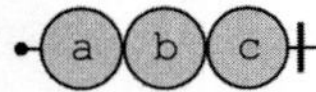

图 18.5 由 IEnumerable 创建的 IObservable

也就是说，立即生成 IEnumerable 中的所有值，并完成操作：

```
IEnumerable<char> e = new[] { 'a', 'b', 'c' };
IObservable<char> chars = e.ToObservable();
chars.Trace("chars");

// prints: chars -> a
//         chars -> b
//         chars -> c
//         chars END
```

现在你已经了解到很多(但不是全部)创建 IObservable 的方法。然而，你最终可能会以其他方式创建 IObservable。例如，在 GUI 应用程序中，可使用 Observable.FromEvent 和 FromEventPattern 将事件(如鼠标点击)转换为事件流。

现在你已经了解到如何创建和订阅 IObservable，接下来进入最有趣的领域：转换和结合不同的流。

18.3　转换和组合数据流

使用流的方式有多种，可将它们组合起来，并在现有流的基础上定义新的流。你不是处理流中的单个值(如在大多数事件驱动的设计中)，而是将流作为一个整体来处理。

Rx 提供了很多函数(通常称为操作符)来以各种方式转换和组合 IObservable。我将讨论最常用的方法并添加一些我自己的操作符。你将认识到函数式 API 的典型特征：纯洁性和可组合性。

18.3.1　流的转换

通过某种方式转换现有的可观察者，你可以创建新的可观察者。最简单的操作之一是映射。这是通过 Select 方法实现的，该方法与其他任何“容器”一样，通过将给定函数应用于流中的每个元素来工作，如图 18.6 所示。

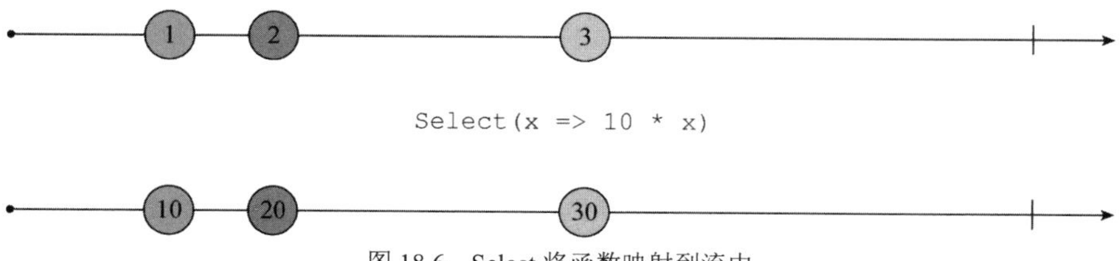

图 18.6　Select 将函数映射到流中

下面是一些创建定时器的代码，在其上映射一个简单函数：

```
var oneSec = TimeSpan.FromSeconds(1);
var ticks = Observable.Interval(oneSec);

ticks.Select(n => n * 10)
   .Trace("ticksX10");
```

我们使用 Trace 方法在最后一行代码处附加了一个观察者，因此上述代码每秒钟都会显示以下消息：

```
ticksX10 -> 0
ticksX10 -> 10
ticksX10 -> 20
ticksX10 -> 30
ticksX10 -> 40
...
```

因为 Select 遵循了 LINQ 查询模式，所以可使用 LINQ 编写代码来完成同样的事：

```
from n in ticks select n * 10
```

通过使用 Select，可重写我们的简单程序，根据可观察性来检查汇率(首次在代码清单 15.1 中引入)：

```
public static void Main()
{
   var inputs = new Subject<string>();   ← 用户输入的值流

   var rates =
      from pair in inputs
      select RatesApi.GetRateAsync(pair).Result;   将用户的输入映射到所检索的相应值上

   using (inputs.Trace("inputs"))   订阅这两个流以
   using (rates.Trace("rates"))     生成调试消息
      for (string input; (input = ReadLine().ToUpper()) != "Q";)
         inputs.OnNext(input);
}
```

这里，inputs 表示用户输入的货币对的流，在 rates 中这些货币对被映射到从 Web 检索到的对应值上。我们正在使用寻常的 Trace 方法来订阅这两个可观察者，因此与此程序的交互如下所示：

```
eurusd
inputs -> EURUSD
rates -> 1.0852
chfusd
inputs -> CHFUSD
rates -> 1.0114
```

但请注意，代码中有一个对 Result 的调用是受阻塞的。在真实的应用程序中，我们并不想阻塞线程，那么应如何避免这种情况呢？

Task 可很容易地被提升为一个 IObservable，如果把从远程 API 中获取汇率的 Task 提升到一个 IObservable 中，而不是等待它的结果，就可以生成一个 IObservable 的 IObservable。听起来有点熟悉，是吗？就是 Bind！可使用 SelectMany 而不是 Select，这会将结果压缩为单个 IObservable。因此，可将 rates 流的定义重写如下：

```
var rates = inputs.SelectMany
    (pair => Observable.FromAsync(() => RatesApi.GetRateAsync(pair)));
```

Observable.FromAsync 会将 GetRate 所返回的 Task 提升为 IObservable，SelectMany 将所有这些 IObservable 压缩为一个 IObservable。

因为始终可将 Task 提升为 IObservable，所以存在一个重载的 SelectMany 来完成这个任务(类似于 6.5 节中重载 Bind 来处理 IEnumerable 和返回 Option 的函数)。这意味着可避免显式调用 FromAsync，而是返回一个 Task。此外，还可使用一个 LINQ 查询：

```
var rates =
    from pair in inputs
    from rate in RatesApi.GetRateAsync(pair)
    select rate;
```

程序这样修改后，工作方式将与之前相同，但并没有阻塞对 Result 的调用。

IObservable 还支持 IEnumerable 支持的其他许多操作，例如使用 Where、Take(取前 n 个值)、Skip 和 First 等进行过滤。

18.3.2　组合和划分流

还有很多操作符能用来将两个流组合为单个流。例如，Concat 生成一个 IObservable 的所有值，接着是另一个 IObservable 的所有值，如图 18.7 所示。

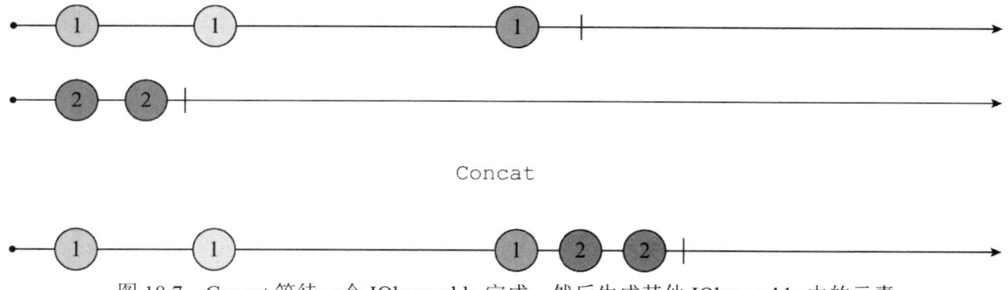

图 18.7　Concat 等待一个 IObservable 完成，然后生成其他 IObservable 中的元素

例如，在汇率查询中，有一个可观察者 rates，其中包含检索到的汇率。如果想要一个包含所有消息(程序应输出到控制台的所有消息)的可观察者，还必须包括所检索到的汇率，同时要提供一个初始消息，以提示用户输入一些信息。可使用 Return 将该单个消息提升到 IObservable 中，然后使用 Concat 将其与其他消息组合起来：

```
IObservable<decimal> rates = //...

IObservable<string> outputs = Observable
    .Return("Enter a currency pair like 'EURUSD', or 'q' to quit")
    .Concat(rates.Select(Decimal.ToString));
```

事实上，为一个 IObservable 提供起始值的需求非常普遍，可使用一个专用函数 StartWith。因此上述代码等同于：

```
var outputs = rates.Select(Decimal.ToString)
    .StartWith("Enter a currency pair like 'EURUSD', or 'q' to quit");
```

Concat 在右侧的可观察者生成值之前会等待左侧的 IObservable 完成，而同时 Merge 在没有任何延迟的情况下将两个 IObservable 的值组合起来，如图 18.8 所示。

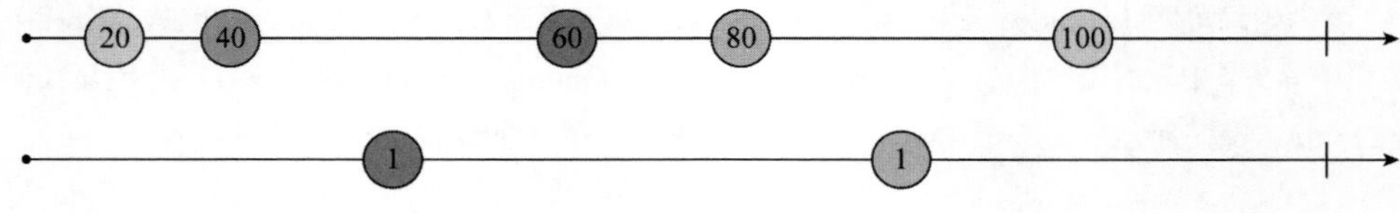

Merge

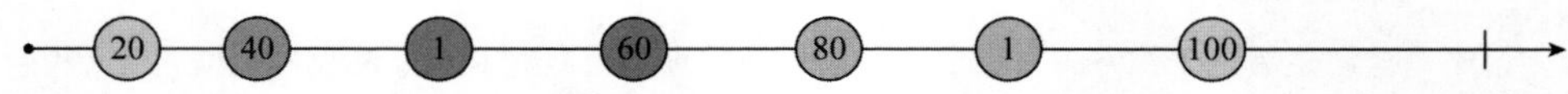

图 18.8　Merge 将两个 IObservable 组合为一个

例如，如果你拥有一个有效值流和一条错误消息，便可使用 Merge 将它们组合起来，如下所示：

```
IObservable<decimal> rates = //...
IObservable<string> errors = //...

var outputs = rates.Select(Decimal.ToString)
    .Merge(errors);
```

正如你想要组合来自于不同流的值一样，相反的操作(根据某些标准对流进行划分)往往也是有用的。图 18.9 阐明了这一点。

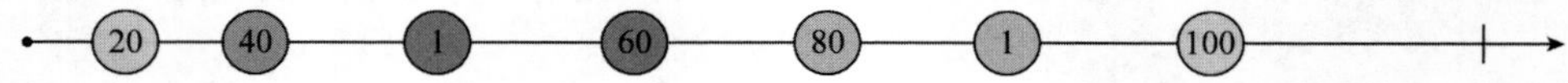

Partition(x => x > 10)

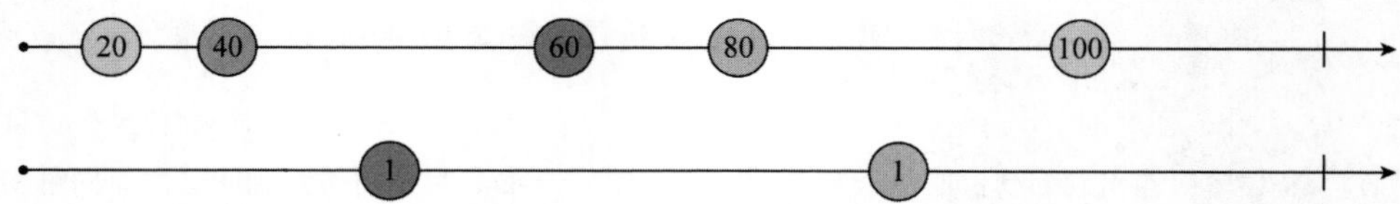

图 18.9　根据谓词对 IObservable 进行划分

Partition 返回一对 IObservable，所以可以这样分解它：

```
var (evens, odds) = ticks.Partition(x => x % 2 == 0);
```

对值的 IObservable 进行划分大致相当于处理单个值时的一个 if，因此，当想要根据某些条件以不同方式处理一个值流时，这会非常有用。例如，如果有一个消息流和一些验证标准，你可将该流划分为有效消息流和无效消息流，并相应地处理它们。

18.3.3　使用 IObservable 进行错误处理

使用 IObservable 时的错误处理可能与你的预期有所不同。在大多数程序中，一个未捕获的异常要么导致整个应用程序崩溃，要么导致处理单个消息/请求失败，而后续请求则正常工作。为说明在 Rx 中有何不同，可以研究如下版本的查找汇率的程序：

```
var inputs = new Subject<string>();

var rates =
   from pair in inputs
   from rate in RatesApi.GetRateAsync(pair)
   select rate;

var outputs = from r in rates select r.ToString();

using (inputs.Trace("inputs"))
using (rates.Trace("rates"))
using (outputs.Trace("outputs"))
   for (string input; (input = ReadLine().ToUpper()) != "Q";)
      inputs.OnNext(input);
```

该程序捕获了三个流，每个流都依赖于另一个流(outputs 根据 rates 而定义，rates 根据 inputs 而定义，如图 18.10 所示)，并使用 Trace 来打印所有这些流的诊断消息。

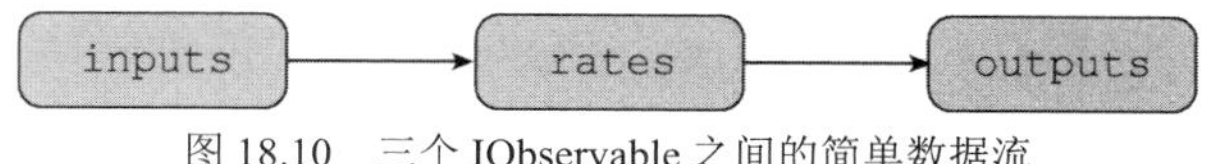

图 18.10　三个 IObservable 之间的简单数据流

现在分析如果通过传递一个无效的货币对来破坏程序，会发生什么？

```
eurusd
inputs -> EURUSD
rates -> 1.0852
outputs -> 1.0852
chfusd
inputs -> CHFUSD
rates -> 1.0114
outputs -> 1.0114
xxx
inputs -> XXX
rates ERROR: Input string was not in a correct format.
outputs ERROR: Input string was not in a correct format.
chfusd
inputs -> CHFUSD
eurusd
inputs -> EURUSD
```

这表明，一旦 rates 发生错误，将不会再次发出信号。这种行为已在 IObservable 协定中指定(可参阅 18.1.1 节中的补充说明“IObservable 协定”)。结果是，下游的一切也都“死了”。但 IObservable 上游是正常工作的：inputs 依然发送，就像根据 inputs 定义的其他任何 IObservable 一样。

为防止系统进入数据流的一个死亡状态的“分支”，而其余图解保持正常运行，可以使用学过的函数式错误处理技术。

为此，可使用我在 LaYumba.Functional 库中定义的一个辅助函数 Safely，如代码清单 18.5 所示，该函数能安全地将一个返回 Task 的函数应用于流中的每个元素。其结果将是一对流：一个包含成功计算的值的流和一个包含异常的流。

代码清单 18.5 安全地执行一个 Task 并返回两个流

```
public static (IObservable<R> Completed, IObservable<Exception> Faulted)
   Safely<T, R>(this IObservable<T> ts, Func<T, Task<R>> f)
   => ts
      .SelectMany(t => f(t).Map(
         Faulted: ex => ex,
         Completed: r => Exceptional(r)))
      .Partition();

static (IObservable<T> Successes, IObservable<Exception> Exceptions)
   Partition<T>(this IObservable<Exceptional<T>> excTs)
{
   bool IsSuccess(Exceptional<T> ex)
      => ex.Match(_ => false, _ => true);

   T ExtractValue(Exceptional<T> ex)
      => ex.Match(_ => default, t => t);

   Exception ExtractException(Exceptional<T> ex)
      => ex.Match(exc => exc, _ => default);
   var (ts, errs) = excTs.Partition(IsSuccess);
   return
    (
      Successes: ts.Select(ExtractValue),
      Exceptions: errs.Select(ExtractException)
   );
}
```

将每个 Task<R>都转换为 Task<Exceptional<R>> 以获取 Exceptional 流

将一个 Exceptional 流划分为成功计算的值和异常

对于给定流中的每个 T，我们应用了返回 Task 的函数 f。然后使用第 16.1.4 节中定义的 Map 的二元重载将每个生成的 Task<R>转换为一个 Task<Exceptional<R>>。这正是能确保安全性的地方：不采用在被访问时将抛出一个异常的内部值 R，而是拥有一个合适状态下的 Exceptional<R>。SelectMany 将平铺流中的 Task，并返回一个 Exceptional 流。然后，可将其划分为成功和异常。

这些就绪后，便可重构程序以更优雅地处理错误：

```
var (rates, errors) = inputs.Safely(RatesApi.GetRateAsync);
```

18.3.4 融会贯通

下面通过重构汇率查找程序来安全地处理错误(没有调试信息)，代码清单 18.6 展示了你在本节中学到的各种技术。

代码清单 18.6　重构程序以安全地处理错误

```
public static void Main()
{
    var inputs = new Subject<string>();

    var (rates, errors) = inputs.Safely(RatesApi.GetRateAsync);

    var outputs = rates
        .Select(Decimal.ToString)
        .Merge(errors.Select(ex => ex.Message))
        .StartWith("Enter a currency pair like 'EURUSD', or 'q' to quit");

    using (outputs.Subscribe(WriteLine))
        for (string input; (input = ReadLine().ToUpper()) != "Q";)
            inputs.OnNext(input);
}
```

图 18.11 中的数据流图展示了所涉及的各种 IObservable，以及它们之间的依赖关系。

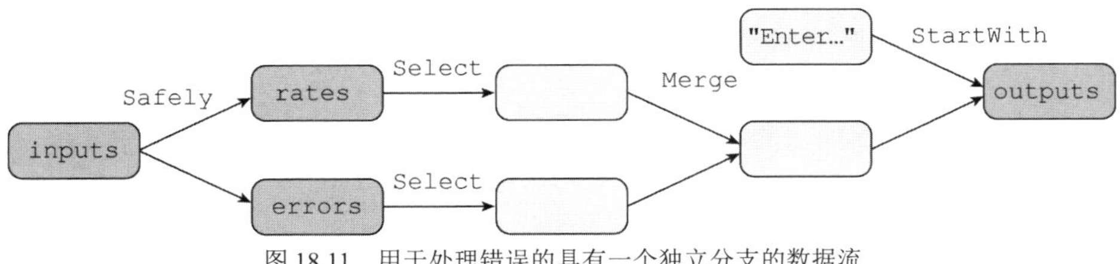

图 18.11　用于处理错误的具有一个独立分支的数据流

注意 Safely 能够创建两个分支，其中每个分支都可以独立处理，直到获得这两种情况的统一表示，然后它们可以合并。

该程序很好地说明了使用 IOservable 的程序通常有以下三个部分：

(1) **装配数据源**——在本例中：这是 inputs 捕获的。

(2) **处理数据**——这里是使用 Select、Merge 等函数之处。

(3) **使用结果**——观察者使用最下游的 IObservable(本例中为 outputs)执行副作用。

18.4　实现贯穿多个事件的逻辑

到目前为止，我的主要目标是熟悉 IObservable 以及可与其一起使用的许多操作符。为此，使用了如汇率查询这样熟悉的例子。毕竟，考虑到可将任何值 T、Task<T>或 IEnumerable<T>提升为 IObservable<T>，所以几乎可使用 IObservable 编写所有代码！但这可能吗？

答案是“可能不行”。IObservable 和 Rx 真正出色的领域是，可以使用它们来编写有状态的程序，而不需要任何显式的状态处理。“有状态的程序”是指事件不是独立处理的程序；过去的事件会影响新事件的处理方式。在本节中，你将见到一些这样的示例。

18.4.1 检测按键顺序

在某一时刻，你可能已经编写了一个事件处理程序，用于监听用户的按键，并根据用户按下的键和修改键来执行一些操作。一个基于回调的方法在很多情况下都能令人满意，但如果要监听按键的特定顺序，该怎么办呢？例如，假设想在用户按下组合键 Alt+K+B 时执行某些行为。

在本示例中，按下 Alt+B 键应该会导致不同的行为，这要基于不久前用户是否按下 Alt+K 键，所以按键不能被单独地处理。如果有一个基于回调的机制来处理单个按键事件，则当用户按下 Alt+K 键时，需要有效地启动一个状态机，然后等待随后可能的 Alt+B，然后，如果没有及时收到 Alt+B 则恢复到之前的状态。这其实是很复杂的！

借助 IObservable，可更优雅地解决这个问题。假设有一个按键事件流 keys。我们正在寻找快速连续发生在同一个流上的两个事件——Alt+K 和 Alt+B。为做到这一点，需要探索如何将一个流与其自身组合起来，例如图 18.12。

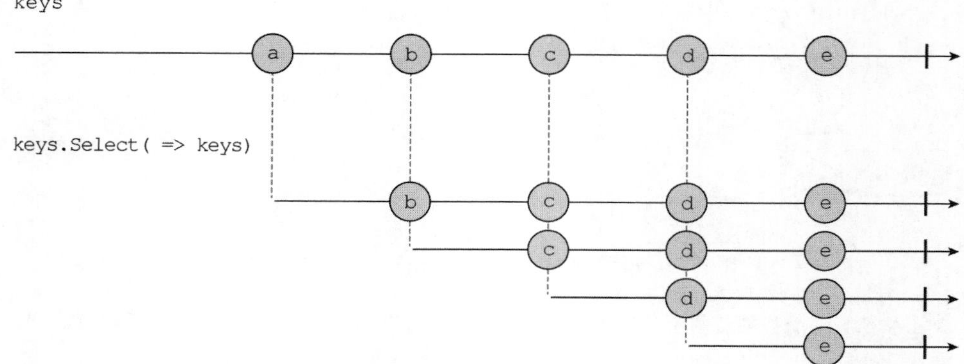

图 18.12 将一个流与自身组合起来

理解该图很重要。表达式 keys.Select(_ => keys)生成了一个新的 IObservable，将 keys 所生成的每个值映射到 keys 本身。所以当 keys 生成第一个值 a 时，这个新的 IObservable 生成一个 IObservable，具有 keys 的以下所有值。当 keys 生成其第二个值 b 时，新的 IObservable 会生成另一个 IObservable，包含 b 之后的所有值，以此类推[1]。

查看类型也有助于理解这一点：

```
keys                    : IObservable<KeyInfo>
_ => keys               : KeyInfo → IObservable<KeyInfo>
keys.Select(_ => keys)  : IObservable<IObservable<KeyInfo>>
```

如果使用的是 SelectMany，则所有这些值都会被平铺为单一的流，如图 18.13 所示。

1 想象一下，如果 keys 是一个 IEnumerable，那么 keys.Select(_ => keys)将会怎样：对于每个值，接受整个 IEnumerable，所以最终会得到一个包含 n 个 keys 副本的 IEnumerable(n 是 keys 的长度)。对于 IObservable，由于时间的因素，行为是不同的，所以当你说“给我 keys”时，真正得到的是“将在未来生成的所有 keys 值”。

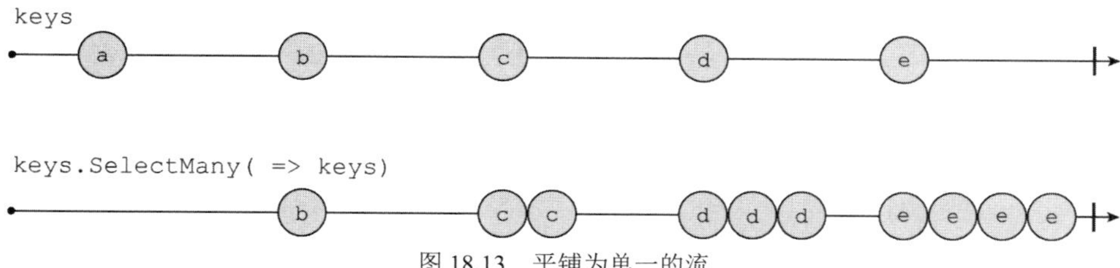

图 18.13　平铺为单一的流

当然，如果是寻找两个连续的按键，则并不需要某项之后的所有值，而只需要下一个。因此，不要将每个值映射到整个 IObservable，而是使用 Take 将其缩减到第一项，如图 18.14 所示。

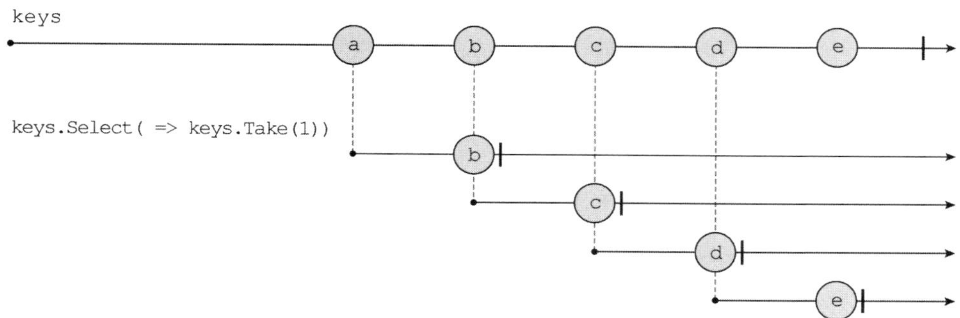

图 18.14　使用 Take 缩减到第一项

已经越来越接近我们想要的了。现在进行以下更改：

- 不要忽略当前值，而应将其与之后的值进行配对。
- 使用 SelectMany 来获取单个 IObservable。
- 使用 LINQ 语法。

结果表达式将一个 IObservable 中的每个值与先前发出的值进行配对，如图 18.15 所示。

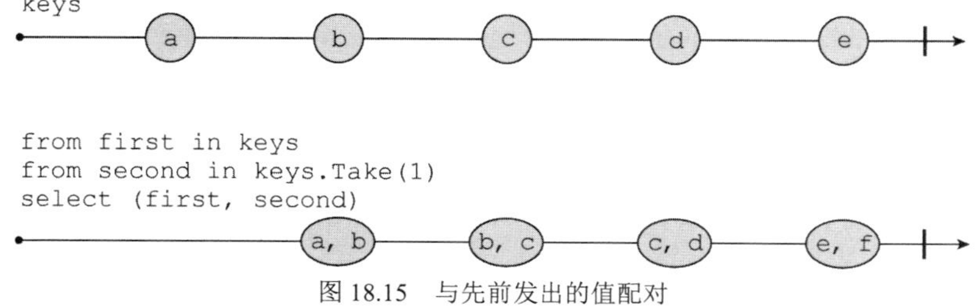

图 18.15　与先前发出的值配对

这是一个非常有用的函数，命名为 PairWithPrevious。稍后会用到它。

但对于这种特殊的场景，我们只希望在时间足够接近的情况下才创建配对。这很容易通过使用 Take 的重载来实现，它使用一个 TimeSpan。该解决方案如代码清单 18.7 所示。

代码清单 18.7 检测用户何时按下 Alt+K+B 键序列

```
IObservable<ConsoleKeyInfo> keys = //...
var halfSec = TimeSpan.FromMilliseconds(500);

var keysAlt = keys
   .Where(key => key.Modifiers.HasFlag(ConsoleModifiers.Alt));

var twoKeyCombis =
   from first in keysAlt
   from second in keysAlt.Take(halfSec).Take(1)
   select (First: first, Second: second);

var altKB =
   from pair in twoKeyCombis
   where pair.First.Key == ConsoleKey.K
      && pair.Second.Key == ConsoleKey.B
   select Unit();
```

对于任何按键，将其与半秒内发生的下一次按键配对

正如你所见，解决方案简单而优雅，可运用这种方法来识别事件序列中更复杂的模式——而无须显式地跟踪状态或引入副作用！

要知道，提出这样的解决方案并不容易。因为你还需要一段时间才能熟悉 IObservable 及它的许多操作符，并了解如何使用它们。

18.4.2 对事件源做出反应

想象一下，我们有一个以欧元计价的银行账户，我们希望以美元记录其价值。余额变化和汇率变化会导致美元余额发生变化。为对来自不同流的变化做出反应，可使用 CombineLatest，每当其中一个发出信号时，便接受来自两个可观察者中的最新值，如图 18.16 所示。

其用法如下：

```
IObservable<decimal> balance = //...
IObservable<decimal> eurUsdRate = //...

var balanceInUsd = balance.CombineLatest(eurUsdRate
   , (bal, rate) => bal * rate);
```

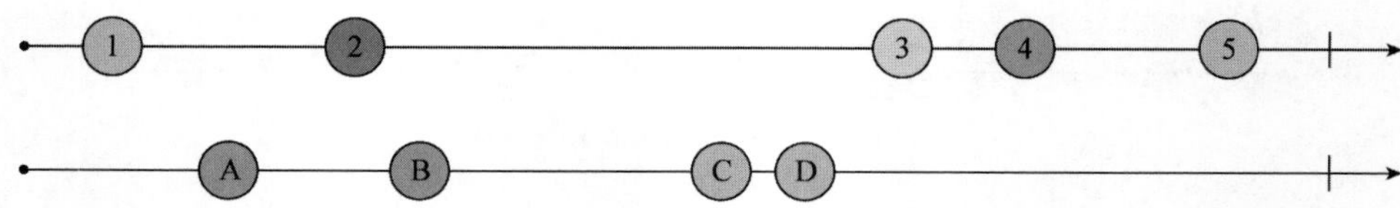

CombineLatest((x, y) => $"{x}{y}")

图 18.16 每当两个 IObservable 中的一个发出信号，CombineLatest 便会发出信号

这是可行的，但它并没有考虑到汇率比账户余额更不稳定的事实。实际上，如果汇率来自外汇(FX)市场，那么每秒钟可能有数十个或数百个微小变动！对于希望关注其财务状况的私人客户而言，这种程度的细节是不必要的。如果对汇率的每次变化都做出反应，会使得客户淹没于不必要的通知。

这是 IObservable 生成太多数据的一个例子(请参阅下面的补充说明)。为此，可使用 Sample，这是一个操作符，它接受一个 IObservable 作为数据源，而另一个 IObservable 发出何时应该生成值的信号。Sample 如图 18.17 所示。

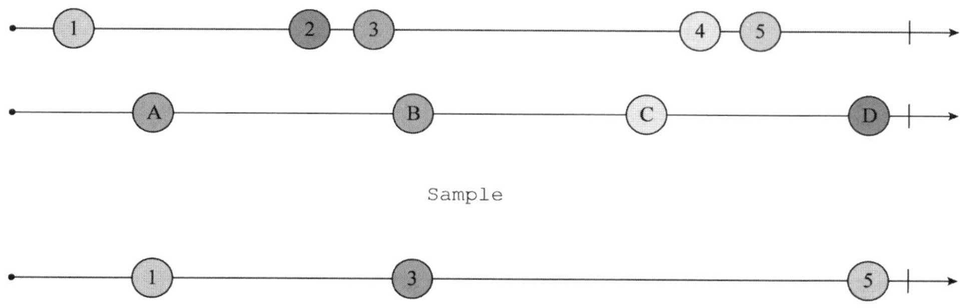

图 18.17　每当一个“采样器”流发出信号，Sample 便会从一个“源”流中生成值

在该场景中，可创建一个以 10 分钟为间隔发出信号的 IObservable，并使用它对汇率流进行采样。

代码清单 18.8　每 10 分钟从一个 IObservable 中抽取一个值

```
IObservable<decimal> balance = //...
IObservable<decimal> eurUsdRate = //...

var tenMins = TimeSpan.FromMinutes(10);
var sampler = Observable.Interval(tenMins);
var eurUsdSampled = eurUsdRate.Sample(sampler);

var balanceInUsd = balance.CombineLatest(eurUsdSampled
    , (bal, rate) => bal * rate);
```

这是另一种逻辑需要跨越多个事件的场景示例，使用 Rx 运算符 CombineLatest 和 Sample 允许我们对该逻辑进行编码，而无须保留任何状态。

背压(backpressure)机制：当一个 IObservable 生成数据太快时

当你遍历 IEnumerable 或 IAsyncEnumerable 中的项时，你正在提取或请求条目，因此可按自己的速度处理它们。使用 IObservable 时，条目被“推送”给消费者(消费代码)。如果一个 IObservable 产生值的速度比订阅的观察者使用值的速度更快，这可能导致背压过高，从而给系统造成压力。

为缓和背压，Rx 提供了几个操作符：

- Throttle
- Sample
- Buffer
- Window
- Debounce

每个都具有不同的行为和多个重载，所以这里不详细讨论。关键是，通过这些操作符，可轻松地以声明方式实现逻辑，例如“我想一次批量使用 10 个项目”，或“如果一串值快速连续出现，我只想使用最后一个”。在一个基于回调的解决方案中实现这样的逻辑，其中每个值都是独立接收的，将需要你手动保留一些状态。

18.4.3 通知账户何时透支

对于最后一个的更面向业务的示例，假设在 BOC 应用程序的上下文中，使用一个流来表示影响银行账户的所有交易，并且如果客户的账户余额变为负值，应向客户发送一个通知。

一个账户的余额是所有影响它的交易的总和，所以在任何时候，给定一个账户过去的 Transaction 列表，都可以使用 Aggregate 来计算账户的当前余额。

IObservable 有一个 Aggregate 函数；它等待 IObservable 完成，并将生成的所有值汇总为单个值。但这并非我们需要的：我们不希望等待序列完成，而是在每次接收到新 Transaction 时重新计算余额。为此，可使用 Scan(见图 18.18)，它类似于 Aggregate，但将所有以前的值与生成的每个新值进行汇总。

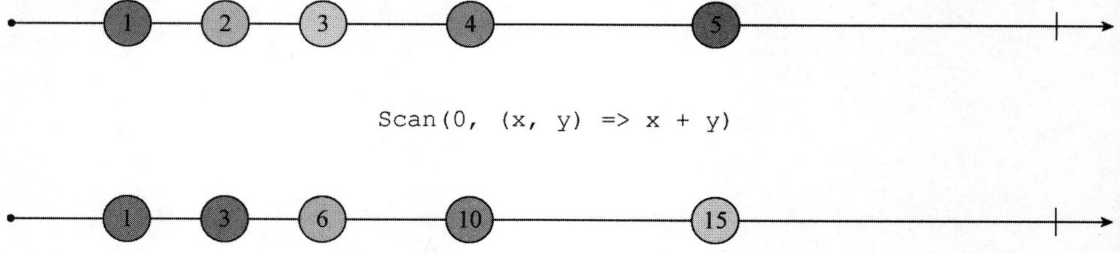

图 18.18 Scan 汇总了迄今为止生成的所有值

因此，我们可有效地使用 Scan 来保持状态。给定一个影响银行账户的 Transaction(s)的 IObservable，可使用 Scan 将所有过去发生的交易金额相加，从而获得一个 IObservable，只要账户余额发生变化，就会发出具有新余额的信号：

```
IObservable<Transaction> transactions = //...
decimal initialBalance = 0;

IObservable<decimal> balance = transactions.Scan(initialBalance
    , (bal, trans) => bal + trans.Amount);
```

现在我们拥有了一个代表账户当前余额值的流，需要指出什么样的余额变化导致账户“陷入赤字”，从正数变为负数。

为此，需要查看余额的变化。可用 PairWithPrevious 来完成此事，它发出带有当前值以及先前所发出的值的信号。18.4.1 节已经讨论过这个问题，但这里将再次提供参考：

```
// ----1-------2---------3--------4------>
//
//           PairWithPrevious
//
// ------------(1,2)-----(2,3)----(3,4)-->
//
public static IObservable<(T Previous, T Current)>
   PairWithPrevious<T>(this IObservable<T> source)
   => from first in source
      from second in source.Take(1)
      select (Previous: first, Current: second);
```

这是可根据现有操作自定义操作的示例之一，还展示了如何使用 ASCII 弹珠图为代码添加注释。

现在可发出一个账户何时陷入赤字的信号，如下所示：

```
IObservable<Unit> dipsIntoTheRed =
   from bal in balance.PairWithPrevious()
   where bal.Previous >= 0
      && bal. Current < 0
   select Unit();
```

现在让我们走近真实世界。如果系统收到一个包含交易的流，这可能包含所有账户的交易。因此，必须按账户 ID 对它们进行分组，以正确计算余额。GroupBy 对 IObservable 的作用类似于 IEnumerable，但返回的是一个包含流的流，如图 18.19 所示。

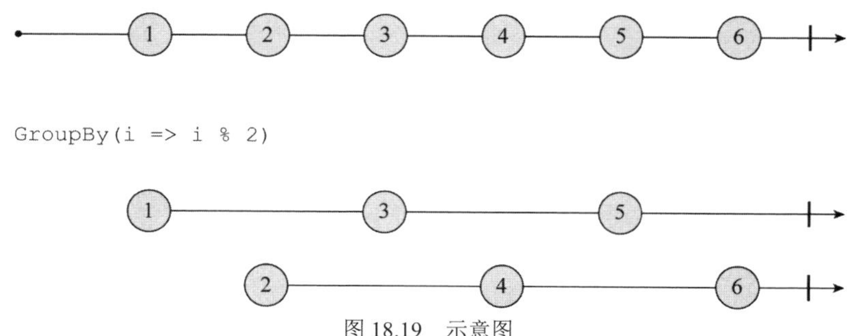

图 18.19　示意图

下面重写代码以调整逻辑，如代码清单 18.9 所示，假设所有账户都有一个初始的交易流。

代码清单 18.9　每当账户透支时便发信号

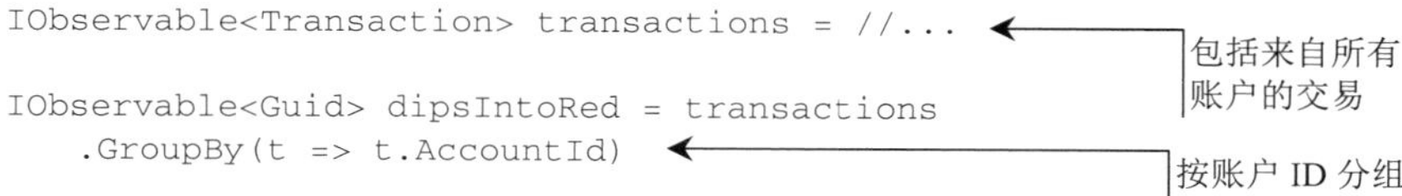

```
IObservable<Transaction> transactions = //...

IObservable<Guid> dipsIntoRed = transactions
   .GroupBy(t => t.AccountId)
```

```
    .Select(DipsIntoTheRed)   ← 特殊账户显示为赤字的信号
    .MergeAll();   ← 重新平铺成单个可观察者

static IObservable<Guid> DipsIntoTheRed
    (IGroupedObservable<Guid, Transaction> transactions)
{
    Guid accountId = transactions.Key;
    decimal initialBalance = 0;

    var balance = transactions.Scan(initialBalance
        , (bal, trans) => bal + trans.Amount);

    return from bal in balance.PairWithPrevious()
           where bal.Previous >= 0
              && bal.Current < 0
           select accountId;   ← 发出违规账户的 ID 的信号
}

public static IObservable<T> MergeAll<T>
    (this IObservable<IObservable<T>> source)
    => source.SelectMany(x => x);
```

现在从所有账户的交易流开始，最终得到一个 Guid 流，当 Guid 识别违规账户时，只要账户陷入赤字，就会发出信号。注意该程序是如何有效地跟踪所有账户的余额，而不需要做出任何显式的状态处理的。

18.5 应该何时使用 IObservable

在本章中，你已了解到如何使用 IObservable 来表示数据流，以及如何使用 Rx 来创建和处理 IObservable。Rx 的许多细节和特性都还没有讨论过[1]，但仍然涵盖了足够多的内容让你可开始使用 IObservable，并根据需要进一步探索 Rx 的特性。

如你所见，拥有捕获数据流的抽象使你能够检测模式并指定贯穿多个事件(在同一流间或跨越不同的流)的逻辑。这就是我推荐使用 IObservable 的地方。而推论是，如果事件可被独立处理，那么可能不应该使用 IObservable，因为使用它们可能降低代码的可读性。

需要记住的一件非常重要的事是，因为 OnNext 没有返回值，IObservable 只能向下游推送数据，并且从不接收任何数据。因此，IObservable 最好组合成单向数据流。例如，如果从一个队列中读取事件并将一些数据写入数据库中，IObservable 可能非常适合。同样适用的情况还有通过 WebSocket 与 Web 客户端进行通信的服务器，消息在客户端和服务器之间以“即发即弃”的方式交换。

但另一方面，IObservable 不适合 HTTP 这样的请求-响应模型。可将接收到的请求建模为一个流，并计算响应的流，但没有简单的方法将这些响应绑定回原始请求。

---

1 还有更多的操作符以及 Rx 的重要实现细节：例如调度器(决定如何调用所分派的观察者)，热模式与冷模式的可观察者(并非所有的可观察者都是惰性的)，以及具有不同行为的 Subject。

最后，如果有一些复杂的同步模式无法被 Rx 中的操作符捕获，并且需要对消息的排序和处理方式进行更细粒度的控制，则名称空间 System.DataFlow 中的构建块(基于内存队列)可能更合适。

18.6　本章小结

- IObservable<T>表示一个 T(s)的流：时间上的一个值序列。
- IObservable 根据语法 OnNext*(OnCompleted|OnError)？来生成消息。
- 使用 IObservable 编写一个程序涉及三个步骤：
  - 使用 System.Reactive.Linq.Observable 中的方法创建 IObservable。
  - 使用 Rx 中的操作符或定义的其他操作符来转换和组合 IObservable。
  - 订阅并使用由 IObservable 生成的值。
- 通过 Subscribe 将观察者关联到 IObservable。
- 通过处置由 Subscribe 所返回的订阅来移除一个观察者。
- 从逻辑中(在流的变换中)分离副作用(在观察者中)。
- 在决定是否使用 IObservable 时，请考虑以下两点：
  - IObservable 允许你指定贯穿多个事件的逻辑。
  - IObservable 适用于建模单向数据流。

第 19 章

并发消息传递

本章主要内容：

- 为什么有时需要共享可变状态
- 理解并发消息传递
- 使用 C#中的代理来编程
- 将基于代理的实现隐藏于常规 API 的背后

每位经验丰富的开发人员都有一些可解决诸如死锁和竞争条件等问题的第一手经验。这些是涉及共享可变状态(即在并发执行的进程之间“共享”)的并发程序中可能出现的难题。

本书中有很多不必求助于共享可变状态就能解决问题的例子。事实上，建议尽可能避免共享可变状态，FP 则为此提供了一个很好的范例。

本章将使你了解为什么无法完全避免共享可变状态，以及有什么策略来同步对共享可变状态的访问。然后，我们将专注于策略“基于代理的并发性”，这是一种并发编程风格，依赖于代理之间的消息传递，而这些代理拥有某种状态使得只能以单线程方式访问。使用代理进行编程在 F#程序员中很受欢迎，但它在 C#中也是完全可行的。

19.1 对共享可变状态的需要

设计并行算法时通常可以避免共享可变状态。例如，如果有一个计算密集型问题需要进行并行处理，那么通常可按多个线程独立计算中间结果的方式来分解数据集或任务。因此，这些线程可独立完成工作，而不需要共享任何状态。最后，另一个线程可通过组合所有中间结果来计算最终结果。

但问题是，未必能够避免共享可变状态。虽然这通常可在并行计算中实现，但如果并发性的来源是多线程时，则困难得多。例如一个多线程应用程序，如一个处理多线程请求的服务器应用程序，它需要执行以下操作：

- 保留一个应用程序范围的计数器，以便生成唯一、连续的账号。
- 缓存内存中的一些资源以提高效率。
- 代表真实世界的实体，如待售物品、交易、合同等，确保不会因为收到两个并发购买请求而两次出售同一件(唯一的、真实世界的)商品。

在该场景中，从本质上讲，必须能在许多线程之间共享状态，从而服务器应用程序能更有效地处理请求。为防止并发访问导致数据的不一致，需要确保不同线程不会同时访问(或更新)状态。也就是说，需要同步访问共享可变状态。

在主流编程中，这种同步通常用锁来实现。锁定义代码的关键部分，该部分一次只能由一个线程进入。当一个线程进入一个关键部分时，将阻塞其他线程的进入。函数式程序员倾向于避免使用锁，而使用其他技术：

- **比较和交换(CAS)** —— CAS 使你能以原子方式读取和更新单个值。这在 C#中可使用 Interlocked.CompareExchange 方法来完成。
- **软件事务性内存(STM)** —— STM 使你能够更新事务中的可变状态，为如何执行更新提供了一些相关的保证：
  - 每个线程独立地执行一个事务。也就是说，它查看了一个程序状态的视图，而该视图不受其他线程上的并发事务的影响。
  - 然后，事务以原子方式提交。也就是说，所有变化要么成功，要么放弃[1]。
  - 冲突的交易不一定会失败。如果一个事务因为另一个并发事务的修改造成的冲突而失败，那么以全新的数据视图重试即可。
- **并发消息传递(message-passing concurrency)** ——这种方法的思想是，可以设置对某些可变状态具有独占所有权的轻量级进程。进程之间的通信是通过消息传递进行的，并且进程按顺序处理消息，从而防止并发访问它们的状态。这种方法有两个主要的实施部分：
  - 角色模型(actor model)——这是爱立信(Ericsson)结合 Erlang 语言的著名实现(但诸如 C#的其他语言的实现比比皆是)，其中进程被称为“角色”，它们可分布在不同的进程和机器上。
  - 基于代理的并发(Agent-based concurrency)——这受到了角色模型的启发，但更简单，因为称为代理的进程只存在于一个应用程序中。

CAS 仅允许处理单个值，因此仅为非常有限的场景提供有效的解决方案。

STM 是进程内并发的一个重要范例，在 Clojure 和 Haskell 开发人员中尤其受欢迎，因

1 事实上，有几种不同的策略来实现 STM，且不同的实现具有不同特性。某些实现还强制执行一致性，这意味着可强制执行事务不能违反的不变性。原子性、一致性、隔离性听起来是否很熟悉呢？这是因为它们是许多数据库所保证的三种 ACID 属性——最后一种是持久性，当然这并不适用于 STM，而适用于内存中的数据。

为这些语言提供了一个引人瞩目、经过实战考验的 STM 实现。如果你想在 C#中探索这个范例，language-ext 包含 Atom 和 Ref 的实现，这两个原语使你能以原子的方式更新线程之间共享的数据。[1]

出于这些原因，本章的其余部分将专注于并发消息传递，尤其是基于代理的并发。稍后将介绍代理和角色在更多细节上的不同。下面首先将并发消息传递作为一种编程模型。

19.2　理解并发消息传递

可将代理或角色视为一个对某个可变状态拥有独占所有权的进程。角色之间的交流是通过消息传递来实现的，这样就不能从角色的外部访问状态了。此外，传入的消息是按顺序处理的，因此并发的状态更新永远不会出现。

图 19.1 演示了一个代理程序：一个循环运行的进程。有一个收件箱，邮件在邮箱中排队，并且具有某个状态。当邮件出列并被处理时，代理通常会执行以下一些操作：

- 执行副作用
- 给其他代理发送消息
- 创建其他代理
- 计算新状态

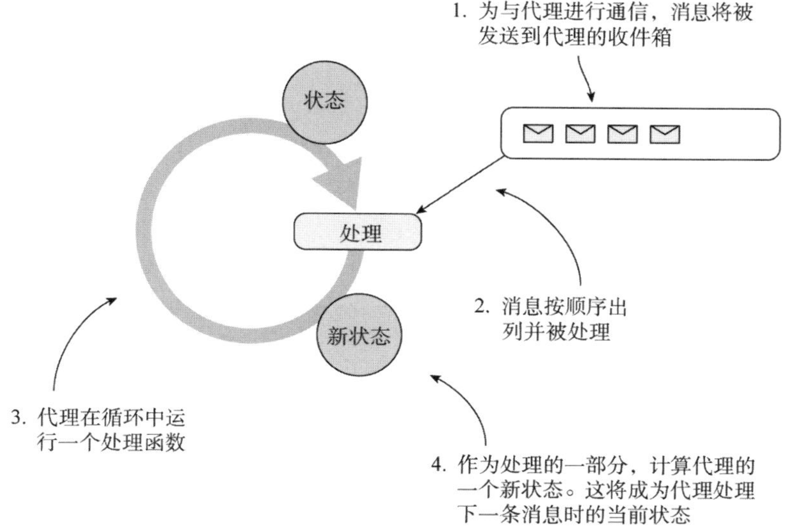

图 19.1　一个代理由一个消息收件箱和一个处理循环组成

在处理后续消息时，新状态将用作下一次迭代的当前状态。

1　前面提到过 C#的函数库 language-ext。该代码可在链接[1]上获得，有关如何使用 STM 特性的一些基本代码示例，详见链接[2]。

正如刚才所述，下面从一个代理的理想化(几乎全是伪代码)实现开始。仔细看代码清单 19.1 中的代码，然后分析每个部分如何与图 19.1 中描述的内容相对应。

代码清单 19.1 一个代理的理想化实现

```
public sealed class Agent<State, Msg>
{
   BlockingCollection<Msg> inbox
      = new BlockingCollection<Msg>(new ConcurrentQueue<Msg>());

   public void Tell(Msg message)
      => inbox.Add(message);

   public Agent
    (
      State initialState,
      Func<State, Msg, State> process
   )
   {
      void Loop(State state)
      {
         Msg message = inbox.Take();
         State newState = process(state, message);
         Loop(newState);
      }

      Task.Run(() => Loop(initialState));
   }
}
```

使用一个并发队列作为消息收件箱

告知代理有一条消息，而该代理将消息放入队列中

通过提供一个初始状态和一个处理函数来创建代理

一旦有消息，便出列一条消息

处理消息，并决定代理的新状态

使用新的状态进行循环

角色运行在自己的进程中

这里有几个有趣之处。首先注意，只有两个公共成员。所以只允许与一个代理进行两次交互：

- 可创建(或启动)一个代理。
- 可告知它有一条消息，它只是将消息放入代理的收件箱中。

可从这些原始操作中定义更复杂的交互。

现在看看在 Loop 函数中编码的处理循环。这会从收件箱的队列中取出第一条消息(或等待消息变为可用)，并使用代理的处理函数及其当前状态来处理它。它因此获得了代理的新状态，将在循环的下一次执行中使用。

注意，除了调用给定的处理函数时可能产生的任何副作用，该实现没有其他副作用。捕获状态变化的方式是始终将状态作为参数传递给 Loop 函数(第 15 章中介绍过这种技术)。

还要注意，该实现假定 State 必须是一个不可变的类型；否则，它可能被 process 函数共享，并在代理的处理循环的作用域之外任意更新。因此，状态只是看起来可变的，因为每次调用 Loop 都会使用新版本的状态。

最后，花点时间看一下构造函数的签名。将其与 Enumerable.Aggregate 进行比较——能看到它们本质上是一样的吗？代理的当前状态是减少迄今收到的所有消息的结果，将初始状态用作累加器值，并将处理函数用作 reducer。这是在代理收到的消息流上的时间折叠。

该实现是优雅的，在使用“尾部调用消除”的语言中可很好地工作。C#中没有这个特性，

所以需要做一些修改来实现堆栈安全。此外，还可通过使用.NET 中的现有功能来省略许多低级细节。接下来将对此进行讨论。

19.2.1　在 C#中实现代理

.NET 包括一个名为 MailboxProcessor 的代理实现，它适用于 F#，并不适用于 C#。尽管前面的实现对理解该想法很有用，却并不是最优的。在下例中，将使用代码清单 19.2 所示的更切合实际的代理实现(包含在 LaYumba.Functional 中)。

代码清单 19.2　基于 Dataflow.ActionBlock 的代理的实现

```
using System.Threading.Tasks.Dataflow;

public interface Agent<Msg>
{
   void Tell(Msg message);
}

class StatefulAgent<State, Msg> : Agent<Msg>
{
   private State state;
   private readonly ActionBlock<Msg> actionBlock;

   public StatefulAgent
    (
      State initialState,
      Func<State, Msg, State> process
   )
   {
      state = initialState;

      actionBlock = new ActionBlock<Msg>(msg =>
      {
         var newState = process(state, msg);   ← 用当前状态处理消息
         state = newState;   ← 将结果赋值给可存储的状态
      });
   }

   public void Tell(Msg message)
      => actionBlock.Post(message);   ← 消息的排队和处理皆由 ActionBlock 来管理
}
```

这里，用一个可变变量 state 替换了递归调用(可能导致堆栈溢出)，该 state 变量会跟踪代理的状态并在处理每条消息时重新被赋值。虽然这是一个副作用，但消息会按顺序处理，因此会阻止并发写入。

此外，还使用了 ActionBlock，这是.NET 的 Dataflow 库中的构建块之一，从而省去了管理队列和进程的细节。一个 ActionBlock 包含一个缓冲区(默认情况下，大小无限)，它将充当代理的收件箱，并且只允许固定数量的线程进入该块(默认情况下为单个线程)，确保了按顺序处理消息。

State 应该仍然是一个不可变的类型(否则，正如之前所指明的那样，它可能被 process 函数共享并在 ActionBlock 的作用域以外突变)。如果观察到这种情况，代码便是线程安全的。

从客户端代码的角度看，并没有任何改变：仍然只有两个签名与之前一样的公共成员。使用 Agent<Msg>接口的原因有以下两个：

- 从使用代理的客户端代码的角度看，只能将消息告知它，所以通过使用该接口，可避免暴露该状态的类型参数。毕竟，状态的类型是代理的实现细节。
- 可设想其他实现，如无状态代理，或持久保存状态的代理。

最后，这里有一些便于创建代理的方法：

```
public static class Agent
{
   public static Agent<Msg> Start<State, Msg>
      ( State initialState
      , Func<State, Msg, State> process)
      => new StatefulAgent<State, Msg>(initialState, process);

   public static Agent<Msg> Start<Msg>(Action<Msg> action)
      => new StatelessAgent<Msg>(action);
}
```

第一个重载只是创建一个具有给定参数的代理。第二个重载接受一个动作并用于创建一个无状态代理：一个按顺序处理消息但不保留任何状态的代理(这个实现是微不足道的，只是通过给定的 Action 来创建一个 ActionBlock)。还可使用一个异步处理函数/动作来定义代理；为简洁起见，此处省略了重载，但完整的实现请见代码示例。接下来，开始使用代理。

19.2.2 开始使用代理

下面列举一些使用代理的简单例子。构建图 19.2 所示的几个相互作用的简单代理。

从一个非常简单的、无状态的代理开始，它接受一个 string 类型的消息并将其打印出来。可在 REPL 中尝试输入：

```
Agent<string> logger = Agent.Start((string msg) => WriteLine(msg));

logger.Tell("Agent X");
// prints: Agent X
```

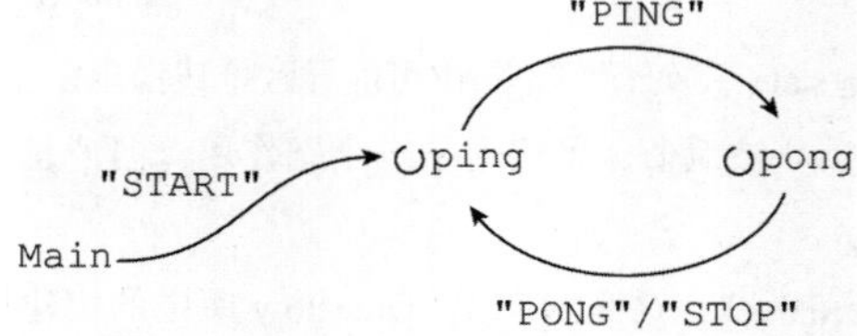

图 19.2 通过交换消息在代理之间进行简单交互

接下来，定义与 logger 交互并彼此交互的 ping 和 pong 代理：

```
Agent<string> ping, pong = null;
ping = Agent.Start((string msg) =>
{
   if (msg == "STOP") return;

   logger.Tell($"Received '{msg}'; Sending 'PING'");
   Task.Delay(500).Wait();
   pong.Tell("PING");
});

pong = Agent.Start(0, (int count, string msg) =>
{
   int newCount = count + 1;
   string nextMsg = (newCount < 5) ? "PONG" : "STOP";

   logger.Tell($"Received '{msg}' #{newCount}; Sending '{nextMsg}'");
   Task.Delay(500).Wait();
   ping.Tell(nextMsg);

   return newCount;
});

ping.Tell("START");
```

这里定义了另外两个代理。ping 是无状态的，会向 logger 代理发送一条消息，并向 pong 代理发送一条 PING 消息(除非被告知的消息是 STOP，这种情况下什么都不做)。代理根据消息具有不同的行为是很常见的。也就是说，可将消息解释为一个命令。

现在了解下一个有状态代理：pong。该实现与 ping 非常相似：它将 PONG 发送给 ping，但保留了一个计数器表示状态。因此该计数器随着每条消息递增，在五条消息后，代理会发送一个 STOP 消息。

当向最后一行代码上的 ping 发送初始的 START 消息时，整个 ping-pong 便开始运转。运行该程序时将打印以下内容：

```
Received 'START'; Sending 'PING'
Received 'PING' #1; Sending 'PONG'
Received 'PONG'; Sending 'PING'
Received 'PING' #2; Sending 'PONG'
Received 'PONG'; Sending 'PING'
Received 'PING' #3; Sending 'PONG'
Received 'PONG'; Sending 'PING'
Received 'PING' #4; Sending 'PONG'
Received 'PONG'; Sending 'PING'
Received 'PING' #5; Sending 'STOP'
```

前面见到了一些简单的代理交互，现在是时候转向更贴近实际需求的内容了。

19.2.3　使用代理处理并发请求

下面回到一个提供汇率的服务场景。该服务应从 Rates API 检索汇率并将其缓存。在 15.1

节的实现中，交互是通过命令行来进行的，因此请求必须一个接一个地进行。

下面改变这一点。假设服务只是一个更大系统的一部分，而其他组件可通过一个消息代理来请求汇率，如图 19.3 所示。

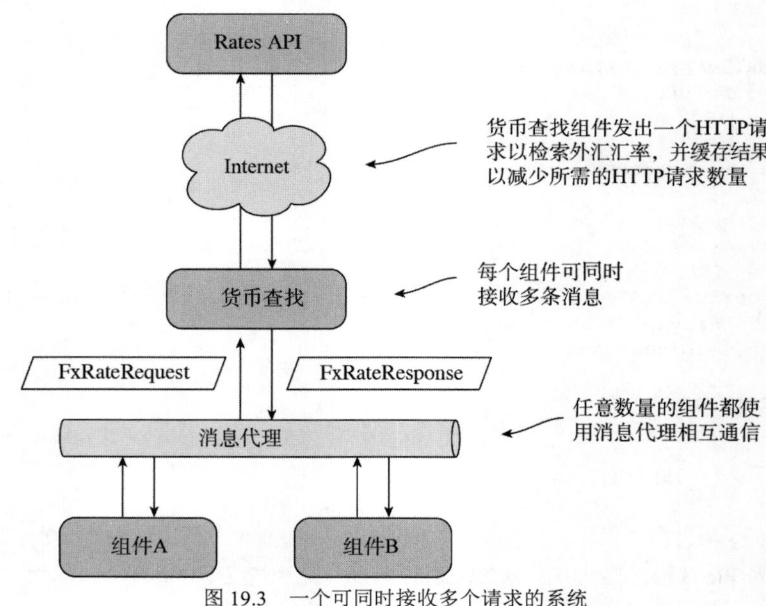

图 19.3　一个可同时接收多个请求的系统

组件通过消息代理发送消息来相互通信。为与货币查找服务通信，定义以下消息：

```
record FxRateRequest
(
   string CcyPair,
   string Sender
);

record FxRateResponse
(
   string CcyPair,
   decimal Rate,
   string Recipient
);
```

被请求的汇率的货币对

消息代理使用发件人(sender)和收件人(recipient)字段来正确路由消息

假设消息代理是多线程的。也就是说，服务可能在不同的线程上同时收到多个请求。

在本示例中，在线程之间共享状态是一个必要条件：如果每个线程都具有一个不同的缓存，那将是次优的。因此，需要一些同步来确保不会执行不必要的远程查找，并且缓存更新不会导致竞争条件。

接下来，我们将了解如何使用代理来实现这一点。首先需要一些安装代码，以定义与消息代理的交互，如代码清单 19.3 所示。注意，该代码并非特定于任何特定的消息代理；我们只需要能够订阅它以接收请求，并使用它来发送响应(代码示例包括一个使用 Redis 作为底层传输的

MessageBroker 的实现)。

代码清单 19.3 建立与消息代理的互动

```
public static void SetUp(MessageBroker broker)
{
    Agent<FxRateResponse> sendResponse = Agent.Start(
        (FxRateResponse res) => broker.Send(res.Recipient, res));

    Agent<FxRateRequest> processRequest
        = StartReqProcessor(sendResponse);

    broker.Subscribe<FxRateRequest>("FxRates", processRequest.Tell);
}
```

发送响应的代理

这个代理将处理请求并使用先前定义的代理发送响应

当收到请求时，便将其传递给处理代理

从代码的底部开始，订阅在“FxRates”频道上接收广播请求，提供一个处理请求的回调。此回调(将在多个线程上被调用)只是将请求传递给前一行代码定义的处理代理。因此，尽管是在多个线程上接收请求，但这些请求会立即在处理代理的收件箱中排队等候并按顺序处理。

这是否意味着处理操作现在是单线程的，而失去了多线程的好处呢？未必！如果处理代理完成了所有处理，那么情况确实如此。相反，下面采取一个更细化的方法：可为每个货币对分配一个代理，来负责提取和存储特定货币对的汇率。请求-处理的代理仅负责管理这些按货币对配置的代理，并将工作委托给它们，如图 19.4 所示。

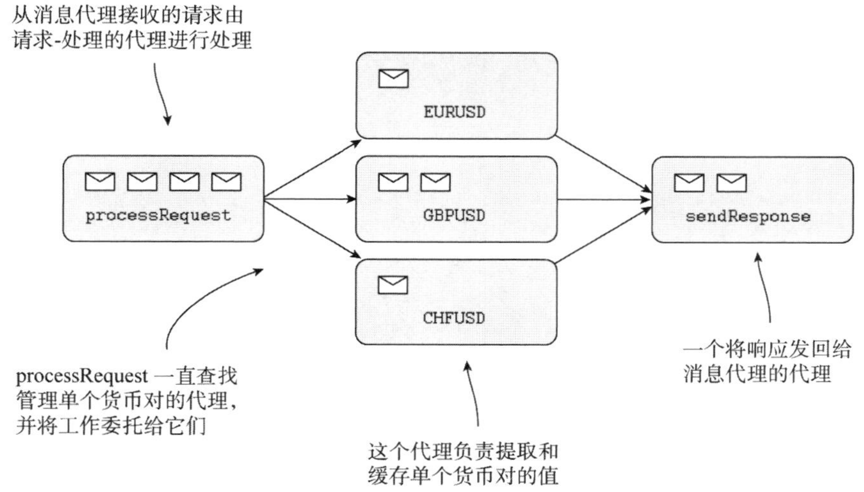

图 19.4 分解可并发运行的代理之间的工作

下面来看代理的定义。代码清单 19.4 显示了高级代理，该代理处理传入的请求并启动低级的单个货币对代理，将工作委托给它们。

代码清单 19.4 一个将请求路由到每个货币对代理的协调代理

```
using CcyAgents = System.Collections.Immutable
   .ImmutableDictionary<string, Agent<string>>;

static Agent<FxRateRequest> StartReqProcessor
    (Agent<FxRateResponse> sendResponse)

   => Agent.Start(CcyAgents.Empty
      , (CcyAgents state, FxRateRequest request) =>
   {
      string ccyPair = request.CcyPair;

      Agent<string> agent = state
         .Lookup(ccyPair)
         .GetOrElse(() => StartAgentFor(ccyPair, sendResponse));  ← 如有必要，为所请求的货币对启动一个新代理
      agent.Tell(request.Sender);  ← 将请求传递给负责货币对的代理
      return state.Add(ccyPair, agent);
   });
```

如上所述，请求-处理的代理保存的不是值的缓存，而是代理的缓存(每个货币对代理都有一个缓存)。请求-处理的代理会根据需要来启动这些代理并将请求转发给它们。

该解决方案的好处是，一个货币请求(比如 GBPUSD)不会影响另一个货币请求(比如 EURUSD)。另一方面，如果同时收到多个 GBPUSD 请求，那么只有一个远程请求会提取该汇率，而其他请求则进入队列。

最后，代码清单 19.5 提供了管理单一货币对汇率的代理的定义。

代码清单 19.5 一个管理货币对汇率的查询和存储的代理

```
static Agent<string> StartAgentFor
(
   string ccyPair,
   Agent<FxRateResponse> sendResponse
)
=> Agent.Start<Option<decimal>, string>
(
   initialState: None,
   process: async (optRate, recipient) =>
   {
      decimal rate = await optRate.Map(Async)
          .GetOrElse(() => RatesApi.GetRateAsync(ccyPair));  ← 如有必要，从远程API中提取汇率

      sendResponse.Tell(new FxRateResponse  ← 发送响应
      (
         CcyPair: ccyPair,
         Rate: rate,
         Recipient: recipient
      ));

      return Some(rate);  ← 代理的新状态
   }
);
```

此代理的状态是单个对的汇率，它被包装在一个 Option 中，因为当第一次创建代理时汇率尚不可用。在接收到请求后，代理决定是否需要进行远程查找，因此，如果缓存的值过期，你可以轻松地改进此操作以提取汇率。

为使示例简单，我回避了过期问题以及错误处理。还假设向消息代理发送请求是一个以最小延迟执行的即发即用操作，因此可以用单个代理来执行它。

该示例的主要观点是，使用代理(并对消息进行顺序处理)可以非常高效。然而，它确实需要思想上转变，无论是本书追求的函数式方法，还是传统的使用锁的方法。

19.2.4　代理与角色

代理和角色密切相关。在两个示例中，单个线程均按顺序处理消息，并通过向其他角色/代理发送消息来通信。但还有一些重要的区别：

- 代理运行在单个进程中，而角色是为分布式系统设计的。在目前我们所见到的示例中，对代理的引用指的是当前进程中的特定实例。另一方面，对角色的引用是位置透明的，也就是说，当有一个对角色的引用时，该角色可能在同一个进程或另一个进程上运行，也可能是在一个远程机器上运行。因此，对代理的引用是一个指针，而对角色的引用是一个 ID，角色模型的实现将使用该 ID 来根据需要在各个进程之间路由消息。
- 角色模型的实现都被设计为可容错的。例如，Erlang 编程语言包含监督者(supervisa)，即监控一个受监督的角色并在其发生错误时采取行动。正常的角色负责处理正常情况，监督者负责从错误中恢复，从而最终增强了系统的健壮性。这与代理是没有对应关系的。
- 一个代理(或一个角色)的状态应该是不可变的，并且永远不会在代理的作用域之外被共享。然而，在代理的实现中，无法制止没有经验的开发人员创建一个状态可变的代理，也无法制止将可变状态传递给其他函数，从而允许从代理的作用域之外更改该状态。对于角色，消息是可序列化的，因此这绝对不应该发生。

如你所见，尽管代理和角色背后的基本思想是一样的，但角色模型更丰富、更复杂。如果需要协调跨不同应用程序或机器的并发操作，则应只考虑使用角色模型；否则，操作和安装成本将是不合理的，此时应使用代理。

虽然能够仅用几行代码来实现一个角色，但实现角色模型要复杂得多。所以如果想使用角色，那么你可能会用到.NET 角色模型的几个实现之一：

- Orleans，详见链接[3]，是微软采用的角色模型。该模型具有明显的面向对象的一面，所秉持的基本理念是：缺乏经验的开发人员可与角色(称为 grain)进行交互(就像这些角色是局部对象一样)，而不会接触到任何特定于该角色模型的额外复杂性。Orleans 负责管理 grain 的生命周期，这意味着它们的状态会被保存在内存中或者被自动持久化存储。持久化适用于各种介质，包括 SQL Server 和 Azure 上的云存储。
- Akka.NET，详见链接[4]，是受 Scala 开发人员欢迎的、从属于 Akka 框架的社区驱动型端口。它早于 Orleans，更具有消息驱动的性质，因此门槛更高。有多种选项可用于消息传输及角色状态的持久化。

- echo，详见链接[5]，是最接近 Erlang 的.NET 实现，是 Paul Louth 开发的。在语法和配置方面是最轻量级的选择：可使用函数来创建一个角色(称为“进程”，正如使用代理一样)，或使用基于接口的方法(如果需要处理不同种类型的消息，其读取会更自然)。只有使用 Redis 才能直接做到跨应用程序领域的消息传输和持久化，但可实现适配器来定位不同的基础架构。

所有这些角色模型的实现在术语和重要技术细节上都有所不同，因此在不特定于某个实现的情况下，很难对角色模型进行统一描述。这是选择通过代理的一个简单实现来说明并发消息传递的基本思想的原因之一。可将这些原理应用到基于角色的编程中，但还需要学习其他原理，例如使用监督者进行的错误处理，以及由特定实现提供的消息传递保证。

19.3 “函数式 API”与“基于代理的实现”

基于代理的编程是不是函数式呢？虽然代理和角色是在函数式语言背景下开发的(记住，在理想实现中，代理无副作用)，但基于代理的编程与在本书中见到的函数式技术截然不同：

- 将消息告知给代理，而这通常会被解释为命令，所以语义是相当必要的。
- 代理通常会产生副作用，或将一条消息告知另一个代理(这反过来将产生副作用)。
- 最重要的是，将消息告知给代理并不会返回任何数据，因此不能用函数方式将告知的操作组合到管道中。
- FP 将逻辑与数据分开；而代理不仅包含数据，且在处理函数中至少包含一些逻辑。

因此，基于代理的编程体验与迄今为止所见到的 FP 大不相同，所以基于代理的并发实际上是不是一种函数式技术是有待商榷的。如果你认为它不是(正如我所倾向的那样)，那么必须得出结论：FP 在某些类型的并发性方面并不是很好(即无法避免共享可变状态)，并且需要补充一个不同的范例，如基于代理的编程或角色模型。

通过代理，对单向数据流进行编程会很容易：数据始终向前(转向下一个代理)，并且不会返回任何数据。面对这一点，有两个选择：

- **拥抱单向数据流的思想，并采用此风格编写应用程序**。在这种方法中，如果有客户端连接到服务器，则不会使用 HTTP 之类的请求-响应模型，而使用一个基于消息的协议，如 WebSockets 或消息代理。这是一种可行的方法，尤其是如果你的领域是事件驱动的，你可能已经拥有了一个消息架构。
- **将特定于代理的细节隐藏于更常规的 API 之后**。这意味着代理应该能够向消息发送者返回响应。在这种方法中，代理被用作并发原语，它们是实现细节(就像锁一样)，不应该规定程序的设计。接下来将探讨这种方法。

19.3.1 代理作为实现细节

要考虑的第一件事是从代理获得回复的方式，即一个排序的“返回值”。设想发件人创建了一个包含可等待“句柄”的消息。然后将消息告知给一个代理，该代理将在该句柄上发出结果信号，使其可用于发送者。这样，可有效地在“即发即弃”的 Tell 协议基础上进行双向通信。

TaskCompletionSource 为此提供了一个合适的句柄：发件人可创建一个 Task-CompletionSource，将其添加到消息有效载荷中，等待其 Task。准备就绪后，代理将完成其工作并在 TaskCompletionSource 上设置结果。为每个需要响应的消息手动执行此操作将非常繁杂，因此我将其包含在 LaYumba.Functional 库中，一个负责处理所有这些连接的增强代理。这里并不会包含实现细节，但接口定义如下：

```
public interface Agent<Msg, Reply>
{
   Task<Reply> Tell(Msg message);
}
```

注意，这是一个全新的接口，有两个泛型参数：代理接受的消息类型以及回复类型。将一个 Msg 类型的消息告知此代理后，将返回一个 Task<Reply>。要启动一个这种类型的代理，我们将使用以下类型的处理函数：

```
State → Msg → (State, Reply)
```

或者

```
State → Msg → Task<(State, Reply)>
```

也就是说，一个给定了代理当前状态和所接收消息的函数不仅会计算代理的新状态，还会计算返回给发件人的回复。

下面来看一个非常简单的代理例子，它保持了计数器，可在得到通知后递增计数器，也会返回计数器的新值：

```
var counter = Agent.Start(0
   , (int state, int msg) =>
   {
      var newState = state + msg;
      return (newState, newState);    // 返回要存储的新状态以及对发送者的回复
   });
```

现在可以像下面这样使用该代理：

```
var newCount = await counter.Tell(1);
newCount // => 1
newCount = await counter.Tell(1);
newCount // => 2
```

注意，Tell 返回了一个 Task<int>，所以调用者可等待回复，这与任何异步函数是一样的。从本质上讲，可将此代理用作 Msg → Reply 类型函数的一个线程安全的、有状态的、异步的版本：

- **线程安全**，因为其内部使用了一次处理一条消息的 ActionBlock。
- **有状态的**，因为代理所保持的状态会随着处理消息的结果而改变。
- **异步的**，因为你的消息可能必须等待代理处理队列中的其他消息。

这意味着，与使用锁相比，不仅可获得安全性(无死锁)，还可提高性能(锁阻塞当前线程，而 await 释放线程以执行其他工作)。

19.3.2 将代理隐藏于常规 API 的背后

我们拥有一个双向通信机制，现在可通过隐藏基于代理的编程细节来改进 API。例如，对于计数器，可采用代码清单 19.6 所示的方式定义 Counter 类。

代码清单 19.6 在公共 API 之后隐藏基于代理的实现

```
public sealed class Counter
{
    readonly Agent<int, int> counter =        // 代理只是一个实现细节
       Agent.Start(0, (int state, int msg) =>
          {
             var newState = state + msg;
             return (newState, newState);
          });

    public Task<int> IncrementBy(int amount)   // Counter 的公共接口
       => counter.Tell(amount);
}
```

现在一个 Counter 的使用者可能不必了解基于代理的实现。一个典型交互如下所示：

```
var counter = new Counter();
var newCount = counter.IncrementBy(10);
await newCount // => 10
```

19.4 LOB 应用程序中的并发消息传递

在 LOB 应用程序中，需要同步对某个共享状态的访问的需求通常是由于：应用程序中的实体代表真实世界的实体，需要确保并发访问不会使它们处于无效状态或以其他方式破坏业务规则。例如，购买一个特定商品的两个并发请求不应导致该商品被出售两次。同样，一个多人游戏中的并发移动不应该导致游戏进入无效状态。

下面来看看这将如何在银行业务场景中发挥作用。需要确保当不同的交易(借记、贷记、转账)同时发生时，不会使账户处于无效状态。这是否意味着需要同步账户数据的访问？不一定！下面来看看如果没有采取任何针对并发的特殊措施，将会发生什么。

假定有一个余额为 1000 的账户。发生了一次自动还款，导致从账户中扣除 800。同时，一个 200 的转账请求要完成，所以 200 金额也被扣除。如果使用此前介绍的事件溯源方法，得到以下结果：

- 直接还款请求将导致一个事件被创建，捕获借方 800，并且调用者将收到一个更新后

的状态，余额为 200。

- 转账请求同样导致一个事件被创建，捕获借方 200，并且调用者将收到一个更新后的状态，余额为 800。
- 每当账户下次被加载时，其状态将从所有过去的事件中计算出来，以便账户具有正确的余额 0。
- 当新事件被发布时，订阅更新的任何客户端都可以在状态中反映这些变化(例如，当发生直接还款时，可通知发出转账请求的客户端设备，以便向用户显示的账户余额始终保持最新)。

简言之，如果使用不可变对象和事件溯源，则不会因并发更新而导致任何不一致的数据，这是事件溯源的另一个重要优势。

但现在让我们通过新的业务需求来丰富此场景。假设每个账户都有最大允许透支额度。也就是说，有一项业务需求是：任何账户都不能超过一定数额的透支。假定现在要完成以下几项：

- 一个余额为 1000、最高透支额为 500 的账户
- 一次 800 的自动还款
- 同时，一个也是 800 的转账请求

如果没有同步账户数据的访问，那么这两项请求都会成功，导致账户透支 600，违反了业务要求(即透支不得超过 500)。为强制实施，需要同步执行修改账户余额的动作，以便此场景中的一个并发请求失败。接下来，会看到如何使用角色来实现这一点。

19.4.1　使用代理来同步访问账户数据

为确保账户数据不会同时受到不同请求的影响，可将代理与每个账户关联。请注意，代理的量级足够轻，所以可拥有数千甚至数百万个代理。另外注意，假设有一个服务器进程，可通过它来影响账户。如果情况并非如此，则需要使用角色模型的实现，但以下实现要点仍然有效。

要将代理与账户关联，我们将使用一个基于代理的实现来定义一个 AccountProcess 类。这意味着现在使用三个类来表示账户：

- AccountState —— 一个记录，表示某个特定时刻的账户状态。
- Account —— 一个静态类，仅包含用于计算状态转换的纯函数。
- AccountProcess —— 一个基于代理的实现，用于跟踪账户的当前状态并处理影响账户状态的任何命令。

你已在第 13 章中见到 Account 和 AccountState 的实现，而这些都不需要改变。接下来分析 AccountProcess。

代码清单 19.7　顺序处理影响账户的命令

```
using Result = Validation<(Event Event, AccountState NewState)>;

public class AccountProcess
{
```

```
   Agent<Command, Result> agent;

   public AccountProcess
   (
      AccountState initialState,
      Func<Event, Task<Unit>> saveAndPublish
   )
   => this.agent = Agent.Start(initialState
      , async (AccountState state, Command cmd) =>
      {
         Result result = cmd switch
         {
            MakeTransfer transfer => state.Debit(transfer),
            FreezeAccount freeze => state.Freeze(freeze),
         };

         await result.Traverse(tpl => saveAndPublish(tpl.Event));
         var newState = result
            .Map(tpl => tpl.NewState)
            .GetOrElse(state);

         return (newState, result);
      });

   public Task<Result> Handle(Command cmd)
      => agent.Tell(cmd);
}
```

使用纯函数来计算命令的结果

所有命令都按顺序排队等候和接受处理

持久化块中的事件，以免代理处理处于非持久化状态的新消息

AccountProcess 的每个实例都内置了一个代理，因此所有影响该账户的命令都可以按顺序处理。下面来看看代理的主体：首先，计算命令的结果，然后给出命令和当前状态。这仅使用纯静态函数来完成。

记住，结果是一个具有内部值的 Validation，其中包括结果 Event 和新账户状态。如果结果是 Valid，我们继续保存并发布创建的事件(检查是作为 Traverse 的一部分来完成的)。

需要注意，持久化发生在处理函数内。也就是说，代理不应该更新其状态，且不应该在其成功持久化“表示当前状态转换”的事件之前开始处理新消息(否则，持久化事件可能会失败，导致代理的状态与持久化事件捕获的状态不匹配)。

最后，返回账户更新后的状态(将在处理后续命令时使用)以及命令的结果。此结果包含新状态和所创建的事件，并被包装一个在 Validation 中。这样就可以很容易地将此请求的成功详情及结果发送回客户端。

注意代理(和角色)是如何完成状态、行为和持久化的(因此认为它们“比对象更面向对象”)。在该实现中，我注入一个用于持久化事件的函数，而角色模型的大多数实现都包含一些用于持久化一个角色的状态的可配置机制。

19.4.2 保管账户的注册表

现在有一个 AccountProcess，它以线程安全的方式处理一个可应用于特定账户的命令。但当通过全新控制器得到命令时，如何才能获得相关账户的 AccountProcess 实例？如何确保永远

不会为同一个账户意外地创建两个 AccountProcess？

因此，我们需要一个应用程序范围的注册表，该注册表将保存所有活动的 AccountProcess。该注册表需要管理它们的创建过程并通过 ID 为它们提供服务，以便处理客户端请求的代码只需要提供请求中包含的账户 ID 就可以获得 AccountProcess。

角色模型的实现具有这样一个内置的注册表，能针对任意 ID 注册任意角色。在本例中，我们将创建自己的简单注册表，如代码清单 19.8 所示。

代码清单 19.8　一个用于存储和管理 AccountProcess 创建过程的注册表

```
using AccountsCache = ImmutableDictionary<Guid, AccountProcess>;

public class AccountRegistry
{
   Agent<Guid, Option<AccountProcess>> agent;

   public AccountRegistry
   (
      Func<Guid, Task<Option<AccountState>>> loadState,
      Func<Event, Task<Unit>> saveAndPublish
   )
   => this.agent = Agent.Start
    (
      initialState: AccountsCache.Empty,
      process: async (AccountsCache cache, Guid id) =>
      {
         if (cache.TryGetValue(id, out AccountProcess account))
            return (cache, Some(account));

         var optAccount = await loadState(id);   // 如果 AccountProcess 不在缓存中，则从数据库中加载当前状态

         return optAccount.Map(accState =>
         {
            AccountProcess account = new(accState, saveAndPublish);   // 用检索到的状态创建 AccountProcess
            return (cache.Add(id, account), Some(account));
         })
         .GetOrElse(() => (cache, None));
      }
   );

   public Task<Option<AccountProcess>> Lookup(Guid id)
      => agent.Tell(id);
}
```

在该实现中，有单个管理缓存的代理，这个缓存中保管了 AccountProcess 的所有活动的实例。如果找不到给定 ID 的 AccountProcess，则从数据库中检索账户的当前状态并创建一个新的 AccountProcess，该 AccountProcess 将被添加到缓存中。注意，与往常一样，loadState 函数返回一个 Task<Option<AccountState>>以确认操作是异步的，并确认对于给定的 ID，未能找到任何数据。

在继续阅读之前，请再次仔细检查该实现。对于这种方法你能看到任何问题吗？让我们来看看：从数据库加载账户状态是在代理的主体完成的，这是必要的吗？这意味着读取账户 x 的

状态将阻塞另一个与账户 y 相关的线程。这肯定是次优的！

19.4.3 代理不是对象

当习惯使用代理或角色进行编程时，这是一种常见的小学生错误。虽然代理和角色类似于对象，但不能认为它们就是对象。代码清单 19.8 中的错误是，在概念上赋予了代理“责任”，即向调用者提供所请求的 AgentProcess，这给了我们一个次优的解决方案。

相反，代理应该只负责管理某个状态。示例中的代理管理着一个字典，因此可调用它来查找项目或添加新项，而从数据库检索数据是一个较慢的操作，这与管理 AgentProcess 的缓存并没有直接关系。

考虑到这一点，下面思考一个替代的解决方案。如果一个线程要为一个具有给定 ID 的账户获取 AgentProcess，则应执行以下操作：

(1) 要求代理查找该 ID。

(2) 如果没有存储 AgentProcess，从 DB 中获取账户的状态(这个耗时的操作将在调用线程中完成，因此不会影响代理)。

(3) 要求代理创建并注册一个具有给定状态和 ID 的新 AgentProcess。

这意味着需要转到代理两次，所以需要两种不同的消息类型来指定希望代理执行的操作。代码清单 19.9 显示了可定义不同类型的消息以传达调用者的意图。

代码清单 19.9 不同的消息类型传达了调用者的意图

```
public class AccountRegistry
{
   abstract record Msg(Guid Id);
   record LookupMsg(Guid Id) : Msg(Id);
   record RegisterMsg(Guid Id, AccountState AccountState) : Msg(Id);
}
```

将这些消息类型定义为内部类，因为它们仅在 AccountRegistry 类中用于与代理进行通信。

现在可定义构成 AccountRegistry 的公共 API 的 Lookup 方法，并因此在调用者的线程上执行，如下所示：

```
public class AccountRegistry
{
   Agent<Msg, Option<Account>> agent;
   Func<Guid, Task<Option<AccountState>>> loadState;

   public Task<Option<Account>> Lookup(Guid id)
      => agent
         .Tell(new LookupMsg(id))          ← 告知代理去查找给定的 ID
         .OrElse(() =>
            from state in loadState(id)    ← 如果查找失败，则将状态加载到调用线程中
            from account in agent.Tell(new RegisterMsg(id, state))   ← 告知代理去注册一个具有给定状态和 ID 的新进程
            select account);
}
```

代码首先要求代理查找 ID。如果查找失败，则从数据库中检索状态。注意，这是在调用线程上完成的，使得代理可自由地处理其他消息。最后，向代理发送第二条消息，要求它创建并注册一个具有给定账户状态和 ID 的 AccountProcess。

注意，一切都发生在 Task<Option<>>堆栈中，因为这是由 loadState 和 Tell 返回的类型。甚至 OrElse 也被我实现为 Task<Option<T>>上定义的一个重载，当 Task 已经失败或内部 Option 为 None 的，它执行所给定的备选函数。

剩余要展示的就是修正后的代理定义，即 AccountRegistry 构造函数中代理的定义，如代码清单 19.10 所示。

代码清单 19.10　存储 AccountProcess 注册表的代理

```
using AccountsCache
   = ImmutableDictionary<Guid, Agents.Account>;

public class AccountRegistry
{
   Agent<Msg, Option<Account>> agent;
   Func<Guid, Task<Option<AccountState>>> loadState;

   public AccountRegistry
   (
      Func<Guid, Task<Option<AccountState>>> loadState,
      Func<Event, Task<Unit>> saveAndPublish
   )
   {
      this.loadState = loadState;
      this.agent = Agent.Start
      (
         initialState: AccountsCache.Empty,
         process: (AccountsCache cache, Msg msg)
            => msg switch                          ← 代理使用模式匹配，根据发送的消息执行不同的操作
         {
            LookupMsg m => (cache, cache.Lookup(m.Id)),

            RegisterMsg m => cache.Lookup(m.Id).Match
            (
               Some: acc => (cache, Some(acc)),    ← 一种边缘情况，其中两个并发请求都加载了账户状态
               None: () =>
               {
                  AccountProcess acc
                     = new(m.AccountState, saveAndPublish);   ← 创建并注册一个新的 AccountProcess
                  return (cache.Add(m.Id, acc), Some(acc));
               }
            )
         }
      );
   }

   public Task<Option<Account>> Lookup(Guid id) => // as above...
}
```

该实现稍微复杂了一些，但效率更高，使我们有机会看到使用代理编程时的一个常见陷阱：在代理的主体中执行一个昂贵操作，但并不严格要求对代理的状态进行同步访问。

另一方面，在这两个所提议的实现中，一旦创建了 AccountProcess，它就永远不会终止；它会将事件持久化到数据库，以使所存储的版本与内存中的状态保持同步，但最多只从数据库中读取一次。这是好事还是坏事呢？当然，这取决于你最终在内存中拥有多少数据以及拥有多少内存。这可能是一个巨大的优化，因为访问内存数据的速度比访问数据库要快上几个数量级。将所有数据保存在内存中的能力是角色模型的一大亮点：因为角色可跨机器分布，对于可使用的内存量并没有有效限制，而访问内存(即使通过网络)比访问本地数据库要快得多。

19.4.4 融会贯通

有了上述构建块后，API 控制器的实现与前面所做的依然十分相似：

```
public static void ConfigureMakeTransferEndpoint
(
   WebApplication app,
   Validator<MakeTransfer> validate,
   AccountRegistry accounts        <-- 通过账户 ID 获得一个 AccountProcess
)
{
   var getAccountVal = (Guid id)   <-- 将 Task<Option<>>改为 Task<Validation<>>
      => accounts
         .Lookup(id)
         .Map(opt => opt.ToValidation(Errors.UnknownAccountId(id)));

   app.MapPost("/Transfer/Make", (MakeTransfer transfer) =>
   {
      Task<Validation<AccountState>> outcome =
         from cmd in Async(validate(transfer))
         from acc in getAccountVal(cmd.DebitedAccountId)
         from result in acc.Handle(cmd)   <-- AccountProcess 将处理命令，以更新账户状态并持久化/发布相应的事件
         select result.NewState;

      return outcome.Map(
         Faulted: ex => StatusCode(500),
         Completed: val => val.Match(
            Invalid: errs => BadRequest(new { Errors = errs }),
            Valid: newState => Ok(new { Balance = newState.Balance })));
   });
}
```

端点实现依赖于 Validator 来验证命令，依赖于 AccountRegistry 来检索相关账户的 AccountProcess。

与第 13 章中的版本相比，主要变化是结果元组仅返回给备选函数，而当将命令提交给 AccountProcess 的 Handle 方法时，会持久化事件并发布该事件。这需要防止对账户的状态进行同时修改，以免违反业务规则(例如限制账户的最大透支额)。

这里并未包括可读取事件以及将事件写入存储的函数实现，它们是特定于技术的，并且不

需要任何特定逻辑。

现在你已经看到了用于处理汇款的一个端到端解决方案的所有主要组件，以及对账户状态进行同步访问的附加约束。

19.5 本章小结

- 可并发访问的“共享可变状态”可能导致难以解决的问题。
- 出于该原因，最好完全避免共享可变状态，这通常可在并发处理中做到。
- 在其他场景中，尤其是在需要对真实世界的实体进行建模的多线程应用程序中，共享可变状态通常是需要的。
- 访问共享可变状态必须进行序列化，以免数据发生不一致的变化。这可使用锁来实现，但也可使用无锁技术。
- 并发消息传递是一种技术，通过将状态突变限制到进程(角色/代理)来避免锁定，这些进程具有某个状态的独占所有权，而作为回应，它们可对所发送的信息进行单线程访问。
- 角色/代理是一个轻量级进程，具有：
  - 一个收件箱，发送到其中的消息会排队等候。
  - 某种状态，拥有独占所有权。
  - 一个处理循环，在该循环中按顺序处理消息，并执行多种操作，如创建其他代理、与其他代理通信、更改状态以及执行副作用等。
- 代理和角色的功能基本相似，但有重要的区别：
  - 角色是分布的，而代理是本地的单个进程。
  - 与代理不同，角色模型包含一个使用监督者角色进行错误处理的模型，如果受监督的角色失败，那么它会采取行动。
- 并发消息传递与其他 FP 技术有很大的不同，主要是因为 FP 是通过组合函数来工作的，而角色/代理倾向于以“即发即弃”的方式来工作。
- 可使用基于代理或基于角色的实现来编写高级函数式 API。

附录 A

使用C#的旧版本

本书的第 2 版是针对 C# 10 编写的，并利用了该语言的最新特性，前提是它们与 FP 相关。如果项目使用的是以前版本的 C#，仍然可以应用本书中讨论的所有想法。本附录将展示如何操作。

A.1 C# 9 之前的不可变数据对象

本书对所有数据对象都使用了记录和结构体。记录在默认情况下是不可变的，而结构在函数之间传递时是按值复制的，因此它们也被认为是不可变的。如果想使用不可变数据对象，但需要使用 C# 9 之前的版本，必须依赖以下选项之一：

- 按照惯例将对象视为不可变的。
- 手动定义不可变对象。
- 对域对象使用 F#。

为了说明这些策略，回到编写 AccountState 类的任务上来表示 BOC 应用程序中银行账户的状态。参见 11.3 节。

A.1.1 约定不变性

在引入记录之前，C#开发人员通常使用空的构造函数和属性 getter 和 setter 来定义数据对象。代码清单 A.1 显示了如何使用这种方法对银行账户的状态进行建模。

代码清单 A.1 银行账户状态的简单模型

```
public enum AccountStatus
{ Requested, Active, Frozen, Dormant, Closed }
```

```
public class AccountState
{
   public AccountStatus Status { get; set; }
   public CurrencyCode Currency { get; set; }
   public decimal AllowedOverdraft { get; set; }
   public List<Transaction> TransactionHistory { get; set; }

   public AccountState()
      => TransactionHistory = new List<Transaction>();
}
```

这允许使用对象初始化器语法优雅地创建新实例，如代码清单 A.2 所示。

代码清单 A.2 使用方便的对象初始化器语法

```
var account = new AccountState
{
   Currency = "EUR"
};
```

这将创建一个显式设置了 Currency 属性的新账户，其他属性被初始化为它们的默认值。请注意，对象初始化器语法调用了无参数构造函数和 AccountState 中定义的公共 setter。

A.1.2 定义复制方法

如果要表示状态的变化，比如账户被冻结，就使用新的 Status 创建一个新的 AccountState。可以通过在 AccountState 上添加一个方便的方法来做到这一点，如代码清单 A.3 所示。

代码清单 A.3 定义复制方法

```
public class AccountState
{
   public AccountState WithStatus(AccountStatus newStatus)
      => new AccountState
      {
         Status = newStatus,          <-- 更新后的字段
         Currency = this.Currency,
         AllowedOverdraft = this.AllowedOverdraft,
         TransactionHistory = this.TransactionHistory
      };                              从当前状态复制所有其他字段
}
```

WithStatus 是一个方法，它返回实例的副本，除了给定的 Status 之外，其他部分都与原实例相同。这与 AddDays 和在 DateTime 上定义的类似方法的行为类似：它们都返回一个新实例(参见 11.2.1 节)。

像 WithStatus 这样的方法被称为复制方法或 with-ers，因为约定是将它们命名为 With[Property]。代码清单 A.4 显示了一个调用复制方法来表示账户状态更改的示例。

代码清单 A.4　获取对象的修改版本

```
var newState = account.WithStatus(AccountStatus.Frozen);
```

复制方法与记录中的 with 表达式类似，因为它们返回原始对象的副本，其中一个属性已被更新。

注意　通过复制方法表示更改的成本并不像想象的那么高，参见 11.3 节(详见补充说明“使用不可变对象的性能影响”)。这是因为像 WithStatus 这样的复制方法创建了原始对象的浅层副本：这是一个快速且足以保证安全性的操作(假设对象的所有子对象也是不可变的)。

A.1.3　强制不变性

到目前为止所展示的实现最初都使用属性 setter 来填充对象(A.1.1 节)，并使用复制方法以获得更新的版本(A.1.2 节)。这种方法被称为按约定的不变性：使用惯例和规则来避免突变。setter 是公开的，但是在对象初始化之后永远不应该调用它们。但这并不能阻止不相信不可变的恶作剧同事直接设置字段：

```
account.Status = AccountStatus.Frozen;
```

如果想防止这种破坏性的更新，就必须通过完全删除属性 setter 来使对象不可变。然后，必须通过将所有值作为参数传递给构造函数来填充新实例，如代码清单 A.5 所示。

代码清单 A.5　向不可变方向重构：删除所有 setter

```
public class AccountState
{
   public AccountStatus Status { get; }
   public CurrencyCode Currency { get; }
   public decimal AllowedOverdraft { get; }
   public List<Transaction> Transactions { get; }

   public AccountState
   (
   CurrencyCode Currency,
   AccountStatus Status = AccountStatus.Requested,
   decimal AllowedOverdraft = 0,
   List<Transaction> Transactions = null
)
{
   this.Status = Status;
   this.Currency = Currency;
   this.AllowedOverdraft = AllowedOverdraft;
   this.Transactions = Transactions ?? new List<Transaction>();
}

public AccountState WithStatus(AccountStatus newStatus)
   => new AccountState
```

```
    (
      Status: newStatus,
      Currency: this.Currency,
      AllowedOverdraft: this.AllowedOverdraft,
      Transactions: this.TransactionHistory
    );
  }
```

在构造函数中，使用了命名参数和默认值，这样就可以使用与之前使用的对象初始化器语法类似的语法创建一个新实例。现在，可以创建一个新账户，使用如下合理的值:

```
var account = new AccountState
(
  Currency: "EUR",
  Status: AccountStatus.Active
);
```

WithStatus 复制方法的工作原理与前面一样。注意，现在强制要求必须为 Currency 提供一个值，这在使用对象初始化器语法时是不可能的。因此，我们在保持可读性的同时，使实现更加健壮。

提示　强制代码的客户端使用构造函数或工厂函数来实例化对象可以提高代码的健壮性，因为此时可以强制执行业务规则，从而不可能在无效状态(例如没有货币的账户)下创建对象。

A.1.4　一直不变

至此，该实现还没有完成，因为一个对象要成为不可变的，它的所有组成部分也必须是不可变的。这里使用了一个可变的 List，所以恶作剧的同事仍然可以通过以下代码来有效地改变账户状态：

```
account.Transactions.Clear();
```

为防止这种情况发生，最有效的方法是创建给定构造函数的列表的副本，并将其内容存储在一个不可变列表中。代码清单 A.6 展示了如何使用 System.Collections.Immutable 类库[1]中的 ImmutableList 类型来完成这个任务。

代码清单 A.6　使用不可变集合防止突变

```
using System.Collections.Immutable;

public sealed class AccountState   <-- 将类标记为密封的，以防止出现可变的子类
{
  public IEnumerable<Transaction> TransactionHistory { get; }
```

1 System.Collections.Immutable 库是由微软开发的，用来补充 BCL 中的可变集合，所以你对它应该不陌生，必须从 NuGet 获取它。

```
    public AccountState(CurrencyCode Currency
       , AccountStatus Status = AccountStatus.Requested
       , decimal AllowedOverdraft = 0
       , IEnumerable<Transaction> Transactions = null)
    {
       // ...
       TransactionHistory = ImmutableList.CreateRange
          (Transactions ?? Enumerable.Empty<Transaction>());
    }
}
```

创建并存储给定列表的防御副本

当创建一个新的 AccountState 时，将复制给定的事务列表，并将其存储在 ImmutableList 中。这被称为防御性副本。现在，任何消费者都不能更改 AccountState 的事务列表，而且即使构造函数中给出的列表在以后被更改，它也不会受到影响。幸运的是，CreateRange 足够聪明，如果给它一个 ImmutableList，它只会返回它，这样复制方法不会产生任何额外的开销。

此外，Transaction 和 Currency 也必须是不可变的类型。我还将 AccountState 标记为密封的，以防止创建可变子类。现在 AccountState 是真正不可变的，至少在理论上是这样。在实践中，仍然可以使用反射来改变实例，这样你恶作剧的同事仍然可以占上风[1]，但至少现在已经没有可能让对象错误地发生突变。

如何向列表中添加新事务?不能添加。这会创建一个新列表，其中包含新事务和所有现有事务，并且将成为新 AccountState 的一部分，如代码清单 A.7 所示。

代码清单 A.7　向列表添加元素需要一个新的父对象

```
using LaYumba.Functional;

public sealed class AccountState
{
   public AccountState Add(Transaction t)
      => new AccountState
      (
         Transactions: TransactionHistory.Prepend(t),
         Currency: this.Currency,
         Status: this.Status,
         AllowedOverdraft: this.AllowedOverdraft
   );
}
```

添加 Prepend 作为 IEnumerable 的扩展方法

包含现有值和正在添加的值的新 IEnumerable

所有其他字段照常复制

注意，本例将事务前置到列表中。这是特定于领域的。在大多数情况下，我们感兴趣的是最新的事务，因此将最新的事务放在列表的前面是最有效的。

A.1.5　复制方法没有样板

前面成功地将 AccountState 实现为不可变类型，现在面对一个痛点：编写复制方法并不有

1 System.Reflection 中的实用程序，允许在运行时查看和修改任何字段的值，包括私有和只读字段以及自动属性的支持字段。

趣!想象一个具有 10 个属性的对象，所有这些属性都需要复制方法。如果有任何集合，需要将它们复制到不可变集合中，并添加“从这些集合中添加或删除项”的复制方法。这得要多少样板文件!

代码清单 A.8 展示了如何通过包含一个带有命名可选参数的 With 方法来缓解这一问题，这与代码清单 A.5 中的 AccountState 构造函数使用它们的方式一样。

代码清单 A.8　一个可以设置任何属性的 With 方法

```
public AccountState With
(
   AccountStatus? Status = null,              Null 表示未
   decimal? AllowedOverdraft = null           指定该字段
 )
=> new AccountState
(
   Status: Status ?? this.Status,                                    如果没有指定值,就
   AllowedOverdraft: AllowedOverdraft ?? this.AllowedOverdraft,      使用当前实例的值
   Currency: this.Currency,                   可以防止
   Transactions: this.TransactionHistory      任意更改
);
```

默认值为 null 表示该值尚未指定。在这种情况下，将使用当前实例的值填充副本。对于值类型字段，可以为参数类型使用相应的可空类型，以允许默认值为空。因为默认值 null 表示字段尚未指定，因此将使用当前值，所以不可能使用此方法来设置字段为 null。联想起 5.5.1 节中对 null 和 Option 的讨论，你可能会发现这并不是一个好主意。

注意，在代码清单 A.8 中，只允许更改两个字段，因为假设永远不能更改银行账户的货币或对交易历史进行任意更改。这种方法允许减少样板，但仍保留对操作的细粒度控制。用法如下：

```
public static AccountState Freeze(this AccountState account)
   => account.With(Status: AccountStatus.Frozen);

public static AccountState RedFlag(this AccountState account)
   => account.With
   (
      Status: AccountStatus.Frozen,
      AllowedOverdraft: 0m
   );
```

这不仅读起来清晰，而且比使用经典的 With[Property]方法能提供更好的性能：如果需要更新多个字段，则创建一个新实例。我绝对推荐使用这个单一的 With 方法，而不是为每个字段定义一个复制方法。

另一种方法是定义一个通用的助手，它不需要任何样板文件就可以进行复制和更新。在 LaYumba.Function.Immutable 类中实现了这样一个通用的 With 方法，它的用法如代码清单 A.9 所示。

代码清单 A.9　使用通用复制方法

```
using LaYumba.Functional;

var oldState = new AccountState("EUR", AccountStatus.Active);
var newState = oldState.With(a => a.Status, AccountStatus.Frozen);

oldState.Status    // => AccountStatus.Active
newState.Status    // => AccountStatus.Frozen
newState.Currency // => "EUR"
```

这里，With 是对象上的扩展方法，它接受一个表达式，该表达式标识要更新的属性和新值。然后，它使用反射创建原始对象的按位副本，标识指定属性的备选字段，并将其设置为给定值。

简言之，它实现了我们对任何字段和任何类型想实现的功能。这样做的好处是，不必编写烦琐的复制方法。缺点在于反射是相对缓慢的，并且当显式地选择哪些字段可以在 With 中更新时，失去了可用的细粒度控制。

A.1.6　不变性策略的比较

总之，在 C# 9 引入记录之前，强制不变性是一件棘手的事情，也是函数式编程的最大障碍之一。

以下是所讨论的两种方法的优缺点：

- 约定的不变性——在这种方法中，不需要做任何额外的工作来防止突变。可以像避免使用 goto、不安全的指针访问和位操作一样避免使用它(这里只提到一些语言上允许但已被证明存在问题的例子)。如果你是独立工作，或者与一个从一开始就采用这种方法的团队合作，这可能是一个可行的选择。当然，缺点是突变可能会悄悄进入。
- 在 C#中定义不可变对象——这种方法给你提供了一个更健壮的模型，可以告诉其他开发人员对象不应该被改变。如果在一个项目中，不变性没有被全面使用，那就更好了。与约定的不可变性相比，它至少需要在定义构造函数方面做一些额外的工作。

让事情变得更复杂的是，第三方库可能有一些限制能影响你的选择。传统上，.NET 的反序列化器和 ORM 会使用空构造函数和可设置属性来创建和填充对象。如果你依赖有这种要求的库，那么约定的不变性可能是你唯一的选择。

A.2　C# 8 之前的模式匹配

模式匹配是一种语言特性，它允许根据某些数据的形状(最重要的是它的类型)执行不同的代码。它是静态类型函数语言的一个主要部分，本书中广泛地使用了它，无论是通过 switch 表达式还是通过 Match 方法的定义。

本节将描述 C#对模式匹配的支持是如何演变的，并展示使用模式匹配的解决方案，即使使用的是老版本的 C#。

A.2.1 C#对模式匹配的增量支持

很长一段时间以来，C#对模式匹配的支持都很差。在 C# 7 之前，switch 语句只支持非常有限的模式匹配形式，只允许匹配表达式的确切值。那么如何匹配表达式的类型呢?例如，假设有以下简单的域：

```
enum Ripeness { Green, Yellow, Brown }

abstract class Reward { }

class Peanut : Reward { }
class Banana : Reward { public Ripeness Ripeness; }
```

在 C# 6 之前，要执行一个匹配特定 Reward 描述的计算，必须如代码清单 A.10 所示操作。

代码清单 A.10 C# 6 中表达式的类型匹配

```
string Describe(Reward reward)
{

   Peanut peanut = reward as Peanut;
   if (peanut != null)
      return "It's a peanut";

   Banana banana = reward as Banana;
   if (banana != null)
      return $"It's a {banana.Ripeness} banana";
   return "It's a reward I don't know or care about";
}
```

对于这样一个简单的操作，有些枯燥且令人乏味。C# 7 引入了一些对模式匹配的有限支持，因此前面的代码可以被删节，如代码清单 A.11 所示。

代码清单 A.11 在 C# 7 中用 is 匹配类型

```
string Describe(Reward reward)
{
   if (reward is Peanut _)
      return "It's a peanut";

   if (reward is Banana banana)
      return $"It's a {banana.Ripeness} banana";

   return "It's a reward I don't know or care about";
}
```

或者，使用 switch 语句，如代码清单 A.12 所示。

代码清单 A.12　在 C# 7 中用 switch 匹配类型

```
string Describe(Reward reward)
{
   switch (reward)
   {
      case Peanut _:
         return "It's a peanut";
      case Banana banana:
         return $"It's a {banana.Ripeness} banana";
      default:
         return "It's a reward I don't know or care about";
   }
}
```

这仍然是相当尴尬的，特别是因为在 FP 中，我们更希望使用表达式，而 if 和 switch 都需要语句处于各分支中。

最后，C# 8 引入了 switch 表达式(在书中有几个例子)，能够编写代码清单 A.13 所示的上述代码。

代码清单 A.13　C# 8 中的 switch 表达式

```
string Describe(Reward reward)
   => reward switch
   {
      Banana banana => $"It's a {banana.Ripeness} banana",
      Peanut _ => "It's a peanut",
      _ => "It's a reward I don't know or care about"
};
```

A.2.2　模式匹配表达式的自定义解决方案

如果代码库使用的是 C# 8 之前的版本，仍然可以使用 LaYumba.Functional 中包含的 pattern 类来匹配类型。用法如代码清单 A.14 所示。

代码清单 A.14　为基于表达式的模式匹配定制的 Pattern 类

```
string Describe(Reward reward)
   => new Pattern<string>                              ← 泛型参数指定调用
                                                         Match 时返回的类型
   {
      (Peanut _) => "It's a peanut",                    函数列表。类型匹配
      (Banana b) => $"It's a {b.Ripeness} banana"       的第一个函数被求值
   }
   .Default("It's a reward I don't know or care about")  ← 可选地添加默认
                                                           值或处理程序
   .Match(reward);                                     ← 提供要匹配的值
```

它的性能不如一流的语言支持，也没有像解构那样的花哨功能，但如果只对类型匹配感兴趣，它仍然是一个很好的解决方案。

它首先设置处理每种情况的函数(在内部，Pattern 实际上是一个函数列表，所以使用列表初始化器语法)。如果没有找到匹配的函数，可以选择调用 Default 来提供默认值或函数。最后，使用 Match 来提供要匹配的值。这将计算第一个匹配的函数(即函数的输入类型与给定值类型匹配)。

Pattern 还有一个非泛型版本，其中 Match 返回 dynamic。可以在前面的示例中使用它，只需省略<string>，使语法更加清晰。

提示 在本书中，你已看到 Option、Either、List、Tree 等的 Match 方法的实现。它们能有效地执行模式匹配。当从一开始就知道需要处理的所有情况时，定义这样的方法是有意义的(例如，Option 只能是 Some 或 None)。相比之下，Pattern 类对于开放继承的类型很有用，如 Event 或 Reward，在这些类型中，可以随着系统的发展添加新的子类。

A.3 再次讨论事件溯源的示例

为了演示前面描述的技术，下面重温 13.2 节中的事件溯源场景，并假设只能使用 C# 6。我们没有记录，因此为了表示账户的状态，将 AccountState 定义为一个不可变类。所有属性都将是只读的，并将被填充到构造函数中。代码清单 A.15 显示了该实现。

代码清单 A.15 表示账户状态的不可变类

```
public sealed class AccountState
{
   public AccountStatus Status { get; }
   public CurrencyCode Currency { get; }
   public decimal Balance { get; }
   public decimal AllowedOverdraft { get; }

   public AccountState
   (
      CurrencyCode Currency,
      AccountStatus Status = AccountStatus.Requested,
      decimal Balance = 0m,
      decimal AllowedOverdraft = 0m
   )
   {
      this.Currency = Currency;
       this.Status = Status;
       this.Balance = Balance;
       this.AllowedOverdraft = AllowedOverdraft;
   }

   public AccountState WithStatus(AccountStatus newStatus)
      => new AccountState
      (
         Status: newStatus,
```

所有属性都是只读的

在构造函数中初始化属性

公开用于创建已修改副本的复制方法

```
            Balance: this.Balance,
            Currency: this.Currency,
            AllowedOverdraft: this.AllowedOverdraft
        );

    public AccountState Debit(decimal amount)
        => Credit(-amount);

    public AccountState Credit(decimal amount)
        => new AccountState
        (
            Balance: this.Balance + amount,
            Currency: this.Currency,
            Status: this.Status,
            AllowedOverdraft: this.AllowedOverdraft
        );
}
```

公开用于创建已修改副本的复制方法

除了属性和构造函数，AccountState 还有一个 WithStatus 复制方法，该方法创建一个具有更新状态的新 AccountState。Debit 和 Credit 也是复制方法，用于创建具有更新余额的副本(这个相当长的类定义取代了代码清单 13.2 中只有 7 行的记录定义)。

现在，关于状态转换。请记住，使用账户历史记录中的第一个事件创建 AccountState，然后使用每个事件计算事件之后账户的新状态。状态转换的签名如下：

```
AccountState→Event→AccountState
```

为了实现状态转换，我们匹配事件的类型，并相应地更新 AccountState，如代码清单 A.16 所示。

代码清单 A.16　使用模式匹配建模状态转换

```
public static class Account
{
    public static AccountState Create(CreatedAccount evt)
        => new AccountState
        (
            Currency: evt.Currency,
            Status: AccountStatus.Active
        );

    public static AccountState Apply
        (this AccountState account, Event evt)
        => new Pattern
        {
            (DepositedCash e) => account.Credit(e.Amount),
            (DebitedTransfer e) => account.Debit(e.DebitedAmount),
            (FrozeAccount _) => account.WithStatus(AccountStatus.Frozen),
        }
        .Match(evt);
}
```

CreatedAccount 是一个特例，因为没有以前的状态

根据事件的类型调用相关转换

即使不能使用模式匹配的语言支持，这段代码也非常有效地使用了 A.2.2 节中展示的模式匹配解决方案。

A.4 结论

如上所述，本书中讨论的所有技术都可用于旧版本C#的遗留项目。当然，如果允许，一定要升级到最新版本的 C#，以利用新的语言特性，特别是记录和模式匹配这样的新特性。

结束语

恭喜你接受了学习 FP 的挑战，并到达了本书的结尾！现在您已经熟悉了 FP 的所有基本概念，以及一些高级技术。我希望您喜欢这本书，并且我鼓励你通过评论、社交媒体或与同事简单的交谈来分享你的感想。作为告别的方式，对想进一步探索 FP 的你，我想提出一些关于接下来该何去何从的建议。

首先，我邀请您观看我在 NDC Sydney 2017 会议中有关逻辑与副作用的演讲(详见链接[1])。会上，我概述了如何使用不同的技术来把控副作用，包括使用单子，一种将逻辑与副作用分开的根本方法。

下一步计划应该是学习一门或多门函数式语言。C#是一种多范式语言，因此可以随意地混合搭配。另一方面，函数式语言将迫使在整个过程中使用函数式方法——例如，根本不允许任何状态突变。你还会发现函数式语言对本书介绍的技术有更好的语法支持。学习函数式语言的另一个好处是，可更好地利用其他学习资源：书籍、博客、演讲等。

现在大多数适用于 FP 的学习资料都有 Haskell 或 Scala 的代码示例。

选择学习 Haskell 是再自然不过的事了，Haskell 是可供参考的函数式语言，也是函数式编程者中的通用语言。为此，我建议阅读由 Miran Lipovaca 撰写的 *Learn You a Haskell for Great Good*(No Starch Press，2011)[1]。学习 Haskell 的另一个好方法就是关注并学习 Erik Meijer 的基于 FP 的线上课程[2]。

Scala 是一种多范式语言，强调在 Java 虚拟机上运行的 FP。Scala 社区积极地解决了源于学术界的 FP 观念如何更广泛地应用于行业中的问题。如果想学习 Scala，建议你关注 Martin Odersky 的线上课程[3]。

我所喜欢的两种更新的函数式语言是 Elm 和 Elixir，这两种语言都得到了用户社区的热情支

1 可通过链接[2]在线阅读免费的完整内容，但也可考虑购买此书，以回报辛勤付出的作者。

2 此外，Erik Meijer 是 LINQ 和 Rx 的主要贡献者之一。他的基于 FP 的线上课程可在 edX 上找到(详见链接[3])，学习时你可使用 Haskell 或其他几种语言中的一种。

3 Martin Odersky 是 Scala 的创始人，他的线上课程可在 Coursera 上找到(详见链接[4])。

持，并且越来越受欢迎(尤其是在初创公司中)。预计在接下来的几年里，这两种语言会得到更广泛的接受和认可。

Elm(详见链接[5])是一种强类型、纯函数式的客户端语言，可编译为 JavaScript。它的语法简洁，类似于 Haskell 或 F#，而且语言和工具对用户更友好。它包括一个负责管理状态和执行副作用的框架。因此，程序员只需要编写纯函数即可。简言之，Elm 会让任何现有的 JavaScript 框架感到羞愧。如果是一个全栈的 Web 开发人员，请考虑在前端使用 Elm。

Elixir[详见链接 6]是一种在 Erlang 虚拟机上运行的动态类型语言(基于角色模型，第 15 章讨论过)，因此如果你感兴趣的是具有高度并发性的系统，并希望进一步探索消息传递的并发机制，Elixir 将特别适合。

此外，还有更多的函数式和多范式语言，每种语言都有其独特魅力(若在此未能看到你喜欢的语言被推荐，那是我的疏忽)。但在本书中学到的 FP 思想是独立于语言的，有助于你在几天或几周内学会任何函数式语言的基本知识。

再见。